应用技术型高等教育“十三五”精品规划教材

经济数学——微积分

（第二版）

主　编　曹海军　黄玉娟

副主编　周玲丽　张　鑫　尹金生

中国水利水电出版社
www.waterpub.com.cn
·北京·

内容提要

本书以培养学生的专业素质为目的，充分吸收多年来教学实践和教学改革成果。主要特点是把数学知识和经济学、管理学的有关内容有机结合起来，融经济、管理于数学，培养学生用数学知识和方法解决实际问题的能力。

本书内容主要包括一元函数、极限与连续、一元函数微分学及其应用、一元函数积分学及其应用、常微分方程、多元函数及其微分法、二重积分、无穷级数等。

本书内容全面、结构严谨、推理严密、详略得当，例题丰富，可读性、应用性强，习题足量，难易适度，简化证明，注重数学知识的应用性，可作为普通高等院校经济管理类学科“微积分”课程的教材或教学参考书。

图书在版编目（CIP）数据

经济数学. 微积分 / 曹海军，黄玉娟主编. -- 2版.
-- 北京 : 中国水利水电出版社，2018.8
应用技术型高等教育“十二五”规划教材
ISBN 978-7-5170-6659-0

Ⅰ. ①经… Ⅱ. ①曹… ②黄… Ⅲ. ①经济数学－高等学校－教材②微积分－高等学校－教材 Ⅳ. ①F224.0 ②O172

中国版本图书馆CIP数据核字(2018)第169071号

策划编辑：宋俊娥　责任编辑：宋俊娥　封面设计：徐小徐

书名	应用技术型高等教育“十三五”精品规划教材 经济数学——微积分(第二版) JINGJI SHUXUE——WEIJIFEN
作者	主编 曹海军 黄玉娟 副主编 周玲丽 张鑫 尹金生
出版发行	中国水利水电出版社 (北京市海淀区玉渊潭南路1号D座 100038) 网址：www.waterpub.com.cn E—mail：sales@waterpub.com.cn 电话：(010)68367658(营销中心)
经售	北京科水图书销售中心(零售) 电话：(010)88383994、63202643、68545874 全国各地新华书店和相关出版物销售网点
排版	北京智博尚书文化传媒有限公司
印刷	三河市龙大印装有限公司
规格	170mm×240mm　16开本　22印张　501千字
版次	2014年8月第1版 2018年8月第2版　2018年8月第1次印刷
印数	0001—3000册
定价	56.00元

第二版前言

本教材第二版是在第一版的基础上，根据新形势下国家对人才培养改革中教材改革的精神和近几年编者的教学实践经验，进行全面修订而成的。在修订中，我们仍然充分考虑高等教育大众化教育阶段的现实状况，以教育部非数学专业数学基础课教学指导分委员会制定的新的“经济管理类本科数学基础课程教学基本要求”为依据，保留了原有教材的系统和风格。参加本书编写修订的人员都是多年担任经济数学——微积分实际教学的教师，包括教授、副教授等，他们都有较深的理论造诣和较丰富的教学经验。在编写修订时，更注重将数学基本知识和经济、管理学科中的实际应用有机结合起来，主要有以下几个特点：

(1)注重体现应用型本科院校特色，根据经济类和管理类的各专业对数学知识的需求，本着“轻理论、重应用”的原则制定内容体系。

(2)注重内容理论联系实际，在内容安排上由浅入深，与中学数学进行了合理的衔接。在引入概念时，注意了概念产生的实际背景，采用提出问题—讨论问题—解决问题的思路，逐步展开知识点，使得学生能够从实际问题出发，激发学习兴趣；另外在微分学与积分学章节中，重点引入了适当的经济、管理类的实际应用例题和课后练习题，以锻炼学生应用数学工具解决实际问题的意识和能力。

(3)本教材结构严谨，逻辑严密，语言准确，解析详细，易于学生阅读。由于抽象理论的弱化，突出理论的应用和方法的介绍，内容深广度适当，使得内容贴近教学实际，便于教师教与学生学。本教材内容包括函数的极限、一元函数微积分学、微分方程、多元函数微积分学、无穷级数等内容。

(4)在每一章的结束部分，附加了历史上在数学上有杰出贡献的伟大数学家的生平简介，通过了解数学家生平和事迹，可以让学生真正了解数学发展的基本过程，而且能让学生学习数学家追求真理、维护真理的坚忍不拔的科学精神。

(5)为了能更好地与中学数学衔接，在附录Ⅰ中对三角函数的常用公式作了全面总结，并在附录Ⅱ、Ⅲ、Ⅳ中分别介绍了二阶、三阶行列式，常用的一些平面曲线及其图形，各种类型的不定积分公式，供需要的学生查阅参考。

在修订过程中，我们注意借鉴同类院校的经典系列教材的优点，注重教材改革中的一些成功案例，使得新教材更适合当代大学生人才培养和教学实践的需要，成为适应时代要求又继承传统优点的教材。

为更好地实现与中学数学内容的衔接，教材中对反三角函数的相关内容进行了详细讲述，为保证教学内容更加系统，将微分方程调整到定积分之后，根据现有微积分课程课时要求，对空间解析几何的内容进行适当精简合并，添加到多元函数微分学的第一节，同时在教材中增加了大量经济管理数学模型的例题和习题。

参加本教材第二版修订的有曹海军（第1、6章），黄玉娟（第2、7章），周玲丽（第4、5章），张鑫（第3、8、9章）。全书由曹海军、黄玉娟统稿并多次修改定稿。最后由尹金生副教授为本教材审稿。在编写过程中，参考和借鉴了许多国内外有关文献资料，并得到了很多同行的帮助和指导，在此对所有关心支持本书的编写、修改工作的教师表示衷心的感谢。

限于编写水平，书中难免有错误和不足之处，殷切希望广大读者批评指正。

编　者

2018年6月

目　　录

第 1 章

函数与极限

初等数学的研究对象基本上是不变的量，而高等数学的研究对象则是变动的量. 所谓函数关系就是变量之间的依赖关系，研究经济变量的变化趋势，预测经济变量的未来走向，就必然会用到微积分中最基本、最重要的概念之一——极限. 微积分中的许多重要概念均是在极限概念的基础上建立的. 不夸张地说，极限理论是微积分的基石. 本章将介绍函数的概念以及极限的概念、性质、计算方法，并在此基础上讨论函数的连续性.

1.1 函数

1.1.1 函数

1. 邻域

邻域是高等数学中经常用到的一个概念. 设 a 与 δ 是实数且 $\delta > 0$，则称开区间 $(a-\delta, a+\delta)$ 为点 a 的 **δ 邻域**，记作 $U(a,\delta)$，即

$$U(a,\delta)=(a-\delta,a+\delta)=\{x \mid a-\delta<x<a+\delta\}=\{x \mid |x-a|<\delta\},$$

点 a 称为该邻域的**中心**，δ 称为该邻域的**半径**. $U(a,\delta)$ 可以在数轴上表示为图1.1.

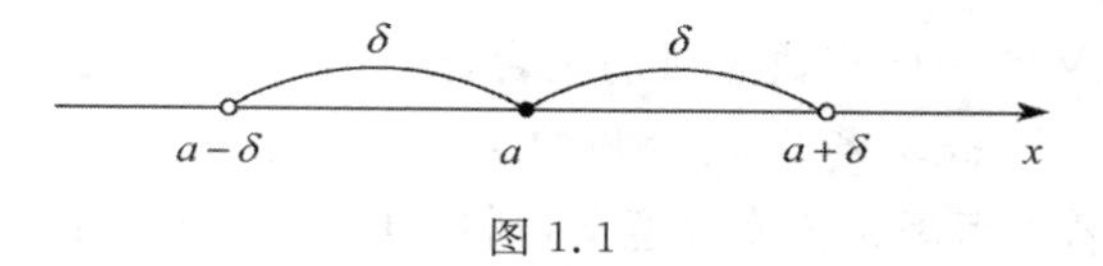

图 1.1

有时需要把邻域的中心去掉，邻域 $U(a,\delta)$ 去掉中心 a 后，称为点 a 的**去心 δ 邻域**，记作 $\mathring{U}(a,\delta)$，即

$$\mathring{U}(a,\delta)=(a-\delta,a)\cup(a,a+\delta)=\{x \mid 0<|x-a|<\delta\}.$$

这里 $0<|x-a|$ 就表示 $x \neq a$. $\mathring{U}(a,\delta)$ 可以在数轴上表示为图 1.2.

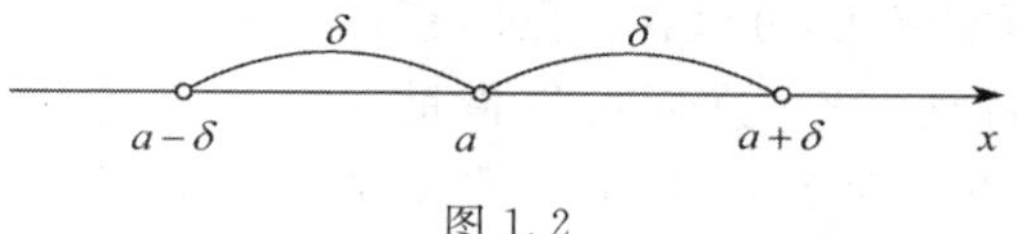

图 1.2

为表述方便，有时把开区间 $(a-\delta,a)$ 称为点 a 的**左 δ 邻域**，把 $(a,a+\delta)$ 称为点 a 的**右 δ 邻域**. 如果无须指明 a 的某邻域(去心邻域)的半径，邻域(去心邻域)可记作 $U(a)(\mathring{U}(a,\delta))$.

2.函数的概念

当我们观察自然现象或生产过程时,常常遇到各种不同的量,有些量在进程中始终保持同一数值,称为**常量**;有些量在进程中取不同的数值,称为**变量**.通常用字母 $a,b,c,\cdots$ 表示常量,用字母 $x,y,z,\cdots$ 表示变量.

定义 1.1.1 设 x 和 y 是两个变量,D 是一个给定的非空数集.如果对于 D 中每个确定的变量 x 的取值,变量 y 按照一定的法则总有确定的数值与之对应,则称 y 是 x 的**函数**,记作

$$y=f(x),x\in D.$$

其中,x 称为**自变量**,y 称为**因变量**,D 称为这个函数的**定义域**,记作 D_f,即 $D_f=D$.

在函数定义中,对每个取定的 $x_0\in D$,按照对应法则 f,总有确定的值 y_0 与之对应,这个值称为函数 $y=f(x)$ 在点 x_0 处的**函数值**,记作 $f(x_0)$ 或 $y|_{x=x_0}$.

当 x 取遍 D 的各个数值时,对应函数值 $f(x)$ 的全体组成的集合称为函数的**值域**,记作 R_f,即

$$R_f=\{y|y=f(x),x\in D\}.$$

由函数的定义可知,构成函数的两个基本要素是:定义域与对应法则,而值域是由以上二者派生出来的.若两个函数的对应法则和定义域都相同,则认为这两个函数相同,与自变量及因变量用什么字母表示无关.

函数定义域的确定,取决于两种不同的研究背景:一是有实际应用背景的函数,其定义域取决于变量的实际意义;二是抽象的用算式表达的函数,其定义域是使算式有意义的一切实数组成的集合,这种定义域称为**自然定义域**.

例如,函数 $y=\pi x^2$,若 x 表示圆的半径,y 表示圆的面积,则此时定义域 $D=[0,+\infty)$;若不考虑 x 的实际意义,则其自然定义域为 $D=(-\infty,+\infty)$.

若自变量在定义域内任取一个数值,对应的函数值只有一个,这种函数称为**单值函数**.否则称为**多值函数**.例如,变量 x 和 y 之间的对应法则由 $x^2+y^2=1$ 给出,显然对任意 $x\in(-1,1)$,对应的 y 有两个值,所以方程确定了一个多值函数.今后,若无特别说明,函数均指单值函数.

函数的表示方法主要有三种:表格法、图形法、解析法(公式法).将图形法与公式法相结合研究函数,可以将抽象问题直观化.一方面可以借助几何方法研究函数的有关特性,另一方面可以借助函数的理论研究几何问题.函数 $y=f(x)$的图形,指的是坐标平面上的点集 $\{(x,y)|y=f(x),x\in D\}$,函数 $f(x)$的图形通常是平面内的一条曲线.

例 1.1.1 确定下列函数的定义域.

(1) $y=\ln(x^2-4x+3)$; (2) $y=\sqrt{4-x^2}+\dfrac{1}{\sqrt{x-1}}$.

解 (1)定义域应满足 $x^2-4x+3>0$，解不等式，得定义域为

$$D=(-\infty,1)\cup(3,+\infty);$$

(2)定义域应满足 $\begin{cases}4-x^2\geqslant 0,\\ x-1>0,\end{cases}$ 解不等式组，得定义域为 $D=(1,2]$.

例 1.1.2 函数

$$f(x)=\begin{cases}1-x, & x>0,\\ x, & x\leqslant 0\end{cases}$$

是一个分段函数，其定义域 $D=(-\infty,+\infty)$，值域为 $R_f=(-\infty,1)$，图形如图 1.3 所示.

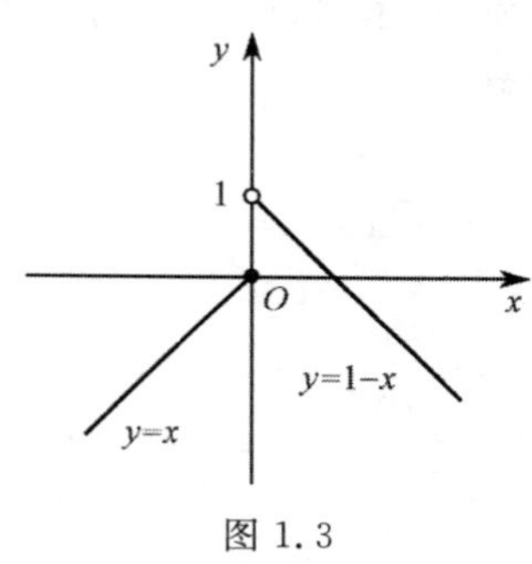

图 1.3

例 1.1.3 函数

$$y=|x|=\begin{cases}x, & x\geqslant 0,\\ -x, & x<0\end{cases}$$

称为**绝对值函数**，其定义域 $D=(-\infty,+\infty)$，值域 $R_f=[0,+\infty)$，图形如图 1.4所示.

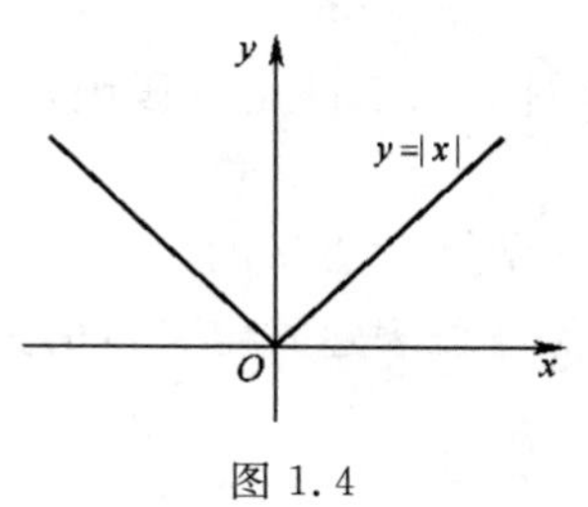

图 1.4

例 1.1.4 函数

$$y=\operatorname{sgn}x=\begin{cases}1, & x>0,\\ 0, & x=0,\\ -1, & x<0\end{cases}$$

称为**符号函数**，其定义域 $D=(-\infty,+\infty)$，值域 $R_f=\{-1,0,1\}$，图形如图 1.5所示.

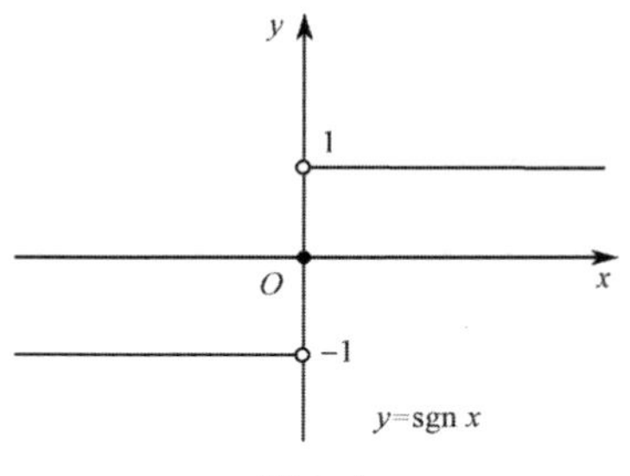

图 1.5

显然,对任意 $x \in (-\infty, +\infty)$,有 $x = \text{sgn}x \cdot |x|$.

例 1.1.5 设 x 为任一实数,不超过 x 的最大整数称为 x 的整数部分,记作 $[x]$. 若把 x 看作变量,则函数

$$y = [x]$$

称为**取整函数**,其定义域 $D = (-\infty, +\infty)$,值域 $R_f = \mathbf{Z}$,图形如图 1.6所示.

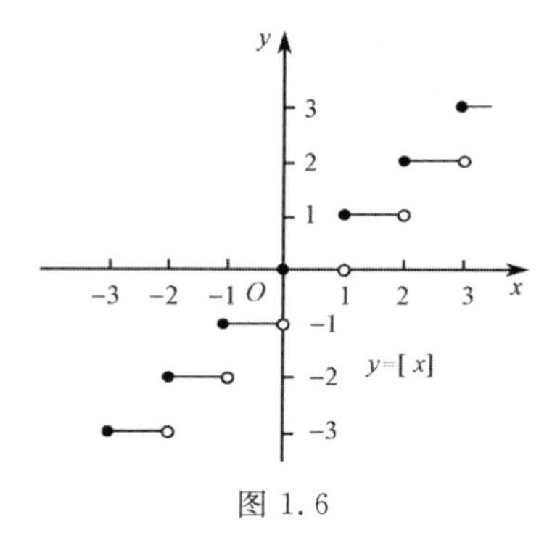

图 1.6

需要指出,例 1.1.2 至例 1.1.5 都是分段函数,对于分段函数要注意以下两点:

(1)分段函数是用若干个表达式表示的一个函数,而不是几个函数.

(2)分段函数的定义域是各段表达式定义域的并集.

3. 函数的几种特性

(1)函数的有界性.

设函数 $f(x)$ 的定义域为 D,数集 $X \subseteq D$. 如果存在数 K_1,使得对任一 $x \in X$ 都有

$$f(x) \leqslant K_1$$

成立,则称函数 $f(x)$ 在 X 上有**上界**,而 K_1 称为 $f(x)$ 在 X 上的一个**上界**. 如果存在数 K_2,使得对任一 $x \in X$ 都有

$$f(x) \geqslant K_2$$

成立,则称函数 $f(x)$ 在 X 上有**下界**,而 K_2 称为 $f(x)$ 在 X 上的一个**下界**. 如果存在正数 M,使得对任一 $x \in X$ 都有

$$|f(x)| \leqslant M$$

成立，则称 $f(x)$ 在 X 上**有界**. 如果这样的 M 不存在，则称 $f(x)$ 在 X 上**无界**. 这就是说，如果对于任何 $M>0$，总存在 $x_0 \in X$，使得 $|f(x_0)|>M$，则 $f(x)$ 在 X 上**无界**.

例如，函数 $y=\sin x$，对一切 $x \in (-\infty,+\infty)$，恒有 $|\sin x| \leqslant 1$，故 $y=\sin x$ 在 $(-\infty,+\infty)$ 内有界.

显然，$f(x)$ 在 X 上有界的充要条件是 $f(x)$ 在 X 上既有上界又有下界.

(2)函数的单调性.

设函数 $f(x)$ 的定义域为 D，区间 $I \subseteq D$，如果对于区间 I 上任意两点 x_1，x_2，当 $x_1<x_2$ 时，恒有

$$f(x_1)<f(x_2)\ (\text{或 } f(x_1)>f(x_2)),$$

则称 $f(x)$ 在 I 上是**单调增加**(或**单调减少**)的；如果对于区间 I 上任意两点 x_1,x_2，当 $x_1<x_2$ 时，恒有

$$f(x_1) \leqslant f(x_2)\ (\text{或 } f(x_1) \geqslant f(x_2)),$$

则称 $f(x)$ 在 I 上是**单调不减**(或**单调不增**)的.

单调增加和单调减少的函数统称为**单调函数**，I 称为**单调区间**.

从几何直观上看，单调增加函数的图形是随 x 的增加而上升的曲线，单调减少函数的图形是随 x 的增加而下降的曲线，分别如图 1.7、图 1.8 所示.

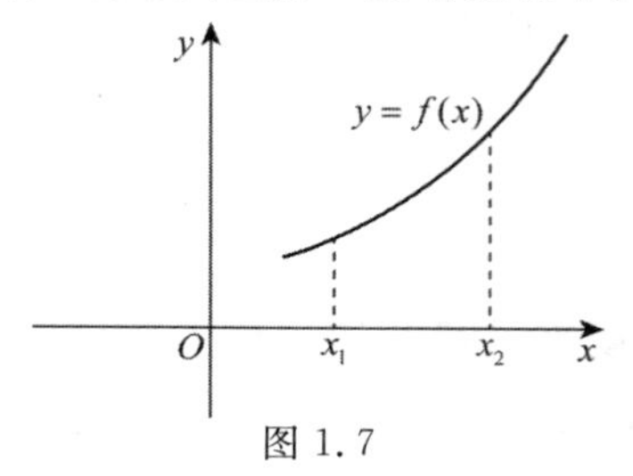

图 1.7

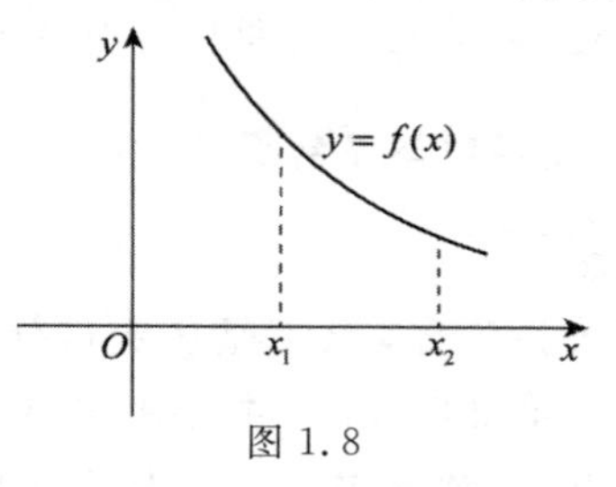

图 1.8

例如，$y=x^2$ 在 $(-\infty,0)$ 内单调减少，在 $[0,+\infty)$ 内单调增加，在定义域 $(-\infty,+\infty)$ 内却不具有单调性.

再如，$y=\dfrac{1}{x}$ 在 $(-\infty,0)$，$(0,+\infty)$ 内都单调减少，但在定义域 $(-\infty,0) \cup (0,+\infty)$ 内却不具有单调性.

(3)函数的奇偶性.

设 $f(x)$ 的定义域 D 关于原点对称(若 $x \in D$，则 $-x \in D$)，如果对任一 $x \in D$，都有

$$f(-x)=f(x)\ (\text{或 } f(-x)=-f(x))$$

恒成立，则称 $f(x)$ 为**偶函数**(或**奇函数**).

从几何直观上看，偶函数的图形关于 y 轴对称(图 1.9)，奇函数的图形关于原点对称(图 1.10).

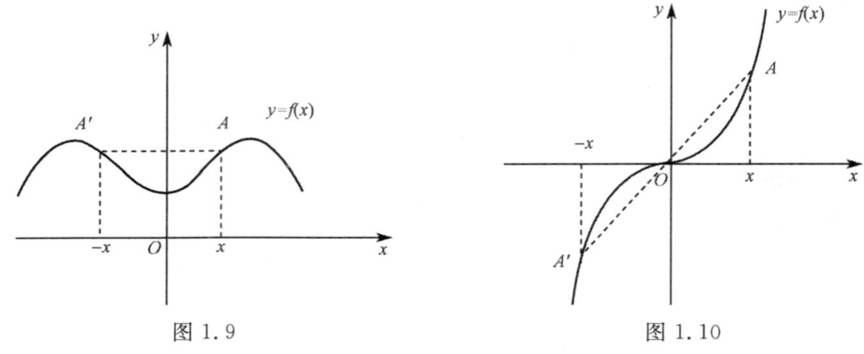

图 1.9　　　　图 1.10

例如，$y = \sin x$ 是奇函数，$y = \cos x$ 是偶函数，而 $y = \sin x + \cos x$ 既不是奇函数也不是偶函数,称此类函数为**非奇非偶函数**.

(4)函数的周期性.

设函数 $f(x)$ 的定义域为 D，如果存在一个正数 T，使得对于任一 $x \in D$，有 $x + T \in D$，且

$$f(x + T) = f(x)$$

恒成立,则称 $f(x)$ 为**周期函数**，T 称为 $f(x)$ 的一个**周期**. 通常我们说的周期函数的周期是指**最小正周期**.

例如,函数 $y = \sin x, y = \cos x$ 都是以 2π 为周期的周期函数；函数 $y = \tan x, y = \cot x$ 都是以 π 为周期的周期函数.

1.1.2　反函数与复合函数

1. 反函数

函数关系的实质就是从定量分析的角度来描述运动过程中变量之间的相互依赖关系. 但在研究过程中,选取哪个量作为自变量,哪个量作为因变量往往是由具体问题来决定的. 例如,圆的面积 A 与其半径 r 的函数关系为 $A = \pi r^2\ (r > 0)$,这里 r 是自变量, A 是因变量;但如果把半径 r 表示为面积 A 的函数,则有 $r = \sqrt{\dfrac{A}{\pi}}\ (A > 0)$,这里 A 是自变量，r 则是因变量. 对这两个函数而言,可以把后一个函数看作是前一个函数的反函数,也可以把前一个函数看作是后一个函数的反函数.

定义 1.1.2　设函数 $y = f(x)$ 的定义域为 D，值域为 R,如果对于 R 中的每一个 y，D 中总有唯一的 x，使 $f(x) = y$，则在 R 上确定了以 y 为自变量，x 为因变量的函数 $x = \varphi(y)$，称为 $y = f(x)$ 的**反函数**,记作 $x=f^{-1}(y), y\in R$,或称 $y=f(x)$与 $x=f^{-1}(y)$**互为反函数**.

习惯上用 x 表示自变量,用 y 表示因变量,因此函数 $y = f(x)$，$x \in D$ 的反函数通常表示为

$$y = f^{-1}(x), x \in R.$$

相对于反函数 $y=f^{-1}(x)$ 来说，函数 $y=f(x)$ 也称为**直接函数**. 从几何直观上看，若点 $A(x,y)$ 是函数 $y=f(x)$ 图形上的点，则点 $A'(y,x)$ 是反函数 $y=f^{-1}(x)$ 的图形上的点. 反之亦然.

因此 $y=f(x)$ 和 $y=f^{-1}(x)$ 的图形关于直线 $y=x$ 对称(图 1.11).

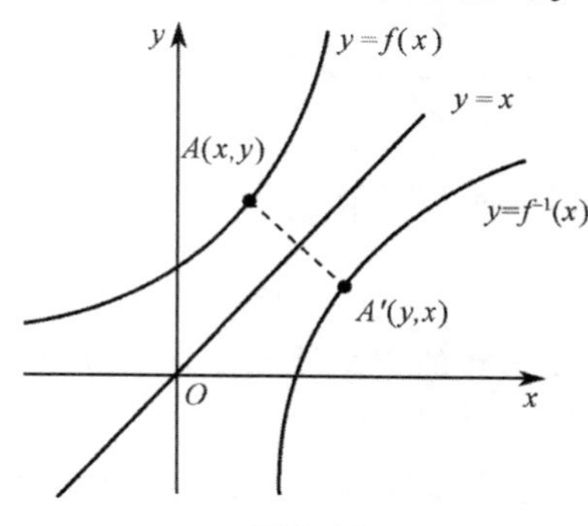

图 1.11

需要指出，并非所有的函数都有反函数. 例如，$y=x^2$ 在其定义域 $D=(-\infty,+\infty)$ 上没有反函数；但 $y=x^2$ 在 $(-\infty,0]$ 和 $[0,+\infty)$ 上分别有反函数 $y=-\sqrt{x}, x\in[0,+\infty)$ 及 $y=\sqrt{x}, x\in[0,+\infty)$. 那么函数 $y=f(x)$ 满足什么条件就一定存在反函数呢?

容易证明如下结论：

定理 1.1.1 单调函数 $y=f(x)$ 必存在单调的反函数 $y=f^{-1}(x)$，且 $y=f(x)$ 与 $y=f^{-1}(x)$ 具有相同的单调性.

例 1.1.6 求函数 $y=\sqrt{x}+1$ 的反函数.

解 函数 $y=\sqrt{x}+1$ 的定义域是 $D=[0,+\infty)$，值域是 $R=[1,+\infty)$.

由 $y=\sqrt{x}+1$，可解得

$$x=(y-1)^2, y\in[1,+\infty).$$

变换 x 与 y 的位置，得所求的反函数为

$$y=(x-1)^2, x\in[1,+\infty).$$

例 1.1.7 求函数 $y=\sin x$ 的反函数.

解 函数 $y=\sin x$ 的定义域是 $D=(-\infty,+\infty)$，值域是 $R=[-1,1]$.

由定理1.1.1知，若选择 $y=\sin x$ 的单调区间 $\left[-\frac{\pi}{2},\frac{\pi}{2}\right]$，对任意的 $y\in[-1,1]$ 都有唯一的一个 $x\in\left[-\frac{\pi}{2},\frac{\pi}{2}\right]$ 满足 $y=\sin x$，这样就在 $D=[-1,1]$ 上确定了以 y 为自变量，以 x 为因变量的函数 $x=\arcsin y$. 变换 x 与 y 的位置，得所求的反函数为

$$y=\arcsin x, x\in[-1,1].$$

由原函数与反函数的图形关于 $y=x$ 对称，可以得到反正弦函数的图形(图1.12).

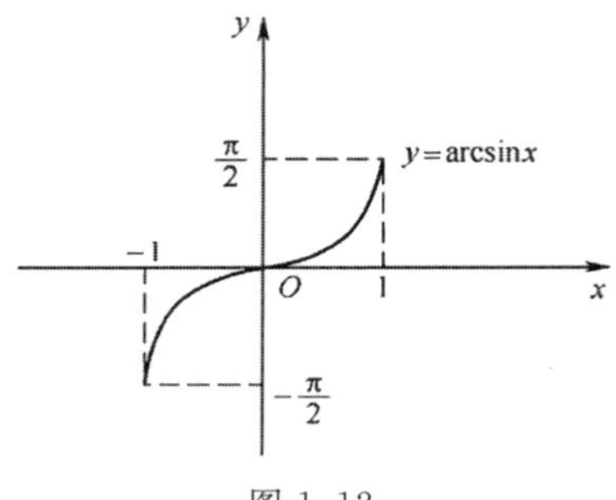

图 1.12

显然，直接函数与其反函数的定义域和值域恰好对调.

2. 复合函数

在实际问题中经常会遇到这样的情形：在某变化过程中，第一个变量依赖于第二个变量，而第二个变量又依赖于另外一个变量. 例如，设函数 $y=e^u$，而 $u=x^2$，以 x^2 代替第一式中的 u，则有 $y=e^{x^2}$. 我们将这类函数称为复合函数.

定义 1.1.3 设函数 $y=f(u)$ 的定义域为 D_f，而 $u=\varphi(x)$ 的值域为 R_φ，若 $D_f\cap R_\varphi\neq\varnothing$，则称函数 $y=f[\varphi(x)]$ 是由 $y=f(u)$ 和 $u=\varphi(x)$ 复合而成的**复合函数**. 其中，x 称为**自变量**，y 称为**因变量**，u 称为**中间变量**.

复合函数是说明函数对应法则的某种表达方式的一个概念，利用复合函数，可以将几个简单的函数复合成一个复杂的函数；也可以将一个复杂的函数分解成若干个简单函数的复合. 例如，$y=\sqrt{u}$，$u=1-x^2$ 可以构成复合函数 $y=\sqrt{1-x^2}$，$x\in[-1,1]$；同样，$y=\cos^2x$ 可以看作由 $y=u^2$ 与 $u=\cos x$ 复合而成.

必须指出，并非任何两个函数都可以构成一个复合函数. 例如，$y=\arcsin u$ 与 $u=2+x^2$ 就不能构成一个复合函数，这是因为 $u=2+x^2$ 的值域是 $[2,+\infty)$，而 $y=\arcsin u$ 的定义域为 $[-1,1]$，这两个集合的交集是空集.

复合函数的概念还可推广到多个中间变量的情形. 例如 $y=e^{\sqrt{x^2+1}}$ 可以看作由

$$y=e^u,u=\sqrt{v},v=x^2+1$$

三个函数复合而成，其中 u,v 是中间变量. 又如，$y=\sqrt{\ln\sin^2x}$ 可以看作由

$$y=\sqrt{u},u=\ln v,v=w^2,w=\sin x$$

四个函数复合而成，其中 u,v,w 是中间变量.

1.1.3 初等函数

在实际问题中遇到的函数是多种多样的，这些函数大多是由幂函数、指数

函数、对数函数、三角函数和反三角函数构成的，这五类函数统称为**基本初等函数**. 由于在中学数学中，我们已经深入学习过这些函数，在这里只作简要复习.

1. 幂函数 $y=x^{\alpha}$（α 是常数）

幂函数的定义域随 α 而异，但无论 α 为何值，$y=x^{\alpha}$ 在 $(0,+\infty)$ 内总有定义，且图形都经过 $(1,1)$ 点，如图 1.13 所示.

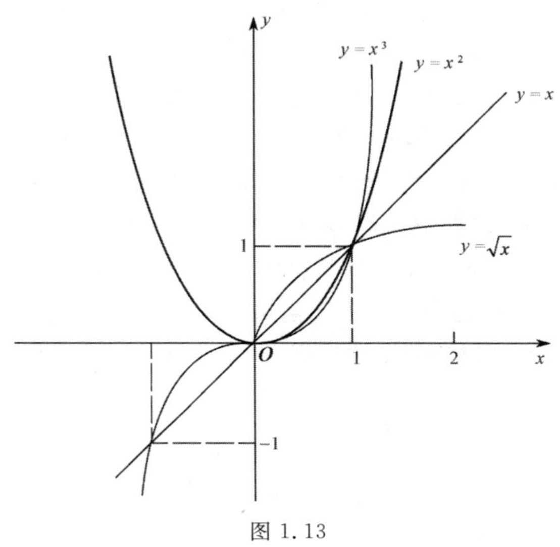

图 1.13

2. 指数函数 $y=a^{x}$（$a>0$ 且 $a\neq 1$）

指数函数定义域为 $(-\infty,+\infty)$，值域为 $R=(0,+\infty)$. 当 $0<a<1$ 时，函数单调减少；当 $a>1$ 时，函数单调增加. 指数函数的图形总在 x 轴的上方，且过 $(0,1)$ 点，图 1.14 所示.

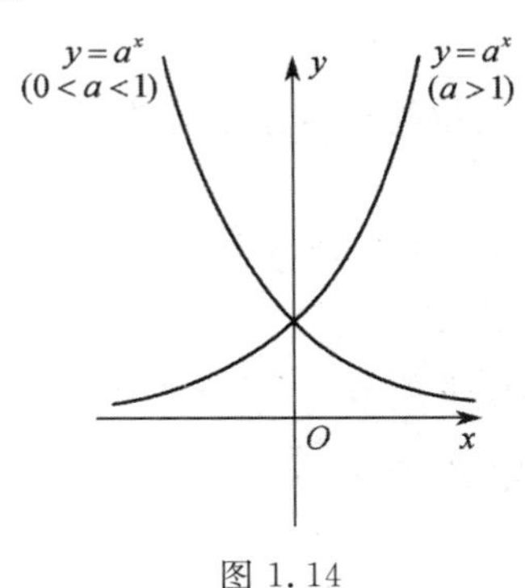

图 1.14

在高等数学中经常用到以 e 为底的指数函数 $y=e^{x}$，其中 $e\approx 2.71828\cdots$，是一个无理数.

例 1.1.8（复利计算公式） 设本金为 A_0 元，年利率为 r，如果计算单利，即利息在下一年不生息，则 t 年后的本利和为 $A_0(1+tr)$. 另一种计息方式为复利，即每年的

利息滚入下一年的本金也生息,俗称“利滚利”. 如果计算复利,则第一年末本利和为

$$S_1 = A_0 + A_0 r = A_0(1+r),$$

第二年的本利和为

$$S_2 = S_1 + S_1 r = A_0(1+r)^2,$$

如此反复,第 t 年末的本利和为

$$S_t = S_{t-1} + S_{t-1} r = A_0(1+r)^t \ (t = 0,1,2,\cdots).$$

这里 t 年末的本利和 S_t 为变量 t(年)的指数函数.

例如,将100元存入银行,年利率为4%,计算复利,则第三年末的本利和为 $100\times(1+0.04)^3 \approx 112.49$(元),第十年末的本利和为 $100\times(1+0.04)^{10} \approx 148.02$(元).

上述计算公式适用于人口增长、价格增长(通货膨胀)等问题,通常称这些经济指标呈指数增长,其特点是随着时间 t 的增加,经济量变化得越来越快.

3. 对数函数 $y = \log_a x$ ($a > 0$ 且 $a \neq 1$)

对数函数的定义域为 $(0,+\infty)$,值域为 $(-\infty,+\infty)$. 当 $0<a<1$ 时,函数单调减少;当 $a>1$ 时,函数单调增加. 对数函数的图形总在 y 轴的右方,且过 $(1,0)$ 点,如图 1.15 所示.

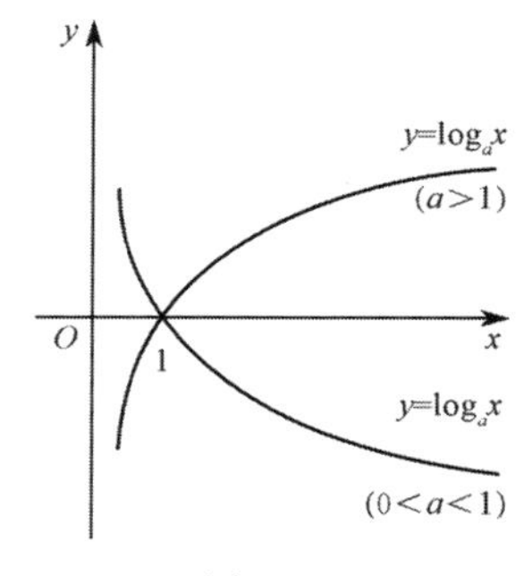

图 1.15

需要指出,上面的指数函数与对数函数互为反函数.

4. 三角函数

三角函数有:$y = \sin x, y = \cos x, y = \tan x, y = \sec x, y = \csc x$.

正弦函数 $y = \sin x$ 的定义域为 $(-\infty,+\infty)$,值域为 $[-1,1]$.

余弦函数 $y = \cos x$ 的定义域为 $(-\infty,+\infty)$,值域为 $[-1,1]$.

正切函数 $y = \tan x$ 的定义域为 $\left\{x \mid x \in \mathbf{R}, x \neq n\pi + \frac{\pi}{2}, n \in \mathbf{Z}\right\}$,值域为 $(-\infty,+\infty)$.

正割函数 $y = \sec x = \frac{1}{\cos x}$ 的定义域为 $\left\{x \mid x \in \mathbf{R}, x \neq n\pi + \frac{\pi}{2}, n \in \mathbf{Z}\right\}$,值域为 $(-\infty,-1] \cup [1,+\infty)$.

余割函数 $y = \csc x = \frac{1}{\sin x}$ 的定义域为 $\{x \mid x \in \mathbf{R}, x \neq n\pi, n \in \mathbf{Z}\}$,值域

为 $(-\infty,-1]\cup[1,+\infty)$.

5. 反三角函数

反三角函数有：$y=\arcsin x, y=\arccos x, y=\arctan x$.

反正弦函数 $y=\arcsin x$ 的定义域为 $[-1,1]$，值域为 $\left[-\dfrac{\pi}{2},\dfrac{\pi}{2}\right]$（图1.12）.

反余弦函数 $y=\arccos x$ 的定义域为 $[-1,1]$，值域为 $[0,\pi]$（图 1.16）.

$y=\arcsin x$ 与 $y=\arccos x$ 还满足：

$\sin(\arcsin x)=x$，　　$\cos(\arcsin x)=\sqrt{1-x^2}$，

$\arcsin(\sin x)=x\left(x\in\left[-\dfrac{\pi}{2},\dfrac{\pi}{2}\right]\right)$；　　$\arccos(-x)=\pi-\arccos x$，

$\cos(\arccos x)=x$，　　$\sin(\arccos x)=\sqrt{1-x^2}$，

$\arccos(\cos x)=x\ (x\in[0,\pi])$.

反正切函数 $y=\arctan x$ 的定义域为 $(-\infty,+\infty)$，值域为 $\left(-\dfrac{\pi}{2},\dfrac{\pi}{2}\right)$（图1.17）.

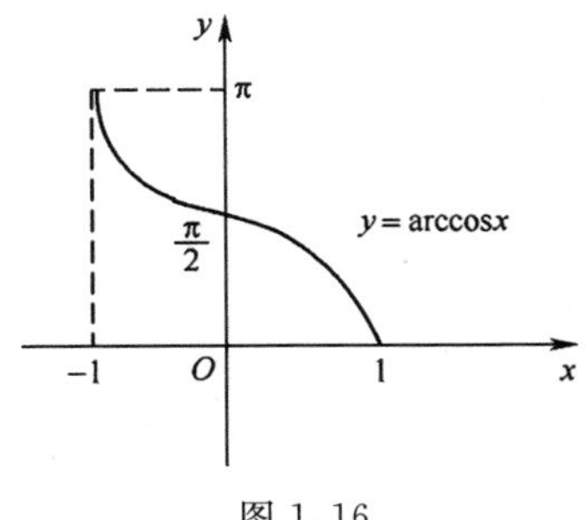

图 1.16

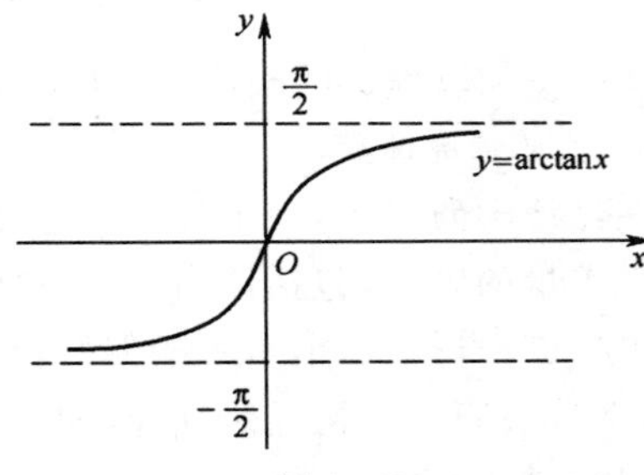

图 1.17

$y=\arctan x$ 还满足：

$$\tan(\arctan x)=x,\arctan(\tan x)=x\left(x\in\left(-\frac{\pi}{2},\frac{\pi}{2}\right)\right).$$

其中，$y=\arcsin x$ 与 $y=\arctan x$ 在其定义域内单调递增，而 $y=\arccos x$ 在定义域内单调递减.

定义 1.1.4　由基本初等函数经过有限次的四则运算和有限次的函数复合所构成，并可用一个式子表示的函数，称为**初等函数**.

例如，$y=\sqrt{1-x^2}$，$y=\sin^2 x$，$y=x\cos\sqrt{\ln(2+x^2)}$ 等都是初等函数. 在本教材中所讨论的函数大部分是初等函数.

需要指出，大多数分段函数一般说来不是初等函数，但也并不是所有的分段函数都不是初等函数. 例如，绝对值函数 $y=|x|=\begin{cases}x, & x\geqslant 0,\\ -x, & x<0\end{cases}$ 就是初等函数，因为 $y=|x|=\sqrt{x^2}$ 是由 $y=\sqrt{u}$ 与 $u=x^2$ 复合而成的.

1.1.4 函数关系的建立与常用经济函数

1. 函数关系的建立

为解决实际应用问题，首先要将该问题量化，从而建立起该问题的数学模型，即建立函数关系.

要把实际问题中变量之间的函数关系正确抽象出来，首先应分析哪些是常量，哪些是变量，然后确定选取哪个为自变量，哪个为因变量，最后根据题意建立起它们之间的函数关系，同时给出函数的定义域.

例 1.1.9 某出租车的公里运价为：在 a 公里以内，每公里 k 元，超过部分为每公里 $\frac{4}{5}k$ 元. 求运价 y 和里程 x 之间的函数关系.

解 根据题意，可列出函数关系如下：

$$y=\begin{cases} kx, & 0<x\leqslant a, \\ kx+\frac{4}{5}k(x-a), & x>a. \end{cases}$$

这里运价 y 和里程 x 的函数关系是用分段函数表示的，定义域为 $(0,+\infty)$.

2. 常见经济函数

在经济学研究中，一个经济量往往受到多个经济量的影响. 例如，影响某一商品需求量的因素，包括该商品的价格、消费者的收入、与该商品有关的其余商品的价格、广告投入、消费者的偏好及某些意外事件等. 为了讨论这些因素的影响，通常从最简单的情况研究起，即假定其余因素不变的前提下，分析某个自变量对因变量的影响.

(1)需求函数和供给函数. 需求函数和供给函数是经济理论中的两个重要概念.

1)需求函数. **需求量**是指在某一特定时期内某种商品在一定价格条件下，消费者愿意购买并有付款能力购买的商品量. 商品的需求量是受多种因素所制约的，但价格是影响需求量的主要因素. 因此，我们只讨论需求量与价格的关系.

设 P 表示商品的价格、Q 表示商品的需求量，则 $Q=f(P)$ 称为**需求函数**.

一般地，当商品的价格提高时，需求量就减少；反之，当商品的价格降低时，需求量便增加. 因此，需求函数是单调递减函数.

例如，函数 $Q_d=aP+b(a<0,b>0)$ 称为**线性需求函数**.

2)供给函数. **供给量**是指在某一特定时期内某种商品在一定价格条件下，生产者愿意出售且可能出售的商品量. 同需求量一样，供给量也是受多种因素所制约的，但价格是影响供给量的主要因素. 因此，我们只讨论供给量与价格的关系.

设 P 表示商品的价格、S 表示商品的供给量，则 $S=f(P)$ 称为**供给函数**.

一般地，当商品的价格降低时，供给量就减少；反之，当商品的价格提高时，供给量便增加. 因此，供给函数是单调递增函数.

例如，函数 $Q_s = cP + d(c > 0)$ 称为**线性供给函数**.

(2)市场均衡. 对于同一种商品，若供给量等于需求量，这时这种商品就达到了**市场均衡**.

设某商品的需求函数、供给函数分别为

$$Q_d = aP + b(a < 0, b > 0), Q_s = cP + d(c > 0),$$

其中 a,b,c,d 均为常数.

令 $Q_d = Q_s$，则

$$aP + b = cP + d, P = \frac{d-b}{a-c} \equiv P_0.$$

则这个价格 P_0 称为该商品的**市场均衡价格**.

当市场价格高于均衡价格时，将出现供过于求的现象，当市场价格低于均衡价格时，将出现供不应求的现象. 而当市场均衡时，有

$$Q_d = Q_s = Q_0,$$

称 Q_0 为**市场均衡数量**(图 1.18).

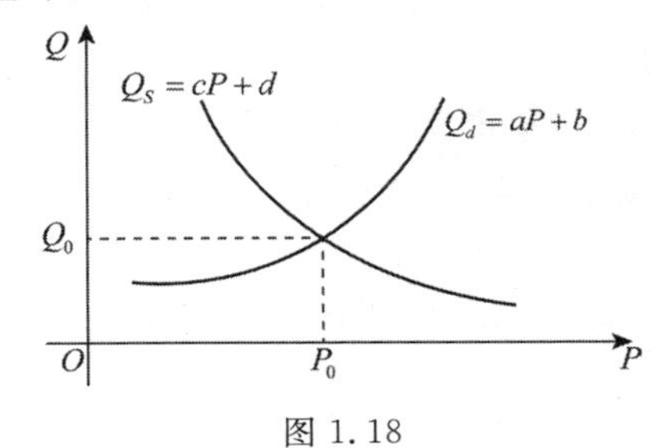

图 1.18

根据市场背景不同，需求函数与供给函数的表达方式可能有所不同，还可以是二次函数、多项式函数或是指数函数等. 但其基本规律是相同的，需求函数总是单调递减函数，供给函数总是单调递增函数，都可以找到其相应的市场均衡点 (P_0, Q_0).

例 1.1.10 设某种商品的需求函数与供给函数分别为

$$Q_d = 200 - 5P, Q_s = 25P - 10,$$

求该商品的市场均衡价格和市场均衡数量.

解 由 $Q_d = Q_s$ 得

$$200 - 5P = 25P - 10, P = P_0 = 7,$$

所以

$$Q_0 = 25P_0 - 10 = 165,$$

即市场均衡价格为 7，而均衡数量为 165.

(3)成本函数. 企业生产和销售一定数量的某种产品的总费用称为**成本**，**成**

本函数表示为费用与产量(或销售量)之间的关系.产品成本(记为 C)分为固定成本(记为 C_0)和可变成本(记为 C_1)两部分.固定成本不随产量的变化而变化,比如厂房和设备的折旧费、管理人员的报酬、广告费等;而可变成本受产量的影响,随产量的变化而变化.一般总成本函数表示为

$$C(x)=C_0+C_1(x)(x\geqslant 0).$$

当 $x=0$ 时,对应的成本函数值就是产品的固定成本值.

$$\overline{C}(x)=\frac{C(x)}{x}\ (x>0),$$

称为**平均成本函数**.

成本函数都是单调递增函数,其图像称为**成本曲线**.

(4)收益函数和利润函数.人们从事生产和经营活动时,关心的除了成本以外,更关心的问题是产品的收益(记为 R)和利润(记为 L).低成本、高收入以致高利润是每一个生产经营者的愿望.收益是指产品出售后所得的收入,而利润就是收入扣去成本和相关税收后的余额.

在不考虑一些次要因素的情况下,收益 R 和利润 L 都只与其相应产品的产量或者说销售量 x 有关.它们可以看成是 x 的函数,分别称之为**收益函数**,记为 $R(x)$;**利润函数**,记为 $L(x)$.

一般地,总收入 $R(x)$ 是销售量 x 与销售单价 P 的乘积,即 $R(x)=Px$;总利润 $L(x)$ 等于总收入减去总成本(假设不计算税收),即

$$L(x)=R(x)-C(x).$$

在市场经济理论中,企业是以获得最大利润为追求目标的,所以,利润函数亦称为企业的目标函数.

由于总利润 $L(x)=R(x)-C(x)$, 所以当企业刚好保本时,应满足

$$L(x)=R(x)-C(x)=0.$$

由上式得出的 x_0 值,即为保本生产量,亦称盈亏平衡点,因为当生产量 $x<x_0$ 时,企业经营的结果是亏损,只有当生产量 $x>x_0$ 时,企业方能盈利.盈亏临界点理论是20世纪30年代由美国经济学家 Woltey Rauthatrancn 首先提出的,该理论已经广泛地应用于经济决策和为企业制订生产计划、销售计划提供理论依据.

例 1.1.11 某工厂生产积木玩具,每生产一套积木玩具的可变成本为15元,每天的固定成本为2000元,如果每套积木玩具的出厂价为20元,为了不亏本,该厂每天至少要生产多少套这种积木玩具?

解 设每天的生产量为 x,则有

每天的总成本函数:$C(x)=2000+15x$,

每天的总收益函数:$R(x)=20x$,

每天的总利润函数:$L(x)=R(x)-C(x)=5x-2000$, 所以若不亏本,至少 $L(x)=R(x)-C(x)\geqslant 0$, 即

$$5x - 2000 \geqslant 0,$$

得 $x \geqslant 400$. 因此,每天至少生产400套这种玩具才不至于亏本.

习题 1.1

1. 求下列函数定义域.

(1) $y = \dfrac{\ln 3}{\sqrt{x^2 - 1}}$;　　(2) $y = \ln(x^2 - 3x + 2)$;

(3) $y = \arcsin\sqrt{x^2 - 1}$;　　(4) $y = \ln(x - 1) + \dfrac{1}{\sqrt{x + 1}}$;

(5) $y = \sqrt{3 - x} + \arctan\dfrac{1}{x}$;　　(6) $y = \ln\sqrt[3]{x^2 - 4} + \tan x$.

2. 已知 $f(x) = \begin{cases} -1, & x < 0, \\ 0, & x = 0, \\ 1, & x > 0, \end{cases}$ 求 $f(x - 1), f(x^2 - 1)$.

3. 判断下列函数的单调性.

(1) $y = 2x + 1$;　　(2) $y = 1 + x^2$;　　(3) $y = \ln(x + 2)$.

4. 判断下列函数的奇偶性.

(1) $y = x\sin x$;　　(2) $y = \dfrac{e^x + e^{-x}}{2}$;

(3) $y = 2x - x^2$;　　(4) $y = \ln\left(x + \sqrt{1 + x^2}\right)$.

5. 判断下列函数是否为周期函数,如果是周期函数,求其周期.

(1) $y = \cos(x - 2)$;　　(2) $y = |\sin x|$;

(3) $y = \sin 3x + \tan\dfrac{x}{2}$;　　(4) $y = x\cos x$.

6. 设 $f\left(\dfrac{1}{x}\right) = x + \sqrt{1 + x^2}\ (x \neq 0)$, 求 $f(x)$.

7. 求下列函数的反函数.

(1) $y = \sqrt[3]{x + 1}$;　　(2) $y = \dfrac{x - 1}{x + 1}$;

(3) $y = 1 + \ln(x - 1)$;　　(4) $y = \dfrac{1}{3}\sin 2x\left(-\dfrac{\pi}{4} < x < \dfrac{\pi}{4}\right)$.

8. 在下列各题中,求由所给函数复合而成的复合函数.

(1) $y = \sqrt{u}, u = 1 - x^2$;　　(2) $y = u^3, u = \ln v, v = x + 1$;

(3) $y = \arctan u, u = e^v, v = x^2$.

9. 下列函数可以看作由哪些简单函数复合而成的.

(1) $y = \sin(x^n)$;　　(2) $y = \left(\arcsin\dfrac{x}{2}\right)^2$;

(3) $y=\sin^5(3x)$；　　　　(4) $y=\dfrac{1}{\sqrt{a^2+x^2}}$.

10. 收音机每台售价为 90 元，成本为 60 元，厂商为鼓励销售商大量采购，决定凡是订购量超过 100 台的，每多订购 100 台，售价就降低 1 分，但最低价为每台 75 元.

(1)将每台的实际售价 p 表示成订购量 x 的函数；

(2)将厂方所获得的利润 L 表示成订购量 x 的函数；

(3)某一销售商订购了 1 000 台，厂方可获利润多少？

1.2　数列的极限

1.2.1　引例

极限概念是由于求某些实际问题的精确解答而产生的. 例如，我国古代数学家刘徽(3 世纪)利用圆内接正多边形来推算圆面积的方法——割圆术，就是极限思想在几何学上的应用.

设有一圆，首先作其内接正六边形，其面积记作 A_1；再作内接正十二边形，其面积记作 A_2；再作内接正二十四边形，其面积记作 A_3；如此循环，每次边数加倍，将内接正 $6\times2^{n-1}$ 边形的面积记作 $A_n(n\in\mathbf{N}^+)$. 这样，就得到一系列内接正多边形的面积，它们构成一系列有次序的数(图 1.19). 当 n 越大，内接正多边形与圆的面积差别就越小，从而以 A_n 作为圆面积的近似值也越精确. 但是无论 n 取得如何大，只要 n 取定了，A_n 终究只是多边形的面积，还不是圆的面积. 因此，设想 n 无限增大(记为 $n\to\infty$，读作 n 趋于无穷大)，即内接正多边形的边数无限增加，在这个过程中，内接正多边形的面积无限接近于圆的面积，即 A_n 无限接近于某一个确定的数值，这个确定的数值就理解为圆的面积. 在数学上这个确定的数值称为上面这列有次序的数(所谓数列)当 $n\to\infty$ 时的极限. 在圆面积问题中我们看到，正是这个数列的极限才精确地表达了圆的面积.

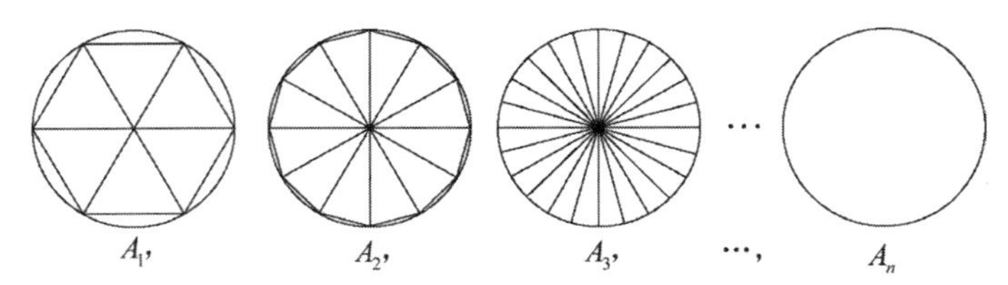

图 1.19

在解决实际问题中形成的这种极限方法，已成为高等数学中的一种基本方法，因此有必要作进一步的阐明. 下面我们首先引入数列的定义，再讨论数列极限的概念与性质.

1.2.2 数列极限的概念

定义 1.2.1 如果按照某一法则，对每个 $n \in \mathbf{N}^+$，对应着一个确定的实数 u_n，这些实数 u_n 按照下标 n 从小到大排列得到一个序列

$$u_1, u_2, \cdots, u_n, \cdots,$$

称为**数列**，简记为 $\{u_n\}$.

根据以上定义，数列 $\{u_n\}$ 又可以理解为定义在正整数集合上的函数

$$u_n = f(n), n \in \mathbf{N}^+.$$

数列中的每一个数称为数列的**项**，第 n 项 u_n 称为数列的**一般项**或**通项**. 例如：

(1) $1, \frac{1}{2}, \frac{1}{3}, \cdots, \frac{1}{n}, \cdots$；

(2) $\frac{1}{2}, \frac{2}{3}, \frac{3}{4}, \cdots, \frac{n}{n+1}, \cdots$；

(3) $1, 2, 3, \cdots, n, \cdots$；

(4) $1, -\frac{1}{2}, \frac{1}{3}, \cdots, (-1)^{n-1}\frac{1}{n}, \cdots$；

(5) $1, -1, 1, -1, \cdots, (-1)^{n-1}, \cdots$

都是数列的例子，它们的一般项依次为

$$\frac{1}{n}, \frac{n}{n+1}, n, (-1)^{n-1}\frac{1}{n}, (-1)^{n-1}.$$

观察以上数列，我们可以看到，随着 n 的无限增大，它们有着各自的变化趋势：数列(1)无限接近于 0，数列(2)无限接近于 1，数列(3)无限增大，数列(4)无限接近于 0，数列(5)不接近于任何常数.

观察可知，随着 n 的无限增大，数列的变化趋势可分为以下两种情形：数列无限接近于某个确定的常数或者数列不接近于任何常数. 由此给出数列极限的描述性定义.

定义 1.2.2 设 $\{u_n\}$ 为一数列，如果当 n 无限增大时，u_n 无限接近于某个确定的常数 a，则称 a 为数列 $\{u_n\}$ 的**极限**，记作

$$\lim_{n\to\infty} u_n = a \text{ 或 } u_n \to a (n \to \infty),$$

此时也称数列 $\{u_n\}$ **收敛**.

如果当 n 无限增大时，u_n 不接近于任一常数，则称数列 $\{u_n\}$ 没有极限，或者数列 $\{u_n\}$ **发散**，习惯上也称 $\lim\limits_{n\to\infty} u_n$ 不存在.

根据以上定义易知，上述数列中：$\lim\limits_{n\to\infty}\frac{1}{n} = 0$，$\lim\limits_{n\to\infty}\frac{n}{n+1} = 1$，$\lim\limits_{n\to\infty}(-1)^{n-1}\frac{1}{n} = 0$，而数列 $\{n\}$ 与 $\{(-1)^n\}$ 是发散的.

定义 1.2.2 用直观描述的方法给出了极限的定义，并用观察法得到了几个数列的极限，但是有些复杂的数列很难通过观察得到极限，并且定义 1.2.2 中

“n 无限增大”与“ u_n 无限接近于”等语言缺少了数学的严谨性与精确性.那么该如何使用数学语言刻画“n 无限增大”与“ u_n 无限接近于”呢?

我们知道,两个数 a 与 b 之间的接近程度可以用 $|b-a|$ 度量,$|b-a|$ 越小,a 与 b 越接近.因此,定义 1.2.2 中“当 n 无限增大时,u_n 无限接近于某个确定的常数 a ”指“当 n 无限增大时,u_n 与 a 可以任意接近”,换句话说,“当 n 充分大时,$|u_n-A|$ 可以任意小”.

下面以 $\lim\limits_{n\to\infty}\dfrac{1}{n}=0$ 为例说明数列极限的精确定义.

例如,如果事先给定小正数 0.1,要使 $\left|\dfrac{1}{n}-0\right|<0.1$,只须 $n>10$. 也就是说,从数列的第 11 项起无穷项都满足 $\left|\dfrac{1}{n}-0\right|<0.1$.

如果事先给定小正数 0.01,要使 $\left|\dfrac{1}{n}-0\right|<0.01$,只须 $n>100$. 也就是说,从数列的第 101 项起无穷项都满足 $\left|\dfrac{1}{n}-0\right|<0.01$.

如果事先给定小正数 0.001,要使 $\left|\dfrac{1}{n}-0\right|<0.001$,只须 $n>1000$. 也就是说,从数列的第 1001 项起无穷项都满足 $\left|\dfrac{1}{n}-0\right|<0.001$.

……

由此可见,无论事先指定多么小的正数 ε,总存在足够大的正整数 N,使 $n>N$ 的无穷项 $u_{N+1},u_{N+2},\cdots$ 都满足 $\left|\dfrac{1}{n}-0\right|<\varepsilon$.

根据以上讨论,我们给出数列极限的精确定义.

定义 1.2.2′ ($\varepsilon-N$ **定义**)设 $\{u_n\}$ 为一数列,如果存在常数 a,对于任意给定的正数 ε(不论它多么小),总存在正整数 N,使当 $n>N$ 时,不等式 $|u_n-a|<\varepsilon$ 恒成立,则称常数 a 为数列 $\{u_n\}$ 的**极限**,或者称数列 $\{u_n\}$ **收敛于** a. 记作

$$\lim_{n\to\infty}u_n=a \text{ 或 } u_n\to a(n\to\infty).$$

如果不存在这样的常数 a,则称数列 $\{u_n\}$ **发散**,也称 $\lim\limits_{n\to\infty}u_n$ 不存在.

上面定义中的正数 ε 可以任意给定,这一点是很重要的,因为只有这样,不等式 $|u_n-a|<\varepsilon$ 才能表达出 u_n 与 a 无限接近的意思.此外还应注意到:定义中的正整数 N 是与任意给定的正数 ε 有关的,它随 ε 的给定而选定.

下面我们给出“数列 $\{u_n\}$ 的极限为 a ”的几何意义.

若 $\lim\limits_{n\to\infty}u_n=a$,则对于任给的 $\varepsilon>0$,无论它多么小,都存在正整数 N,在数列 $\{u_n\}$ 中,从第 $N+1$ 项开始以后的所有项 $u_{N+1},u_{N+2},\cdots$ 都落在区间 $(a-\varepsilon,a+\varepsilon)$ 中,而在该区间之外最多只有 $\{u_n\}$ 的有限项 $u_1,u_2,\cdots,u_N$(图 1.20).

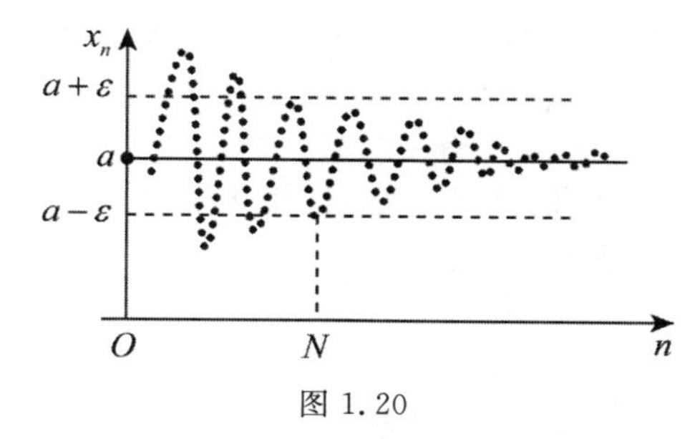

图 1.20

为了表达方便，引入记号“ $\forall$ ”表示对于任意给定的或对于每一个，记号“ $\exists$ ”表示存在或找到. 于是，“对于任意给定的正数 ε ”可写成“ $\forall\varepsilon>0$ ”，“存在正整数 N”写成“ $\exists$ 正整数 N”. 于是，数列极限 $\lim\limits_{n\to\infty}u_n=a$ 可简单表达为

$$\lim_{n\to\infty}u_n=a\Leftrightarrow\forall\varepsilon>0,\exists\text{ 正整数 }N,\text{当 }n>N\text{ 时，有 }|u_n-a|<\varepsilon.$$

数列极限的精确定义并未直接给出数列极限的计算方法，但我们可以用它来证明数列的极限.

例 1.2.1 设 $|q|<1$，证明：$\lim\limits_{n\to\infty}q^n=0$.

证明 令 $u_n=q^n$，当 $q=0$ 时，结论显然成立，以下设 $0<|q|<1$. 对 $\forall\varepsilon>0$（设 $\varepsilon<1$），要使

$$|u_n-0|=|q^n-0|=|q^n|=|q|^n<\varepsilon$$

成立，只需 $n>\dfrac{\ln\varepsilon}{\ln|q|}$，取正整数 $N=\left[\dfrac{\ln\varepsilon}{\ln|q|}\right]$，则当 $n>N$ 时，恒有 $|u_n-0|<\varepsilon$ 成立.

由定义知，当 $|q|<1$ 时，有 $\lim\limits_{n\to\infty}q^n=0$.

例 1.2.2 复利年金现值与永续年金.

在 1.1 节例 1.1.8 中我们得到了复利计算公式

$$S_n=A_0(1+r)^n.$$

根据此公式，现在的 A_0 元相当于 n 年后的 S_n 元，称 S_n 为 A_0 在 n 年末的终值，而 A_0 称为 n 年末的资金 S_n 的现值，且有

$$A_0=\frac{S_n}{(1+r)^n}.$$

年金是指每期（如年）均发生的等额收付款项（如每年均颁发一项奖学金，每年的奖金额相等）. 设每期末发生年金 A，每期的利率为 r，计算复利，第 k 期末年金 A 的现值为 $\dfrac{A}{(1+r)^k}$ $(k=1,2,\cdots,n)$. 到 n 期末，各期末发生的年金总现值为

$$P_n=\frac{A}{1+r}+\frac{A}{(1+r)^2}+\cdots+\frac{A}{(1+r)^n}=\frac{A}{r}\left[1-\frac{1}{(1+r)^n}\right].$$

当年金的期数永远继续,即 $n \to \infty$ 时,称为永续年金,其现值为

$$P_0 = \lim_{n\to\infty} P_n = \lim_{n\to\infty} \frac{A}{r}\left[1 - \frac{1}{(1+r)^n}\right] = \frac{A}{r}. \tag{1.2.1}$$

例如,建立一项永久性的奖励基金,每年年终发放一次,奖金额为 1 万元,若以年复利 5%计算,现在需存入银行多少钱?

由式(1.2.1)可得

$$P_0 = \frac{A}{r} = \frac{1}{0.05} = 20\,(\text{万元}),$$

即现在需存入 20 万元.

1.2.3 收敛数列的性质

下面四个定理都是有关收敛数列的性质.

定理 1.2.1(极限的唯一性) 如果数列 $\{u_n\}$ 收敛,则其极限必唯一.

证明 现用反证法证明.设数列 $\{u_n\}$ 有两个极限 a 和 b,不妨设 $a < b$,取 $\varepsilon = \frac{b-a}{2} > 0$,因为 $\lim\limits_{n\to\infty} u_n = a$,故 $\exists$ 正整数 N_1,当 $n > N_1$ 时,有不等式

$$|u_n - a| < \frac{b-a}{2}$$

成立,即

$$a - \frac{b-a}{2} < u_n < a + \frac{b-a}{2}.$$

从而有

$$u_n < \frac{a+b}{2}. \tag{1.2.2}$$

同理,因为 $\lim\limits_{n\to\infty} u_n = b$,故 $\exists$ 正整数 N_2,当 $n > N_2$ 时,有不等式

$$|u_n - b| < \frac{b-a}{2}$$

成立,即

$$b - \frac{b-a}{2} < u_n < b + \frac{b-a}{2}.$$

从而有

$$u_n > \frac{a+b}{2}. \tag{1.2.3}$$

取 $N = \max\{N_1, N_2\}$,则 $n > N$ 时,(1.2.2)与(1.2.3)两式同时成立,得到矛盾,假设不成立.从而本定理的断言成立.

定理 1.2.2(收敛数列的有界性) 如果数列 $\{u_n\}$ 收敛,则 $\{u_n\}$ 一定有界.

证明 设数列 $\{u_n\}$ 收敛于 a,由数列极限的定义,取 $\varepsilon = 1$,则存在正整数 N,当 $n > N$ 时,有

$$|u_n - a| < 1$$

成立. 于是,当 $n > N$ 时

$$|u_n| = |(u_n - a) + a| \leqslant |(u_n - a)| + |a| < 1 + |a|.$$

取 $M = \max\{|u_1|, |u_2|, \cdots, |u_N|, 1 + |a|\}$,则对 $\forall n \in \mathrm{N}^+$,都有

$$|u_n| < M.$$

这就证明了数列 $\{u_n\}$ 是有界的.

根据上述定理,如果数列 $\{u_n\}$ 无界,则数列 $\{u_n\}$ 一定发散. 但是,如果数列 $\{u_n\}$ 有界,却不能断定数列 $\{u_n\}$ 一定收敛. 例如,数列 $\{(-1)^{n-1}\}$ 有界,但却是发散的. 所以数列有界仅是数列收敛的必要条件,而不是充分条件.

定理 1.2.3(收敛数列的保号性) 如果 $\lim\limits_{n \to \infty} u_n = a$,且 $a > 0$(或 $a < 0$),则存在正整数 N,当 $n > N$ 时,有 $u_n > 0$(或 $u_n < 0$).

证明 设 $a > 0$,由于 $\lim\limits_{n \to \infty} u_n = a$,取 $\varepsilon = \frac{a}{2} > 0$. 则存在正整数 N,当 $n > N$ 时,有

$$|u_n - a| < \frac{a}{2}.$$

从而有

$$u_n > a - \frac{a}{2} = \frac{a}{2} > 0.$$

当 $a < 0$ 时可类似证明.

推论 1.2.1 如果数列 $\{u_n\}$ 从某项起有 $u_n \geqslant 0$(或 $u_n \leqslant 0$),且 $\lim\limits_{n \to \infty} u_n = a$,那么 $a \geqslant 0$(或 $a \leqslant 0$).

证明 设数列 $\{u_n\}$ 从第 N_1 项起,即当 $n > N_1$ 时,有 $u_n \geqslant 0$. 现用反证法证明 $a \geqslant 0$. 若 $\lim\limits_{n \to \infty} u_n = a < 0$,由定理 1.2.3 可知,存在正整数 N_2,当 $n > N_2$ 时,有 $u_n < 0$,取 $N = \max\{N_1, N_2\}$,则当 $n > N$ 时,按假定有 $u_n \geqslant 0$,而按定理 1.2.3 有 $u_n < 0$,这引起矛盾. 因此必有 $a \geqslant 0$.

数列 $\{u_n\}$ 从某项起有 $u_n \leqslant 0$ 的情形可类似证明.

最后,介绍子数列的概念以及关于收敛数列与其子数列间关系的一个结论.

在数列 $\{u_n\}$ 中任意抽取无限多项并保持这些项在原数列 $\{u_n\}$ 中的先后次序,这样得到的数列称为原数列 $\{u_n\}$ 的**子数列**(或**子列**).

设在数列 $\{u_n\}$ 中,第一次抽取 u_{n_1},第二次在 u_{n_1} 后抽取 u_{n_2},第三次在 u_{n_2} 后抽取 u_{n_3},…,这样无休止地抽取下去,得到一个数列

$$u_{n_1}, u_{n_2}, u_{n_3}, \cdots, u_{n_k}, \cdots,$$

该数列记作 $\{u_{n_k}\}$,就是数列 $\{u_n\}$ 的一个子数列.

可见,在子数列 $\{u_{n_k}\}$ 中,一般项 u_{n_k} 是第 k 项,而在原数列 $\{u_n\}$ 中却是第

n_k 项,显然 $n_k \geqslant k$.

定理 1.2.4(收敛数列与其子数列间的关系) 如果数列 $\{u_n\}$ 收敛于 a,则其任一子数列也收敛,且极限也是 a.

证明从略.

由定理 1.2.4 可知,如果数列 $\{u_n\}$ 有一个子数列发散,则数列 $\{u_n\}$ 也一定发散. 而如果数列 $\{u_n\}$ 有两个收敛于不同极限的子数列,则数列 $\{u_n\}$ 也一定发散. 例如,数列 $\{(-1)^{n-1}\}$ 的子数列 $\{u_{2k-1}\}$ 收敛于 1,而子数列 $\{u_{2k}\}$ 收敛于 -1,因此数列 $\{(-1)^{n-1}\}$ 是发散的. 同时这个例子也说明,一个发散的数列也可能有收敛的子数列.

推论 1.2.2 设数列 $\{u_{2k-1}\}$ 和 $\{u_{2k}\}$ 是数列 $\{u_n\}$ 的奇子列和偶子列,则 $\lim\limits_{n\to\infty} u_n = a$ 的充分必要条件为 $\lim\limits_{k\to\infty} u_{2k-1} = \lim\limits_{k\to\infty} u_{2k} = a$.

证明从略.

习题 1.2

1. 观察下列数列的变化趋势,如果有极限,写出其极限.

(1) $u_n = \dfrac{1}{2^n}$;　　(2) $u_n = \dfrac{n-1}{n+1}$;

(3) $u_n = 2(-1)^n$;　　(4) $u_n = (-1)^{n-1}\dfrac{1}{n}$;

(5) $u_n = \dfrac{\sin n\pi}{n}$;　　(6) $u_n = \ln\dfrac{1}{n}$.

2. 用数列极限的定义证明下列极限.

(1) $\lim\limits_{n\to\infty}\dfrac{2n+3}{n+1} = 2$;　　(2) $\lim\limits_{n\to\infty}\dfrac{1}{\sqrt{n}} = 0$.

3. 如果 $\lim\limits_{n\to\infty} u_n = a$,证明:$\lim\limits_{n\to\infty} |u_n| = |a|$,举例说明反之未必.

1.3 函数的极限

因为数列 $\{u_n\}$ 可以看作自变量为 n 的函数 $u_n = f(n), n \in \mathbf{N}^+$,所以数列 $\{u_n\}$ 的极限为 a,就是当自变量 n 取正整数且无限增大($n \to \infty$)这一过程中,对应的函数值 $f(n)$ 无限接近于确定的数 a. 把数列极限概念中的函数为 $f(n)$ 而自变量的变化过程为 $n \to \infty$ 等特殊性撇开,可以引出函数极限的概念:在自变量的某个变化过程中,如果对应的函数值无限接近于某个确定的常数,那么这个确定的常数就称为自变量在这一变化过程中函数的极限. 这个极限是与自变量的变化过程密切相关的,由于自变量的变化过程不同,函数的极限就表现为不同的形式. 下面讨论自变量 x 变化过程中函数 $f(x)$ 的极限,根据自变量 x 的变化不同,主要有两种情形:

(1) 自变量 x 的绝对值 $|x|$ 无限增大即趋于无穷大(记作 $x \to \infty$)时,对应

的函数 $f(x)$ 的变化情形；

(2)自变量 x 任意接近于有限值 x_0 即趋于有限值 x_0（记作 $x \to x_0$）时，对应的函数 $f(x)$ 的变化情形.

1.3.1 自变量趋于无穷大时函数的极限

考察函数 $f(x)=1+\frac{1}{x}$，从其图像(图 1.21)中可以看出：当 $|x|$ 无限增大（记为 $x \to \infty$）时，函数值无限接近于常数 1，称 1 为函数 $f(x)=1+\frac{1}{x}$ 当 $x \to \infty$ 时的极限.

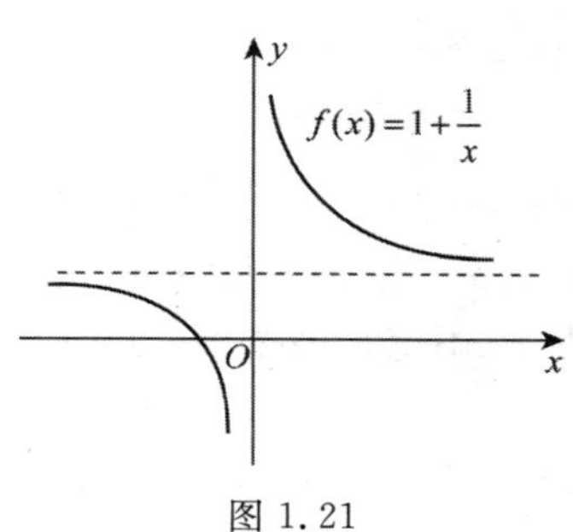

图 1.21

一般地，有下面的描述性定义.

定义 1.3.1 设函数 $y=f(x)$ 在 $|x| \geqslant a$ 时有定义，当 $|x|$ 无限增大时，如果函数 $f(x)$ 无限接近于确定的常数 A，则称 A 为当 $x \to \infty$ 时函数 $f(x)$ 的**极限**，记作

$$\lim_{x \to \infty} f(x)=A \text{ 或 } f(x) \to A\ (x \to \infty).$$

由定义 1.3.1 可知，1 为函数 $f(x)=1+\frac{1}{x}$ 当 $x \to \infty$ 时的极限，记为

$$\lim_{x \to \infty}\left(1+\frac{1}{x}\right)=1.$$

有时我们还需要区分 x 趋于无穷大的符号，如果 x 沿 x 轴正向无限增大，记为 $x \to +\infty$；沿 x 轴负向绝对值无限增大，记为 $x \to -\infty$，相应地可表示为

$$\lim_{x \to +\infty} f(x)=A\ ;\ \lim_{x \to -\infty} f(x)=A.$$

由以上描述性定义并借助于基本初等函数的图形，不难得出：

(1) $\lim\limits_{x \to \infty} C=C$；　　(2) $\lim\limits_{x \to +\infty} \mathrm{e}^x$ 不存在；

(3) $\lim\limits_{x \to -\infty} \mathrm{e}^x=0$；　　(4) $\lim\limits_{x \to +\infty} \arctan x=\frac{\pi}{2}$；

(5) $\lim\limits_{x \to -\infty} \arctan x=-\frac{\pi}{2}$.

定理 1.3.1 $\lim\limits_{x \to \infty} f(x)=A$ 成立的充要条件是 $\lim\limits_{x \to +\infty} f(x)=\lim\limits_{x \to -\infty} f(x)=A$.

由定理 1.3.1 可知，$\lim\limits_{x\to\infty} e^x$ 与 $\lim\limits_{x\to\infty}\arctan x$ 都不存在.

依照数列极限的 $\varepsilon - N$ 定义，下面给出当 $x\to\infty$ 时函数 $f(x)$ 极限的精确定义.

定义 1.3.1′（**$\varepsilon - X$ 定义**）设函数 $f(x)$ 当 $|x|\geqslant a$ 时有定义，如果存在常数 A，对于任意给定的正数 ε（不论它多么小），总存在着正数 X，使得当 $|x|>X$ 时，不等式

$$|f(x)-A|<\varepsilon$$

恒成立，则称 A 为 $f(x)$ 当 $x\to\infty$ 时的**极限**. 记作

$$\lim_{x\to\infty} f(x)=A \text{ 或 } f(x)\to A\ (x\to\infty).$$

上述定义可以简单地表达为：

$\lim\limits_{x\to\infty} f(x)=A \Leftrightarrow \forall\varepsilon>0, \exists X>0$，当 $|x|>X$ 时，有 $|f(x)-A|<\varepsilon$.

类似地，可以写出极限 $\lim\limits_{x\to+\infty} f(x)=A$ 和 $\lim\limits_{x\to-\infty} f(x)=A$ 的定义.

定义 1.3.2 设函数 $f(x)$ 当 $x>a(x<a)$ 时有定义，如果存在常数 $A(B)$，对于任意给定的正数 ε（不论它多么小），总存在着正数 X，使得当 $x>X$ $(x<-X)$ 时，不等式

$$|f(x)-A|<\varepsilon\ (|f(x)-B|<\varepsilon)$$

恒成立，则称 $A(B)$ 为 $f(x)$ 当 $x\to+\infty(x\to-\infty)$ 时的**极限**. 记作

$$\lim_{x\to+\infty} f(x)=A\ (\lim_{x\to-\infty} f(x)=B).$$

从几何直观上来看，$\lim\limits_{x\to\infty} f(x)=A$ 是指无论取多么小的正数 ε，总能找到一个正数 X，当 $x>X$ 或 $x<-X$ 时，曲线 $y=f(x)$ 总是介于两条水平直线 $y=A-\varepsilon$ 和 $y=A+\varepsilon$ 之间（图 1.22）.

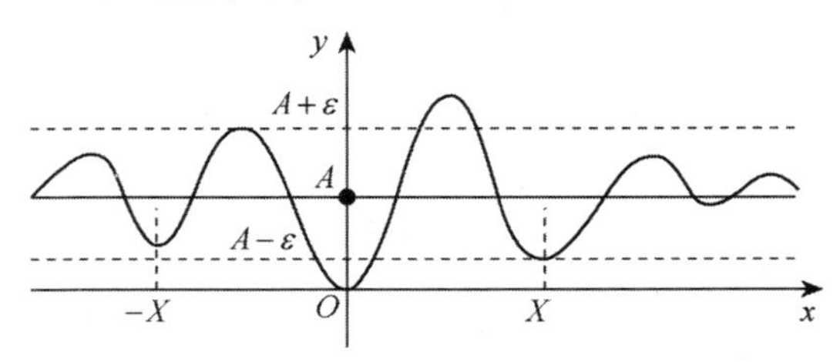

图 1.22

一般地，若 $\lim\limits_{x\to\infty} f(x)=A$（或 $\lim\limits_{x\to+\infty} f(x)=A$，或 $\lim\limits_{x\to-\infty} f(x)=A$），则称直线 $y=A$ 为曲线 $y=f(x)$ 的**水平渐近线**.

例 1.3.1 证明：$\lim\limits_{x\to\infty}\dfrac{1}{x}=0$.

证明 $\forall\varepsilon>0$，要使不等式 $\left|\dfrac{1}{x}-0\right|=\dfrac{1}{|x|}<\varepsilon$ 成立，只要 $|x|>\dfrac{1}{\varepsilon}$. 因此，如果取 $X=\dfrac{1}{\varepsilon}$，则当 $|x|>X$ 时，不等式 $\left|\dfrac{1}{x}-0\right|<\varepsilon$ 成立. 这就证明了 $\lim\limits_{x\to\infty}\dfrac{1}{x}=0$.

1.3.2 自变量趋于有限值时函数的极限

考察函数 $f(x)=\dfrac{x^2-1}{x-1}$，从其图像(图 1.23)中可以看出：当 x 从 $x=1$ 的左侧或右侧无限接近于 1 时，$f(x)$ 的函数值无限趋向于 2. 此时我们说 2 为函数 $f(x)$ 当 $x\to 1$ 时的极限.

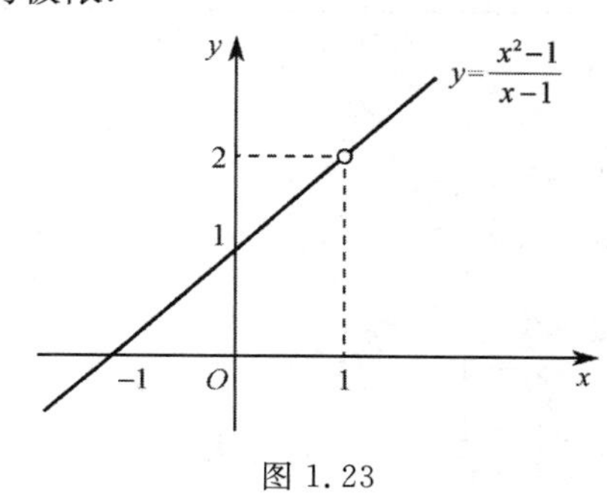

图 1.23

一般地，有下面描述性定义：

定义 1.3.2 设函数 $f(x)$ 在 x_0 的某邻域内有定义，如果存在常数 A，当 x 无限接近于 x_0 时，函数 $f(x)$ 无限接近于 A，则称 A 为 $f(x)$ 当 x 趋向于 x_0 时的**极限**. 记作

$$\lim_{x\to x_0}f(x)=A \text{ 或 } f(x)\to A\ (x\to x_0).$$

显然，函数 $f(x)$ 当 $x\to x_0$ 时极限存在与否与函数 $f(x)$ 在 x_0 处的函数值无关，也与 $f(x)$ 在 x_0 点有无定义无关.

由描述性定义并借助初等函数的图形不难得出：

(1) $\lim\limits_{x\to x_0}C=C$；　(2) $\lim\limits_{x\to x_0}x=x_0$；

(3) $\lim\limits_{x\to 0}\sin x=0$；　(4) $\lim\limits_{x\to 0}\cos x=1$.

依照数列极限的 $\varepsilon-N$ 定义，下面给出当 $x\to x_0$ 时函数 $f(x)$ 极限的精确定义.

定义 1.3.2′（**$\varepsilon-\delta$ 定义**）设函数 $f(x)$ 在 x_0 的某邻域内有定义，如果存在常数 A，对于任给 $\varepsilon>0$，总存在 $\delta>0$，使当 $0<|x-x_0|<\delta$ 时，不等式

$$|f(x)-A|<\varepsilon$$

恒成立，则称 A 为函数 $f(x)$ 当 $x\to x_0$ 时的**极限**，记作

$$\lim_{x\to x_0}f(x)=A \text{ 或 } f(x)\to A\ (x\to x_0).$$

从几何直观上看，$\lim\limits_{x\to x_0}f(x)=A$ 是指无论对于多么小的正数 ε，总能找到正数 δ，当 $y=f(x)$ 图形上点的横坐标 x 在邻域 $(x_0-\delta,x_0+\delta)$ 内，但 $x\neq x_0$ 时，曲线 $y=f(x)$ 总是介于两条水平直线 $y=A-\varepsilon$ 和 $y=A+\varepsilon$ 之间

(图 1.24).

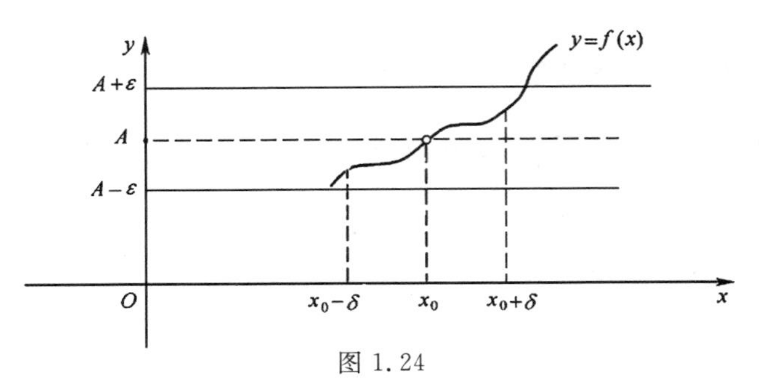

图 1.24

上述定义可以简单地表达为:

$$\lim_{x\to x_0} f(x)=A \Leftrightarrow \forall \varepsilon>0, \exists \delta>0, \text{当 } 0<|x-x_0|<\delta \text{ 时,有 } |f(x)-A|<\varepsilon.$$

例 1.3.2 证明: $\lim\limits_{x\to 1}\dfrac{x^2-1}{x-1}=2$.

证明 函数 $f(x)=\dfrac{x^2-1}{x-1}$ 在 $x=1$ 处无定义,但 $f(x)$ 当 $x\to 1$ 时极限存在与否与其并没有关系.事实上, $\forall \varepsilon>0$, 要使

$$|f(x)-A|=\left|\frac{x^2-1}{x-1}-2\right|=|(x+1)-2|=|x-1|<\varepsilon,$$

可取 $\delta=\varepsilon$, 那么当 $0<|x-1|<\delta$ 时,就有 $\left|\dfrac{x^2-1}{x-1}-2\right|<\varepsilon$. 这就证明了 $\lim\limits_{x\to 1}\dfrac{x^2-1}{x-1}=2$.

在定义 1.3.2′中, $x\to x_0$ 的方式是任意的,即不论 x 从 x_0 的左侧还是 x_0 的右侧趋向于 x_0, 函数 $f(x)$ 都无限地接近于常数 A,这种极限实际上为双侧极限.但有时只能或只需考虑 x 仅从 x_0 的一侧趋向于 x_0 时函数 $f(x)$ 的极限情形,这就是单侧极限问题.对于单侧极限,一般地,有如下定义.

定义 1.3.3 (1)设函数 $f(x)$ 在 x_0 某左邻域有定义,如果当 x 从 x_0 的左侧无限接近于 x_0 时, $f(x)$ 的函数值无限接近于某个常数 A,则称 A 为 $f(x)$ 当 x 趋向于 x_0 时的**左极限**,记作

$$\lim_{x\to x_0^-} f(x)=A \text{ 或 } f(x_0^-)=A.$$

(2)设函数 $f(x)$ 在 x_0 某右邻域有定义,如果当 x 从 x_0 的右侧无限接近于 x_0 时, $f(x)$ 的函数值无限接近于某个常数 A,则称 A 为 $f(x)$ 当 x 趋向于 x_0 时的**右极限**,记作

$$\lim_{x\to x_0^+} f(x)=A \text{ 或 } f(x_0^+)=A.$$

左极限和右极限统称为**单侧极限**.

以上为左极限和右极限的描述性定义,其 $\varepsilon-\delta$ 定义请读者自行写出.

由以上定义,不难得到以下结论:

定理 1.3.2 函数 $f(x)$ 在点 $x=x_0$ 处极限存在的充要条件是 $f(x)$ 在 x_0 处的左右极限都存在且相等,即

$$\lim_{x\to x_0} f(x)=A \Leftrightarrow \lim_{x\to x_0^-} f(x)=\lim_{x\to x_0^+} f(x)=A.$$

注意:此定理常用于判定分段函数在分段点处极限的存在性.

例 1.3.3 讨论函数 $f(x)=\begin{cases} x-1, & x<0, \\ 0, & x=0, \\ x+1, & x>0, \end{cases}$ 当 $x\to 0$ 时极限是否存在.

解 考察当 $x\to 0$ 时,$f(x)$ 的左右极限.由定义与几何直观(图 1.25),可知

$$\lim_{x\to 0^-} f(x)=\lim_{x\to 0^-}(x-1)=-1, \lim_{x\to 0^+} f(x)=\lim_{x\to 0^+}(x+1)=1.$$

因为左右极限存在不相等,所以 $\lim\limits_{x\to 0} f(x)$ 不存在.

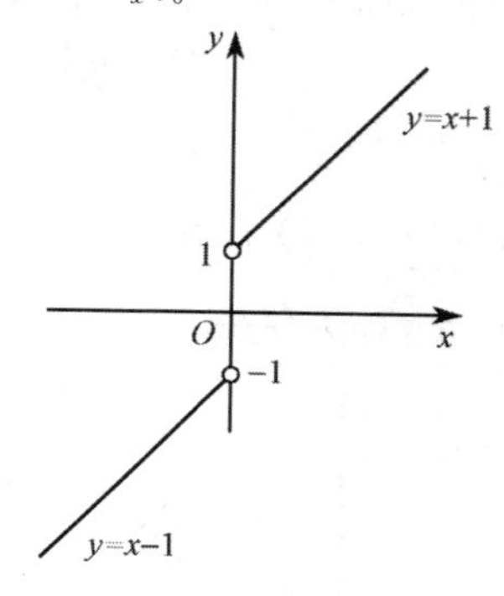

图 1.25

虽然极限的定义较为抽象,但只要初学者掌握了极限概念的直观意义,略过各种极限的严格定义及后面几节中的有关证明,并不会影响本课程的学习.

函数极限的 6 种情形难以从具体形式上统一起来.为了表达和论证函数极限的共同性质与运算法则,除非特别指明,今后将用 $\lim f(x)$ 泛指函数极限的任一类型.在证明时,只对其中一种情形加以论证,对证明过程稍加修改即可适用于其余类型.

今后将用变量泛指数列或函数,用“某变化过程”泛指 $n\to\infty, x\to x_0$(或 x_0^-, x_0^+),$x\to\infty$(或 $+\infty, -\infty$)之一.

1.3.3 函数极限的性质

与收敛数列的性质相比较,可得函数极限的一些相应性质.它们都可以根据函数极限的定义,运用类似于证明收敛数列性质的方法加以证明.由于函数极限中自变量的变化过程较复杂,下面仅就 $x\to x_0$ 的情形给出结论,至于其他变化过程的相应结论请读者自己给出.

定理 1.3.3(**函数极限的唯一性**) 如果 $\lim\limits_{x \to x_0} f(x)$ 存在,则其极限必唯一.

定理 1.3.4(**函数极限的局部有界性**) 如果 $\lim\limits_{x \to x_0} f(x) = A$,则存在常数 $M > 0$ 和 $\delta > 0$,使得当 $0 < |x - x_0| < \delta$ 时,有 $|f(x)| \leqslant M$.

定理 1.3.5(**函数极限的局部保号性**) 如果 $\lim\limits_{x \to x_0} f(x) = A(A \neq 0)$ 且 $A > 0$(或 $A < 0$),则存在常数 $\delta > 0$,使得当 $0 < |x - x_0| < \delta$ 时,有 $f(x) > 0$(或 $f(x) < 0$).

由定理 1.3.5,易得以下推论.

推论 1.3.1 如果在 x_0 的某去心邻域内恒有 $f(x) \geqslant 0$(或 $f(x) \leqslant 0$),且满足 $\lim\limits_{x \to x_0} f(x) = A$,则有 $A \geqslant 0$(或 $A \leqslant 0$).

习题 1.3

1. 对如图 1.26 所示的函数 $f(x)$,下列陈述中哪些是对的,哪些是错的?

(1) $\lim\limits_{x \to 0} f(x)$ 不存在;　　(2) $\lim\limits_{x \to 1} f(x) = 0$;

(3) $\lim\limits_{x \to 2^-} f(x) = 1$;　　(4) $\lim\limits_{x \to -1^+} f(x)$ 不存在;

(5)对每个 $x_0 \in (-1,1)$,$\lim\limits_{x \to x_0} f(x)$ 存在;

(6)对每个 $x_0 \in (1,2)$,$\lim\limits_{x \to x_0} f(x)$ 存在.

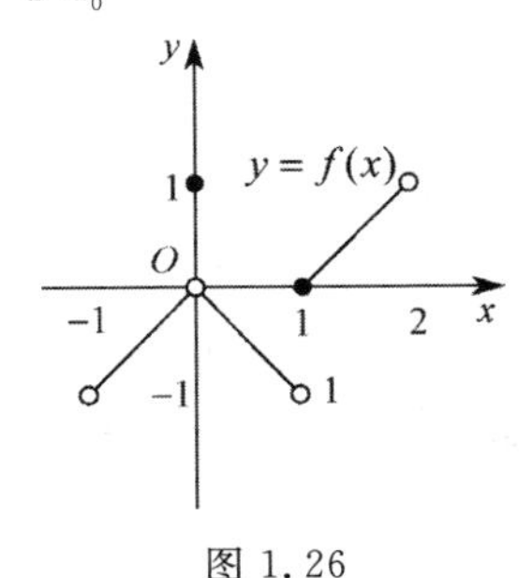

图 1.26

2. 用函数极限的定义证明下列极限.

(1) $\lim\limits_{x \to \infty} \dfrac{1}{x^2} = 0$;　　(2) $\lim\limits_{x \to 3} (3x - 1) = 8$.

3. 设函数 $f(x) = \begin{cases} \dfrac{1}{x-1}, & x < 0, \\ x, & 0 \leqslant x \leqslant 1, \\ 1, & x > 1. \end{cases}$ 问极限 $\lim\limits_{x \to 0} f(x)$ 与 $\lim\limits_{x \to 1} f(x)$ 是否存在?

4. 已知函数 $f(x) = \begin{cases} x^3, & x \leqslant 1, \\ x - 5k, & x > 1, \end{cases}$ 确定常数 k 的值,使极限 $\lim\limits_{x \to 1} f(x)$ 存在.

5. 证明:$\lim\limits_{x \to 0} \dfrac{|x|}{x}$ 不存在.

1.4 无穷小与无穷大

1.4.1 无穷小

在极限的研究中,极限为 0 的函数发挥着重要作用,需要进行专门的讨论,为此先引入如下定义.

定义 1.4.1 如果函数 $f(x)$ 在自变量 x 的某一变化过程中的极限为零,则称函数 $f(x)$ 为该变化过程中的无穷小量,简称**无穷小**,记作

$$\lim f(x)=0.$$

特别地,以零为极限的数列 $\{u_n\}$ 称为 $n\to\infty$ 时的无穷小.

例如,$\lim\limits_{x\to 1}(x-1)=0$,所以函数 $x-1$ 为 $x\to 1$ 时的无穷小.

$\lim\limits_{x\to\infty}\dfrac{\sin x}{x}=0$,所以函数 $\dfrac{\sin x}{x}$ 为 $x\to\infty$ 时的无穷小.

$\lim\limits_{n\to\infty}\dfrac{1}{n+1}=0$,所以数列 $\left\{\dfrac{1}{n+1}\right\}$ 为 $n\to\infty$ 时的无穷小.

有时为了表达方便,我们也用希腊字母 α,β,γ 等表示无穷小.

注意:(1)无穷小不是很小的数,而是在自变量的某个变化过程中,其极限为零的变量. 一个很小的正数(如百万分之一)是常数而不是无穷小.

(2)无穷小是相对于自变量的某一变化过程而言的,例如 $x\to\infty$ 时 $\dfrac{1}{x}$ 是无穷小,而 $x\to 1$ 时 $\dfrac{1}{x}$ 就不是无穷小.

(3)常数零可看作任何变化过程中的无穷小.

无穷小量与函数极限有如下关系:

定理 1.4.1 在自变量的同一变化过程中,函数 $f(x)$ 以 A 为极限的充要条件是 $f(x)=A+\alpha$,其中 α 为无穷小.

证明 仅就自变量 $x\to x_0$ 的情形为例证明,其他情形可类似求证.

先证必要性. 设 $\lim\limits_{x\to x_0}f(x)=A$,则 $\forall\varepsilon>0$,$\exists\delta>0$,使当 $0<|x-x_0|<\delta$ 时,有

$$|f(x)-A|<\varepsilon.$$

令 $\alpha=f(x)-A$,则 α 为 $x\to x_0$ 时的无穷小,且 $f(x)=A+\alpha$. 这就证明了 $f(x)$ 等于它的极限 A 与一个无穷小 α 之和.

再证充分性. 设 $f(x)=A+\alpha$,其中 A 为常数,α 为 $x\to x_0$ 时的无穷小. 于是

$$|f(x)-A|=|\alpha|.$$

因 α 为 $x\to x_0$ 时的无穷小,所以 $\forall\varepsilon>0$,$\exists\delta>0$,使当 $0<|x-x_0|<\delta$ 时,有 $|\alpha|<\varepsilon$,即

$$|f(x)-A|<\varepsilon.$$

这就证明了 A 为 $f(x)$ 当 $x\to x_0$ 时的极限.

无穷小还具有以下几个明显的性质.

性质 1.4.1 有限个无穷小的和仍是无穷小.

性质 1.4.2 有限个无穷小的乘积仍是无穷小.

性质 1.4.3 无穷小与有界变量的乘积仍是无穷小.特别地,常量与无穷小的乘积仍是无穷小.

例 1.4.1 求 $\lim\limits_{x\to 0}x\sin\dfrac{1}{x}$.

解 因为 $\lim\limits_{x\to 0}x=0$, $\left|\sin\dfrac{1}{x}\right|\leqslant 1(x\neq 0)$,故由性质 1.4.3 知, $\lim\limits_{x\to 0}x\sin\dfrac{1}{x}=0$.

1.4.2 无穷大

和无穷小的变化状态相反,如果在某个变化过程中,函数的绝对值无限增大,就说它是无穷大量,一般地,有下述定义.

定义 1.4.2 在自变量的某一变化过程中,如果 $|f(x)|$ 无限增大,则称函数 $f(x)$ 为该变化过程中的无穷大量,简称**无穷大**,记作

$$\lim f(x)=\infty.$$

例如, $\lim\limits_{x\to 0}\dfrac{1}{x}=\infty$,所以函数 $\dfrac{1}{x}$ 为 $x\to 0$ 时的无穷大.

$\lim\limits_{x\to\frac{\pi}{2}}\tan x=\infty$,所以函数 $\tan x$ 为 $x\to\dfrac{\pi}{2}$ 时的无穷大.

$\lim\limits_{x\to\infty}(2x+1)=\infty$,所以函数 $2x+1$ 为 $x\to\infty$ 时的无穷大.

下面给出当自变量 $x\to x_0$ 时无穷大的精确定义,自变量其他变化过程无穷大的精确定义请读者自己给出.

定义 1.4.3 设 $f(x)$ 在 x_0 的某去心邻域有定义,如果对任意给定的 $M>0$,总存在 $\delta>0$,使当 $0<|x-x_0|<\delta$ 时,不等式

$$|f(x)|>M$$

成立,则称 $\lim f(x)=\infty$ 为 $x\to x_0$ 时的**无穷大**,记作

$$\lim_{x\to x_0}f(x)=\infty.$$

注意:(1)尽管用式子 $\lim f(x)=\infty$ 表示 $f(x)$ 是一个无穷大,但事实上变量在此变化过程中是没有极限的.

(2)无穷大也是相对于自变量的某一变化过程而言的.

(3)无穷大不是绝对值很大的数.

如果在无穷大定义中,把 $|f(x)|>M$ 换成 $f(x)>M$(或 $f(x)<-M$),就得到正无穷大(或负无穷大)的定义,记作

$$\lim f(x)=+\infty\ (\text{或}\ \lim f(x)=-\infty).$$

例如，$\lim\limits_{x\to 1^-}\dfrac{1}{1-x}=+\infty$，所以函数 $\dfrac{1}{1-x}$ 为 $x\to 1^-$ 时的正无穷大.

$\lim\limits_{x\to 0^+}\ln x=-\infty$，所以函数 $\ln x$ 为 $x\to 0^+$ 时的负无穷大.

$\lim\limits_{x\to +\infty}\ln x=+\infty$，所以函数 $\ln x$ 为 $x\to +\infty$ 时的正无穷大.

一般地，如果 $\lim\limits_{x\to x_0}f(x)=\infty$，则称直线 $x=x_0$ 是曲线 $y=f(x)$ 的**垂直渐近线**.

另外还需指出，与无穷小量不同的是，在自变量同一变化过程中，两个无穷大和的结果是不确定的. 因此，无穷大没有和无穷小那样类似的性质，须具体问题具体分析.

例 1.4.2 设函数 $f(x)=\dfrac{1}{x-1}$，讨论 $\lim\limits_{x\to 1}f(x)$ 是否存在.

解 $f(x)$ 在 $x=1$ 处无定义，但这与 $\lim\limits_{x\to 1}f(x)$ 是否存在没有关系. 注意到（图 1.27）

$$\lim_{x\to 1^-}f(x)=\lim_{x\to 1^-}\frac{1}{x-1}=-\infty,$$

$$\lim_{x\to 1^+}f(x)=\lim_{x\to 1^+}\frac{1}{x-1}=+\infty.$$

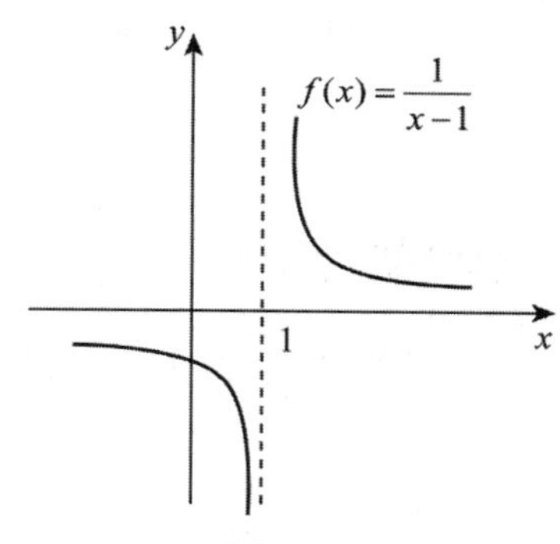

图 1.27

由于 $\lim\limits_{x\to 1^+}f(x)$ 不存在，所以 $\lim\limits_{x\to 1}f(x)$ 不存在.

*例 1.4.3 证明函数 $f(x)=x\cos x$ 在 $(0,+\infty)$ 内无界，但这个函数不是 $x\to +\infty$ 时的无穷大.

证明 显然 $f(x)=x\cos x$ 在 $(0,+\infty)$ 内无界（图 1.28）. 而 $f(x)=x\cos x$ 满足当 $n\to\infty$ 时，

$$f(2n\pi)=2n\pi\cos(2n\pi)=2n\pi\to\infty;$$

但是另一方面

$$f\left(n\pi+\frac{\pi}{2}\right)=\left(n\pi+\frac{\pi}{2}\right)\cos\left(n\pi+\frac{\pi}{2}\right)=0.$$

所以，$f(x)=x\cos x$ 不是 $x\to+\infty$ 时的无穷大.

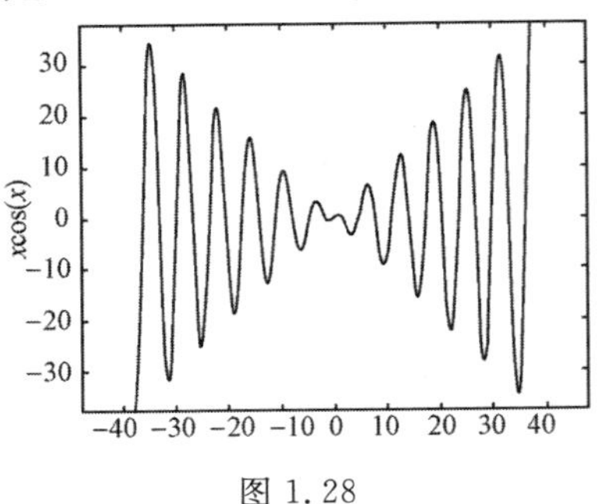

图 1.28

1.4.3 无穷小与无穷大的关系

无穷小与无穷大之间有一种简单的关系，即如下定理.

定理 1.4.2 在自变量的同一变化过程中，如果 $f(x)$ 为无穷大，则 $\dfrac{1}{f(x)}$ 为无穷小；反之，如果 $f(x)$ 为无穷小且 $f(x)\neq 0$，则 $\dfrac{1}{f(x)}$ 为无穷大.

证明从略.

上述定理表明，若 $\lim f(x)=\infty$，则 $\lim\dfrac{1}{f(x)}=0$；若 $f(x)\neq 0$ 且 $\lim f(x)=0$，则 $\lim\dfrac{1}{f(x)}=\infty$.

例如，$2x+1$ 为 $x\to\infty$ 时的无穷大，所以 $\dfrac{1}{2x+1}$ 为 $x\to\infty$ 时的无穷小；x^2 为 $x\to 0$ 时的无穷小，且 $x^2\neq 0$，所以 $\dfrac{1}{x^2}$ 为 $x\to 0$ 时的无穷大.

习题 1.4

1. 两个无穷小的商是否一定是无穷小？举例说明.
2. 两个无穷大的和是否一定是无穷大？举例说明.
3. 下列函数在什么变化过程中是无穷小，在什么变化过程中是无穷大：

(1) $y=\dfrac{1}{x^2}$；　(2) $y=\ln x$；　(3) $y=\dfrac{x+2}{x^2-1}$.

4. 下列各题中，哪些是无穷小，哪些是无穷大？

(1) $\ln x$，当 $x\to 0^+$ 时；　(2) $\dfrac{1+(-1)^n}{n^2}$，当 $n\to\infty$ 时；

(3) $\dfrac{1}{\sqrt{x-2}}$，当 $x\to 2^+$ 时；　(4) e^x，当 $x\to-\infty$ 及 $x\to+\infty$ 时.

5. 求下列函数的极限.

(1) $\lim\limits_{x\to\infty}\dfrac{1+\sin x}{2x}$；　　(2) $\lim\limits_{x\to 0}(x^4+10x)\cos x$.

1.5 极限的运算法则

前面讨论了极限的概念，本节讨论极限的求法，主要介绍极限的四则运算法则和复合函数的极限运算法则，利用这些法则，可以求某些极限. 以后我们还将介绍求极限的其他方法.

1.5.1 极限的四则运算法则

定理 1.5.1 在自变量同一变化过程中，设 $\lim f(x)=A,\lim g(x)=B$，那么

(1) $\lim[f(x)\pm g(x)]=\lim f(x)\pm\lim g(x)=A\pm B$；

(2) $\lim[f(x)\cdot g(x)]=\lim f(x)\cdot\lim g(x)=A\cdot B$；

(3)若 $B\neq 0$，则 $\lim\dfrac{f(x)}{g(x)}=\dfrac{\lim f(x)}{\lim g(x)}=\dfrac{A}{B}$.

证明 仅给出(2)的证明，另外两种情形的证明与其类似，请读者自行给出.

因为 $\lim f(x)=A,\lim g(x)=B$，根据无穷小与函数极限的关系，可知

$$f(x)=A+\alpha,g(x)=B+\beta,$$

其中 α,β 为无穷小. 从而

$$f(x)\cdot g(x)=(A+\alpha)(B+\beta)=AB+(A\beta+B\alpha+\alpha\beta).$$

由无穷小的性质知，$A\beta+B\alpha+\alpha\beta$ 也是无穷小，而 AB 为常量，所以

$$\lim[f(x)\cdot g(x)]=A\cdot B=\lim f(x)\cdot\lim g(x).$$

定理 1.5.1 中的(1)、(2)可以推广到有限个函数的情形，即若极限 $\lim f_1(x),\lim f_2(x),\cdots,\lim f_n(x)$ 均存在，则有

(1) $\lim[f_1(x)\pm f_2(x)\pm\cdots\pm f_n(x)]=\lim f_1(x)\pm\lim f_2(x)\pm\cdots\pm\lim f_n(x)$；

(2) $\lim[f_1(x)\cdot f_2(x)\cdots f_n(x)]=\lim f_1(x)\cdot\lim f_2(x)\cdots\lim f_n(x)$.

定理 1.5.1 还有如下推论.

推论 1.5.1 如果 $\lim f(x)$ 存在，C 为常数，则 $\lim[Cf(x)]=C\cdot\lim f(x)$.

推论 1.5.2 如果 $\lim f(x)$ 存在，$n\in\mathrm{N}^+$，则 $\lim[f(x)]^n=[\lim f(x)]^n$.

注意：由于数列是特殊的函数，其极限的运算法则同定理 1.5.1，不再赘述.

定理 1.5.2 如果 $\varphi(x)\geqslant\psi(x)$，而 $\lim\varphi(x)=a,\lim\psi(x)=b$，则 $a\geqslant b$.

证明 令 $f(x)=\varphi(x)-\psi(x)$，则 $f(x)\geqslant 0$，根据函数极限的性质，$\lim f(x)\geqslant 0$. 由定理 1.5.1，知

$$\lim f(x)=\lim[\varphi(x)-\psi(x)]=\lim\varphi(x)-\lim\psi(x)=a-b,$$

所以

$$a-b\geqslant 0,\text{即 } a\geqslant b.$$

下面通过讨论不同函数的极限说明上述极限运算法则的应用.

例 1.5.1 求 $\lim\limits_{x\to 1}(x^2-5x+10)$.

解 $\lim\limits_{x\to 1}(x^2-5x+10)=1^2-5\times 1+10=6$.

一般地,设有多项式 $P_n(x)=a_nx^n+a_{n-1}x^{n-1}+\cdots+a_1x+a_0$,对任意 $x_0\in\mathbf{R}$,有如下结论:

$$\begin{aligned}\lim_{x\to x_0}P_n(x)&=\lim_{x\to x_0}(a_nx^n+a_{n-1}x^{n-1}+\cdots+a_1x+a_0)\\&=a_n\lim_{x\to x_0}x^n+a_{n-1}\lim_{x\to x_0}x^{n-1}+\cdots+a_1\lim_{x\to x_0}x+\lim_{x\to x_0}a_0\\&=a_nx_0{}^n+a_{n-1}x_0{}^{n-1}+\cdots+a_1x_0+a_0=P_n(x_0).\end{aligned}$$

例 1.5.2 求 $\lim\limits_{x\to 0}\dfrac{x^3+7x-9}{x^5-x+3}$.

解 这里分母的极限 $\lim\limits_{x\to 0}(x^5-x+3)=3\neq 0$,所以

$$\lim_{x\to 0}\frac{x^3+7x-9}{x^5-x+3}=\frac{0^3+7\times 0-9}{0^5-0+3}=-3.$$

一般地,设 $F(x)=\dfrac{P_n(x)}{Q_m(x)}=\dfrac{a_nx^n+a_{n-1}x^{n-1}+\cdots+a_0}{b_mx^m+b_{m-1}x^{m-1}+\cdots+b_0}$,在 $Q_m(x)\neq 0$ 时,有

$$\lim_{x\to x_0}F(x)=\lim_{x\to x_0}\frac{P_n(x)}{Q_m(x)}=\frac{\lim\limits_{x\to x_0}P_n(x)}{\lim\limits_{x\to x_0}Q_m(x)}=\frac{P_n(x_0)}{Q_m(x_0)}=F(x_0).$$

在定理 1.5.1 的(3)中,要求 $\lim g(x)\neq 0$,如果 $\lim g(x)=0$,则关于商的极限的运算法则不能应用,需做特别处理.

例 1.5.3 求 $\lim\limits_{x\to 3}\dfrac{x-3}{x^2-9}$.

解 当 $x\to 3$ 时,分子与分母的极限均为零,于是不能直接用商的极限运算法则计算. 注意到分子与分母有公因子 $x-3$,而 $x\to 3$ 时,$x\neq 3$,$x-3\neq 0$,可约去这个不为零的公因子,所以

$$\lim_{x\to 3}\frac{x-3}{x^2-9}=\lim_{x\to 3}\frac{1}{x+3}=\frac{1}{6}.$$

例 1.5.4 求 $\lim\limits_{x\to 0}\dfrac{\sqrt{x+4}-2}{x}$.

解 当 $x\to 0$ 时,分子、分母的极限为零,故不能直接用商的极限运算法则计算. 如果对函数进行分子有理化后,可以将 x 约去,所以

$$\lim_{x\to 0}\frac{\sqrt{x+4}-2}{x}=\lim_{x\to 0}\frac{x}{x(\sqrt{x+4}+2)}=\lim_{x\to 0}\frac{1}{\sqrt{x+4}+2}=\frac{1}{4}.$$

注意:当函数中出现根号相减时,通常采用此方法将函数进行化简之后,再

求极限.

例 1.5.5 求 $\lim\limits_{x\to1}\left(\dfrac{x}{x-1}-\dfrac{2}{x^2-1}\right)$.

解 由于 $\lim\limits_{x\to1}\dfrac{x}{x-1}=\infty$，$\lim\limits_{x\to1}\dfrac{2}{x^2-1}=\infty$，所以不能用差的极限运算法则计算.为此，我们先通分化简为"$\dfrac{0}{0}$"或者"$\dfrac{\infty}{\infty}$"的类型再求极限，得

$$\lim_{x\to1}\left(\frac{x}{x-1}-\frac{2}{x^2-1}\right)=\lim_{x\to1}\frac{x^2+x-2}{x^2-1}=\lim_{x\to1}\frac{(x-1)(x+2)}{(x-1)(x+1)}=\lim_{x\to1}\frac{x+2}{x+1}=\frac{3}{2}.$$

例 1.5.6 求 $\lim\limits_{x\to\infty}\dfrac{3x^3+4x^2+2}{7x^3+5x^2-3}$.

解 当 $x\to\infty$ 时分子、分母都为无穷大，故也不能直接用商的极限运算法则计算.为此，我们用 x^3 去除分子及分母，使得无穷大的运算转化为无穷小的运算，所以得到

$$\lim_{x\to\infty}\frac{3x^3+4x^2+2}{7x^3+5x^2-3}=\lim_{x\to\infty}\frac{3+\dfrac{4}{x}+\dfrac{2}{x^3}}{7+\dfrac{5}{x}-\dfrac{3}{x^3}}=\frac{3}{7}.$$

例 1.5.7 求 $\lim\limits_{x\to\infty}\dfrac{3x^2-2x-1}{2x^3-x^2+5}$.

解 先用 x^3 去除分子及分母，然后取极限，得

$$\lim_{x\to\infty}\frac{3x^2-2x-1}{2x^3-x^2+5}=\lim_{x\to\infty}\frac{\dfrac{3}{x}-\dfrac{2}{x^2}-\dfrac{1}{x^3}}{2-\dfrac{1}{x}+\dfrac{5}{x^3}}=\frac{0}{2}=0.$$

例 1.5.8 求 $\lim\limits_{x\to\infty}\dfrac{2x^3-x^2+5}{3x^2-2x-1}$.

解 由上例可知 $\lim\limits_{x\to\infty}\dfrac{3x^2-2x-1}{2x^3-x^2+5}=0$，所以 $\lim\limits_{x\to\infty}\dfrac{2x^3-x^2+5}{3x^2-2x-1}=\infty$.

总结例 1.5.6 至例 1.5.8，可得如下结论：

设 $a_n\neq0$，$b_m\neq0$，m，n 为非负整数，则

$$\lim_{x\to\infty}\frac{a_nx^n+a_{n-1}x^{n-1}+\cdots+a_0}{b_mx^m+b_{m-1}x^{m-1}+\cdots+b_0}=\begin{cases}\dfrac{a_n}{b_m}, & \text{当 } n=m \text{ 时},\\ 0, & \text{当 } n<m \text{ 时},\\ \infty, & \text{当 } n>m \text{ 时}.\end{cases}$$

注意：上述结论对于数列及无理分式函数的类似类型的极限，也可采用相同的方法处理.

例 1.5.9 求 $\lim\limits_{n\to\infty}\left(\dfrac{1}{n^2}+\dfrac{2}{n^2}+\cdots+\dfrac{n}{n^2}\right)$.

解 $\lim\limits_{n\to\infty}\left(\dfrac{1}{n^2}+\dfrac{2}{n^2}+\cdots+\dfrac{n}{n^2}\right)=\lim\limits_{n\to\infty}\dfrac{1+2+\cdots+n}{n^2}=\lim\limits_{n\to\infty}\dfrac{n(n+1)}{2n^2}=\dfrac{1}{2}$.

例 1.5.10 已知生产 Q 对汽车挡泥板的成本为

$$C(Q)=10+\sqrt{1+Q^2}\ (\text{元}),$$

$\overline{C}(Q)$ 为平均成本,求 $\lim\limits_{Q\to+\infty}\overline{C}(Q)$ 及 $\lim\limits_{Q\to+\infty}[C(Q+1)-C(Q)]$.

解 $$\lim_{Q\to+\infty}\overline{C}(Q)=\lim_{Q\to+\infty}\frac{C(Q)}{Q}=\lim_{Q\to+\infty}\frac{10+\sqrt{1+Q^2}}{Q}$$

$$=\lim_{Q\to+\infty}\left[\frac{10}{Q}+\sqrt{\frac{1}{Q^2}+1}\right]=1.$$

$$\lim_{Q\to+\infty}[C(Q+1)-C(Q)]=\lim_{Q\to+\infty}\left[\sqrt{1+(Q+1)^2}-\sqrt{1+Q^2}\right]$$

$$=\lim_{Q\to+\infty}\frac{2Q+1}{\sqrt{1+(Q+1)^2}+\sqrt{1+Q^2}}$$

$$=\lim_{Q\to+\infty}\frac{2+\frac{1}{Q}}{\sqrt{\frac{1}{Q^2}+\frac{2}{Q}+1}+\sqrt{1+\frac{1}{Q^2}}}=1.$$

另外,在求极限的问题中,还会遇到极限的反问题,即已知函数极限,确定函数中的未知参数.

例 1.5.11 已知 $\lim\limits_{x\to2}\dfrac{x^2-x+a}{x-2}=3$,求 a 的值.

解 由于 $x\to2$ 时,$\lim\limits_{x\to2}(x-2)=0$,$\lim\limits_{x\to2}(x^2-x+a)=2+a$,要使得

$$\lim_{x\to2}\frac{x^2-x+a}{x-2}=3,$$

必有

$$\lim_{x\to2}(x^2-x+a)=2+a=0,$$

所以

$$a=-2.$$

前面已经看到,对于有理函数(有理整式函数或有理分式函数) $f(x)$,只要 $f(x)$ 在点 x_0 处有定义,那么 $x\to x_0$ 时 $f(x)$ 的极限必定存在且等于 $f(x)$ 在点 x_0 处的函数值 $f(x_0)$.

我们不加证明地指出:一切基本初等函数在其定义域的每点处都具有这样的性质.这就是说,若 $f(x)$ 是基本初等函数,设 x_0 为 $f(x)$ 定义域内一点,则必有

$$\lim_{x\to x_0}f(x)=f(x_0).$$

例如,$\lim\limits_{x\to2}\sqrt{x}=\sqrt{2}$,$\lim\limits_{x\to0}\cos x=1$,$\lim\limits_{x\to1}\ln x=0$.

1.5.2 复合函数极限的运算法则

定理 1.5.3 设函数 $y=f[\varphi(x)]$ 是由 $y=f(u)$,$u=\varphi(x)$ 复合而成,

$f[\varphi(x)]$ 在点 x_0 的某去心邻域内有定义,若 $\lim\limits_{x\to x_0}\varphi(x)=u_0$,$\lim\limits_{u\to u_0}f(u)=A$,且当 $x\in\mathring{U}(x_0)$ 时,$\varphi(x)\neq u_0$,则

$$\lim_{x\to x_0}f[\varphi(x)]=\lim_{u\to u_0}f(u)=A.$$

证明从略.

定理1.5.3说明,计算复合函数的极限 $\lim\limits_{x\to x_0}f[\varphi(x)]$ 时,可令 $u=\varphi(x)$,先求中间变量的极限 $\lim\limits_{x\to x_0}\varphi(x)=u_0$,再求 $\lim\limits_{u\to u_0}f(u)$ 即可.

在定理1.5.3中,把 $\lim\limits_{x\to x_0}\varphi(x)=u_0$ 换成 $\lim\limits_{x\to x_0}\varphi(x)=\infty$(或 $\lim\limits_{x\to\infty}\varphi(x)=\infty$),而把 $\lim\limits_{u\to u_0}f(u)=A$ 换成 $\lim\limits_{u\to\infty}f(u)=A$,可得类似结论.

例1.5.12 求 $\lim\limits_{x\to 3}(3x-1)^2$.

解 函数 $y=(3x-1)^2$ 是由 $y=u^2$ 与 $u=3x-1$ 复合而成的.因为

$$\lim_{x\to 3}(3x-1)=8,$$

所以

$$\lim_{x\to 3}(3x-1)^2=\lim_{u\to 8}u^2=8^2=64.$$

习题1.5

1.求下列极限.

(1) $\lim\limits_{n\to\infty}\dfrac{n}{\sqrt{2n^2-n}}$;　　(2) $\lim\limits_{x\to\infty}\dfrac{2x^2-3x-1}{4x^2+10x+1}$;

(3) $\lim\limits_{x\to 1}\dfrac{x^2-3x+2}{1-x^2}$;　　(4) $\lim\limits_{x\to 0}\dfrac{x^2}{1-\sqrt{1+x^2}}$;

(5) $\lim\limits_{x\to\infty}\dfrac{x-100}{x^2+10x+9}$;　　(6) $\lim\limits_{x\to -3}(9-6x-x^2)$;

(7) $\lim\limits_{x\to 1}\left(\dfrac{3}{1-x^3}-\dfrac{1}{1-x}\right)$;　　(8) $\lim\limits_{x\to\infty}\dfrac{2x-\cos x}{x}$;

(9) $\lim\limits_{x\to 1}\dfrac{\sqrt{x+2}-\sqrt{3}}{x-1}$;　　(10) $\lim\limits_{x\to+\infty}x(\sqrt{1+x^2}-x)$.

2.若极限 $\lim\limits_{x\to 1}\dfrac{x^2+ax-b}{1-x}=5$,求常数 a,b 的值.

3.下列陈述中,哪些是对的,哪些是错的?如果是对的,说明理由;如果是错的,试举出一个反例.

(1)如果 $\lim\limits_{x\to x_0}f(x)$ 存在,$\lim\limits_{x\to x_0}g(x)$ 不存在,那么 $\lim\limits_{x\to x_0}[f(x)+g(x)]$ 不存在.

(2)如果 $\lim\limits_{x\to x_0}f(x)$ 和 $\lim\limits_{x\to x_0}g(x)$ 都不存在,那么 $\lim\limits_{x\to x_0}[f(x)+g(x)]$ 不存在.

(3)如果 $\lim\limits_{x\to x_0}f(x)$ 存在,但 $\lim\limits_{x\to x_0}g(x)$ 不存在,那么 $\lim\limits_{x\to x_0}f(x)g(x)$ 不存在.

1.6 极限存在准则 两个重要极限

本节介绍两个判断极限存在的准则，并在此理论基础上给出两个重要极限.

1.6.1 夹逼准则

以下准则Ⅰ和准则Ⅰ′称为极限的**夹逼准则**.

准则Ⅰ 如果数列 $\{x_n\}$，$\{y_n\}$，$\{z_n\}$ 满足以下两个条件：

(1) $y_n \leqslant x_n \leqslant z_n$ $(n = 1,2,3,\cdots)$；

(2) $\lim\limits_{n\to\infty} y_n = \lim\limits_{n\to\infty} z_n = a$，

则数列 $\{x_n\}$ 的极限存在，且 $\lim\limits_{n\to\infty} x_n = a$.

证明 因为 $\lim\limits_{n\to\infty} y_n = a$，$\lim\limits_{n\to\infty} z_n = a$，所以根据数列极限的定义，$\forall \varepsilon > 0$，$\exists N_1 > 0$，当 $n > N_1$ 时，有 $|y_n - a| < \varepsilon$；又 $\exists N_2 > 0$，当 $n > N_2$ 时，有 $|z_n - a| < \varepsilon$. 现取 $N = \max\{N_1, N_2\}$，则当 $n > N$ 时，有

$$|y_n - a| < \varepsilon,\ |z_n - a| < \varepsilon$$

同时成立，即

$$a - \varepsilon < y_n < a + \varepsilon,\ a - \varepsilon < z_n < a + \varepsilon$$

同时成立. 又因 $y_n \leqslant x_n \leqslant z_n$，所以当 $n > N$ 时，有

$$a - \varepsilon < y_n \leqslant x_n \leqslant z_n < a + \varepsilon,$$

即

$$|x_n - a| < \varepsilon$$

成立. 这就证明了 $\lim\limits_{n\to\infty} x_n = a$.

例 1.6.1 求 $\lim\limits_{n\to\infty}\left(\dfrac{n}{n^2+1} + \dfrac{n}{n^2+2} + \cdots + \dfrac{n}{n^2+n}\right)$.

解 因为 $\dfrac{n}{n^2+n} \leqslant \dfrac{n}{n^2+i} \leqslant \dfrac{n}{n^2+1}$ $(n = 1,2,3,\cdots)$，则对任意的 $n \in \mathbf{N}$，恒有

$$\frac{n^2}{n^2+n} \leqslant \frac{n}{n^2+1} + \frac{n}{n^2+2} + \cdots + \frac{n}{n^2+n} \leqslant \frac{n^2}{n^2+1}.$$

又由于

$$\lim_{n\to\infty} \frac{n^2}{n^2+n} = \lim_{n\to\infty} \frac{1}{\frac{1}{n}+1} = 1, \lim_{n\to\infty} \frac{n^2}{n^2+1} = \lim_{n\to\infty} \frac{1}{\frac{1}{n^2}+1} = 1,$$

则由夹逼准则可得

$$\lim_{n\to\infty}\left(\frac{n}{n^2+1} + \frac{n}{n^2+2} + \cdots + \frac{n}{n^2+n}\right) = 1.$$

上述数列极限存在准则可以推广到函数的极限.

准则Ⅰ′ 在自变量的同一变化过程中，设函数 $f(x)$，$g(x)$，$h(x)$ 满足：

(1) $g(x) \leqslant f(x) \leqslant h(x), x \in \mathring{U}(x_0)$ (或 $|x| > M$);

(2) $\lim g(x) = \lim h(x) = A$,

则 $f(x)$ 的极限存在,且 $\lim f(x) = A$.

作为准则 I′的应用,下面证明第一个重要极限

$$\lim_{x \to 0} \frac{\sin x}{x} = 1.$$

首先注意到,函数 $\frac{\sin x}{x}$ 对于一切 $x \neq 0$ 都有定义. 作单位圆,如图 1.29 所示.

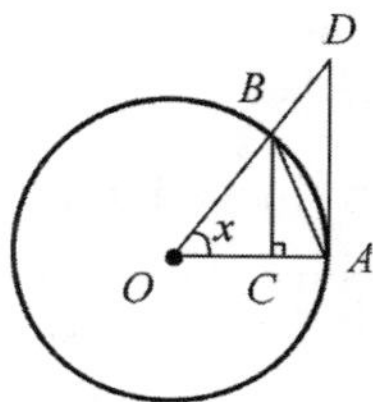

图 1.29

设圆心角 $\angle AOB = x$,并设 $0 < x < \frac{\pi}{2}$,从图中不难发现:

$$S_{\triangle AOB} < S_{扇形AOB} < S_{\triangle AOD},$$

所以

$$\frac{1}{2}\sin x < \frac{1}{2}x < \frac{1}{2}\tan x,$$

即

$$\sin x < x < \tan x,$$

不等式两边同除以 $\sin x$,就有

$$1 < \frac{x}{\sin x} < \frac{1}{\cos x},$$

或

$$\cos x < \frac{\sin x}{x} < 1.$$

当 x 用 $-x$ 代替时,$\cos x, \frac{\sin x}{x}$ 的值均不变,故对满足 $0 < |x| < \frac{\pi}{2}$ 的一切 x,都有

$$\cos x < \frac{\sin x}{x} < 1.$$

又因为

$$\lim_{x \to 0} \cos x = 1,$$

利用夹逼准则,易知

$$\boxed{\lim_{x \to 0} \frac{\sin x}{x} = 1}.$$

需要说明的是,在利用第一个重要极限计算时,要注意灵活使用. 一般地,可用如下形式:

$$\lim_{\varphi(x) \to 0} \frac{\sin \varphi(x)}{\varphi(x)} = 1.$$

例 1.6.2 求 $\lim\limits_{x\to 0}\dfrac{\tan x}{x}$.

解 $\lim\limits_{x\to 0}\dfrac{\tan x}{x}=\lim\limits_{x\to 0}\left(\dfrac{\sin x}{x}\cdot\dfrac{1}{\cos x}\right)=\lim\limits_{x\to 0}\dfrac{\sin x}{x}\cdot\lim\limits_{x\to 0}\dfrac{1}{\cos x}=1.$

例 1.6.3 求 $\lim\limits_{x\to 0}\dfrac{1-\cos x}{x^2}$.

解 $\lim\limits_{x\to 0}\dfrac{1-\cos x}{x^2}=\lim\limits_{x\to 0}\dfrac{2\sin^2\left(\dfrac{x}{2}\right)}{x^2}=\dfrac{1}{2}\cdot\lim\limits_{x\to 0}\left(\dfrac{\sin\dfrac{x}{2}}{\dfrac{x}{2}}\right)^2=\dfrac{1}{2}.$

例 1.6.4 求 $\lim\limits_{x\to 0}\dfrac{\arcsin x}{x}$.

解 令 $t=\arcsin x$，则 $x=\sin t$，当 $x\to 0$ 时，有 $t\to 0$，于是

$$\lim_{x\to 0}\frac{\arcsin x}{x}=\lim_{t\to 0}\frac{t}{\sin t}=1.$$

例 1.6.5 求 $\lim\limits_{x\to 1}\dfrac{\sin(x-1)}{x-1}$.

解 令 $t=x-1$，则 $x=t-1$，当 $x\to 1$ 时，有 $t\to 0$，于是

$$\lim_{x\to 1}\frac{\sin(x-1)}{x-1}=\lim_{t\to 0}\frac{\sin t}{t}=1.$$

例 1.6.6 求 $\lim\limits_{x\to\infty}x\sin\dfrac{1}{x}$.

解 令 $t=\dfrac{1}{x}$，则 $x=\dfrac{1}{t}$，当 $x\to\infty$ 时，有 $t\to 0$，于是

$$\lim_{x\to\infty}x\sin\frac{1}{x}=\lim_{t\to 0}\frac{1}{t}\sin t=\lim_{t\to 0}\frac{\sin t}{t}=1.$$

1.6.2 单调有界收敛准则

以下准则Ⅱ称为极限的**单调有界收敛准则**.

准则Ⅱ 单调有界数列必有极限.

通过前面的学习我们知道：收敛数列一定有界，但有界数列却不一定收敛. 现在准则Ⅱ表明，如果数列不仅有界，并且是单调的，则该数列的极限必定存在，即该数列一定收敛.

准则Ⅱ包含了以下两个结论：

(1)若数列 $\{x_n\}$ 单调增加且有上界，则该数列必有极限.

(2)若数列 $\{x_n\}$ 单调减少且有下界，则该数列必有极限.

作为准则Ⅱ的应用，下面讨论第二个重要极限 $\lim\limits_{x\to\infty}\left(1+\dfrac{1}{x}\right)^x$.

首先考虑 x 取正整数 n 而趋向于 $+\infty$ 的情形.

n	1	2	3	4	10
x_n	2	2.25	2.370 370 37	2.441 406 25	2.593 742 46
n	20	100	10 000 000	100 000 000	…
x_n	2.653 297 70	2.704 813 82	2.718 281 69	2.718 281 81	…

将 $x_n=\left(1+\frac{1}{n}\right)^n$ 二项式展开，易知 $x_n<x_{n+1}$ 且 $x_n<3$（此处不作详细证明），从而数列 $\{x_n\}$ 单调增加且有上界，根据极限存在准则Ⅱ，这个数列 $\{x_n\}$ 极限存在，通常用字母 e 表示它，即

$$\lim_{n\to\infty}\left(1+\frac{1}{n}\right)^n=\mathrm{e}.$$

利用夹逼准则还可以证明（此处证明从略），当 x 取实数且趋向于 $+\infty$ 或 $-\infty$ 时，函数 $\left(1+\frac{1}{x}\right)^x$ 的极限存在，且都等于 e. 因此

$$\boxed{\lim_{x\to\infty}\left(1+\frac{1}{x}\right)^x=\mathrm{e}}.$$

这个数 e 是一个无理数，它的值是

$$\mathrm{e}=2.718281828459045\cdots.$$

利用复合函数的极限运算法则，可把上述第二个重要极限写成另外一种形式. 在 $(1+z)^{\frac{1}{z}}$ 中做代换 $x=\frac{1}{z}$，得 $\left(1+\frac{1}{x}\right)^x$. 又当 $z\to 0$ 时，$x\to\infty$，因此由复合函数的极限运算法则，得

$$\lim_{z\to 0}(1+z)^{\frac{1}{z}}=\lim_{x\to\infty}\left(1+\frac{1}{x}\right)^x=\mathrm{e}.$$

例 1.6.7 求 $\lim\limits_{x\to\infty}\left(1-\frac{1}{x}\right)^x$.

解 令 $t=-x$，则当 $x\to\infty$ 时，$t\to\infty$. 于是

$$\lim_{x\to\infty}\left(1-\frac{1}{x}\right)^x=\lim_{t\to\infty}\left(1+\frac{1}{t}\right)^{-t}=\lim_{t\to\infty}\left[\left(1+\frac{1}{t}\right)^t\right]^{-1}=\frac{1}{\lim\limits_{t\to\infty}\left(1+\frac{1}{t}\right)^t}=\frac{1}{\mathrm{e}}.$$

需要说明的是，在利用第二个重要极限计算时，也要注意灵活使用. 一般地，可用如下形式：

$$\lim_{\varphi(x)\to\infty}\left[1+\frac{1}{\varphi(x)}\right]^{\varphi(x)}=\mathrm{e}\text{ 或 }\lim_{\varphi(x)\to 0}[1+\varphi(x)]^{\frac{1}{\varphi(x)}}=\mathrm{e}.$$

例 1.6.8 求 $\lim\limits_{x\to\infty}\left(1+\frac{1}{2x}\right)^x$.

解 令 $t=2x$，则当 $x\to\infty$ 时，$t\to\infty$. 于是

$$\lim_{x\to\infty}\left(1+\frac{1}{2x}\right)^x=\lim_{x\to\infty}\left(1+\frac{1}{2x}\right)^{2x\cdot\frac{1}{2}}=\lim_{t\to\infty}\left(1+\frac{1}{t}\right)^{t\cdot\frac{1}{2}}=\lim_{t\to\infty}\left[\left(1+\frac{1}{t}\right)^t\right]^{\frac{1}{2}}=\mathrm{e}^{\frac{1}{2}}.$$

例 1.6.9 求 $\lim\limits_{x\to 0}(\cos x)^{\frac{1}{1-\cos x}}$.

解 令 $t=\cos x-1$，则当 $x\to 0$ 时，$t\to 0$. 于是

$$\lim_{x\to 0}(\cos x)^{\frac{1}{1-\cos x}}=\lim_{x\to 0}(\cos x-1+1)^{\frac{1}{1-\cos x}}=\lim_{t\to 0}(1+t)^{-\frac{1}{t}}=\lim_{t\to 0}\left[(1+t)^{\frac{1}{t}}\right]^{-1}=\mathrm{e}^{-1}.$$

例 1.6.10 连续复利问题.

设初始本金为 A_0，银行年利率为 r，计算复利，一年后本息和为

$$A_n=A_0(1+r).$$

如果一年分两期计息，每期复利率为 $\frac{r}{2}$，一年共计息 2 次，此时一年后本息和为

$$A_2(k)=A_0\left(1+\frac{r}{2}\right)^2.$$

如果一年分 n 期计息，则每期利率为 $\frac{r}{n}$，则一年后的本息和为

$$A=A_0\left(1+\frac{r}{n}\right)^n,$$

很容易得出本息和随计息次数的增大而增大. 而 k 年后的本息和为

$$A=A_0\left(1+\frac{r}{n}\right)^{nk}.$$

令 $n\to\infty$，表示这笔存款每时每刻都在生息且利息随时计入本金重复计算复利，此种计息方式称为连续复利. 这样一年后的本息之和为 A，

$$A=\lim_{n\to\infty}A_0\left(1+\frac{r}{n}\right)^n=A_0\mathrm{e}^r.$$

k 年后的本息和为

$$A=\lim_{n\to\infty}A_0\left(1+\frac{r}{n}\right)^{nk}=A_0\mathrm{e}^{kr},$$

其中 A_0 又称为 $A_0\mathrm{e}^{kr}$ 的现值.

例 1.6.11 若孩子出生后，父母拿出 A_0 元作为给孩子的初始投资，希望等到孩子 10 岁生日时，这笔资金能涨到 12 000 元. 如果投资按照 9%的年普通复利率付息，他的父母应该投资多少元？若年率不变，但付息方式改为一年付复利四次或者连续复利计算，他的父母又应该投资多少元？

解 一年复利一次，10 年后 12 000 元的现值为

$$12\,000(1+0.09)^{-10}\approx 5\,068.93\ (\text{元}).$$

一年复利四次，10 年后 12 000 元的现值为

$$12\,000\left(1+\frac{0.09}{4}\right)^{-40}\approx 4\,927.75\ (\text{元}).$$

若计算连续复利，则 10 年后 12 000 元的现值为

$$12000\mathrm{e}^{-0.09\cdot 10}\approx 4\,878.84\ (\text{元}).$$

即在三种付息方式下，他的父母的投资额分别是 5 068.93 元、4 927.75 元与 4 878.84元.

连续复利模型也适用于人口增长、林木生长等问题.我们也称这些经济量以增长率 r 呈连续的指数增长.

习题 1.6

1. 求下列极限.

(1) $\lim\limits_{x\to 0} x\cot 3x$；(2) $\lim\limits_{n\to\infty} 2^n \sin\dfrac{\pi}{2^n}$；

(3) $\lim\limits_{x\to 1}\dfrac{\sin(x-1)}{x^2-1}$；(4) $\lim\limits_{x\to+\infty}\dfrac{x^2\sin\dfrac{1}{x}}{\sqrt{x^2-1}}$；

(5) $\lim\limits_{x\to 0}\dfrac{x-\sin 2x}{x+\sin 3x}$；(6) $\lim\limits_{x\to 0}\dfrac{\tan x-\sin x}{x}$；

(7) $\lim\limits_{x\to 0}\dfrac{\sin 2x}{\sin 5x}$；(8) $\lim\limits_{x\to 0}\dfrac{1-\sqrt{1+x^2}}{\tan^2 x}$.

2. 求下列极限.

(1) $\lim\limits_{x\to\infty}\left(1-\dfrac{3}{x}\right)^x$；(2) $\lim\limits_{x\to\infty}\left(\dfrac{2x+1}{2x-1}\right)^x$；

(3) $\lim\limits_{x\to\infty}\left(1-\dfrac{1}{x^2}\right)^x$；(4) $\lim\limits_{x\to\infty}\left(1-\dfrac{4}{x}\right)^{\sqrt{x}}$.

3. 利用极限的夹逼准则求下列极限.

(1) $\lim\limits_{n\to\infty}\left(\dfrac{1}{\sqrt{n^2+1}}+\dfrac{1}{\sqrt{n^2+2}}+\cdots+\dfrac{1}{\sqrt{n^2+n}}\right)=1$；

(2) $\lim\limits_{n\to\infty}(1+2^n+3^n+4^n+5^n)^{\frac{1}{n}}$.

4. 设某人把 15 万元人民币存入银行，若银行的年利率为 2.25%，如果按照连续复利计算，问 20 年末的本息和是多少？

1.7 无穷小的比较

由无穷小的性质知，两个无穷小的和、差及乘积仍为无穷小，但两个无穷小的商还是无穷小吗？例如，当 $x\to 0$ 时，$x, x^2, 2x$ 都是无穷小，而

$$\lim_{x\to 0}\frac{x}{2x}=\frac{1}{2},\lim_{x\to 0}\frac{x^2}{x}=0,\lim_{x\to 0}\frac{x}{x^2}=\infty.$$

两个无穷小之比的极限的各种不同情况，反映了不同的无穷小趋于零的"快慢"程度.为了刻画两个无穷小趋于零的"快慢"，我们给出如下定义：

定义 1.7.1 设无穷小 α,β 及极限 $\lim\dfrac{\beta}{\alpha}$ 都是对于同一个自变量的变化过程而言的，且 $\alpha\neq 0$.

(1) 如果 $\lim\dfrac{\beta}{\alpha}=0$，则称 β 是比 α **高阶的无穷小**，记作 $\beta=o(\alpha)$；

(2)如果 $\lim \frac{\beta}{\alpha}=\infty$，则称 β 是比 α **低阶的无穷小**.

(3)如果 $\lim \frac{\beta}{\alpha}=c(c\neq 0)$，则称 β 与 α 是**同阶的无穷小**. 特别地，如果 $\lim \frac{\beta}{\alpha}=1$，则称 β 与 α 是**等价无穷小**，记作 $\alpha \sim \beta$;

(4)如果 $\lim \frac{\beta}{\alpha^k}=c\neq 0$，则称 β 是 α 的 k 阶无穷小.

显然，等价无穷小是同阶无穷小当 $c=1$ 的特殊情形.

下面举一些具体的例子.

(1)因为 $\lim\limits_{x\to 0}\frac{x^2}{x}=0$，所以当 $x\to 0$ 时，x^2 是比 x 高阶的无穷小，即 $x^2=o(x)(x\to 0)$.

(2)因为 $\lim\limits_{n\to\infty}\frac{\frac{1}{n}}{\frac{1}{n^2}}=\infty$，所以当 $n\to\infty$ 时，$\frac{1}{n}$ 是比 $\frac{1}{n^2}$ 低阶的无穷小.

(3)因为 $\lim\limits_{x\to 0}\frac{1-\cos x}{x^2}=\frac{1}{2}$，所以当 $x\to 0$ 时，$1-\cos x$ 与 x^2 是同阶无穷小，且 $1-\cos x$ 是 x 的 2 阶无穷小.

(4)因为 $\lim\limits_{x\to 0}\frac{\sin x}{x}=1$，则当 $x\to 0$ 时，$\sin x$ 与 x 是等价无穷小，即 $\sin x\sim x(x\to 0)$.

例 1.7.1 证明：当 $x\to 0$ 时，$\sqrt[n]{1+x}-1\sim\frac{x}{n}\ (n\in\mathbf{N}^+)$.

证明

$$\lim_{x\to 0}\frac{\sqrt[n]{1+x}-1}{\frac{x}{n}}=\lim_{x\to 0}\frac{(\sqrt[n]{1+x})^n-1}{\frac{x}{n}\left[\sqrt[n]{(1+x)^{n-1}}+\sqrt[n]{(1+x)^{n-2}}+\cdots+1\right]}$$

$$=\lim_{x\to 0}\frac{n}{\sqrt[n]{(1+x)^{n-1}}+\sqrt[n]{(1+x)^{n-2}}+\cdots+1}=1.$$

所以 $x\to 0$ 时，

$$\sqrt[n]{1+x}-1\sim\frac{1}{n}x.$$

更一般地，当 $x\to 0$ 时，有

$$(1+x)^\alpha-1\sim\alpha x\ (\alpha\text{ 为常数}).$$

由上一节的讨论及本节的定义可得到如下几个常用的等价无穷小，当 $x\to 0$ 时有：$\sin x\sim x$，$\tan x\sim x$，$\arcsin x\sim x$，$\arctan x\sim x$，$1-\cos x\sim\frac{x^2}{2}$，$(1+x)^\alpha-1\sim\alpha x$ (α 为常数).

关于等价无穷小，有下面两个定理.

定理 1.7.1 α 与 β 是等价无穷小的充要条件为 $\beta=\alpha+o(\alpha)$.

证明从略.

根据定理 1.7.1,当 $x\to 0$ 时,有

$$\sin x=x+o(x),\tan x=x+o(x),\arcsin x=x+o(x),$$

$$1-\cos x=\frac{x^2}{2}+o(x^2),(1+x)^{\alpha}-1=\alpha x+o(x).$$

定理 1.7.2(等价无穷小替换原理) 设 $\alpha,\beta,\alpha',\beta'$ 均为 x 的同一变化过程中的无穷小,且 $\alpha\sim\alpha',\beta\sim\beta'$,则

$$\lim\frac{\beta}{\alpha}=\lim\frac{\beta'}{\alpha'}.$$

证明 $\lim\frac{\beta}{\alpha}=\lim\left(\frac{\beta}{\beta'}\cdot\frac{\beta'}{\alpha'}\cdot\frac{\alpha'}{\alpha}\right)=\lim\frac{\beta}{\beta'}\cdot\lim\frac{\beta'}{\alpha'}\cdot\lim\frac{\alpha'}{\alpha}=\lim\frac{\beta'}{\alpha'}.$

定理 1.7.2 表明,在求两个无穷小比的极限时,分子和分母都可用等价无穷小替换,如果选择适当,可使计算过程得到简化. 因此要熟知常用的重要等价无穷小.

例 1.7.2 求 $\lim\limits_{x\to 0}\frac{\tan 2x}{\sin 5x}$.

解 当 $x\to 0$ 时, $\sin 5x\sim 5x,\tan 2x\sim 2x$. 所以

$$\lim_{x\to 0}\frac{\tan 2x}{\sin 5x}=\lim_{x\to 0}\frac{2x}{5x}=\frac{2}{5}.$$

例 1.7.3 求 $\lim\limits_{x\to 0}\frac{1-\cos x}{\arcsin 3x^2}$.

解 当 $x\to 0$ 时, $\arcsin 3x^2\sim 3x^2,1-\cos x\sim\frac{x^2}{2}$. 所以

$$\lim_{x\to 0}\frac{1-\cos x}{\arcsin 3x^2}=\lim_{x\to 0}\frac{\frac{x^2}{2}}{3x^2}=\frac{1}{6}.$$

例 1.7.4 求 $\lim\limits_{x\to 0}\frac{\tan x}{x^2+3x}$.

解 当 $x\to 0$ 时, $\tan x\sim x$. 所以

$$\lim_{x\to 0}\frac{\tan x}{x^2+3x}=\lim_{x\to 0}\frac{x}{x^2+3x}=\frac{1}{3}.$$

在此要强调一点:利用等价无穷小替换求极限,一般是乘积或者作商运算时进行整体替换,而在有和或差运算时要慎重,如

$$\lim_{x\to 0}\frac{2\sin x-\sin 2x}{x^3}=\lim_{x\to 0}\frac{2x-2x}{x^3},$$

此计算过程是错误的,应作如下运算:

$$\lim_{x\to 0}\frac{2\sin x-\sin 2x}{x^3}=\lim_{x\to 0}\frac{2\sin x}{x}\cdot\frac{1-\cos x}{x^2}=\lim_{x\to 0}\frac{2x}{x}\cdot\frac{\frac{x^2}{2}}{x^2}=2\cdot\frac{1}{2}=1.$$

习题 1.7

1. 当 $x\to 0$ 时,下列函数都是无穷小,试确定哪些是 x 的高阶无穷小?同阶无穷小?等价无穷小?

(1) $x-\sin x$; (2) x^3+x ;

(3) $\sqrt{1+x}-\sqrt{1-x}$; (4) $1-\cos 2x$;

(5) $\arcsin x^2$; (6) $\tan 2x$.

2. 证明当 $x\to 0$ 时,有.

(1) $\sec x-1\sim\frac{1}{2}x^2$; (2) $\sqrt{1+x\sin x}-1\sim\frac{1}{2}x^2$.

3. 利用无穷小的等价代换,求下列极限.

(1) $\lim\limits_{x\to 0}\frac{\sin(x^n)}{(\sin x)^m}$ (m,n 为正整数); (2) $\lim\limits_{x\to 0}\frac{\sin 2x}{\arcsin 3x}$;

(3) $\lim\limits_{x\to 0}\frac{1-\cos mx}{x^2}$; (4) $\lim\limits_{x\to 0}\frac{\tan x-\sin x}{\sin^3 x}$.

4. 证明无穷小的等价关系具有下列性质.

(1)自反性:$\alpha\sim\alpha$;

(2)对称性:若 $\alpha\sim\beta$, 则 $\beta\sim\alpha$;

(3)传递性:若 $\alpha\sim\beta,\beta\sim\gamma$, 则 $\alpha\sim\gamma$.

1.8 函数的连续性与间断点

自然界中很多现象普遍存在两种变化情况:一种是连续变化的,如植物的生长、生物体的运动速度的变化等都是随时间变化而连续地变化的,这种现象反映在数学上就是函数的连续性;另一种是间断的或是跳跃的,如邮寄信件的邮费随邮件质量的增加而作阶梯式的增加,这种现象反映在数学上就是函数的不连续或间断的问题.

1.8.1 函数的连续性

设函数 $y=f(x)$, 如果自变量 x 从 x_0 变化到 $x_0+\Delta x$, 那么 Δx 称为自变量的增量,相应地函数 y 从 $f(x_0)$ 变化到 $f(x_0+\Delta x)$, 则函数的增量为(图 1.30)

$$\Delta y=f(x_0+\Delta x)-f(x_0).$$

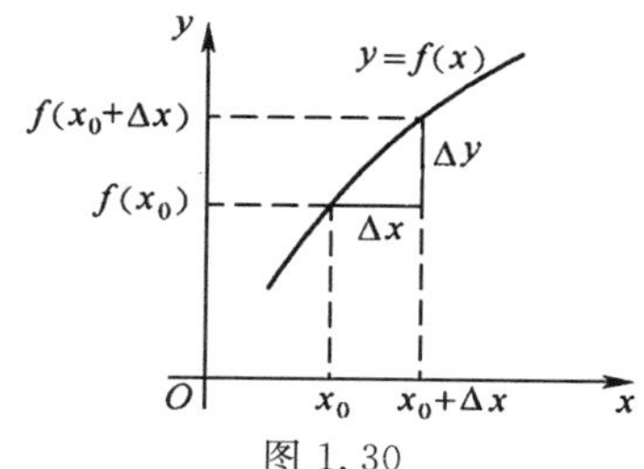

图 1.30

增量 Δx,Δy 可以是正的,可以是负的,也可以是零.

对于函数 $y=f(x)$ 定义域内的一点,如果自变量 x 在 x_0 处取得微小的改变量 Δx 时,函数 y 相应的改变量 Δy 也非常小,且当 Δx 趋于 0 时,Δy 也趋于 0,则称 $y=f(x)$ 在 x_0 处连续,如图 1.31 所示.而对图 1.32 的函数来说,$y=f(x)$ 在 x_0 处不连续.

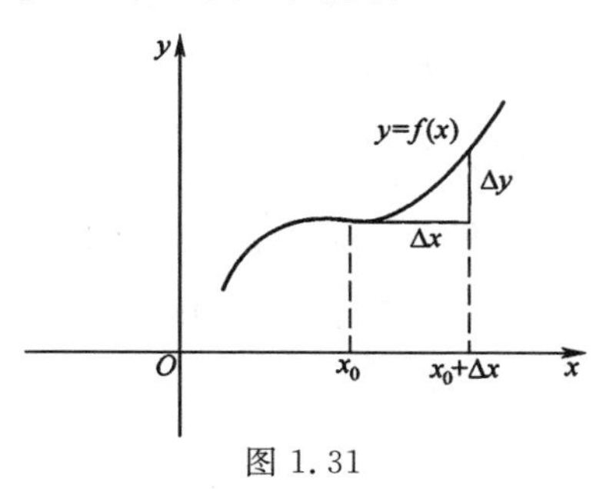

图 1.31

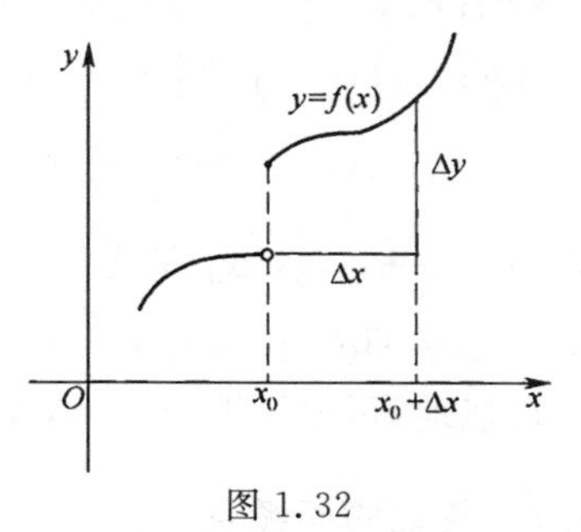

图 1.32

定义 1.8.1 设函数 $y=f(x)$ 在 x_0 的某邻域内有定义,如果

$$\lim_{\Delta x\to 0}\Delta y=\lim_{\Delta x\to 0}[f(x_0+\Delta x)-f(x_0)]=0,$$

则称函数 $y=f(x)$ 在点 x_0 **连续**,并称 x_0 为 $f(x)$ 的**连续点**.

为了应用方便,下面我们把函数 $y=f(x)$ 在点 x_0 连续的定义用不同的方式来叙述.

设 $x=x_0+\Delta x$,则 $\Delta x\to 0$ 时,$x\to x_0$,又由于

$$\Delta y=f(x_0+\Delta x)-f(x_0)=f(x)-f(x_0),$$

所以

$$\lim_{\Delta x\to 0}\Delta y=\lim_{x\to x_0}[f(x)-f(x_0)]=\lim_{x\to x_0}f(x)-f(x_0)=0,$$

即

$$\lim_{x\to x_0}f(x)=f(x_0).$$

因此,函数 $y=f(x)$ 在点 x_0 连续的定义可等价叙述如下:

定义 1.8.1′ 设函数 $y=f(x)$ 在 x_0 的某邻域内有定义,如果

$$\lim_{x\to x_0}f(x)=f(x_0),$$

则称函数 $y=f(x)$ 在点 x_0 **连续**.

如果只考虑单侧极限,则当 $\lim\limits_{x\to x_0^-}f(x)=f(x_0)$ 时,称 $f(x)$ 在点 x_0 **左连续**;当 $\lim\limits_{x\to x_0^+}f(x)=f(x_0)$ 时,称 $f(x)$ 在点 x_0 **右连续**.

显然,函数 $f(x)$ 在点 x_0 连续的充要条件是 $f(x)$ 在点 x_0 既左连续又右连续.

由上面讨论可知,一个函数 $f(x)$ 在 x_0 处连续,必须满足下列三个条件:

(1) $f(x)$ 在 x_0 点有确定的函数值 $f(x_0)$;

(2)极限 $\lim\limits_{x\to x_0}f(x)$ 存在,即 $f(x_0^-)=f(x_0^+)$;

(3) $\lim\limits_{x\to x_0} f(x) = f(x_0)$.

定义 1.8.2 如果函数 $y = f(x)$ 在 (a,b) 内每一点都连续,则称函数 $f(x)$ 在 (a,b) 内**连续**;如果 $f(x)$ 在 (a,b) 内连续,且在 a 点右连续,b 点左连续,则称 $f(x)$ 在 $[a,b]$ 上**连续**.

例 1.8.1 证明:函数 $y = \sin x$ 在区间 $(-\infty,+\infty)$ 内是连续的.

证明 设 x 为区间 $(-\infty,+\infty)$ 内任意一点,则有

$$\Delta y = \sin(x+\Delta x) - \sin x = 2\sin\frac{\Delta x}{2}\cos\left(x+\frac{\Delta x}{2}\right),$$

因为当 $\Delta x\to 0$ 时,Δy 是无穷小与有界函数的乘积,所以 $\lim\limits_{\Delta x\to 0}\Delta y = 0$. 这就证明了函数 $y = \sin x$ 在区间 $(-\infty,+\infty)$ 内任意一点 x 都是连续的.

类似地,可以证明 $y = \cos x$ 在 $(-\infty,+\infty)$ 内连续.

1.8.2 函数的间断点

设函数 $f(x)$ 在 x_0 的某去心邻域内有定义,如果 x_0 满足下列条件之一:

(1) $f(x)$ 在 x_0 处无定义;

(2) $f(x)$ 在 x_0 处有定义,但 $\lim\limits_{x\to x_0} f(x)$ 不存在;

(3) $f(x)$ 在 x_0 处有定义,且 $\lim\limits_{x\to x_0} f(x)$ 存在,但 $\lim\limits_{x\to x_0} f(x) \neq f(x_0)$,

则称 $f(x)$ 在 x_0 **不连续**,x_0 称为 $f(x)$ 的**间断点**.

下面举例说明函数间断点的几种常见类型.

1. 可去间断点

一般地,如果 x_0 是 $f(x)$ 的间断点,而极限 $\lim\limits_{x\to x_0} f(x)$ 存在,则称 x_0 是函数 $f(x)$ 的**可去间断点**. 只要补充定义 $f(x_0)$ 或者重新定义 $f(x_0)$,令 $f(x_0) = \lim\limits_{x\to x_0} f(x)$,则函数 $f(x)$ 将在 x_0 处连续.

例 1.8.2 函数 $f(x) = \dfrac{x^2-1}{x-1}$ 在 $x = 1$ 处无定义,点 $x = 1$ 为 $f(x)$ 的间断点. 但

$$\lim_{x\to 1}\frac{x^2-1}{x-1} = \lim_{x\to 1}(x+1) = 2.$$

如果补充定义 $f(1) = 2$,即

$$f(x) = \begin{cases} \dfrac{x^2-1}{x-1}, & x \neq 1, \\ 2, & x = 1. \end{cases}$$

则 $f(x)$ 在 $x = 1$ 处连续(图 1.33),$x = 1$ 为函数的可去间断点.

例 1.8.3 设函数 $f(x) = \begin{cases} x, & x \neq 0, \\ 1, & x = 0, \end{cases}$ 讨论 $f(x)$ 在 $x = 0$ 处的连续性.

解 函数 $f(x)$ 在 $x=0$ 处有定义 $f(0)=1$，但 $\lim\limits_{x\to 0}f(x)=\lim\limits_{x\to 0}x=0\neq f(0)$. 所以 $f(x)$ 在 $x=0$ 处不连续，即 $x=0$ 是 $f(x)$ 的间断点.

如果改变定义 $f(0)=\lim\limits_{x\to 0}f(x)=0$，则 $f(x)$ 在 $x=0$ 处连续（见图 1.34），所以 $x=0$ 也为函数的可去间断点.

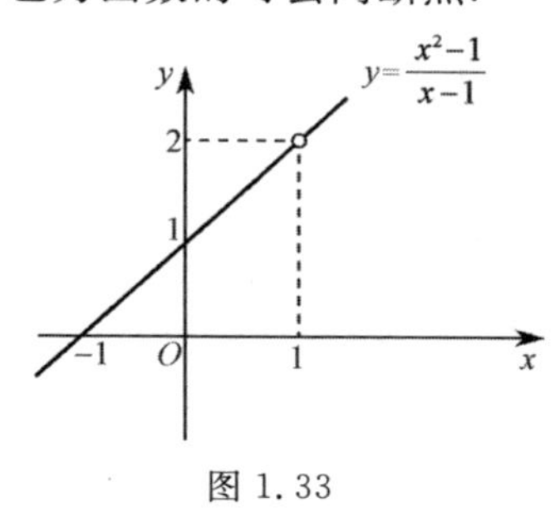

图 1.33

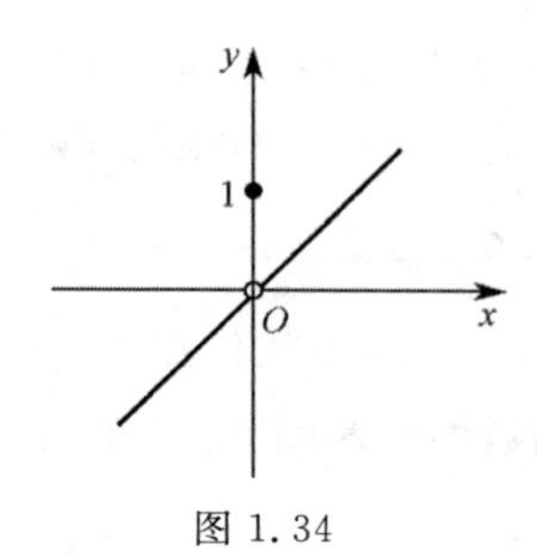

图 1.34

2. 跳跃间断点

如果 x_0 是 $f(x)$ 的间断点，而函数在 x_0 的左极限与右极限都存在但不相等，则称 x_0 是函数 $f(x)$ 的**跳跃间断点**.

例 1.8.4 设函数 $f(x)=\begin{cases}x+1, & x\geqslant 0,\\ x-1, & x<0,\end{cases}$ 讨论 $f(x)$ 在 $x=0$ 处的连续性.

解 函数 $f(x)$ 在 $x=0$ 处有定义 $f(0)=1$，但

$$\lim_{x\to 0^-}f(x)=\lim_{x\to 0^-}(x-1)=-1,\lim_{x\to 0^+}f(x)=\lim_{x\to 0^+}(x+1)=1,$$

所以 $\lim\limits_{x\to 0}f(x)$ 不存在，$f(x)$ 在 $x=0$ 处不连续，即 $x=0$ 是 $f(x)$ 的间断点.

此间断点的特征是左、右极限都存在但不相等，从图形来看，在 $x=0$ 处产生跳跃现象（图 1.35），所以 $x=0$ 为函数的跳跃间断点.

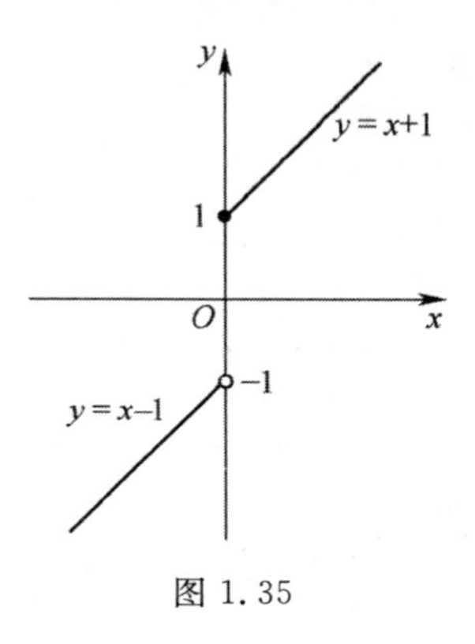

图 1.35

3. 无穷间断点

如果 x_0 是 $f(x)$ 的间断点，且

$$\lim_{x\to x_0}f(x)=\infty,$$

则把 x_0 称为 $f(x)$ 的**无穷间断点**.

例 1.8.5 函数 $f(x)=\tan x$ 在 $x=\frac{\pi}{2}$ 处无定义，$x=\frac{\pi}{2}$ 是其间断点，且因为 $\lim\limits_{x\to\frac{\pi}{2}^+}\tan x=-\infty$，所以 $x=\frac{\pi}{2}$ 为函数的无穷间断点.

4. 振荡间断点

一般来说，在 $x\to x_0$ 的过程中，若函数值 $f(x)$ 无限地在两个不同数之间变动，则把 x_0 称为 $f(x)$ 的**振荡间断点**.

例 1.8.6 函数 $f(x)=\sin\frac{1}{x}$ 在 $x=0$ 处无定义，$x=0$ 是其间断点，且当 $x\to 0$ 时，$f(x)$ 的函数值在 $(-1,1)$ 内无限次振荡，故 $\lim\limits_{x\to 0}f(x)$ 不存在. 从而 $x=0$ 为函数的振荡间断点(图 1.36).

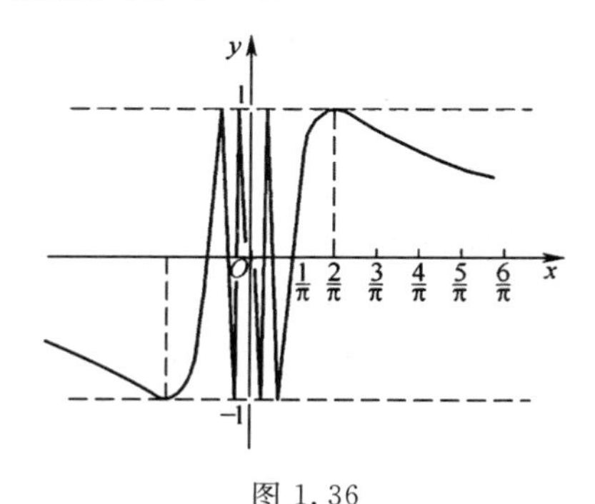

图 1.36

可去间断点或跳跃间断点的主要特征是函数在该点处的左极限和右极限都存在，通常把具有这类特征的间断点统称为**第一类间断点**. 除此之外的任何间断点称为**第二类间断点**，无穷间断点和振荡间断点显然是第二类间断点.

1.8.3 连续函数的运算法则

1. 连续函数的和、差、积、商的连续性

由函数在某点连续的定义和极限的四则运算法则，立即可得出下面的定理.

定理 1.8.1 如果函数 $f(x),g(x)$ 均在 x_0 连续，则 $f(x)\pm g(x)$，$f(x)\cdot g(x)$，$\frac{f(x)}{g(x)}(g(x)\neq 0)$ 也在点 x_0 处连续.

2. 反函数与复合函数的连续性

定理 1.8.2 如果函数 $y=f(x)$ 在区间 I_x 上单调增加(或减少)且连续，则其反函数 $x=\varphi(y)$ 在相应的区间 $I_y=\{y\mid y=f(x),x\in I_x\}$ 上也单调增加(或减少)且连续.

定理 1.8.3 设函数 $y=f[\varphi(x)]$ 是由函数 $y=f(u)$ 及 $u=\varphi(x)$ 复合而成，若 $\lim\limits_{x\to x_0}\varphi(x)=u_0$，而函数 $y=f(u)$ 在 $u=u_0$ 连续，则

$$\lim_{x \to x_0} f[\varphi(x)] = \lim_{u \to u_0} f(u) = f(u_0).$$

由于 $\lim_{x \to x_0}\varphi(x) = u_0$，$y = f(u)$ 在 $u = u_0$ 连续，所以上式可以改写成下面形式：

$$\lim_{x \to x_0} f[\varphi(x)] = f(u_0) = f(\lim_{x \to x_0}\varphi(x)).$$

这说明在定理 1.8.3 的条件下，求 $y = f[\varphi(x)]$ 的极限时，极限符号和函数符号可以交换计算次序.

若将定理 1.8.3 中的 $x \to x_0$ 改成 $x \to \infty$，可得类似结论.

例 1.8.7 求 $\lim_{x \to 3}\sqrt{\dfrac{x-3}{x^2-9}}$.

解 $y = \sqrt{\dfrac{x-3}{x^2-9}}$ 是由 $y = \sqrt{u}$ 与 $u = \dfrac{x-3}{x^2-9}$ 复合而成的. $\lim_{x \to 3}\dfrac{x-3}{x^2-9} = \dfrac{1}{6}$，函数 $y = \sqrt{u}$ 在点 $u = \dfrac{1}{6}$ 处连续. 所以

$$\lim_{x \to 3}\sqrt{\frac{x-3}{x^2-9}} = \sqrt{\lim_{x \to 3}\frac{x-3}{x^2-9}} = \sqrt{\frac{1}{6}} = \frac{\sqrt{6}}{6}.$$

定理 1.8.4 设函数 $y = f[\varphi(x)]$ 是由函数 $y = f(u)$ 及 $u = \varphi(x)$ 复合而成，若函数 $u = \varphi(x)$ 在点 x_0 连续，而 $y = f(u)$ 在点 $u_0 = \varphi(x_0)$ 连续，则复合函数 $y = f[\varphi(x)]$ 在点 x_0 也连续.

证明 因为 $\varphi(x)$ 在点 x_0 连续，所以 $\lim_{x \to x_0}\varphi(x) = \varphi(x_0) = u_0$. 又 $y = f(u)$ 在点 $u = u_0$ 连续，则 $\lim_{x \to x_0} f[\varphi(x)] = f(u_0) = f[\varphi(x_0)]$. 这就证明了复合函数 $f[\varphi(x)]$ 在点 x_0 连续.

利用复合函数的连续性法则，对于幂指函数 $[f(x)]^{g(x)}$，若 $\lim f(x) = A > 0$，$\lim g(x) = B$，则可以证明

$$\lim[f(x)]^{g(x)} = A^B.$$

例 1.8.8 求 $\lim_{x \to 0}(1+\sin 3x)^{\frac{1}{x}}$.

解 $\lim_{x \to 0}(1+\sin 3x)^{\frac{1}{x}} = \lim_{x \to 0}\left[(1+\sin 3x)^{\frac{1}{\sin 3x}}\right]^{\frac{\sin 3x}{x}} = \mathrm{e}^3$.

例 1.8.9 求 $\lim_{x \to +\infty}\left(1-\dfrac{1}{x}\right)^{\sqrt{x}}$.

解 $\lim_{x \to +\infty}\left(1-\dfrac{1}{x}\right)^{\sqrt{x}} = \lim_{x \to +\infty}\left(1-\dfrac{1}{x}\right)^{-x\cdot\frac{-1}{\sqrt{x}}} = \lim_{x \to +\infty}\left[\left(1-\dfrac{1}{x}\right)^{-x}\right]^{\frac{-1}{\sqrt{x}}} = \mathrm{e}^0 = 1$.

1.8.4 初等函数的连续性

利用连续的定义可得出如下重要结论：

(1)基本初等函数在其定义域内都是连续的.

(2)初等函数在其定义区间内都是连续的. 所谓**定义区间**是包含在定义域内的区间.

上述有关初等函数连续性的结论,为我们提供了一种求极限的简便方法,即若函数 $f(x)$ 是初等函数,而 x_0 是 $f(x)$ 定义区间内的点,则

$$\lim_{x\to x_0} f(x) = f(x_0).$$

例如,点 $x_0 = \frac{\pi}{2}$ 是初等函数 $f(x) = \ln\sin x$ 的一个定义区间 $(0,\pi)$ 内的点,所以

$$\lim_{x\to\frac{\pi}{2}}\ln\sin x=\ln\sin\frac{\pi}{2}=0.$$

例 1.8.10 求 $\lim\limits_{x\to 0}\frac{\ln(1+x)}{x}$.

解 $\lim\limits_{x\to 0}\frac{\ln(1+x)}{x} = \lim\limits_{x\to 0}\ln(1+x)^{\frac{1}{x}} = \ln e = 1.$

同理 $\lim\limits_{x\to 0}\frac{\log_a(1+x)}{x} = \log_a e = \frac{1}{\ln a}.$

例 1.8.11 求 $\lim\limits_{x\to 0}\frac{e^x-1}{x}$.

解 令 $e^x - 1 = t$,则 $x = \ln(1+t)$,当 $x \to 0$ 时,$t \to 0$. 于是

$$\lim_{x\to 0}\frac{e^x-1}{x} = \lim_{t\to 0}\frac{t}{\ln(1+t)} = \frac{1}{\ln e} = 1.$$

同理 $\lim\limits_{x\to 0}\frac{a^x-1}{x} = \lim\limits_{t\to 0}\frac{t}{\log_a(1+t)} = \ln a.$

例 1.8.12 求 $\lim\limits_{x\to 0}\frac{\sqrt{1+x^2}-1}{x}$.

解
$$\lim_{x\to 0}\frac{\sqrt{1+x^2}-1}{x} = \lim_{x\to 0}\frac{(\sqrt{1+x^2}-1)(\sqrt{1+x^2}+1)}{x(\sqrt{1+x^2}+1)}$$
$$= \lim_{x\to 0}\frac{x}{\sqrt{1+x^2}+1} = \frac{0}{2} = 0.$$

习题 1.8

1. 讨论下列函数的连续区间.

(1) $f(x)=\begin{cases} x, & -1\leqslant x\leqslant 1, \\ 1, & x<-1 \text{ 或 } x>1; \end{cases}$ (2) $f(x)=\sqrt{x-4}+\sqrt{6-x}$;

(3) $f(x)=\begin{cases} 3x+2, & x<0, \\ x^2+1, & 0\leqslant x\leqslant 1, \\ \frac{2}{x}, & x>1; \end{cases}$ (4) $f(x)=\frac{x^2-1}{x^2-3x+2}$.

2. 求下列函数的间断点,并指出其类型,如果是可去间断点,则补充或改变函数的定义使其连续.

(1) $f(x)=x\sin\dfrac{1}{x}$；　　(2) $f(x)=\begin{cases}\dfrac{x^2-x}{x^2-1}, & x\neq 1,\\ 1, & x=1.\end{cases}$

3. 确定常数 a，使下列函数在其定义域内连续.

(1) $f(x)=\begin{cases}\dfrac{\tan ax}{x}, & x\neq 0,\\ 2, & x=0;\end{cases}$　　(2) $f(x)=\begin{cases}e^x, & x<0,\\ a+x, & x\geqslant 0;\end{cases}$

(3) $f(x)=\begin{cases}\dfrac{\sin 2x}{x}, & x<0,\\ 3x^2-2x+a, & x\geqslant 0.\end{cases}$

4. 求下列函数的极限.

(1) $\lim\limits_{x\to 0}\ln\dfrac{\sin x}{x}$；　　(2) $\lim\limits_{x\to\pi}\tan\left(\dfrac{x}{4}+\sin x\right)$；

(3) $\lim\limits_{x\to 5}\dfrac{\sqrt{x-1}-2}{x-5}$；　　(4) $\lim\limits_{x\to 0}\dfrac{\ln(1+2x)}{\sin 3x}$.

5. 已知 $f(x)$ 连续，$f(2)=3$，求 $\lim\limits_{x\to 0}\dfrac{\sin 3x}{x}f\left(\dfrac{\sin 2x}{x}\right)$.

1.9　闭区间上连续函数的性质

前面已经说明了函数在闭区间上连续的概念，而闭区间上的连续函数的许多性质在理论上及应用上很有价值，下面我们以定理的形式叙述这些性质，并给出几何解释.

1.9.1　最大值、最小值定理与有界性定理

先介绍最大值和最小值的概念.

定义 1.9.1　设函数 $f(x)$ 在区间 I 上有定义，如果存在 $x_0\in I$，使得对于任一 $x\in I$，都有

$$f(x)\leqslant f(x_0)\ (\text{或 } f(x)\geqslant f(x_0)),$$

则称 $f(x)$ 在 x_0 处取得**最大值**（或**最小值**），$f(x_0)$ 称为 $f(x)$ 在区间 I 上的**最大值**（或**最小值**），x_0 称为 $f(x)$ 在区间 I 上的**最大值点**（或**最小值点**）.

例如，函数 $f(x)=1+\sin x$ 在区间 $[0,2\pi]$ 有最大值 2 和最小值 0. 又如，符号函数 $f(x)=\operatorname{sgn}x$ 在区间 $(-\infty,+\infty)$ 内有最大值 1 和最小值 -1；但在 $(0,+\infty)$ 内，$\operatorname{sgn}x$ 的最大值和最小值都等于 1.

定理 1.9.1（最大值与最小值定理）　闭区间上的连续函数在该区间上一定能取得最大值和最小值.

定理 1.9.1 表明，如果 $f(x)$ 在闭区间 $[a,b]$ 上连续，则至少存在一点 $x_1\in[a,b]$，使 $f(x_1)$ 是 $f(x)$ 在 $[a,b]$ 上的最大值；又至少存在一点 $x_2\in[a,b]$，使得 $f(x_2)$ 是 $f(x)$ 在 $[a,b]$ 上的最小值（图 1.37）.

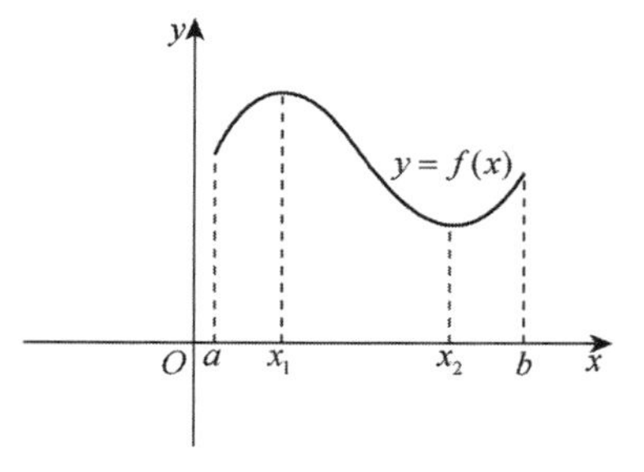

图 1.37

注意:定理 1.9.1 的两个条件:闭区间 $[a,b]$ 及 $f(x)$ 在 $[a,b]$ 上连续,缺少一个都可能导致结论不成立.例如,$y=x$ 在区间 $(-1,1)$ 内连续,但在 $(-1,1)$ 内既无最大值也无最小值;又如函数 $f(x)=\begin{cases}1-x, & 0\leqslant x<1,\\ 1, & x=1,\\ 3-x, & 1<x\leqslant 2,\end{cases}$ 在闭区间 $[0,2]$ 上有间断点 $x=1$,该函数在 $[0,2]$ 上同样既无最大值又无最小值(图 1.38).

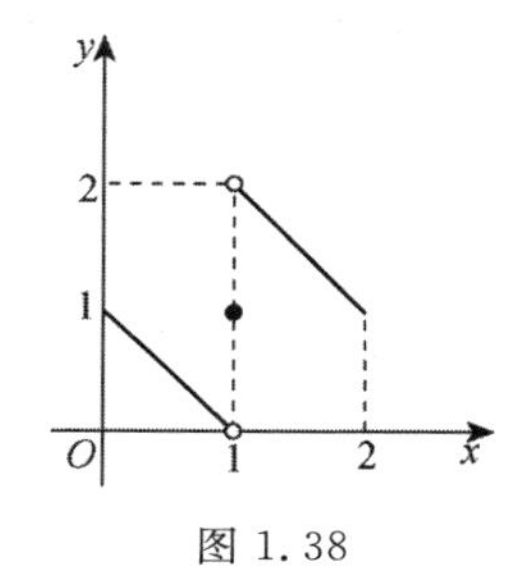

图 1.38

根据最大值与最小值定理,很容易得到如下的有界性定理.

推论 1.9.1(有界性定理) 闭区间上的连续函数在该区间上一定有界.

此推论表明,如果函数 $f(x)$ 在闭区间 $[a,b]$ 上连续,那么存在常数 $M>0$,使得对任一 $x\in[a,b]$,都有 $|f(x)|\leqslant M$.

与定理 1.9.1 相似,该推论的两个条件缺一不可.

1.9.2 零点定理与介值定理

如果 x_0 使 $f(x_0)=0$,则称 x_0 为函数 $f(x)$ 的**零点**.

定理 1.9.2(零点定理) 设 $f(x)$ 在闭区间 $[a,b]$ 上连续,且 $f(a)$ 与 $f(b)$ 异号($f(a)\cdot f(b)<0$),那么在开区间 (a,b) 内至少存在一点 ξ,使

$$f(\xi)=0.$$

从几何直观来看,定理 1.9.2 表示:如果连续曲线弧 $y=f(x)$ 的两个端点位于 x 轴的不同侧,那么该曲线弧与 x 轴至少有一个交点(图 1.39).

由定理 1.9.2 立即可推得下面更具一般性的定理.

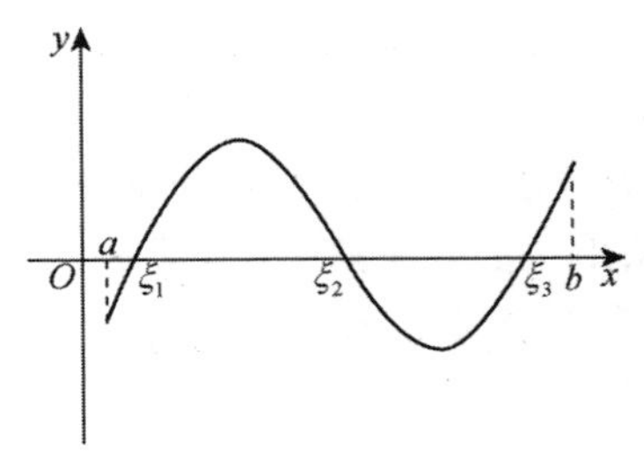

图 1.39

定理 1.9.3（介值定理） 设函数 $f(x)$ 在闭区间 $[a,b]$ 上连续，且 $f(a) \neq f(b)$，则对于 $f(a)$ 与 $f(b)$ 之间的任意一个数 C，在 (a,b) 内至少存在一点 ξ，使得

$$f(\xi) = C.$$

证明 设 $\varphi(x) = f(x) - C$，则 $\varphi(x)$ 在 $[a,b]$ 上连续，且 $\varphi(a) = f(a) - C$，$\varphi(b) = f(b) - C$. 由 $f(a) \neq f(b)$ 知，$\varphi(a)$ 与 $\varphi(b)$ 异号，根据零点定理，至少存在一点 $\xi \in (a,b)$，使得 $\varphi(\xi) = 0$. 又 $\varphi(\xi) = f(\xi) - C$，由上式即得

$$f(\xi) = C.$$

从几何直观来看，定理 1.9.3 表明，若数 C 介于 $f(a)$ 与 $f(b)$ 之间，则连续曲线弧 $y = f(x)$ 与水平直线 $y = C$ 至少有一个交点(图 1.40).

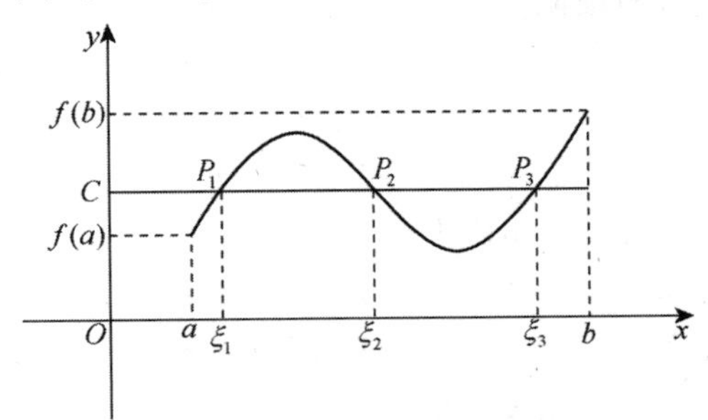

图 1.40

推论 1.9.2 闭区间上的连续函数必取得介于最大值与最小值之间的任何值.

例 1.9.1 证明：方程 $x^3 - 3x = 1$ 在 $(1,2)$ 之间至少有一个根.

证明 令 $f(x) = x^3 - 3x - 1$，则 $f(x)$ 在 $[1,2]$ 上连续，且

$$f(1) = -3 < 0, f(2) = 1 > 0.$$

根据零点定理，在 $(1,2)$ 内至少存在一点，使 $f(\xi) = 0$，即

$$\xi^3 - 3\xi - 1 = 0.$$

这说明方程 $x^3 - 3x = 1$ 在 $(1,2)$ 内至少有一个根 ξ.

习题 1.9

1. 证明：方程 $x^3 - 4x^2 + 1 = 0$ 在区间 $(0,1)$ 内至少有一个根.

2.设函数 $f(x)$ 在 $[a,b]$ 上连续，且 $f(a)<a,f(b)>b$，证明：在 (a,b) 内至少有一点 ξ，使得 $f(\xi)=\xi$.

3.一个登山运动员从早晨 7:00 开始攀登某座山峰，在下午 7:00 到达山顶，第二天早晨 7:00 再从山顶沿着原路下山，下午 7:00 到达山脚，试利用介值定理说明，这个运动员必在这两天的某一相同时刻经过登山路线的同一地点.

复习题一

1.在“充分”“必要”“充分必要”“无关”四者选择一个正确的填入下列空格内.

(1)数列 $\{x_n\}$ 有界是数列 $\{x_n\}$ 收敛的________条件.数列 $\{x_n\}$ 收敛是数列 $\{x_n\}$ 有界的________条件.

(2) $f(x)$ 在点 x_0 处有极限是 $f(x)$ 在 $x=x_0$ 处连续的________条件.

(3) $f(x)$ 在点 x_0 处有定义是当 $x\to x_0$ 时，$f(x)$ 有极限的________条件.

2.单项选择题.

(1)函数 $y=1+\sin x$ 是(　　).

A.无界函数　　B.有界函数

C.单调增加函数　　D.单调减少函数

(2)设 $\{x_n\},\{y_n\}$ 的极限分别为 1 和 2，则数列 $x_1,y_1,x_2,y_2,\cdots$ 的极限是(　　).

A. 1　　B. 2

C. 3　　D.不存在

(3)当 $x\to 0$ 时，$2x^2+\sin x$ 是 x 的(　　).

A.高阶无穷小　　B.低阶无穷小

C.等阶无穷小　　D.同阶但不等价无穷小

(4)下列变量在给定变化过程中(　　)是无穷小.

A. $\dfrac{\sin 2x}{x}\ (x\to 0)$　　B. $\dfrac{x}{\sqrt{x+1}}(x\to\infty)$

C. $2^{-x}-1\ (x\to+\infty)$　　D. $\dfrac{x^2}{x+1}\left(2+\cos\dfrac{1}{x}\right)(x\to 0)$

(5)下列变量在给定变化过程中(　　)是无穷大.

A. $\dfrac{x}{\sqrt{x^2+1}}\ (x\to+\infty)$　　B. $e^{\frac{1}{x}}\ (x\to 0^-)$

C. $\ln x\ (x\to 0^+)$　　D. $\dfrac{\ln(1+x^2)}{\sin x}\ (x\to 0)$

(6)设 $f(x)=\begin{cases} e^{\frac{1}{x}}, & x<0, \\ 1, & x\geqslant 0, \end{cases}$ 则 $x=0$ 是 $f(x)$ 的(　　).

A.跳跃间断点　　B.连续点

C. 可去间断点　　　　　　　　D. 无穷间断点

(7)若 $\lim\limits_{x\to x_0^-}f(x)$ 与 $\lim\limits_{x\to x_0^+}f(x)$ 均存在,则(　　).

A. $\lim\limits_{x\to x_0}f(x)$ 存在　　　　　B. $\lim\limits_{x\to x_0}f(x)=f(x_0)$

C. $\lim\limits_{x\to x_0}f(x)\neq f(x_0)$　　　　D. $\lim\limits_{x\to x_0}f(x)$ 不一定存在

(8)若 $\lim\limits_{x\to x_0}f(x)$ 存在,则(　　).

A. $f(x)$ 在 x_0 的某邻域内有界　B. $f(x)$ 在 x_0 的任一邻域内有界

C. $f(x)$ 在 x_0 的某邻域内无界　D. $f(x)$ 在 x_0 的任一邻域内无界

3. 求下列极限.

(1) $\lim\limits_{n\to\infty}\dfrac{6n^2+10n}{5n^2+3n-12}$　　　　(2) $\lim\limits_{x\to 1}\dfrac{x^2-1}{2x^2-x-1}$

(3) $\lim\limits_{n\to\infty}\left(1+\dfrac{1}{3}+\dfrac{1}{9}+\cdots+\dfrac{1}{3^n}\right)$　　　　(4) $\lim\limits_{n\to\infty}\left(\sqrt{n+\sqrt{n}}-\sqrt{n-\sqrt{n}}\right)$

(5) $\lim\limits_{x\to\infty}\dfrac{x^2}{x^3+x}(3+\cos x)$　　　　(6) $\lim\limits_{x\to\infty}\left(\dfrac{x-2}{x+1}\right)^x$

(7) $\lim\limits_{x\to 1}x^{\frac{1}{1-x}}$　　　　(8) $\lim\limits_{x\to 0}\dfrac{\ln(1-2x^2)}{x\sin x}$

4. 已知 $\lim\limits_{x\to -1}\dfrac{x^2+ax+b}{x+1}=5$,确定常数 a 和 b 的值.

5. 已知当 $x\to 0$ 时,$\sqrt{1+ax^2}-1$ 与 $\sin^2 x$ 是等价无穷小,求 a 的值.

6. 若函数 $f(x)=\begin{cases}1+x^2, x<0,\\ ax+b, 0\leqslant x\leqslant 1,\\ x^3-2, x>1\end{cases}$ 在 $(-\infty,+\infty)$ 内连续,求 a 和 b 的值.

7. 一个池塘现有鱼苗 a 条,若以年增长率 1.2%均匀增长,问 t 年时,这个鱼塘有多少条鱼?

8. 国家向某企业投资 2 万元,这家企业将投资作为抵押品向银行贷款,得到相当于抵押品价格 80%的贷款,该企业将这笔贷款再次进行投资,并且又将投资作为抵押品向银行贷款,得到相当于新抵押品价格 80%的贷款,该企业又将新贷款进行再投资,这样贷款—投资—再贷款—再投资,如此反复扩大投资,问其实际效果相当于国家投资多少万元所产生的直接效果?

数学家简介——刘徽

刘徽(Liu Hui)(约 225—295),汉族,据传为山东邹平县人,我国魏晋时期伟大的数学家,中国古典数学理论的奠基者之一.他的杰作《九章算术注》和《海岛算经》是我国最宝贵的数学遗产,奠定了他在中国数学史上的不朽地位.

刘徽在数学上的主要成就之一,是为《九章算术》做了注释,书名叫《九章算术注》,此书于魏景元 4 年(263)成书,共 9 卷,现在有传本可据,是我国最宝贵的数学遗产之一.刘徽的《九章算术注》整理了《九章算术》中各种解题方法的思想体系,旁征博引,纠正了其中某些错误,提高了《九章算术》的学术水平;他善于用文字讲清道理,用图形说明问题,便于读者学习、理解、掌握;而且,在他的注释中提出了很多独到的见解.

例如,他创造了用"割圆术"来计算圆周率的方法,从而开创了我国数学发展史中圆周率研究的新纪元.他从圆的内接正六边形算起,依次将边数加倍,一直算到内接正 192 边形的面积,从而得到圆周率 π 的近似值为 $\frac{157}{50}=3.14$.后人为了纪念刘徽,称这个数值为"徽率".以后他又算到圆内接正 3 072 边形的面积,从而得到圆周率 π 的近似值为 $\frac{39277}{1250}=3.1416$.外国关于 π 取值 3.141 6 的记载最早是印度的阿利耶毗陀(Aryabhato),但他比刘徽晚 200 多年,比祖冲之晚半个世纪.

刘徽"割圆术"中所述的"割之弥细,所失弥少.割之又割,以至于不可割,则与圆周合体,而无所失矣",已经完全体现出了现代极限的思想.他的割圆术只需要计算内接多边形而不需要计算外切多边形,这与阿基米德的方法比较起来显得事半功倍.此外他的极限思想还反映在"少广"章开方术的注释中,以及"商功"章棱锥体体积的计算的注释中.刘徽堪称我国第一个创造性地把极限观念运用于数学的人.

此外,刘徽在"方程"章的注释中对二元一次方程组创立了我们常用的"互乘相消法",在"盈不足"章的注释中建立了一个等差级数求和公式.他是世界上最早提出十进小数概念的人,并主张用十进小数来表示无理数的立方根.他提出并定义了许多数学概念,如幂(面积)、方程(线性方程组)、正负数等.他还发现了一条体积计算的定律:"由正方形与其内切圆的面积之比为 $4:\pi$,推得正方台(锥)与其内切圆台(锥)的体积之比也是 $4:\pi$".

刘徽研究了曲面体体积,尤其是曲面体体积的求法.他指出,在一立方体中作两内切圆柱体,其交叉部分形成的特异曲面体体积的确定乃是求曲面体体积的关键.他经过周密的思考,虽未能解决,但他采取了严肃的态度,决定把它留给后人. 刘徽的敏锐观察被继承下来,"敢下阙疑,以待能言者". 到5世纪时,这个问题终于被祖暅圆满地解决了,祖暅获得了一个普遍原理:"幂势既同,则积不容异."后来卡瓦列利也发现了这个原理,因此又称此原理为"卡瓦列利原理".

刘徽还推广了陈子(公元前六七世纪的中国数学家)的测日法,撰写了《重差》和《九章重差图》,其内容是对汉代天文学家测量太阳高度和距离方法的论述,这是一部运用几何知识测量远处目标的高、远、深、广的数学著作. 唐初时《九章重差图》失传,现仅有《重差》一册卷. 因其所论第一标题是测量海岛的高度和距离等问题,所以又名《海岛算经》.

刘徽的大多数推理、证明都合乎逻辑,十分严谨,从而把《九章算术》及他自己提出的解法、公式建立在必然性的基础之上. 虽然刘徽没有写出自成体系的著作,但他注释《九章算术》所运用的数学知识,实际上已经形成了一个独具特色、包括概念和判断、并以数学证明为其联系纽带的理论体系.

刘徽思维敏捷,研究方法灵活,既提倡推理又主张直观. 他是我国最早明确主张用逻辑推理的方式来论证数学命题的人. 刘徽的一生是为数学刻苦探求的一生. 他虽然地位低下,但人格高尚,他的著作堪称中国传统数学理论的精华,为我们中华民族留下了宝贵的文化财富.

第 2 章

导数与微分

在科学研究与实际生活中，除了要了解变量之间的函数关系外，还需讨论因变量随自变量变化的变化量问题，以及因变量相对于自变量的变化率问题，这些问题归结到数学上，即为导数与微分的相关内容. 本章以极限概念为基础，介绍导数概念、求导法则、基本求导公式及它们的计算方法，同时还讨论了微分的概念与计算方法等.

2.1 导数的概念

2.1.1 引例

例 2.1.1 产品总成本的变化率.

设某产品的成本 C 是产量 Q 的函数，即 $C = C(Q)(Q > 0)$，如果产量由 Q_0 变化到 $Q_0 + \Delta Q$，总成本取得相应的改变量记为 ΔC，则

$$\frac{\Delta C}{\Delta Q} = \frac{C(Q_0 + \Delta Q) - C(Q_0)}{\Delta Q},$$

此表达式表示该产品产量由 Q_0 变到 $Q_0 + \Delta Q$ 时，总成本的平均变化率. 显然，ΔQ 越小，总成本的平均变化率就越接近于总成本在产量为 Q_0 时的变化率，当 $\Delta Q \to 0$ 时，如果极限

$$\lim_{\Delta Q \to 0} \frac{\Delta C}{\Delta Q} = \lim_{\Delta Q \to 0} \frac{C(Q_0 + \Delta Q) - C(Q_0)}{\Delta Q}$$

存在，则这个极限值就表示产量为 Q_0 时总成本的变化率，经济学中称之为边际成本.

例 2.1.2 求平面曲线的切线斜率.

设一曲线方程为 $y = f(x)$，求曲线上任一点处的切线斜率.

在曲线 $y = f(x)$ 上任取两点 M 和 N，作割线 MN. 若让点 N 沿着曲线趋向点 M，则割线 MN 的极限位置 MT 就称为曲线 $y = f(x)$ 在点 M 处的**切线**，如图2.1所示. 下面求曲线 $y = f(x)$ 在点 M 处的切线的斜率.

记曲线 $y = f(x)$ 上的点 M,N 的坐标分别为

$$(x_0, y_0), (x_0 + \Delta x, y_0 + \Delta y),$$

则割线 MN 的斜率表示为

$$k_{MN} = \tan\varphi = \frac{\Delta y}{\Delta x},$$

这里 φ 为割线 MN 的倾角，θ 是切线 MT 的倾角. 让点 N 沿曲线趋向于点 M，

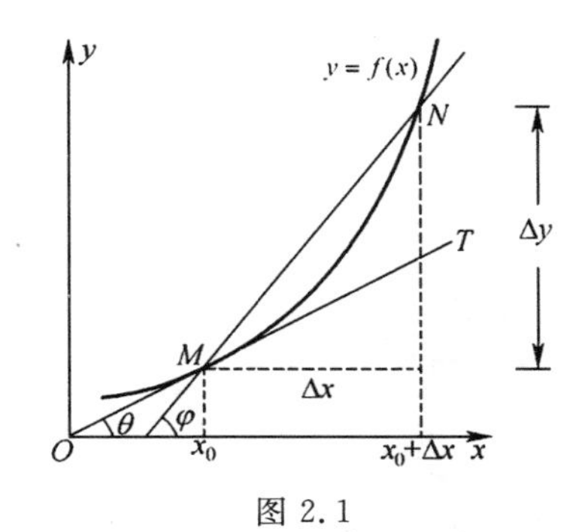

图 2.1

即 $\Delta x \to 0$ 时，若上式的极限存在，记为 k，则

$$\tan\theta = k = \lim_{\Delta x \to 0} \frac{\Delta y}{\Delta x},$$

此极限值 k 就是所求的切线的斜率，即

$$k = \lim_{\Delta x \to 0} \frac{\Delta y}{\Delta x} = \lim_{\Delta x \to 0} \frac{f(x_0 + \Delta x) - f(x_0)}{\Delta x}.$$

上面两个实际问题虽然具体含义不同，但从抽象的数量关系来看，它们的实质是一样的，都归结为求函数改变量与自变量改变量比值的极限问题. 这个极限称为函数在这一点的导数.

2.1.2 导数的概念

1. 导数的定义

定义 2.1.1 设函数 $y = f(x)$ 在点 x_0 的某个邻域内有定义，当自变量 x 在点 x_0 处取得增量 Δx（其中点 $x_0 + \Delta x$ 也在该邻域内）时，相应因变量 y 取得增量为 $\Delta y = f(x_0 + \Delta x) - f(x_0)$，若极限

$$\lim_{\Delta x \to 0} \frac{\Delta y}{\Delta x} = \lim_{\Delta x \to 0} \frac{f(x_0 + \Delta x) - f(x_0)}{\Delta x} \tag{2.1.1}$$

存在，则称函数 $y = f(x)$ 在点 x_0 处**可导**，并称此极限值为函数 $y = f(x)$ 在点 x_0 处的**导数**，记作 $f'(x_0)$，$y'\big|_{x=x_0}$，$\left.\frac{\mathrm{d}y}{\mathrm{d}x}\right|_{x=x_0}$ 或 $\left.\frac{\mathrm{d}f}{\mathrm{d}x}\right|_{x=x_0}$，即

$$f'(x_0) = \lim_{\Delta x \to 0} \frac{f(x_0 + \Delta x) - f(x_0)}{\Delta x}.$$

如果极限(2.1.1)不存在，则称函数 $y = f(x)$ 在点 x_0 处**不可导**.

若设 $x = x_0 + \Delta x$，则当 $\Delta x \to 0$ 时，有 $x \to x_0$，所以导数 $f'(x_0)$ 的定义也可表示为

$$f'(x_0) = \lim_{x \to x_0} \frac{f(x) - f(x_0)}{x - x_0}. \tag{2.1.2}$$

引入了导数的概念，前面讨论的两个实际问题就可简述如下：

(1)产品在产量为 Q_0 时总成本的变化率（边际成本）就是成本函数 $C(Q)$ 在

点 Q_0 处的导数.

(2)曲线 $y=f(x)$ 在点 $(x_0, f(x_0))$ 处的切线斜率就是函数 $y=f(x)$ 在点 x_0 处的导数,即

$$k=\tan\theta=f'(x_0).$$

2. 左、右导数

在导数 $f'(x_0)$ 的定义中,导数

$$f'(x_0)=\lim_{\Delta x\to 0}\frac{f(x_0+\Delta x)-f(x_0)}{\Delta x}$$

是一个极限,在第1章中我们讨论过极限在一点 $x=x_0$ 处存在的充要条件是左、右极限都存在且相等,因此导数 $f'(x_0)$ 存在的充要条件是左极限

$$\lim_{\Delta x\to 0^-}\frac{\Delta y}{\Delta x}=\lim_{\Delta x\to 0^-}\frac{f(x_0+\Delta x)-f(x_0)}{\Delta x}$$

和右极限

$$\lim_{\Delta x\to 0^+}\frac{\Delta y}{\Delta x}=\lim_{\Delta x\to 0^+}\frac{f(x_0+\Delta x)-f(x_0)}{\Delta x}$$

都存在且相等,这两个极限分别称为函数 $y=f(x)$ 在点 x_0 处的**左导数**和**右导数**,分别记作 $f'_-(x_0)$ 和 $f'_+(x_0)$,即

$$f'_-(x_0)=\lim_{\Delta x\to 0^-}\frac{f(x_0+\Delta x)-f(x_0)}{\Delta x},$$

$$f'_+(x_0)=\lim_{\Delta x\to 0^+}\frac{f(x_0+\Delta x)-f(x_0)}{\Delta x}.$$

因此得到下面的定理.

定理 2.1.1 函数 $y=f(x)$ 在点 x_0 处可导的充分必要条件是 $f(x)$ 在点 x_0 处的左、右导数都存在且相等.

例 2.1.3 证明函数 $y=|x|$ 在 $x=0$ 处不可导(图 2.2).

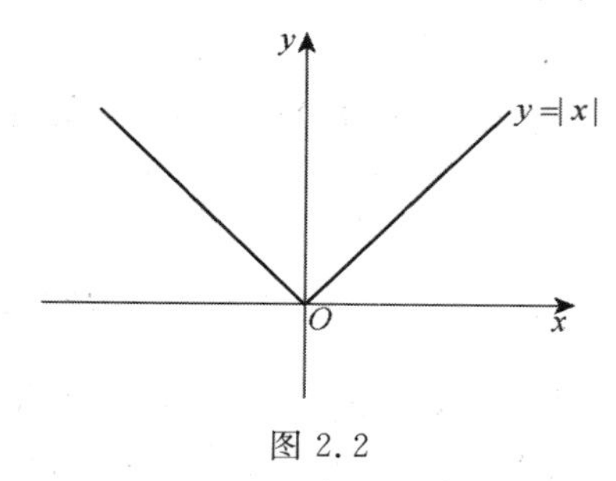

图 2.2

证明 因为

$$\lim_{\Delta x\to 0}\frac{\Delta y}{\Delta x}=\lim_{\Delta x\to 0}\frac{|\Delta x|}{\Delta x},$$

所以,当 $\Delta x>0$ 时,函数在 $x=0$ 处的右导数为

$$f'_{+}(0)=\lim_{\Delta x\to 0^{+}}\frac{\Delta y}{\Delta x}=\lim_{\Delta x\to 0^{+}}\frac{\Delta x}{\Delta x}=1;$$

当 $\Delta x<0$ 时,函数在 $x=0$ 处的左导数为

$$f'_{-}(0)=\lim_{\Delta x\to 0^{-}}\frac{\Delta y}{\Delta x}=\lim_{\Delta x\to 0^{-}}\frac{-\Delta x}{\Delta x}=-1.$$

函数 $y=|x|$ 在 $x=0$ 处的左、右导数不相等,从而在 $x=0$ 处不可导.

若函数 $y=f(x)$ 在开区间 (a,b) 内每一点都可导,则称 $f(x)$ 在区间 (a,b) 内**可导**. 任给 $x\in(a,b)$,都对应着 $f(x)$ 的一个确定的导数值 $f'(x)$,从而构成了一个新的函数,称此函数为函数 $f(x)$ 的**导函数**,记作 y',$f'(x)$,$\frac{\mathrm{d}y}{\mathrm{d}x}$ 或 $\frac{\mathrm{d}f}{\mathrm{d}x}$,即

$$f'(x)=\lim_{\Delta x\to 0}\frac{f(x+\Delta x)-f(x)}{\Delta x}.$$

函数 $y=f(x)$ 在点 x_0 处的导数 $f'(x_0)$ 就是导函数 $f'(x)$ 在点 x_0 处的函数值,所以有

$$f'(x_0)=f'(x)\big|_{x=x_0}.$$

因此,导函数也通常简称为**导数**.

例 2.1.4 求函数 $y=x^2$ 的导数.

解 由于 $\Delta y=(x+\Delta x)^2-x^2=2x\Delta x+(\Delta x)^2$,所以

$$\lim_{\Delta x\to 0}\frac{\Delta y}{\Delta x}=\lim_{\Delta x\to 0}(2x+\Delta x)=2x,$$

即

$$(x^2)'=2x.$$

同理 $$(x^n)'=nx^{n-1}\ (n\text{ 为正整数}).$$

一般地,当指数为任意实数 μ 时,可以证明

$$(x^{\mu})'=\mu x^{\mu-1}.$$

例如,函数 $y=\sqrt{x}$ 的导数为

$$y'=(\sqrt{x})'=\frac{1}{2}x^{\frac{1}{2}-1}=\frac{1}{2\sqrt{x}}.$$

同理,函数 $y=\frac{1}{x}$ 的导数为

$$y'=\left(\frac{1}{x}\right)'=(x^{-1})'=(-1)x^{-1-1}=-\frac{1}{x^2}.$$

例 2.1.5 求指数函数 $y=a^x$ 的导数 $(a>0,a\neq 1)$.

解 由于 $\Delta y=a^{x+\Delta x}-a^x$,所以

$$\lim_{\Delta x\to 0}\frac{\Delta y}{\Delta x}=\lim_{\Delta x\to 0}\frac{a^{x+\Delta x}-a^x}{\Delta x}=a^x\lim_{\Delta x\to 0}\frac{a^{\Delta x}-1}{\Delta x}=a^x\lim_{\Delta x\to 0}\frac{\Delta x\ln a}{\Delta x}=a^x\ln a,$$

即

$$(a^x)' = a^x \ln a.$$

特别地,在上式中令 $a = \mathrm{e}$,可得指数函数 $y = \mathrm{e}^x$ 的导数为

$$(\mathrm{e}^x)' = \mathrm{e}^x.$$

例 2.1.6 求对数函数 $y = \log_a x$ 的导数 $(a > 0, a \neq 1, x > 0)$.

解 由于 $\Delta y = \log_a(x+\Delta x) - \log_a x = \log_a \dfrac{x+\Delta x}{x} = \log_a\left(1+\dfrac{\Delta x}{x}\right)$,所以

$$\lim_{\Delta x \to 0} \frac{\Delta y}{\Delta x} = \frac{1}{x} \lim_{\Delta x \to 0} \log_a\left(1+\frac{\Delta x}{x}\right)^{\frac{x}{\Delta x}} = \frac{1}{x}\log_a \mathrm{e} = \frac{1}{x\ln a},$$

即

$$(\log_a x)' = \frac{1}{x\ln a}.$$

特别地,在上式中令 $a = \mathrm{e}$,可得自然对数函数 $y = \ln x$ 的导数为

$$(\ln x)' = \frac{1}{x}.$$

例 2.1.7 求函数 $y = \sin x$ 的导数.

解 由于 $\Delta y = \sin(x+\Delta x) - \sin x = 2\cos\left(x+\dfrac{\Delta x}{2}\right)\sin\dfrac{\Delta x}{2}$,所以

$$\lim_{\Delta x \to 0} \frac{\Delta y}{\Delta x} = \lim_{\Delta x \to 0} \frac{2\cos\left(x+\frac{\Delta x}{2}\right)\sin\frac{\Delta x}{2}}{\Delta x} = \lim_{\Delta x \to 0} \frac{2\cos\left(x+\frac{\Delta x}{2}\right)\frac{\Delta x}{2}}{\Delta x} = \cos x,$$

即

$$(\sin x)' = \cos x.$$

同理可得

$$(\cos x)' = -\sin x.$$

2.1.3 导数的几何意义

函数 $f(x)$ 在点 x_0 处的导数 $f'(x_0)$ 在几何上表示曲线 $y=f(x)$ 在点 $(x_0, f(x_0))$ 处的切线斜率(图 2.1),即

$$f'(x_0) = \lim_{\Delta x \to 0} \frac{\Delta y}{\Delta x} = \lim_{\varphi \to \theta} \tan\varphi = \tan\theta = k.$$

过曲线上一点且垂直于该点处切线的直线,称为曲线在该点处的**法线**.

根据导数的几何意义,如果函数 $y = f(x)$ 在点 x_0 处可导,则曲线 $y = f(x)$ 在点 $(x_0, f(x_0))$ 处的切线方程为

$$y - f(x_0) = f'(x_0)(x - x_0),$$

则法线方程为

$$y - f(x_0) = -\frac{1}{f'(x_0)}(x - x_0)\ (f'(x_0) \neq 0).$$

注意:若 $f'(x_0)=\infty$,则切线垂直于 x 轴,切线的方程就是 x 轴的垂线 $x=x_0$.

例 2.1.8 求曲线 $y=x^2$ 在点 (1,1) 处的切线和法线方程.

解 因为 $y'=2x$,由导数几何意义可知,曲线 $y=x^2$ 在点 (1,1) 的切线与法线的斜率分别为

$$k_1=y'|_{x=1}=2,$$
$$k_2=-\frac{1}{k_1}=-\frac{1}{2}.$$

于是所求的切线方程为

$$y-1=2(x-1),$$

即

$$2x-y-1=0.$$

法线方程为

$$y-1=-\frac{1}{2}(x-1),$$

即

$$x+2y-3=0.$$

2.1.4 可导与连续的关系

定理 2.1.2 如果函数 $y=f(x)$ 在点 x_0 处可导,则 $f(x)$ 在点 x_0 处一定连续.

证明 因 $f(x)$ 在点 x_0 处可导,则

$$f'(x_0)=\lim_{\Delta x\to 0}\frac{\Delta y}{\Delta x}.$$

根据函数极限与无穷小之间的关系,可知

$$\frac{\Delta y}{\Delta x}=f'(x_0)+\alpha,$$

其中 α 是当 $\Delta x\to 0$ 时的无穷小. 两端同乘以 Δx,可得

$$\Delta y=f'(x_0)\Delta x+\alpha\cdot\Delta x,$$

由此可知

$$\lim_{\Delta x\to 0}\Delta y=\lim_{\Delta x\to 0}[f'(x_0)\Delta x+\alpha\cdot\Delta x]=0,$$

所以函数 $y=f(x)$ 在点 x_0 处连续.

上述定理的逆命题不一定成立,即在某点连续的函数,在该点处未必可导. 例 2.1.3 中,函数 $y=|x|$ 在 $x=0$ 处是连续的,但是在 $x=0$ 处函数不可导.

习题 2.1

1. 求下列函数在指定点处的导数.

(1) $y=\cos x, x=\frac{\pi}{2}$;　　(2) $y=\ln x, x=5$.

2. 求下列函数的导数.

(1) $y=\log_2 x$;　　(2) $y=\frac{x^2}{\sqrt{x^5}}$;

(3) $y=\sqrt[5]{x^2}$;　　(4) $y=2^x$.

3. 判断下列命题是否正确? 为什么?

(1)如果 $f(x)$ 在 x_0 处可导,则 $f(x)$ 在 x_0 处连续;

(2)如果 $f(x)$ 在 x_0 处连续,则 $f(x)$ 在 x_0 处可导;

(3)如果 $f(x)$ 在 x_0 处不连续,则 $f(x)$ 在 x_0 处不可导;

(4)如果 $f(x)$ 在 x_0 处不可导,则 $f(x)$ 在 x_0 处不连续.

4. 下列各题中均假定 $f'(x_0)$ 存在,按导数定义观察下列极限.

(1) $\lim\limits_{\Delta x\to 0}\frac{f(x_0-\Delta x)-f(x_0)}{2\Delta x}$;　(2) $\lim\limits_{h\to 0}\frac{f(x_0+2h)-f(x_0-h)}{h}$.

5. 求曲线 $y=\frac{1}{x}$ 在点 $(1,1)$ 处的切线方程.

6. 讨论下列函数在 $x=0$ 处是否连续、是否可导.

(1) $y=x^3|x|$;　　(2) $y=2|\sin x|$;

(3) $y=\begin{cases}x^3\sin\frac{1}{x}, & x\neq 0,\\ 0, & x=0;\end{cases}$　　(4) $y=\begin{cases}x\sin\frac{1}{x}, & x\neq 0,\\ 0, & x=0.\end{cases}$

2.2 导数的运算

上一节介绍了导数的定义,并以此求出了一些简单函数的导数,但只由导数的定义求导往往非常繁琐,有时甚至是不可行的. 能否找到求导的一般法则或常用的求导公式,使得求导更简单易行呢? 本节将介绍这些求导法则和求导公式.

2.2.1 函数的和、差、积、商的求导法则

定理 2.2.1 若函数 $u=u(x)$ 与 $v=v(x)$ 在点 x 处均可导,那么它们的和、差、积、商(当分母不为零)在点 x 处也可导,且有以下法则:

(1) $(u\pm v)'=u'\pm v'$;

(2) $(uv)'=u'v+uv'$;若 $v=C$ (C 为常数),则 $(Cu)'=Cu'$;

(3) $\left(\frac{u}{v}\right)'=\frac{u'v-uv'}{v^2}$.

注意:法则(2)表明乘积的导数不等于导数的乘积,法则(3)表明商的导数不等于导数的商.

下面我们给出法则(3)的证明,其余的留给读者自行证明.

证明 令 $y=\dfrac{u(x)}{v(x)}$,给自变量 x 一个增量 Δx,则有

$$\Delta y=\frac{u(x+\Delta x)}{v(x+\Delta x)}-\frac{u(x)}{v(x)}=\frac{u(x)+\Delta u}{v(x)+\Delta v}-\frac{u(x)}{v(x)}$$

$$=\frac{v(x)\Delta u-u(x)\Delta v}{[v(x)+\Delta v]v(x)},$$

$$\frac{\Delta y}{\Delta x}=\frac{1}{[v(x)+\Delta v]v(x)}\left[\frac{\Delta u}{\Delta x}v(x)-\frac{\Delta v}{\Delta x}u(x)\right].$$

因 $u(x)$,$v(x)$ 在点 x 处可导,则在该点处必连续,所以当 $\Delta x\to 0$ 时,$\Delta u\to 0$,$\Delta v\to 0$;又当 $\Delta x\to 0$ 时,$\dfrac{\Delta u}{\Delta x}\to u'(x)$,$\dfrac{\Delta v}{\Delta x}\to v'(x)$,所以

$$\lim_{\Delta x\to 0}\frac{\Delta y}{\Delta x}=\left(\frac{u}{v}\right)'=\frac{u'v-uv'}{v^2}.$$

特别地,若 $u(x)=1$,则可得

$$\left(\frac{1}{v}\right)'=\frac{-v'}{v^2}\ (v\neq 0).$$

法则(1),(2)均可推广到有限个可导函数的情形.

设 $u=u(x)$,$v=v(x)$,$w=w(x)$ 在点 x 处均可导,则

$$(u\pm v\pm w)'=u'\pm v'\pm w',$$

$$(uvw)'=[(uv)w]'=(uv)'w+(uv)w'=(u'v+uv')w+uvw'$$
$$=u'vw+uv'w+uvw'.$$

例 2.2.1 设 $y=\sqrt{x}+\cos x+\ln x+\sin 5$,求 y'.

解 $y'=(\sqrt{x}+\cos x+\ln x+\sin 5)'=(\sqrt{x})'+(\cos x)'+(\ln x)'+(\sin 5)'$

$$=\frac{1}{2\sqrt{x}}-\sin x+\frac{1}{x}.$$

例 2.2.2 设 $y=3x^2 2^x$,求 y'.

解 $y'=(3x^2 2^x)'=3(x^2)'2^x+3x^2(2^x)'=6x2^x+3x^2 2^x\ln 2=(6x+3x^2\ln 2)2^x$.

例 2.2.3 求函数 $y=\tan x$ 的导数.

解 $y'=(\tan x)'=\left(\dfrac{\sin x}{\cos x}\right)'=\dfrac{(\sin x)'\cos x-\sin x(\cos x)'}{\cos^2 x}$

$$=\frac{\cos^2 x+\sin^2 x}{\cos^2 x}=\frac{1}{\cos^2 x}=\sec^2 x.$$

即

$$(\tan x)'=\sec^2 x.$$

同理可得

$$(\cot x)' = -\csc^2 x.$$

例 2.2.4 求函数 $y = \sec x$ 的导数.

解 $y' = (\sec x)' = \left(\frac{1}{\cos x}\right)' = \frac{\sin x}{\cos^2 x} = \frac{1}{\cos x} \cdot \tan x = \sec x \cdot \tan x.$

即

$$(\sec x)' = \sec x \cdot \tan x.$$

同理可得

$$(\csc x)' = -\csc x \cdot \cot x.$$

2.2.2 复合函数的导数

定理 2.2.2 如果函数 $u = \varphi(x)$ 在 x 处可导,同时函数 $y = f(u)$ 在对应的点 u 处可导,则由这两个函数构成的复合函数 $y = f[\varphi(x)]$ 在 x 处一定可导,且有

$$\frac{dy}{dx} = \frac{dy}{du} \cdot \frac{du}{dx}.$$

证明 给 x 一个增量 $\Delta x(\Delta x \neq 0)$,相应的函数 $u = \varphi(x)$ 与 $y = f(u)$ 的改变量分别为 Δu 和 Δy. 根据函数的极限与无穷小量之间的关系定理,由 $y = f(u)$ 可导,可得

$$\frac{\Delta y}{\Delta u} = \frac{dy}{du} + \alpha,$$

其中 α 是当 $\Delta u \to 0$ 时的无穷小. 令上式两边同乘 Δu 得

$$\Delta y = \frac{dy}{du} \cdot \Delta u + \alpha \cdot \Delta u,$$

于是

$$\frac{\Delta y}{\Delta x} = \frac{dy}{du} \cdot \frac{\Delta u}{\Delta x} + \alpha \cdot \frac{\Delta u}{\Delta x}.$$

因为函数 $u = \varphi(x)$ 在 x 处可导,所以有 $u = \varphi(x)$ 在 x 处连续,则当 $\Delta x \to 0$ 时,$\Delta u \to 0$,因此 $\lim\limits_{\Delta x \to 0} \alpha = \lim\limits_{\Delta u \to 0} \alpha = 0$,从而有

$$\frac{dy}{dx} = \lim_{\Delta x \to 0} \frac{\Delta y}{\Delta x} = \lim_{\Delta x \to 0} \left[\frac{dy}{du} \cdot \frac{\Delta u}{\Delta x} + \alpha \cdot \frac{\Delta u}{\Delta x}\right] = \frac{dy}{du} \cdot \frac{du}{dx}.$$

上式表明,求复合函数 $y = f[\varphi(x)]$ 对 x 的导数时,可分别求出 $y = f(u)$ 对 u 的导数和 $u = \varphi(x)$ 对 x 的导数,然后相乘即可.

以上法则也可记为 $\{f[\varphi(x)]\}' = f'(u) \cdot \varphi'(x)$.

对于多次复合的函数,其求导公式类似,这种复合函数的求导法则也称为**链式法则**.

例 2.2.5 设 $y = \ln(1 + x^3)$,求 y'.

解 令 $y = \ln u, u = 1 + x^3$,因此

$$y'=\frac{\mathrm{dln}u}{\mathrm{d}u}\cdot\frac{\mathrm{d}(1+x^3)}{\mathrm{d}x}=\frac{1}{u}\cdot 3x^2=\frac{3x^2}{1+x^3}.$$

例 2.2.6 设 $y=\sin 2x$，求 y'.

解 令 $y=\sin u, u=2x$，因此

$$y'=\frac{\mathrm{d}\sin u}{\mathrm{d}u}\cdot\frac{\mathrm{d}(2x)}{\mathrm{d}x}=\cos u\cdot 2=2\cos 2x.$$

在计算过程中,也可不加中间变量,直接按链式法则求导.

例 2.2.7 设 $y=\sin\sqrt{x^5+4}$，求 y'.

解 $y'=\cos\sqrt{x^5+4}\cdot\dfrac{1}{2\sqrt{x^5+4}}\cdot 5x^4=\dfrac{5x^4\cos\sqrt{x^5+4}}{2\sqrt{x^5+4}}.$

例 2.2.8 设 $y=\ln\sin e^x$，求 y'.

解 $y'=\dfrac{1}{\sin e^x}\cdot(\cos e^x)\cdot e^x=e^x\cot e^x.$

例 2.2.9 设 $y=\ln f(x)$，求 y'.

解 $y'=\dfrac{1}{f(x)}\cdot\dfrac{\mathrm{d}f(x)}{\mathrm{d}x}=\dfrac{f'(x)}{f(x)}.$

2.2.3 反函数的求导法则

定理 2.2.3 若单调连续函数 $x=\varphi(y)$ 在区间 I_y 内可导,且 $\varphi'(y)\neq 0$，则其反函数 $y=f(x)$ 在对应的区间 $I_x=\{x\mid x=\varphi(y),y\in I_y\}$ 内也可导，且有

$$f'(x)=\frac{1}{\varphi'(y)}\text{ 或 }\frac{\mathrm{d}y}{\mathrm{d}x}=\frac{1}{\dfrac{\mathrm{d}x}{\mathrm{d}y}}.$$

证明 因为 $y=f(x)$ 是 $x=\varphi(y)$ 的反函数,故可将函数 $x=\varphi(y)$ 中的 y 看作中间变量,从而组成复合函数 $x=\varphi(y)=\varphi[f(x)]$. 若上式两边同时对 x 求导,应用复合函数的链式法则,可得

$$1=\frac{\mathrm{d}x}{\mathrm{d}y}\cdot\frac{\mathrm{d}y}{\mathrm{d}x}.$$

因此可得

$$f'(x)=\frac{1}{\varphi'(y)}\text{ 或 }\frac{\mathrm{d}y}{\mathrm{d}x}=\frac{1}{\dfrac{\mathrm{d}x}{\mathrm{d}y}}\left(\frac{\mathrm{d}x}{\mathrm{d}y}=\varphi'(y)\neq 0\right).$$

例 2.2.10 求函数 $y=\arcsin x$ 的导数.

解 因 $y=\arcsin x$ 是 $x=\sin y$ 的反函数,而 $x=\sin y$ 在区间 $\left(-\dfrac{\pi}{2},\dfrac{\pi}{2}\right)$ 内单调且可导,且 $\dfrac{\mathrm{d}\sin y}{\mathrm{d}y}=\cos y\neq 0$，因此在对应的区间 $(-1,1)$ 内,有

$$\frac{\mathrm{d}\arcsin x}{\mathrm{d}x}=\frac{1}{\frac{\mathrm{d}\sin y}{\mathrm{d}y}}=\frac{1}{\cos y}=\frac{1}{\sqrt{1-\sin^2 y}}=\frac{1}{\sqrt{1-x^2}}.$$

即 $$(\arcsin x)'=\frac{1}{\sqrt{1-x^2}}.$$

同理可得 $$(\arccos x)'=-\frac{1}{\sqrt{1-x^2}}.$$

例 2.2.11 求函数 $y=\arctan x$ 的导数.

解 因 $y=\arctan x$ 是 $x=\tan y$ 的反函数,而 $x=\tan y$ 在区间 $\left(-\frac{\pi}{2},\frac{\pi}{2}\right)$ 内单调且可导,又 $\frac{\mathrm{d}\tan y}{\mathrm{d}y}=\sec^2 y\neq 0$,因此在对应的区间 $(-\infty,+\infty)$ 上,有

$$\frac{\mathrm{d}\arctan x}{\mathrm{d}x}=\frac{1}{\frac{\mathrm{d}\tan y}{\mathrm{d}y}}=\frac{1}{\sec^2 y}=\frac{1}{1+\tan^2 y}=\frac{1}{1+x^2}.$$

即 $$(\arctan x)'=\frac{1}{1+x^2}.$$

同理可知 $$(\text{arccot}\, x)'=-\frac{1}{1+x^2}.$$

2.2.4 初等函数的导数

前面我们已经给出了几个基本初等函数的导数,而且建立了函数四则运算的求导法则、复合函数的求导法则以及反函数的求导法则,这就解决了初等函数的求导问题.现将基本导数公式汇成表 2-1.

表 2-1 基本导数公式表

1. $(C)'=0$(C 为常数)	2. $(x^{\mu})'=\mu x^{\mu-1}$(μ 为常数)
3. $(\log_a x)'=\frac{1}{x\ln a}$	4. $(\ln x)'=\frac{1}{x}$
5. $(a^x)'=a^x\ln a$	6. $(\mathrm{e}^x)'=\mathrm{e}^x$
7. $(\sin x)'=\cos x$	8. $(\cos x)'=-\sin x$
9. $(\tan x)'=\sec^2 x=\frac{1}{\cos^2 x}$	10. $(\cot x)'=-\csc^2 x=-\frac{1}{\sin^2 x}$
11. $(\sec x)'=\sec x\tan x$	12. $(\csc x)'=-\csc x\cot x$
13. $(\arcsin x)'=\frac{1}{\sqrt{1-x^2}}$	14. $(\arccos x)'=-\frac{1}{\sqrt{1-x^2}}$
15. $(\arctan x)'=\frac{1}{1+x^2}$	16. $(\text{arccot}\, x)'=-\frac{1}{1+x^2}$

以上基本导数公式十分重要，初等函数的求导主要利用上述表格中的常用公式及函数的四则运算求导法则与复合函数的求导法则来运算，因此要熟练掌握.

例 2.2.12 设 $y=(x^3+\sin x)^5$，求 y'.

解 $y'=[(x^3+\sin x)^5]'=5(x^3+\sin x)^4(x^3+\sin x)'$

$=5(x^3+\sin x)^4(3x^2+\cos x)$.

例 2.2.13 设 $y=2^{-x}\arcsin x^3$，求 y'.

解 $y'=(2^{-x})'\arcsin x^3+(\arcsin x^3)'2^{-x}$

$$=(-2^{-x}\ln 2)\arcsin x^3+\frac{3x^2}{\sqrt{1-x^6}}2^{-x}$$

$$=2^{-x}\left(\frac{3x^2}{\sqrt{1-x^6}}-\ln 2\cdot\arcsin x^3\right).$$

例 2.2.14 设 $y=\ln(x+\sqrt{x^2+a^2})$，求 y'.

解 $$y'=\frac{1}{x+\sqrt{x^2+a^2}}\cdot\left(1+\frac{2x}{2\sqrt{x^2+a^2}}\right)=\frac{1}{\sqrt{x^2+a^2}}.$$

习题 2.2

1. 求下列函数的导数.

(1) $y=xa^x+7e^x$； (2) $y=3x\tan x+\ln x-4$；

(3) $y=x^3+3x\sin x$； (4) $y=x^2\ln x$；

(5) $y=3e^x\sin x$； (6) $y=\dfrac{\ln x}{x}$；

(7) $y=\dfrac{e^x}{x^2}+\sin 3$； (8) $y=\dfrac{1+\sin x}{1-\cos x}$.

2. 设 $f(x)$ 可导，求下列函数的导数.

(1) $y=f(\sqrt{x}+2)$； (2) $y=[f(x)]^3$；

(3) $y=e^{-f(x)}$； (4) $y=\arctan[2f(x)]$.

3. 求下列函数的导数.

(1) $y=(x^2+x)^4$； (2) $y=3\cos(2x+5)$；

(3) $y=\cos^2 x$； (4) $y=\ln(\sin x)$；

(5) $y=(x+3\sqrt{x})^2$； (6) $y=xe^{2x}$；

(7) $y=\ln\ln\ln x$； (8) $y=e^{\arctan\sqrt[3]{x}}$.

2.3 高阶导数

在有些实际问题中，需要对函数进行多次求导，因此有必要进一步研究函数一阶导数的导数.

一般地,设函数 $y' = f'(x)$ 在点 x 的某个邻域内有定义,若极限

$$\lim_{\Delta x \to 0} \frac{f'(x+\Delta x) - f'(x)}{\Delta x}$$

存在,则称此极限值为函数 $y = f(x)$ 在点 x 的**二阶导数**,记作 y'',$f''(x)$,$\frac{d^2 y}{dx^2}$ 或 $\frac{d^2 f(x)}{dx^2}$,即

$$y'' = (y')', f''(x) = [f'(x)]' \text{ 或 } \frac{d^2 y}{dx^2} = \frac{d}{dx}\left(\frac{dy}{dx}\right).$$

相应地,把 $y = f(x)$ 的导数 $y' = f'(x)$ 也称为函数 $y = f(x)$ 的**一阶导数**.

类似地,二阶导数的导数,称为**三阶导数**,三阶导数的导数称为**四阶导数**,…,一般地,$(n-1)$ 阶导数的导数称为 n **阶导数**,分别记作

$$y''', y^{(4)}, \cdots, y^{(n)} \text{ 或 } \frac{d^3 y}{dx^3}, \frac{d^4 y}{dx^4}, \cdots, \frac{d^n y}{dx^n}.$$

函数 $f(x)$ 具有 n 阶导数,也就是说函数 $f(x)$ n 阶可导.如果函数 $f(x)$ 在点 x 处具有 n 阶导数,那么 $f(x)$ 在点 x 的某一邻域内一定也具有一切低于 n 阶的导数.二阶及二阶以上的导数统称为**高阶导数**.

根据高阶导数的定义,求函数的高阶导数就是将函数逐次求导,因此,前面介绍的导数运算法则与导数基本公式仍然适用于高阶导数的计算.

例 2.3.1 设 $y = ax + b$,求 y''.

解 $y' = a, y'' = 0$.

例 2.3.2 设 $y = e^{-x}\cos x$,求 y''.

解 $y' = -e^{-x}\cos x + e^{-x}(-\sin x) = -e^{-x}(\cos x + \sin x)$,

$y'' = e^{-x}(\cos x + \sin x) - e^{-x}(-\sin x + \cos x) = 2e^{-x}\sin x$.

例 2.3.3 设 $y = \sqrt{2x - x^2}$,求 y''.

解 将 $y = \sqrt{2x - x^2}$ 求导,得 $y' = \frac{2-2x}{2\sqrt{2x-x^2}} = \frac{1-x}{\sqrt{2x-x^2}}$.

$$y'' = \frac{-\sqrt{2x-x^2} - (1-x)\frac{2-2x}{2\sqrt{2x-x^2}}}{2x-x^2} = \frac{-2x+x^2-(1-x)^2}{(2x-x^2)\sqrt{2x-x^2}}$$

$$= -\frac{1}{(2x-x^2)^{\frac{3}{2}}} = -\frac{1}{y^3}.$$

下面介绍几个常用的初等函数的 n 阶导数.

例 2.3.4 设 $y = e^x$,求 $y^{(n)}$.

解 $y' = e^x, y'' = e^x, y''' = e^x, y^{(4)} = e^x$.一般地,可得

$$y^{(n)} = e^x.$$

即

$$(e^x)^{(n)} = e^x.$$

例 2.3.5 求 $y=\sin x$ 与 $y=\cos x$ 的 n 阶导数 $y^{(n)}$.

解 对 $y=\sin x$ 求导得

$$y'=(\sin x)'=\cos x=\sin\left(x+\frac{\pi}{2}\right),$$

$$y''=\left[\sin\left(x+\frac{\pi}{2}\right)\right]'=\cos\left(x+\frac{\pi}{2}\right)=\sin\left(x+2\cdot\frac{\pi}{2}\right),$$

$$y'''=\left[\sin\left(x+2\cdot\frac{\pi}{2}\right)\right]'=\sin\left(x+3\cdot\frac{\pi}{2}\right),$$

$$\cdots$$

$$y^{(n)}=\sin\left(x+n\cdot\frac{\pi}{2}\right).$$

即

$$(\sin x)^{(n)}=\sin\left(x+n\cdot\frac{\pi}{2}\right).$$

同理可得

$$(\cos x)^{(n)}=\cos\left(x+n\cdot\frac{\pi}{2}\right).$$

例 2.3.6 求对数函数 $y=\ln(1+x)$ 的 n 阶导数 $y^{(n)}$.

解 $y=\ln(1+x),y'=\dfrac{1}{1+x},y''=-\dfrac{1}{(1+x)^2},$

$$y'''=\frac{1\times 2}{(1+x)^3},y^{(4)}=-\frac{1\times 2\times 3}{(1+x)^4},\cdots.$$

一般地,可得

$$y^{(n)}=(-1)^{n-1}\frac{(n-1)!}{(1+x)^n},$$

即

$$[\ln(1+x)]^{(n)}=(-1)^{n-1}\frac{(n-1)!}{(1+x)^n}.$$

通常规定 $0!=1$,所以这个公式当 $n=1$ 时也成立.

注意:函数 $y=\dfrac{1}{1+x}$ 的 n 阶导数可根据上例得出,$y^{(n)}=(-1)^n\cdot\dfrac{n!}{(1+x)^{n+1}}$.

例 2.3.7 求幂函数的 n 阶导数(n 是正整数).

解 设 $y=x^\mu$(μ 是任意常数),那么

$$y'=\mu x^{\mu-1},y''=\mu(\mu-1)x^{\mu-2},\cdots,$$

$$y^{(n)}=\mu(\mu-1)(\mu-2)\cdots(\mu-n+1)x^{\mu-n},$$

即

$$(x^\mu)^{(n)}=\mu(\mu-1)(\mu-2)\cdots(\mu-n+1)x^{\mu-n}.$$

特别的,当 $\mu=n$ 时,得到 $(x^n)^{(n)}=n(n-1)(n-2)\cdots 3\cdot 2\cdot 1=n!$,而

$$(x^n)^{(n+1)} = 0.$$

如果函数 $u = u(x)$ 及 $v = v(x)$ 都在点 x 处具有 n 阶导数，那么显然 $u(x) + v(x)$ 及 $u(x) - v(x)$ 也在点 x 处具有 n 阶导数，且

$$(u \pm v)^{(n)} = u^{(n)} \pm v^{(n)}.$$

但乘积 $u(x)v(x)$ 的 n 阶导数并不如此简单. 由

$$(uv)' = u'v + uv',$$

首先得出

$$(uv)'' = u''v + 2u'v' + uv'',$$

$$(uv)''' = u'''v + 3u''v' + 3u'v'' + uv'''.$$

用数学归纳法可以证明

$$(uv)^{(n)} = u^{(n)}v + nu^{(n-1)}v' + \frac{n(n-1)}{2!}u^{(n-2)}v'' + \cdots + \frac{n(n-1)\cdots(n-k+1)}{k!}u^{(n-k)}v^{(k)} + \cdots + uv^{(n)}.$$

上式称为**莱布尼茨**(Leibniz)**公式**. 这个公式可以这样记忆：把 $(u+v)^n$ 按二项式定理展开写成

$$(u+v)^n = u^nv^0 + nu^{n-1}v + \frac{n(n-1)}{2!}u^{n-2}v^2 + \cdots + u^0v^n,$$

即

$$(u+v)^n = \sum_{k=0}^{n} C_n^k u^{n-k}v^k.$$

然后把 k 次幂换成 k 阶导数(零阶导数理解为函数本身)，再把左端的 $u+v$ 换成 uv，这样就得到莱布尼茨公式

$$(uv)^{(n)} = \sum_{k=0}^{n} C_n^k u^{(n-k)}v^{(k)}.$$

例 2.3.8 设 $y = x^2e^{2x}$，求 $y^{(20)}$.

解 设 $u = e^{2x}, v = x^2$，则

$$u^{(k)} = 2^ke^{2x}(k = 1,2,\cdots,20),$$

$$v' = 2x, v'' = 2, v^{(k)} = 0(k = 3,4,\cdots,20),$$

代入莱布尼茨公式，得

$$y^{(20)} = (x^2e^{2x})^{(20)} = 2^{20}e^{2x}\cdot x^2 + 20\cdot 2^{19}e^{2x}\cdot 2x + \frac{20\cdot 19}{2!}2^{18}e^{2x}\cdot 2$$

$$= 2^{20}e^{2x}(x^2 + 20x + 95).$$

习题 2.3

1. 求下列函数的二阶导数.

(1) $y = xe^x$；　　(2) $y = x^2\ln x$；

(3) $y = e^{2x-1}$；　　(4) $y = 3e^x\cos x$；

(5) $y = \ln\sin x$；　　(6) $y = \arctan x^2$；

(7) $y = x\cos x$ ；　　　　(8) $y = (1+x^2)\arctan x$.

2. 求下列函数所指定的阶的导数.

(1) $y = e^x x^2$，求 $y^{(4)}$ ；　　　(2) $y = x^2\sin x$，求 $y^{(20)}$.

2.4 隐函数及由参数方程所确定的函数的导数

2.4.1 隐函数的导数

前面我们所遇到的函数，如 $y=\cot x$，$y=\ln 3x+\sqrt{3-x^2}$ 等，这种函数表达方式的特点是：等号左端是因变量的符号 y，而右端是含有自变量 x 的某个式子，当自变量取定义域内任一值时，由这式子能有确定对应的函数值. 用这种方式表达的函数称为**显函数**. 有些函数的表达方式却不是这样. 例如，方程 $x+y^3-1=0$ 表示一个函数，因为当变量 x 在 $(-\infty,+\infty)$ 内取值时，变量 y 有确定的值与之对应. 例如，当 $x=0$ 时，$y=1$ ；当 $x=-1$ 时，$y=\sqrt[3]{2}$ 等. 以这种形式表示的函数称为隐函数.

一般地，如果变量 x 和 y 满足一个方程 $F(x,y)=0$，在一定条件下，当 x 取某区间内的任一值时，相应地总有满足这方程的唯一的 y 值存在，那么就说方程 $F(x,y)=0$ 在该区间内唯一确定了一个**隐函数**.

把一个隐函数化成显函数，叫作隐函数的显化. 例如，从方程 $x+y^3-1=0$ 解出 $y=\sqrt[3]{1-x}$，就把隐函数化成显函数. 隐函数的显化有时是有困难的，甚至是不可能的. 但在实际问题中，有时需要计算隐函数的导数，因此，我们希望找到一种方法，不管隐函数能否显化，都能直接由方程解出它所确定的隐函数的导数来. 下面通过具体例子来说明这种方法.

例 2.4.1 求由方程 $e^y+xy+2e=0$ 所确定的隐函数 $y=y(x)$ 的导数 $\frac{dy}{dx}$.

解 我们把方程两边分别对 x 求导数，注意 y 是 x 的函数. 方程左边对 x 求导得

$$\frac{d(e^y+xy+2e)}{dx}=e^y\frac{dy}{dx}+y+x\frac{dy}{dx},$$

方程右边对 x 求导得 $(0)'=0$.

由于等式两边对 x 的导数相等，所以 $e^y\frac{dy}{dx}+y+x\frac{dy}{dx}=0$，

从而

$$\frac{dy}{dx}=-\frac{y}{x+e^y}\ (x+e^y\neq 0).$$

在这个结果中，分式中的 y 是由方程 $e^y+xy+2e=0$ 所确定的隐函数.

例 2.4.2 求由方程 $2x^2+y^2=1$ 所确定的隐函数 $y=y(x)$ 的导数 $\frac{dy}{dx}$.

解 因为 y 是 x 的函数,所以 y^2 是 x 的复合函数,方程两端同对 x 求导,得

$$4x+2y\cdot y'=0.$$

解 y',便得到所求隐函数的导数为

$$y'=\frac{\mathrm{d}y}{\mathrm{d}x}=-\frac{2x}{y}(y\neq 0).$$

例 2.4.3 求由方程 $2x-y+\sin y=0$ 所确定的隐函数 $y=y(x)$ 的导数$\dfrac{\mathrm{d}y}{\mathrm{d}x}$.

解 方程两边同对 x 求导,注意 y 是 x 的函数,有

$$2-y'+\cos y\cdot y'=0.$$

解得

$$y'=\frac{\mathrm{d}y}{\mathrm{d}x}=\frac{2}{1-\cos y}\ (1-\cos y\neq 0).$$

2.4.2 对数求导法

在计算幂指函数的导数以及某些乘幂、连乘积、带根号函数的导数时,可以采用先取对数再求导的方法,简称**对数求导法**.它的运算过程如下:

在 $y=f(x)(f(x)>0)$ 的两边取自然对数,得

$$\ln y=\ln f(x),$$

上式两边同时对 x 求导,注意 y 是 x 的函数,得

$$\frac{y'}{y}=[\ln f(x)]'.$$

例 2.4.4 设 $y=\sqrt{\dfrac{(x^2+1)(3x-4)}{(x+2)(x^2+3)}}$,求 y'.

解 将函数两边同时取自然对数,得

$$\ln y=\frac{1}{2}[\ln(x^2+1)+\ln|3x-4|-\ln|x+2|-\ln(x^2+3)],$$

两边同时对 x 求导,得

$$\frac{1}{y}y'=\frac{1}{2}\left(\frac{2x}{x^2+1}+\frac{3}{3x-4}-\frac{1}{x+2}-\frac{2x}{x^2+3}\right),$$

所以

$$y'=\frac{1}{2}\sqrt{\frac{(x^2+1)(3x-4)}{(x+2)(x^2+3)}}\cdot\left(\frac{2x}{x^2+1}+\frac{3}{3x-4}-\frac{1}{x+2}-\frac{2x}{x^2+3}\right).$$

设 $y=u(x)^{v(x)}$,$u(x)>0$,其中 $u(x)$,$v(x)$ 均可导,求 y'.方程两边同时取自然对数得 $\ln y=v(x)\ln u(x)$,两边同时对 x 求导,得

$$\frac{y'}{y}=v'(x)\ln u(x)+\frac{v(x)u'(x)}{u(x)},$$

于是

$$y'=u(x)^{v(x)}\left[v'(x)\ln u(x)+\frac{v(x)u'(x)}{u(x)}\right].$$

特别地，当 $u(x)=v(x)=x$ 时，$(x^x)'=x^x(1+\ln x)$.

例 2.4.5 设 $y=x^{\sin x}(x>0)$，求 y'.

解 在等式两边同时取自然对数，得

$$\ln y=\sin x\ln x,$$

等式两边再同时对 x 求导，得

$$\frac{y'}{y}=\cos x\ln x+\sin x\cdot\frac{1}{x},$$

即

$$\begin{aligned}y'&=y\left(\cos x\ln x+\sin x\cdot\frac{1}{x}\right)\\&=x^{\sin x}\left(\cos x\ln x+\sin x\cdot\frac{1}{x}\right).\end{aligned}$$

*2.4.3 由参数方程所确定的函数的导数

若方程 $x=\varphi(t)$ 和 $y=\psi(t)$ 确定了 y 与 x 间的函数关系，则称此函数关系所表达的函数为由参数方程

$$\begin{cases}x=\varphi(t)\\y=\psi(t)\end{cases},t\in(\alpha,\beta)$$

所确定的函数 $y=y(x)$. 下面来讨论由参数方程所确定的函数的导数.

设 $t=\varphi^{-1}(x)$ 为 $x=\varphi(t)$ 的反函数，在 $t\in(\alpha,\beta)$ 中，函数 $x=\varphi(t)$，$y=\psi(t)$ 均可导，这时由复合函数的求导法则和反函数的求导法则，可得

$$\frac{\mathrm{d}y}{\mathrm{d}x}=\frac{\mathrm{d}y}{\mathrm{d}t}\cdot\frac{\mathrm{d}t}{\mathrm{d}x}=\frac{\mathrm{d}y}{\mathrm{d}t}\cdot\frac{1}{\frac{\mathrm{d}x}{\mathrm{d}t}}=\frac{\frac{\mathrm{d}y}{\mathrm{d}t}}{\frac{\mathrm{d}x}{\mathrm{d}t}}=\frac{\psi'(t)}{\varphi'(t)}\ (\varphi'(t)\neq0).$$

于是由参数方程所确定的函数 $y=y(x)$ 的导数为

$$\frac{\mathrm{d}y}{\mathrm{d}x}=\frac{\frac{\mathrm{d}y}{\mathrm{d}t}}{\frac{\mathrm{d}x}{\mathrm{d}t}}=\frac{\psi'(t)}{\varphi'(t)}.$$

例 2.4.6 设 $\begin{cases}x=a\cos^3t\\y=a\sin^3t\end{cases}$，求 $\frac{\mathrm{d}y}{\mathrm{d}x}$.

解 $\frac{\mathrm{d}y}{\mathrm{d}x}=\frac{\frac{\mathrm{d}y}{\mathrm{d}t}}{\frac{\mathrm{d}x}{\mathrm{d}t}}=\frac{3a\sin^2t\cos t}{3a\cos^2t(-\sin t)}=-\tan t\ (t\neq\frac{n\pi}{2},n$ 为整数).

习题 2.4

1. 求下列方程所确定的隐函数的导数 $\dfrac{\mathrm{d}y}{\mathrm{d}x}$.

(1) $x^2+y^2=xy$; (2) $x^2\sin y=\cos(x+y)$;

(3) $x^2y=\mathrm{e}^{3x+2y}$; (4) $y=1+\mathrm{e}^y\sin x$.

2. 求曲线 $\mathrm{e}^y-xy-2=0$ 在点 $(0,\ln 2)$ 处的切线方程.

3. 用对数求导法求下列函数的导数 $\dfrac{\mathrm{d}y}{\mathrm{d}x}$.

(1) $y=\left(\dfrac{x}{1+x}\right)^x$; (2) $y=\left(1+\dfrac{1}{3x}\right)^x$;

(3) $y=\dfrac{\sqrt{x+2}(3-x)^4}{(x+1)^5}$; (4) $y=\dfrac{\sqrt{x^2+2x}}{\sqrt[3]{x^2-2}}$.

*4. 已知 $\begin{cases}x=\mathrm{e}^t\sin t\\ y=\mathrm{e}^t\cos t\end{cases}$，求当 $t=\dfrac{\pi}{3}$ 时 $\dfrac{\mathrm{d}y}{\mathrm{d}x}$ 的值.

2.5 函数的微分

在实际问题中，经常遇到这样一类问题：当自变量有一个微小的改变量 Δx 时，要计算相应的函数值的改变量 Δy. 对于比较复杂的函数，计算其改变量 Δy 往往是比较困难的，因此有必要讨论计算函数改变量的近似公式.

2.5.1 微分的概念

先考虑一个具体问题.

例 2.5.1 设有一个边长为 x_0 的正方形金属片，均匀受热后它的各边长伸长了 Δx，则其面积增加了多少？

解 正方形金属片的面积 A 与边长 x 的函数关系为 $A=x^2$. 由图 2.3 可以看出，受热后，当边长由 x_0 伸长到 $x_0+\Delta x$ 时，面积 A 相应的增量为

$$\Delta A=(x_0+\Delta x)^2-x_0^2=2x_0\Delta x+(\Delta x)^2.$$

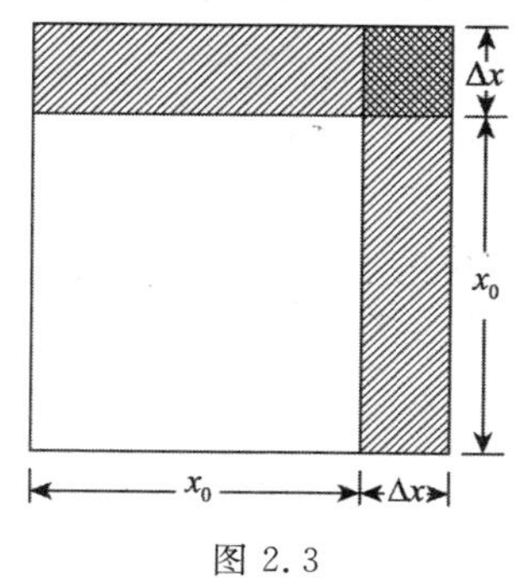

图 2.3

从上式可以看出，ΔA 可分成两部分：第一部分是 Δx 的线性函数 $2x_0\Delta x$，当 $\Delta x \to 0$ 时与 Δx 为同阶无穷小；而第二部分为 $(\Delta x)^2$，当 $\Delta x \to 0$ 时是 Δx 的高阶无穷小. 这表明，当 $|\Delta x|$ 很小时，第二部分的绝对值要比第一部分的绝对值小得多，可以忽略不计，而只用一个简单的函数，即 Δx 的线性函数作为 ΔA 的近似值，

$$\Delta A \approx 2x_0\Delta x. \tag{2.5.1}$$

显然，$2x_0\Delta x$ 是容易计算的，它是边长 x_0 有增量 Δx 时，面积 ΔA 的增量的主要部分(**线性主部**)，是 Δx 的线性函数.

考虑到 $2x_0 = A'|_{x=x_0} = A'(x_0)$，式(2.5.1)可写成

$$\Delta A \approx A'(x_0)\Delta x.$$

由此引入函数微分的概念.

定义 2.5.1 设函数 $y = f(x)$ 在点 x_0 的某邻域内有定义，如果函数 $f(x)$ 在点 x_0 处的增量 $\Delta y = f(x_0 + \Delta x) - f(x_0)$ 可以表示为

$$\Delta y = A\Delta x + o(\Delta x),$$

其中 A 是与 Δx 无关的常数，$o(\Delta x)$ 是当 $\Delta x \to 0$ 时比 Δx 高阶的无穷小，则称函数 $f(x)$ 在点 x_0 处**可微**，$A\Delta x$ 称为 $f(x)$ 在点 x_0 处的**微分**，记作

$$\mathrm{d}y|_{x=x_0}，即\ \mathrm{d}y|_{x=x_0} = A\Delta x. \tag{2.5.2}$$

于是，式(2.5.1)可写成

$$\Delta A \approx \mathrm{d}A|_{x=x_0}.$$

可以证明，函数 $f(x)$ 在点 x_0 处可微与可导是等价的，且 $A = f'(x_0)$，因而 $f(x)$ 在点 x_0 处的微分可写成

$$\mathrm{d}y|_{x=x_0} = f'(x_0)\Delta x.$$

例 2.5.2 求当 $x = 1, \Delta x = 0.01$ 时函数 $y = x^2 + 1$ 的微分.

解 函数的微分

$$\mathrm{d}y = (x^2 + 1)'\Delta x = 2x\Delta x.$$

于是 $\mathrm{d}y\Big|_{\substack{x=1\\ \Delta x=0.01}} = 2x\Delta x\Big|_{\substack{x=1\\ \Delta x=0.01}} = 0.02.$

例 2.5.3 半径为 r 的圆的面积为 $S = \pi r^2$，当半径增大 Δr 时，求圆面积的增量与微分.

解 面积的增量 $\Delta S = \pi(r + \Delta r)^2 - \pi r^2 = 2\pi r\Delta r + \pi(\Delta r)^2.$

面积的微分为 $\mathrm{d}S = (\pi r^2)' \cdot \Delta r = 2\pi r\Delta r.$

通常把自变量的增量 Δx 记作 $\mathrm{d}x$，称为**自变量的微分**，于是函数 $f(x)$ 在点 x_0 处的微分又可写成

$$\mathrm{d}y|_{x=x_0} = f'(x_0)\mathrm{d}x. \tag{2.5.3}$$

如果函数 $f(x)$ 在区间 (a,b) 内每一点都可微，则称该函数在 (a,b) 内**可微**，或称函数 $f(x)$ 是在 (a,b) 内的**可微函数**. 此时，函数 $f(x)$ 在 (a,b) 内任意一点 x 处的微分，称为**函数的微分**，记作 $\mathrm{d}y$，即

$$\mathrm{d}y=f'(x)\mathrm{d}x, \tag{2.5.4}$$

上式两端同除以自变量的微分 $\mathrm{d}x$，得

$$\frac{\mathrm{d}y}{\mathrm{d}x}=f'(x).$$

这就是说，函数 $f(x)$ 的导数也等于函数的微分与自变量的微分的商，因此导数也称为**微商**.

例 2.5.4 设 $y=\sqrt{5+x^2}$，求 $\frac{\mathrm{d}y}{\mathrm{d}x}$ 与 $\mathrm{d}y$.

解 $\frac{\mathrm{d}y}{\mathrm{d}x}=(\sqrt{5+x^2})'=\frac{1}{2\sqrt{5+x^2}}(5+x^2)'=\frac{x}{\sqrt{5+x^2}}$,

故

$$\mathrm{d}y=\frac{x}{\sqrt{5+x^2}}\mathrm{d}x.$$

2.5.2 微分的几何意义

设函数 $y=f(x)$ 的图形如图 2.4 所示. 过曲线 $y=f(x)$ 上一点 $M(x,y)$ 处作切线 MT，设切线 MT 的倾角为 α，则

$$\tan\alpha=f'(x).$$

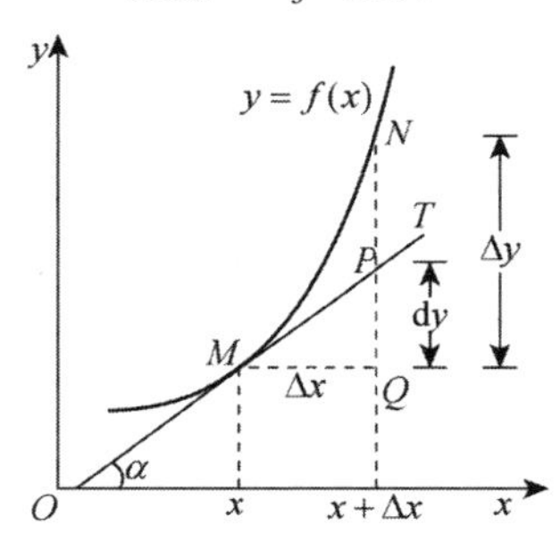

图 2.4

当自变量 x 有增量 Δx 时，切线 MT 的纵坐标相应地有增量

$$QP=\tan\alpha\cdot\Delta x=f'(x)\Delta x=\mathrm{d}y.$$

因此，微分 $\mathrm{d}y=f'(x)\Delta x$ 在几何上表示当 x 有增量 Δx 时，曲线 $y=f(x)$ 在对应点 $M(x,y)$ 处切线的纵坐标的增量.

2.5.3 微分的基本公式与微分法则

1. 微分的基本公式

函数的微分等于导数 $f'(x)$ 乘以 $\mathrm{d}x$，所以根据导数公式和运算法则，就能得相应的微分公式和微分运算法则.

(1) $\mathrm{d}(C)=0$（C 为常数）；　　(2) $\mathrm{d}(x^\mu)=\mu x^{\mu-1}\mathrm{d}x$；

(3) $d(\log_a x) = \frac{1}{x\ln a}dx$；　(4) $d\ln x = \frac{1}{x}dx$；

(5) $d(a^x) = a^x \ln a dx$；　(6) $d(e^x) = e^x dx$；

(7) $d(\sin x) = \cos x dx$；　(8) $d(\cos x) = -\sin x dx$；

(9) $d(\tan x) = \sec^2 x dx = \frac{1}{\cos^2 x}dx$；

(10) $d(\cot x) = -\csc^2 x dx = -\frac{1}{\sin^2 x}dx$；

(11) $d(\sec x) = \sec x \tan x dx$；　(12) $d(\csc x) = -\csc x \cot x dx$；

(13) $d(\arcsin x) = \frac{1}{\sqrt{1-x^2}}dx$；　(14) $d(\arccos x) = -\frac{1}{\sqrt{1-x^2}}dx$；

(15) $d(\arctan x) = \frac{1}{1+x^2}dx$；　(16) $d(\text{arccot} x) = -\frac{1}{1+x^2}dx$.

2. 函数的和、差、积、商的微分运算法则

设函数 $u = u(x)$，$v = v(x)$ 均可微，则

$$d(u \pm v) = du \pm dv；$$

$$d(uv) = vdu + udv；$$

$$d(Cu) = Cdu\ (C\text{ 为常数})；$$

$$d\left(\frac{u}{v}\right) = \frac{vdu - udv}{v^2}\ (v \neq 0).$$

3. 复合函数的微分法则

设函数 $y = f(u)$，$u = \varphi(x)$ 都是可导函数，则复合函数 $y = f[\varphi(x)]$ 的微分为

$$dy = \{f[\varphi(x)]\}'dx = f'(u)\varphi'(x)dx,$$

而

$$du = \varphi'(x)dx,$$

于是

$$dy = f'(u)du. \tag{2.5.5}$$

将式(2.5.5)与式(2.5.4)比较，可见不论 u 是自变量还是中间变量，函数 $y = f(u)$ 的微分总保持同一形式，这个性质称为**一阶微分形式不变性**.

利用这个性质，可以比较方便地求复合函数的微分、隐函数的微分以及它们的导数.

例 2.5.5　设 $y = \sin(2x+1)$，求 dy.

解　把 $2x+1$ 看成中间变量 u，则

$$\begin{aligned} dy &= d(\sin u) = \cos u du = \cos(2x+1)d(2x+1) \\ &= \cos(2x+1)2dx = 2\cos(2x+1)dx. \end{aligned}$$

在求复合函数的导数时，可以不写出中间变量. 在求复合函数的微分时，类

似地也可以不写出中间变量. 下面我们用这种方法来求函数的微分.

例 2.5.6 设 $y=\ln(1+e^{x^2})$，求 dy.

解 $dy=d[\ln(1+e^{x^2})]=\frac{1}{1+e^{x^2}}d(1+e^{x^2})=\frac{1}{1+e^{x^2}}\cdot e^{x^2}d(x^2)$

$$=\frac{e^{x^2}}{1+e^{x^2}}2xdx=\frac{2xe^{x^2}}{1+e^{x^2}}dx.$$

例 2.5.7 设 $y=e^{1-3x}\cos x$，求 dy.

解 利用函数乘积的微分法则，得

$$\begin{aligned}dy&=d(e^{1-3x}\cos x)=\cos x d(e^{1-3x})+e^{1-3x}d(\cos x)\\&=\cos x e^{1-3x}(-3dx)+e^{1-3x}(-\sin x dx)\\&=-e^{1-3x}(3\cos x+\sin x)dx.\end{aligned}$$

例 2.5.8 求由方程 $x^3+2xy-2y^3=1$ 所确定的隐函数 $y=f(x)$ 的导数 $\frac{dy}{dx}$ 与微分 dy.

解 方程两边同时对 x 求导数，得

$$3x^2+2y+2xy'-6y^2y'=0.$$

导数为

$$y'=\frac{3x^2+2y}{6y^2-2x},$$

微分为

$$dy=\frac{3x^2+2y}{6y^2-2x}dx.$$

例 2.5.9 在下列等式左端的括号中填入适当的函数，使等式成立.

(1) $d(\quad)=x^2dx$；　　(2) $d(\quad)=\cos\omega t dt$.

解 (1)我们知道，$d(x^3)=3x^2dx$. 可见 $x^2dx=\frac{1}{3}d(x^3)=d\left(\frac{x^3}{3}\right)$.

即

$$d\left(\frac{x^3}{3}\right)=x^2dx.$$

一般地，有 $d\left(\frac{x^3}{3}+C\right)=x^2dx$（$C$ 为任意常数).

(2)因为

$$d(\sin\omega t)=\omega\cos\omega t dt,$$

可见

$$\cos\omega t dt=\frac{1}{\omega}d(\sin\omega t)=d\left(\frac{1}{\omega}\sin\omega t\right).$$

即

$$d\left(\frac{1}{\omega}\sin\omega t\right)=\cos\omega t dt.$$

一般地，有 $\mathrm{d}\left(\frac{1}{\omega}\sin\omega t+C\right)=\cos\omega t\,\mathrm{d}t$（$C$ 为任意常数）.

由以上讨论可以看出，微分与导数虽是两个不同的概念，但却紧密相关，事实上求出了导数便立即可得到微分，求出了微分亦可得到导数，即

$$f'(x)=\frac{\mathrm{d}y}{\mathrm{d}x},\mathrm{d}y=f'(x)\mathrm{d}x.$$

通常把函数的导数与微分的运算统称为**微分运算**. 在高等数学中，把研究导数和微分的有关内容称为**微分学**.

*2.5.4 微分在近似计算中的应用

在实际问题中，经常利用微分作近似计算.

由微分的定义可知，当 $|\Delta x|$ 很小时，

$$\Delta y=f(x_0+\Delta x)-f(x_0)\approx\mathrm{d}y=f'(x_0)\Delta x,$$

或写成

$$f(x_0+\Delta x)\approx f(x_0)+f'(x_0)\Delta x. \tag{2.5.6}$$

记 $x_0+\Delta x=x$，则上式又可写为

$$f(x)\approx f(x_0)+f'(x_0)(x-x_0). \tag{2.5.7}$$

特别地，当 $x_0=0$ 时，有

$$f(x)\approx f(0)+f'(0)\cdot x. \tag{2.5.8}$$

式(2.5.6)、(2.5.7)、(2.5.8)都可用来求函数 $f(x)$ 的近似值.

应用式(2.5.8)可以推得一些常用的近似公式，当 $|x|$ 很小时，有

(1) $\sin x\approx x$（x 用弧度做单位来表示）；

(2) $\tan x\approx x$（x 用弧度做单位来表示）；

(3) $\mathrm{e}^x\approx 1+x$；

(4) $\ln(1+x)\approx x$；

(5) $\sqrt[n]{1+x}\approx 1+\frac{1}{n}x$.

例 2.5.10 有一批半径为 1cm 的球，为了提高球面的光洁度，要镀上一层铜，厚度定为 0.01cm，估计一下，每只球需用铜多少克（铜的密度为 $8.9\mathrm{g/cm^3}$）.

解 设球体的半径为 R，则球体的体积为 $V=\frac{4}{3}\pi R^3$，镀铜体积为球体的体积 V 在 $R=1$ cm，$\Delta R=0.01$ cm 时体积的增量 ΔV，

$$\Delta V\approx\mathrm{d}V\Big|_{\substack{R=1\\ \Delta R=0.01}}=4\pi R^2\Delta R\Big|_{\substack{R=1\\ \Delta R=0.01}}\approx 0.13\ (\mathrm{cm^3}),$$

因此每只球需用铜约为

$$8.9\times 0.13\approx 1.16\ (\mathrm{g}).$$

例 2.5.11 计算 $\sin 46^\circ$ 的近似值.

解 设 $f(x)=\sin x$，取 $x=46^{\circ}, x_0=45^{\circ}=\frac{\pi}{4}$，则 $x-x_0=1^{\circ}=\frac{\pi}{180}$，于是由式(2.5.7)得

$$\sin x \approx \sin x_0+\cos x_0 \cdot (x-x_0),$$

所以

$$\sin 46^{\circ} \approx \sin\frac{\pi}{4}+\cos\frac{\pi}{4}\cdot\frac{\pi}{180}=\frac{\sqrt{2}}{2}+\frac{\sqrt{2}}{2}\cdot\frac{\pi}{180}\approx 0.719.$$

例 2.5.12 计算 $\sqrt{1.05}$ 的近似值.

解 设 $f(x)=\sqrt{x}$，取 $x_0=1, \Delta x=0.05$，于是由式(2.5.7)得

$$\sqrt{1.05}\approx\sqrt{1}+\frac{1}{2\sqrt{1}}0.05=1+\frac{1}{2}\times 0.05=1.025.$$

如果直接开方，可得 $\sqrt{1.05}\approx 1.02470$. 将两个结果比较一下，可以看出，用 1.025 作为 $\sqrt{1.05}$ 的近似值，其误差不超过 0.001，这样的近似值在一般应用上已够精确了. 如果开方次数较高，就更能体现出用微分进行近似计算的优越性.

习题 2.5

1. 已知 $y=x^2-x$，计算当 x 等于 1，Δx 等于 0.1 时的 $\Delta y, dy$.

2. 求下列函数的微分 dy.

(1) $y=\frac{1}{x}+2\sqrt{x}$； (2) $y=x\sin 2x$；

(3) $y=\frac{x}{\sqrt{x^2+1}}$； (4) $y=\ln^2(1-x)$；

(5) $y=x^2e^{2x}$； (6) $y=f(e^x)$.

3. 在括号内填入适当的函数，使等式成立.

(1) $\frac{1}{a^2+x}dx=d(\quad)$； (2) $xdx=d(\quad)$；

(3) $\frac{1}{\sqrt{x}}dx=d(\quad)$； (4) $\frac{1}{\sqrt{1-x^2}}dx=d(\quad)$.

4. 已知下列方程所确定的函数 $y=f(x)$，求 dy.

(1) $xy=1+xe^y$； (2) $e^{x+y}+\cos(xy)=0$.

5. 设 $y=y(x)$ 是由方程 $\ln(x^2+y^2)=x+y-1$ 所确定的隐函数，求 dy 及 $dy|_{x=0}$.

2.6 边际与弹性

边际分析与弹性分析是微观经济学、管理经济学等经济学的基本方法，也是现代企业进行经营决策的基本方法. 本节介绍这两个分析方法的基本知识和简单应用.

2.6.1 边际分析

1. 边际的概念

在经济学中，习惯上用平均和边际这两个概念来描述一个经济变量 y 对另一个变量 x 的变化. 平均概念表示 x 在某一范围内对 y 取值的变化. 边际概念表示当 x 的改变量 Δx 趋于 0 时，y 相应的改变量 Δy 与 Δx 比值的变化，即当 x 在某一给定值附近有微小变化时的瞬时变化率.

如果函数 $y = f(x)$ 在 x_0 处可导，则在 $(x_0, x_0 + \Delta x)$ 内的平均变化率为 $\frac{\Delta y}{\Delta x}$；在 $x = x_0$ 处的瞬时变化率为 $\lim\limits_{\Delta x \to 0} \frac{f(x_0 + \Delta x) - f(x_0)}{\Delta x} = f'(x_0)$（经济学中称之为 $f(x)$ 在 $x = x_0$ 处的**边际函数值**）.

由微分的应用可知，当自变量 x 的改变量 $\Delta x = 1$ 时

$$\Delta y \Big|_{\substack{x=x_0 \\ \Delta x=1}} \approx \mathrm{d}y = f'(x)\Delta x \Big|_{\substack{x=x_0 \\ \Delta x=1}} = f'(x_0).$$

这说明 $f(x)$ 点 $x = x_0$ 处，当 x 产生一个单位的改变时，y 近似地改变 $f'(x_0)$ 个单位. 在应用问题中解释边际函数值的具体意义时略去“近似”，有如下定义.

定义 2.6.1 设函数 $y = f(x)$ 在 x 处可导，则称导数 $f'(x)$ 为 $f(x)$ 的**边际函数**. $f'(x)$ 在 x_0 处的值 $f'(x_0)$ 称为**边际函数值**. 其含义是：当 $x = x_0$ 时，x 改变一个单位，y 相应改变了 $f'(x_0)$ 个单位.

例 2.6.1 设函数 $y = 2x^2$，试求 y 在 $x = 5$ 时的边际函数值.

解 因为 $y' = 4x$，所以 $y'|_{x=5} = 20$. 该值表明：当 $x = 5$ 时，x 改变一个单位（增加或减少一个单位），y 相应改变 20 个单位（增加或减少 20 个单位）.

2. 经济学中常见的边际函数

- **边际需求**

若 $Q = f(P)$ 是需求函数，则需求量 Q 对价格 P 的导数 $\frac{\mathrm{d}Q}{\mathrm{d}P} = f'(P)$ 称为**边际需求函数**.

经济意义：当产品价格为 P 时，价格上涨一个单位产品所减少的需求量.

$Q = f(P)$ 的反函数 $P = f^{-1}(Q)$ 是价格函数，价格对需求的导数 $\frac{\mathrm{d}P}{\mathrm{d}Q} = [f^{-1}(Q)]'$ 称为**边际价格函数**，由反函数求导法则可知，边际需求函数与边际价格函数互为倒数，即

$$f'(P) = \frac{1}{[f^{-1}(Q)]'}.$$

例 2.6.2 某商品的需求函数为 $Q = Q(P) = 75 - P^2$，求 $P = 4$ 时的边际需求，并说明其经济意义.

解 $Q'(P) = \frac{\mathrm{d}Q}{\mathrm{d}P} = -2P$，当 $P = 4$ 时的边际需求为 $Q'(P)|_{P=4} = -8$，它

的经济意义是价格为 4 时,价格上涨(或下降) 1 个单位,需求量将减少(或增加) 8 个单位.

- **边际成本**

总成本函数 $C(Q)$ 的导数 $C'(Q)=\lim\limits_{\Delta Q\to 0}\dfrac{\Delta C}{\Delta Q}=\lim\limits_{\Delta Q\to 0}\dfrac{C(Q+\Delta Q)-C(Q)}{\Delta Q}$ 称为**边际成本**.

经济意义:假定已经生产了 Q 单位产品,再增产(或减产)一个单位,需增加(或减少)的成本.

一般来说,总成本函数 $C(Q)$ 等于固定成本 C_0 与可变成本 $C_1(Q)$ 之和,即 $C(Q)=C_0+C_1(Q)$,则边际成本为 $C'(Q)=[C_0+C_1(Q)]'=C'_1(Q)$,显然边际成本与固定成本无关.

例 2.6.3 设某产品生产 Q 单位的总成本为 $C(Q)=1100+\dfrac{Q^2}{1200}$,求:

(1)生产 900 个单位时的总成本和平均成本;

(2)生产 960 个单位到 1200 个单位时的总成本的平均变化率;

(3)生产 900 个单位时的边际成本,并解释其经济意义.

解 (1)生产 900 个单位时的总成本为 $C(Q)\big|_{Q=900}=1100+\dfrac{900^2}{1200}=1775$.

平均成本 $\bar{C}(Q)\big|_{Q=900}=\dfrac{1775}{900}\approx 1.97$.

(2)生产 960 个单位到 1200 个单位时的总成本的平均变化率为

$$\frac{\Delta C(Q)}{\Delta Q}=\frac{C(1200)-C(960)}{240}=\frac{2300-1868}{240}=1.8.$$

(3)边际成本函数 $C'_1(Q)=\dfrac{2Q}{1200}=\dfrac{Q}{600}$,当 $Q=900$ 时的边际成本为

$$C'(Q)\big|_{Q=900}=1.5.$$

它表示当产量为 900 个单位时,再增产(或减产)一个单位,需增加(或减少)成本 1.5 个单位.

- **边际收益**

总收益函数 $R(Q)$ 的导数为

$$R'(Q)=\lim_{\Delta Q\to 0}\frac{\Delta R}{\Delta Q}=\lim_{\Delta Q\to 0}\frac{R(Q+\Delta Q)-R(Q)}{\Delta Q},$$

称为**边际收益**.

经济意义:假定已经销售了 Q 单位产品,再销售一个单位产品所增加的收益.

设 P 为价格,且 P 也是销售量 Q 的函数,即 $P=P(Q)$,因此 $R(Q)=QP(Q)$,则边际收益为 $R'(Q)=P(Q)+QP'(Q)$.

例 2.6.4 设某产品的需求函数为 $P=20-\dfrac{Q}{5}$,其中 P 为价格,Q 为销售

量，求销售量为15个单位时的总收益与边际收益，并求销售量从15个单位增加到20个单位时收益的平均变化率.

解 总收益 $R(Q)=QP(Q)=20Q-\frac{Q^2}{5}$.

销售15个单位时，总收益

$$R\big|_{Q=15}=\left(20Q-\frac{Q^2}{5}\right)\bigg|_{Q=15}=255.$$

边际收益

$$R'(Q)\big|_{Q=15}=\left(20-\frac{2Q}{5}\right)\bigg|_{Q=15}=14.$$

当销售量从15个单位增加到20个单位时的平均变化率为

$$\frac{\Delta R}{\Delta Q}=\frac{R(20)-R(15)}{20-15}=\frac{320-255}{5}=13.$$

- **边际利润**

总利润 $L(Q)$ 的导数 $L'(Q)=\lim\limits_{\Delta Q\to 0}\frac{\Delta L}{\Delta Q}=\lim\limits_{\Delta Q\to 0}\frac{L(Q+\Delta Q)-L(Q)}{\Delta Q}$ 称为**边际利润**.

经济意义：若已经生产了 Q 单位产品，再生产一个单位产品所改变的总利润.

总利润函数 $L(Q)=R(Q)-C(Q)$，则边际利润为 $L'(Q)=R'(Q)-C'(Q)$，且当

$$R'(Q)\begin{cases}>C'(Q)\\=C'(Q)\\<C'(Q)\end{cases}\text{时},L'(Q)\begin{cases}>0\\=0\\<0\end{cases}.$$

当 $R'(Q)>C'(Q)$ 时，$L'(Q)>0$，即产量已达到 Q，再多生产一个单位产品，所增加的收益大于所增加的成本，因而总利润有所增加；而当 $R'(Q)<C'(Q)$，$L'(Q)<0$，即再增加产量，所增加的收益要小于所增加的成本，从而总利润将减少.

例 2.6.5 某工厂对其产品的情况经过了大量统计分析后，得出总利润 $L(Q)$（元）与每月产量 Q（吨）的关系为 $L=L(Q)=250Q-5Q^2$，试确定每月生产20吨、25吨、35吨的边际利润，并作出经济解释.

解 边际利润函数为 $L'(Q)=250-10Q$，则

$$L'(Q)\big|_{Q=20}=L'(20)=50;$$
$$L'(Q)\big|_{Q=25}=L'(25)=0;$$
$$L'(Q)\big|_{Q=35}=L'(35)=-100.$$

上述结果表明当生产量为每月20吨时，再增加1吨，利润将增加50元；当产量为每月25吨时，再增加1吨，利润不变；当产量为每月35时，再增加1吨，利润减少100元. 这也说明，对厂家来说，并非生产的产量越多，利润越高.

2.6.2 弹性分析

在边际分析中所研究的是函数的绝对改变量与绝对变化率，经济学中常需要研究一个变量对另一个变量的相对变化的情况，为此引入下面的定义.

定义 2.6.2 设函数 $y=f(x)$ 可导，函数的相对变化量

$$\frac{\Delta y}{y}=\frac{f(x+\Delta x)-f(x)}{f(x)}$$

与自变量的相对变化量 $\frac{\Delta x}{x}$ 之比 $\frac{\frac{\Delta y}{y}}{\frac{\Delta x}{x}}$，称为函数 $f(x)$ 在 x 与 $x+\Delta x$ 两点之间的**弹性**(或**相对变化率**). 而极限 $\lim\limits_{\Delta x\to 0}\frac{\frac{\Delta y}{y}}{\frac{\Delta x}{x}}$ 称为函数 $f(x)$ 在 x 处的**弹性**(或**相对变化率**)，记为 $\frac{E}{Ex}f(x)=\frac{Ey}{Ex}=\lim\limits_{\Delta x\to 0}\frac{\frac{\Delta y}{y}}{\frac{\Delta x}{x}}=\lim\limits_{\Delta x\to 0}\frac{\Delta y}{\Delta x}\frac{x}{y}=y'\frac{x}{y}$.

注意：函数 $f(x)$ 在 x 处的弹性 $\frac{Ey}{Ex}$ 反映随 x 的变化 $f(x)$ 变化幅度的大小，即 $f(x)$ 对 x 变化反应的灵敏度. 数值上，$\frac{E}{Ex}f(x)$ 表示 $f(x)$ 在 x 处，当 x 发生 1%的改变时，函数 $f(x)$ 近似改变 $\frac{E}{Ex}f(x)\%$，在应用问题中解释弹性的具体意义时，通常省略去"近似"二字.

例如，求函数 $y=2x+3$ 在 $x=3$ 处的弹性.

$$\frac{Ey}{Ex}=y'\frac{x}{y}=\frac{2x}{3+2x},\left.\frac{Ey}{Ex}\right|_{x=3}=\frac{2\times 3}{3+2\times 3}=\frac{6}{9}\approx 0.67.$$

1. 需求的价格弹性

所谓**需求的价格弹性**是指当价格变化一定的百分比以后引起的需求量反应的强烈程度(灵敏度)，用公式表示即为

$$E_d=\frac{P}{Q}\cdot\frac{\mathrm{d}Q}{\mathrm{d}P}.$$

经济意义：当价格为 P 时，价格每上涨 1%，需求量就会下降 $E_d\%$.

例 2.6.6 某需求曲线为 $Q=-100P+3000$，求当 $P=20$ 时的弹性.

解 $$E_d=\frac{P}{Q}\cdot\frac{\mathrm{d}Q}{\mathrm{d}P}=-100\times\frac{20}{1000}=-2,$$

即当价格为 20 时，价格每上涨 1%，需求量就会下降 2%.

注意：由于需求的价格弹性计算出来的结果总是负值，所以为了讨论方便，

也可以记 $\eta=-\frac{P}{Q}\cdot\frac{\mathrm{d}Q}{\mathrm{d}P}$ 为需求的价格弹性.

2. 供给弹性

供给弹性通常指的是供给的价格弹性. 设供给曲线为 $Q=f(P)$，则**供给弹性**为

$$E_P=\frac{P}{Q}\cdot\frac{\mathrm{d}Q}{\mathrm{d}P}.$$

经济意义：当价格为 P 时，价格每上涨 1%，供给量就会上升 E_P%.

例 2.6.7 设某产品的供给函数为 $Q=2+3P$，求供给弹性函数及当 $P=4$ 时的供给弹性.

解 $E_P=\frac{P}{Q}\cdot\frac{\mathrm{d}Q}{\mathrm{d}P}=\frac{3P}{2+3P}$，当 $P=4$ 时，$E_P=\frac{3\times4}{2+3\times4}=\frac{12}{14}\approx0.86$，即当价格 $P=3$ 时，价格每上涨 1%，供给量就会上升 0.86%.

3. 收益弹性

收益的价格弹性：$\frac{ER}{EP}=\frac{P}{R}\cdot\frac{\mathrm{d}R}{\mathrm{d}P}$；收益的销售弹性：$\frac{ER}{EQ}=\frac{Q}{R}\cdot\frac{\mathrm{d}R}{\mathrm{d}Q}$.

例 2.6.8 设 R,P,Q 分别为销售总收益、商品价格、销售量，试分别求出收益的价格弹性 $\frac{ER}{EP}$，收益的销售弹性 $\frac{ER}{EQ}$ 与需求的价格弹性 η 之间的关系.

解 设 $Q=f(P),R=PQ$，故

$$\frac{ER}{EP}=\frac{E(PQ)}{EP}=\frac{P}{PQ}\cdot\frac{\mathrm{d}(PQ)}{\mathrm{d}P}=\frac{1}{Q}\left(Q+P\frac{\mathrm{d}Q}{\mathrm{d}P}\right)$$

$$=1+\frac{P}{Q}\cdot\frac{\mathrm{d}Q}{\mathrm{d}P}=1-\left(-\frac{P}{Q}\cdot\frac{\mathrm{d}Q}{\mathrm{d}P}\right)=1-\eta,$$

$$\frac{ER}{EQ}=\frac{E(PQ)}{EQ}=\frac{Q}{PQ}\cdot\frac{\mathrm{d}(PQ)}{\mathrm{d}Q}=\frac{1}{P}\cdot\frac{\mathrm{d}(PQ)}{\mathrm{d}Q}$$

$$=\frac{1}{P}\left(P+Q\frac{\mathrm{d}P}{\mathrm{d}Q}\right)=1-\left(\frac{1}{-\frac{P}{Q}\cdot\frac{\mathrm{d}Q}{\mathrm{d}P}}\right)=1-\frac{1}{\eta}.$$

例 2.6.9 某商品的需求量 Q 关于价格 P 的函数为 $Q=75-P^2$.

(1)求 $P=4$ 时需求的价格弹性，并说明其经济意义；

(2) $P=4$ 时，若价格提高 1%，总收益是增加还是减少，变化百分之几？

解 (1)$\eta=-\frac{P}{Q}\cdot\frac{\mathrm{d}Q}{\mathrm{d}P}=-\frac{P}{75-P^2}\cdot(-2P)=\frac{2P^2}{75-P^2}$，$P=4$ 时，$\eta\approx0.54$.

其经济意义是：$P=4$ 时，价格上涨(下降) 1%，需求量就会减少(增加) 0.54%.

(2)由例 2.6.8 可知 $\frac{ER}{EP}=\frac{P}{R}\cdot\frac{\mathrm{d}R}{\mathrm{d}P}=1-\eta$，故 $\frac{ER}{EP}=1-\eta(4)=0.46$. 即当价格上涨 1% 时，总收益增加 0.46%.

习题 2.6

1. 设某商品的总收益 R 关于销售量 Q 的函数为

$$R(Q) = 104Q - 0.4Q^2.$$

求:(1)销售量为 Q 时的边际收益;

(2)销售量 $Q = 50$ 个单位时总收益的边际收益;

(3)销售量 $Q = 100$ 个单位时总收益对 Q 的弹性.

2. 某商品的价格 P 关于需求量 Q 的函数为 $P = 10 - \dfrac{Q}{5}$,求:

(1)总收益函数、平均收益函数和边际收益函数;

(2)当 $Q = 20$ 个单位时的总收益和边际收益.

3. 设某商品的需求函数为 $Q = \mathrm{e}^{-\frac{P}{5}}$,求:

(1)需求弹性函数;

(2) $P = 3,5,6$ 时的需求弹性,并说明其经济意义.

4. 某厂每周生产 Q 单位(单位:百件)的产品,产品的总成本 C(单位:万元)是产量的函数 $C = C(Q) = 100 + 12Q - Q^2$,如果每百件产品销售价格为 4 万元,试写出利润函数及边际利润为零时每周产量.

5. 设某商品的供给函数为 $Q = 4 + 5P$,求供给弹性函数及 $P = 2$ 时的供给弹性.

6. 某企业生产一种商品,年需求量是价格 P 的线性函数 $Q = a - bP$,其中 $a,b > 0$,试求:

(1)需求弹性函数;

(2)需求弹性等于 1 时的价格.

复习题二

1. 判断下列命题是否正确?为什么?

(1)若 $f(x)$ 在 x_0 处不可导,则曲线 $y=f(x)$ 在 $(x_0, f(x_0))$ 点处必无切线;

(2)若曲线 $y=f(x)$ 处处有切线,则函数 $y=f(x)$ 必处处可导;

(3)若 $f(x)$ 在 x_0 处可导,则 $|f(x)|$ 在 x_0 处必可导;

(4)若 $|f(x)|$ 在 x_0 处可导,则 $f(x)$ 在 x_0 处必可导.

2. 求下列函数 $f(x)$ 的 $f'_-(0)$ 、$f'_+(0)$ 及 $f'(0)$ 是否存在.

(1) $f(x) = \begin{cases} \sin x, & x < 0, \\ \ln(1+x), & x \geqslant 0; \end{cases}$ (2) $f(x) = \begin{cases} \dfrac{x}{1+\mathrm{e}^{\frac{1}{x}}}, & x \neq 0, \\ 0, & x = 0. \end{cases}$

3. 求下列函数的导数.

(1) $y = \mathrm{e}^{\frac{1}{x}}$; (2) $y = \dfrac{\arctan x}{x}$;

(3) $y=\frac{1+x+x^2}{1+x}$； (4) $y=x(\sin x+1)$；

(5) $y=\cot x(1+\cos x)$； (6) $y=\frac{1}{1+\sqrt{x}}$；

(7) $y=\tan^3(1-2x)$； (8) $y=\arccos\sqrt{1-3x}$.

4.求由下列方程所确定的隐函数的导数 $\frac{dy}{dx}$.

(1) $ye^x+\ln y=1$； (2) $\arctan\frac{y}{x}=\ln\sqrt{x^2+y^2}$；

(3) $e^y-e^{-x}+xy=0$.

5.求下列函数的微分 dy.

(1) $y=\ln\sin^2 x$； (2) $y=(1+x^2)\arctan x$；

(3) $y=\ln(x^3\sin x)$； (4) $y=\ln^3\sqrt{x}$.

6.利用函数的微分代替函数的增量求 $\sqrt[3]{1.02}$ 的近似值.

7.某商品的需求函数为 $Q=f(P)=12-\frac{P}{2}$，求：

(1)需求函数的边际函数；

(2) $P=6$ 时的需求弹性；

(3) $P=6$ 时，若价格上涨1%时，总收益增加还是减少？将变化多少？

数学家简介——牛顿

“如果我之所见比笛卡儿等人要远一点，那只是因为我是站在巨人肩上的缘故.”

——牛顿

牛顿(Isaac Newton)(1643—1727)是英国数学家、物理学家、天文学家. 1643年1月4日生于英格兰林肯郡的伍尔索普；1727年3月31日卒于伦敦.牛顿出身于农民家庭，幼年颇为不幸：他是一个遗腹子，又是早产儿，3岁时母亲改嫁，把他留给了外祖父母，从小过着贫困孤苦的生活.牛顿在条件较差的地方学校接受了初等教育，中学时也没有显示出特殊的才华. 1661年牛顿考入剑桥大学三一学院，由于家庭经济困难，学习期间还要从事一些勤杂劳动以减免学费.牛顿学习勤奋，并有幸得到著名数学家巴罗教授的指导，认真钻研了伽利略、开普勒、沃利斯、笛卡儿、巴罗等人的著作，还做了不少实验，打下了坚实的基础，1665年牛顿获学士学位. 1665年，伦敦地区流行鼠疫，剑桥大学暂时关闭.牛顿回到伍尔索普，在乡村幽居的两年中，终日思考各种问题、探索大自然的奥秘.他平生三大发明，微积分、万有引力定律、光谱分析，都萌发于此，这时他年仅23岁.后来牛顿在追忆这段峥嵘

的青春岁月时,深有感触地说:“当年我正值发明创造能力最强的年华,比以后任何时期更专心致志于数学和科学.”并说:“我的成功当归功于精力的思索.”“没有大胆的猜想就做不出伟大的发现.”1667 年,他回到剑桥攻读硕士学位,在获得学位后,成为三一学院的教师,并协助巴罗编写讲义,撰写微积分和光学论文.他的学术成就得到了巴罗的高度评价.例如,巴罗在 1669 年 7 月向皇家学会数学顾问柯林斯(Collins)推荐牛顿的《运用无穷多项方程的分析学》时,称牛顿为“卓越天才”.巴罗还坦然宣称牛顿的学识已超过自己,并在 1669 年 10 月把“卢卡斯教授”的职位让给了牛顿,牛顿当时年仅 26 岁.

牛顿发现微积分,首先得助于他的老师巴罗,巴罗关于“微分三角形”的深刻思想,给他极大影响;另外费马作切线的方法和沃利斯的《无穷算术》也给了他很大启发.牛顿的微积分思想(流数术)最早出现在他 1665 年 5 月 21 日写的一页文件中.他的微积分理论主要体现在《运用无穷多项方程的分析学》《流数术和无穷级数》《求曲边形的面积》三部论著里.

牛顿上述三部论著是微积分发展史上的重要里程碑,也为近代数学甚至近代科学的产生与发展开辟了新纪元.正如恩格斯在《自然辩证法》中所说:“一切理论成就中未必再有像 17 世纪后半期微积分的发明那样被看作人类精神的最高胜利了.”

由于牛顿对科学作出了巨大贡献,因而受到了人们的崇敬:1688 年当选为国会议员,1689 年被选为法国科学院院士,1703 年当选为英国皇家学会会长,1705 年被英国女王封为爵士.牛顿的研究工作为近代自然科学奠定四个重要基础:他创建的微积分,为近代数学奠定了基础;他的光谱分析,为近代光学奠定了基础;他发现的力学三大定律,为经典力学奠定了基础;他发现的万有引力定律,为近代天文学奠定了基础.1701 年莱布尼茨说:“纵观有史以来的全部数学,牛顿做了一半多的工作.”而牛顿本人非常谦虚并在临终前说:“我不知道世人对我怎样看法,但是在我看来,我只不过像一个在海滨玩耍的孩子,偶尔很高兴地拾到几颗光滑美丽的石子或贝壳,但那浩瀚无涯的真理的大海,却还在我的前面未曾被我发现.”

牛顿终生未娶.他死后安葬在威斯敏斯特大教堂之内,与英国的英雄们安葬在一起.当时法国大文豪伏尔泰正在英国访问,他看到英国的大人物都争抬牛顿的灵柩时感叹地评论说:“英国人悼念牛顿就像悼念一位造福于民的国王.”牛顿是对人类科学做出卓越贡献的巨擘,得到了世人的尊敬和仰慕.牛顿墓碑上拉丁语墓志铭的最后一句是:“他是人类的真正骄傲,让我们为之欢呼吧!”

第 3 章

中值定理与导数的应用

在上一章里，我们学习了导数和微分的概念，并讨论了导数和微分的计算方法. 本章利用导数来进一步研究函数. 以微分中值定理为理论依据，利用导数求不定式的极限，研究函数的单调性与极值、曲线的凹凸性与拐点，解决函数作图和最值的求解问题，并探讨最值问题在经济中的应用. 因此，我们先要学习导数应用的理论基础——微分中值定理.

3.1 微分中值定理

3.1.1 罗尔(Rolle)中值定理

罗尔(Rolle)中值定理 若函数 $f(x)$ 满足

(1)在闭区间 $[a,b]$ 上连续；

(2)在开区间 (a,b) 内可导；

(3) $f(a)=f(b)$，

则在开区间 (a,b) 内至少存在一点 ξ，使得

$$f'(\xi)=0.$$

证明从略.

罗尔中值定理的几何解释：如图 3.1 所示，在两端高度相同的一段连续曲线上，如果除端点外，处处都有不垂直于 x 轴的切线，那么在这条曲线上至少有一个点处的切线是水平的.

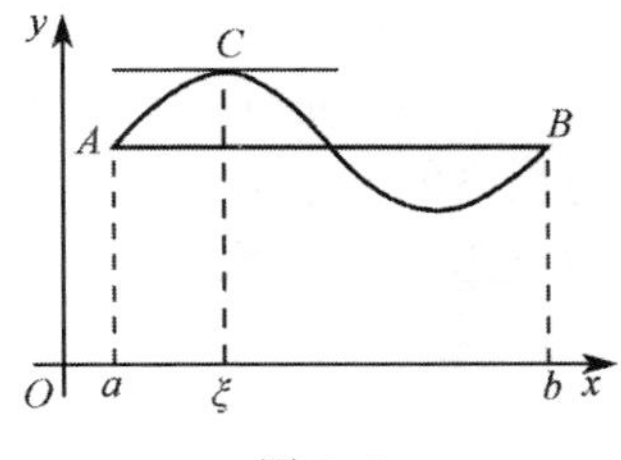

图 3.1

注意：罗尔中值定理的条件是充分而非必要的.

导数为零的点称为函数的**驻点**(或**稳定点**、**临界点**).

例 3.1.1 验证罗尔中值定理对函数 $f(x)=x^2-2x-3$ 在区间 $[-1,3]$ 上的正确性.

解 函数 $f(x)=x^2-2x-3$ 在闭区间 $[-1,3]$ 上连续，$f'(x)=2x-2$

$= 2(x-1)$ 在 $(-1,3)$ 上存在,且 $f(-1) = f(3) = 0$.

所以 $f(x)$ 在 $[-1,3]$ 满足罗尔中值定理的三个条件,则存在一点 $\xi = 1 \in (-1,3)$,使 $f'(\xi) = 0$ 成立.

例 3.1.2 已知 $f(x)$ 在 $[0,1]$ 上连续,在 $(0,1)$ 内可导,且 $f(0) = 1$, $f(1) = 0$. 求证:在 $(0,1)$ 内至少存在一点 ξ,使得 $f'(\xi) = -\frac{f(\xi)}{\xi}$.

证明 作辅助函数 $F(x) = xf(x)$,则 $F(x)$ 在 $[0,1]$ 上连续,在 $(0,1)$ 内可导,又 $F(0) = F(1) = 0$,由罗尔中值定理知,在 $(0,1)$ 内至少存在一点 ξ,使得 $F'(\xi) = 0$,即

$$f(\xi) + \xi f'(\xi) = 0, f'(\xi) = -\frac{f(\xi)}{\xi}.$$

如果将辅助函数改为 $F(x) = x^2 f(x)$,显然也满足题设条件,但是否也会有相同的结论呢?请读者自行验证.

例 3.1.3 证明方程 $x^5 + x - 1 = 0$ 有且只有一个小于 1 的正实根.

证明 先证存在性. 令 $f(x) = x^5 + x - 1$,则 $f(x)$ 在 $[0,1]$ 上连续,且

$$f(0) = -1 < 0, f(1) = 1 > 0,$$

由零点定理知在 $(0,1)$ 内至少存在一点 x_0,使得 $f(x_0) = 0$,即方程 $x^5 - x + 1 = 0$ 至少有一个小于 1 的正实根.

再证唯一性.

假设方程 $x^5 + x - 1 = 0$ 有两个小于 1 的正实根,即在 $(0,1)$ 内有不同于 x_0 的点 x_1,使得 $f(x_1) = 0$. $f(x) = x^5 + x - 1$ 在以 x_0, x_1 为端点的区间上满足罗尔中值定理的条件,故在 x_0, x_1 之间存在一点 ξ,使得 $f'(\xi) = 0$,而在 $(0,1)$ 内 $f'(x) = 5x^4 + 1$ 恒大于零,矛盾. 所以方程 $x^5 + x - 1 = 0$ 有且只有一个小于 1 的正实根.

3.1.2 拉格朗日(Lagrange)中值定理

罗尔中值定理中的 $f(a) = f(b)$ 是比较特殊的条件,如果把这个条件取消,就会得到应用更为广泛的拉格朗日中值定理.

拉格朗日(Lagrange)中值定理 若函数 $f(x)$ 满足

(1)在闭区间 $[a,b]$ 上连续;

(2)在开区间 (a,b) 内可导,

则在开区间 (a,b) 内至少存在一点 ξ,使得

$$f(b) - f(a) = f'(\xi)(b-a). \tag{3.1.1}$$

证明 令 $F(x) = f(x) - \frac{f(b)-f(a)}{b-a}x$,则 $F(x)$ 在 $[a,b]$ 上连续,在 (a,b) 内可导,容易验证 $F(a) = F(b)$,由罗尔中值定理可知,在 (a,b) 内至少存在一点 ξ,使得 $F'(\xi) = 0$,即 $f'(\xi) - \frac{f(b)-f(a)}{b-a} = 0$,即 $f(b) - f(a) = f'(\xi)(b-a)$.

拉格朗日中值定理的几何意义：如图 3.2 所示，如果一段连续曲线上，除端点外，处处都有不垂直于 x 轴的切线，那么在这条曲线上至少有一个点处的切线与弦 AB 平行.

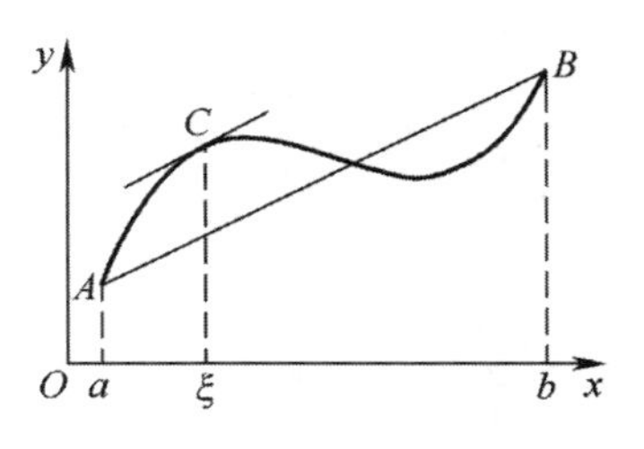

图 3.2

式(3.1.1)叫作**拉格朗日中值公式**，显然 $b<a$ 时仍然成立. 当 $f(a)=f(b)$ 时，拉格朗日中值定理即为罗尔中值定理.

设 x 为区间 $[a,b]$ 内一点，$x+\Delta x$ 为这区间内另一点，则由拉格朗日中值公式得 $f(x+\Delta x)-f(x)=f'(x+\theta\Delta x)\Delta x(0<\theta<1)$，若记 $y=f(x)$，则有 $\Delta y=f'(x+\theta\Delta x)\Delta x$，称为**有限增量公式**，拉格朗日中值定理也叫**有限增量定理**.

推论 如果函数 $f(x)$ 在区间 I 上的导数恒为零，那么 $f(x)$ 在区间 I 上是一个常数函数.

证明 设 $x_1,x_2(x_1<x_2)$ 是区间 I 上的任意两点，应用式(3.1.1)得，

$$f(x_2)-f(x_1)=f'(\xi)(x_2-x_1)(x_1<\xi<x_2).$$

由条件知 $f'(\xi)=0$，所以 $f(x_2)-f(x_1)=0$，即 $f(x_2)=f(x_1)$. 根据 x_1,x_2 的任意性，可知 $f(x)$ 在区间 I 上是一个常数函数.

例 3.1.4 求函数 $y=\ln(x+1)$ 在区间 $[0,1]$ 上满足拉格朗日中值定理的 ξ 的值.

解 函数 $y=\ln(x+1)$ 在区间 $[0,1]$ 上连续，在 $(0,1)$ 内可导，由拉格朗日中值定理知，在开区间 $(0,1)$ 内至少存在一点 ξ，使得

$$f(1)-f(0)=f'(\xi)(1-0),$$

即 $\dfrac{1}{\xi+1}=\ln2$，得 $\xi=\dfrac{1-\ln2}{\ln2}$.

例 3.1.5 证明恒等式 $\arcsin x+\arccos x=\dfrac{\pi}{2}(-1\leqslant x\leqslant 1)$.

证明 令 $f(x)=\arcsin x+\arccos x$，则 $-1<x<1$ 时，

$$f'(x)=\frac{1}{\sqrt{1-x^2}}-\frac{1}{\sqrt{1-x^2}}=0.$$

由推论知 $f(x)$在$-1<x<1$ 时是常数，即 $f(x)=\arcsin x+\arccos x=C$. 又$f(0)=\dfrac{\pi}{2}$，$f(-1)=f(1)=\dfrac{\pi}{2}$，所以 $\arcsin x+\arccos x=\dfrac{\pi}{2}(-1\leqslant x\leqslant 1)$.

例 3.1.6 证明当 $x>0$ 时，$\frac{x}{1+x}<\ln(1+x)<x$.

证明 令 $f(t)=\ln(1+t)$，显然 $f(t)$ 在区间 $[0,x]$ 上满足拉格朗日中值定理条件,于是有

$$f(x)-f(0)=f'(\xi)(x-0)(0<\xi<x),$$

即

$$\ln(1+x)=\frac{x}{1+\xi}.$$

又 $0<\xi<x$，所以

$$\frac{x}{1+x}<\frac{x}{1+\xi}<x.$$

故当 $x>0$ 时，$\frac{x}{1+x}<\ln(1+x)<x$.

习题 3.1

1. 验证罗尔中值定理对函数 $y=\sin x$ 在区间 $\left[\frac{\pi}{6},\frac{5\pi}{6}\right]$ 上的正确性.

2. 验证拉格朗日中值定理对函数 $y=4x^3-6x^2-2$ 在区间$[0,1]$上的正确性.

3. 证明方程 $x^3+x-1=0$ 有且仅有一个正实根.

4. 不求导数,判别函数 $f(x)=(x-1)(x-2)(x-3)$ 的导数满足方程 $f'(x)=0$ 的实根个数.

5. 证明恒等式 $\arctan x+\operatorname{arccot} x=\frac{\pi}{2}, x\in(-\infty,+\infty)$.

6. 证明下列不等式.

(1)当 $a>b>0$ 时，$3b^2(a-b)<a^3-b^3<3a^2(a-b)$；

(2)当 $a>b>0$ 时，$\frac{a-b}{a}<\ln\frac{a}{b}<\frac{a-b}{b}$；

(3) $|\arctan a-\arctan b|\leqslant|a-b|$.

3.2 洛必达法则

洛必达法则是求未定式函数极限的一种简便且重要的方法. 在自变量的某一变化过程下，$f(x)$ 与 $g(x)$ 都趋于零或都趋于无穷大时，$\lim\frac{f(x)}{g(x)}$ 就称为**未定式**,并分别简记为 $\frac{0}{0}$ 和 $\frac{\infty}{\infty}$.

3.2.1 $\frac{0}{0}$ 型未定式

定理 3.2.1 设

(1)当 $x\to a$ 时,函数 $f(x)$ 与 $g(x)$ 都趋于零；

(2)在 $\mathring{U}(x_0)$ 内，$f'(x)$ 与 $g'(x)$ 都存在且 $g'(x)\neq 0$；

(3) $\lim\limits_{x\to a}\dfrac{f'(x)}{g'(x)}$ 存在(或为无穷大)，

那么 $\lim\limits_{x\to a}\dfrac{f(x)}{g(x)}=\lim\limits_{x\to a}\dfrac{f'(x)}{g'(x)}$.

证明从略.

这种利用分子分母先求导数再求极限的方法称为**洛必达(L'Hospital)法则**.

注意:(1)将定理中极限过程 $x\to a$ 改为 $x\to a^-$,$x\to a^+$,$x\to\infty$,$x\to-\infty$,$x\to+\infty$ 时，只需将定理中条件(2)作适当修改，定理 3.2.1 的结论仍然成立，读者可自行给出.

(2)如果$\lim\limits_{x\to a}\dfrac{f'(x)}{g'(x)}$仍是未定式，而 $f'(x)$与 $g'(x)$能够满足定理中所需要的条件，则可继续使用洛必达法则，即$\lim\limits_{x\to a}\dfrac{f(x)}{g(x)}=\lim\limits_{x\to a}\dfrac{f'(x)}{g'(x)}=\lim\limits_{x\to a}\dfrac{f''(x)}{g''(x)}$,依次类推.

例 3.2.1 求 $\lim\limits_{x\to 0}\dfrac{e^x-e^{-x}}{x^2}$.

解 $\lim\limits_{x\to 0}\dfrac{e^x-e^{-x}}{x^2}=\lim\limits_{x\to 0}\dfrac{e^x+e^{-x}}{2x}=\infty$.

例 3.2.2 求 $\lim\limits_{x\to+\infty}\dfrac{\dfrac{\pi}{2}-\arctan x}{\dfrac{1}{x}}$.

解 $\lim\limits_{x\to+\infty}\dfrac{\dfrac{\pi}{2}-\arctan x}{\dfrac{1}{x}}=\lim\limits_{x\to+\infty}\dfrac{-\dfrac{1}{1+x^2}}{-\dfrac{1}{x^2}}=\lim\limits_{x\to+\infty}\dfrac{x^2}{1+x^2}=1$.

例 3.2.3 求 $\lim\limits_{x\to 1}\dfrac{x^3-3x+2}{x^3-x^2-x+1}$.

解 $\lim\limits_{x\to 1}\dfrac{x^3-3x+2}{x^3-x^2-x+1}=\lim\limits_{x\to 1}\dfrac{3x^2-3}{3x^2-2x-1}=\lim\limits_{x\to 1}\dfrac{6x}{6x-2}=\dfrac{3}{2}$.

上式中的 $\lim\limits_{x\to 1}\dfrac{6x}{6x-2}$ 已不再是 $\dfrac{0}{0}$ 型未定式，不能继续应用洛必达法则，否则会导致错误结果. 所以在每次应用洛必达法则时，必须验证所求函数是否为未定式.

例 3.2.4 求 $\lim\limits_{x\to 0}\dfrac{x-\sin x}{\tan x^3}$.

解 $\lim\limits_{x\to 0}\dfrac{x-\sin x}{\tan x^3}=\lim\limits_{x\to 0}\dfrac{x-\sin x}{x^3}=\lim\limits_{x\to 0}\dfrac{1-\cos x}{3x^2}=\lim\limits_{x\to 0}\dfrac{\sin x}{6x}=\dfrac{1}{6}$.

注意:使用洛必达法则之前，可以结合等价无穷小的替换先将原式整理化简.

3.2.2 $\frac{\infty}{\infty}$ 型未定式

定理 3.2.2 设

(1)当 $x \to a$ 时,函数 $f(x)$ 与 $F(x)$ 都趋于无穷大;

(2)在 $\overset{o}{U}(x_0)$ 内,$f'(x)$ 与 $F'(x)$ 都存在且 $F'(x) \neq 0$;

(3) $\lim\limits_{x \to a} \dfrac{f'(x)}{F'(x)}$ 存在(或为无穷大),

那么 $\lim\limits_{x \to a} \dfrac{f(x)}{F(x)} = \lim\limits_{x \to a} \dfrac{f'(x)}{F'(x)}$.

注意:将定理中极限过程 $x \to a$ 改为 $x \to a^-$,$x \to a^+$,$x \to \infty$,$x \to -\infty$,$x \to +\infty$ 时,只需将定理中条件(2)作适当修改,定理 3.2.2 的结论仍然成立,读者可自行给出.

例 3.2.5 求 $\lim\limits_{x \to +\infty} \dfrac{\ln x}{x^n}$.

解 $\lim\limits_{x \to +\infty} \dfrac{\ln x}{x^n} = \lim\limits_{x \to +\infty} \dfrac{\frac{1}{x}}{nx^{n-1}} = \lim\limits_{x \to +\infty} \dfrac{1}{nx^n} = 0.$

例 3.2.6 求 $\lim\limits_{x \to +\infty} \dfrac{x^n}{e^x}$($n$ 为正整数).

解 $\lim\limits_{x \to +\infty} \dfrac{x^n}{e^x} = \lim\limits_{x \to +\infty} \dfrac{nx^{n-1}}{e^x} = \lim\limits_{x \to +\infty} \dfrac{n(n-1)x^{n-2}}{e^x} = \cdots = \lim\limits_{x \to +\infty} \dfrac{n!}{e^x} = 0.$

注意:若例 3.2.5,例 3.2.6 中 n 不是正整数而是任意正数,那么极限仍为零.

以上两例表明,$x \to +\infty$ 时,对数函数 $\ln x$、幂函数 x^μ、指数函数 e^x 虽然都趋于无穷大,但增大的"速度"是不一样的,幂函数增大的"速度"比对数函数大得多,而指数函数增大的"速度"又比幂函数大得多.

例 3.2.7 求 $\lim\limits_{x \to 0^+} x\ln x$.

解 这是 $0 \cdot \infty$ 型未定式.

$$\lim_{x \to 0^+} x\ln x = \lim_{x \to 0^+} \frac{\ln x}{\frac{1}{x}} = \lim_{x \to 0^+} \frac{\frac{1}{x}}{-\frac{1}{x^2}} = \lim_{x \to 0^+}(-x) = 0.$$

例 3.2.8 求 $\lim\limits_{x \to 0}\left[\dfrac{1}{\ln(1+x)} - \dfrac{1}{x}\right]$.

解 这是 $\infty - \infty$ 型未定式.

$$\lim_{x \to 0}\left[\frac{1}{\ln(1+x)} - \frac{1}{x}\right] = \lim_{x \to 0} \frac{x - \ln(1+x)}{x\ln(1+x)} = \lim_{x \to 0} \frac{x - \ln(1+x)}{x^2}$$

$$= \lim_{x \to 0} \frac{1 - \frac{1}{1+x}}{2x} = \lim_{x \to 0} \frac{1}{2(1+x)} = \frac{1}{2}.$$

一般地，$0\cdot\infty$，$\infty-\infty$ 型未定式必须变为 $\frac{0}{0}$，$\frac{\infty}{\infty}$ 型未定式，再使用洛必达法则.

例 3.2.9 求 $\lim\limits_{x\to 0^+}x^x$.

解 这是 0^0 型未定式，属于幂指函数极限.

$$\lim_{x\to 0^+}x^x=\lim_{x\to 0^+}e^{x\ln x}=e^{\lim\limits_{x\to 0^+}x\ln x}=e^0=1.$$

这里利用了例 3.2.7 的结果.

最后，还要指出的是，洛必达法则是求未定式极限的一种方法，定理中的条件仅是充分的，当定理中的条件不满足时，所求极限未必不存在，比如 $\lim\limits_{x\to\infty}\frac{x+\sin x}{x}$，$\lim\limits_{x\to\infty}\frac{x+\sin x}{x}\neq\lim\limits_{x\to\infty}\frac{1+\cos x}{1}$. 因为当 $x\to\infty$ 时，$\cos x$ 的极限不存在，但这并不能说明此极限不存在，$\lim\limits_{x\to\infty}\frac{x+\sin x}{x}=\lim\limits_{x\to\infty}\left(1+\frac{\sin x}{x}\right)=1$.

习题 3.2

1. 求下列函数的极限.

(1) $\lim\limits_{x\to\frac{\pi}{2}}\frac{\ln\sin x}{(\pi-2x)^2}$；(2) $\lim\limits_{x\to a}\frac{x^5-a^5}{x^3-a^3}$；

(3) $\lim\limits_{x\to 0}\frac{e^x-e^{-x}}{\tan x}$；(4) $\lim\limits_{x\to+\infty}\frac{\ln\left(1+\frac{2}{x}\right)}{\operatorname{arccot}x}$；

(5) $\lim\limits_{x\to\frac{\pi}{2}}\frac{\tan x}{\tan 5x}$；(6) $\lim\limits_{x\to+\infty}\frac{x^3}{e^x}$；

(7) $\lim\limits_{x\to 0}x\cot 3x$；(8) $\lim\limits_{x\to 0}x^2e^{\frac{1}{x^2}}$；

(9) $\lim\limits_{x\to 1}\left(\frac{2}{x^2-1}-\frac{1}{x-1}\right)$；(10) $\lim\limits_{x\to\infty}\left(\cos\frac{1}{x}\right)^x$.

2. 验证极限 $\lim\limits_{x\to 0}\frac{x^2\sin\frac{1}{x}}{\sin x}$ 存在，但不能用洛必达法则求出.

3.3 函数的单调性与极值

我们在第 1 章中介绍了函数单调性的概念，单调性是函数的一个最基本的性质，掌握函数的单调性，不仅可以了解函数值的变化趋势，而且对推测函数在某个局部区域或整个区域上达到最大值或最小值有直接的帮助. 本节中将利用导数来研究函数的单调性，同时讨论函数极值的求法.

3.3.1 函数的单调性

现在考察一个具体问题.

如果函数 $y=f(x)$ 在某区间上单调增加(单调减少),那么它的图形是一条沿着 x 轴正向上升(下降)的曲线. 如图 3.3 所示,曲线上各点处的切线斜率是非负(非正)的,即 $f'(x)\geqslant 0(f'(x)\leqslant 0)$.

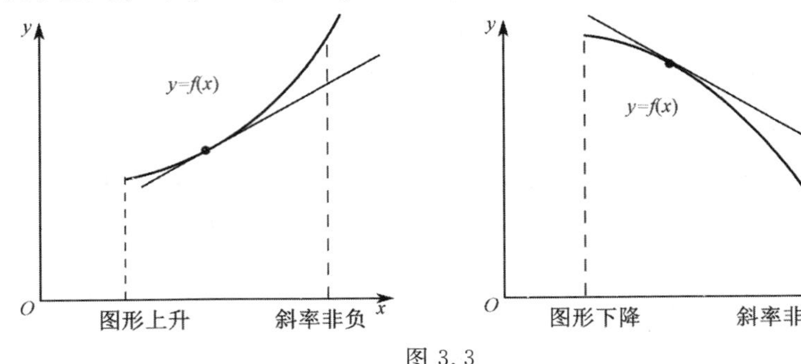

图 3.3

反之,也可以利用导数的符号来判断函数的单调性.

定理 3.3.1 设函数 $y=f(x)$ 在 $[a,b]$ 上连续,在 (a,b) 内可导.

(1)如果在 (a,b) 内 $f'(x)>0$,那么函数 $y=f(x)$ 在 $[a,b]$ 上单调增加;

(2)如果在 (a,b) 内 $f'(x)<0$,那么函数 $y=f(x)$ 在 $[a,b]$ 上单调减少.

证明 在 $[a,b]$ 上任取两点 $x_1,x_2(x_1<x_2)$,由拉格朗日中值定理可知,在开区间 (x_1,x_2) 内至少存在一点 ξ,使得

$$f(x_2)-f(x_1)=f'(\xi)(x_2-x_1)\ (x_1<\xi<x_2).$$

(1) 如果在 (a,b) 内 $f'(x)>0$,那么 $f'(\xi)(x_2-x_1)>0$,即 $f(x_2)-f(x_1)>0$,于是 $f(x_1)<f(x_2)$,因而函数 $y=f(x)$ 在 $[a,b]$ 上单调增加.

(2) 如果在 (a,b) 内 $f'(x)<0$,那么 $f'(\xi)(x_2-x_1)<0$,即 $f(x_2)-f(x_1)<0$,于是 $f(x_1)>f(x_2)$,因而函数 $y=f(x)$ 在 $[a,b]$ 上单调减少.

注意:如果把定理中的闭区间换成其他各种区间(包括无穷区间),结论仍然成立.

例 3.3.1 判断函数 $y=x+\sin x$ 在 $[0,\pi]$ 上的单调性.

解 函数 $y=x+\sin x$ 在 $[0,\pi]$ 上连续,且在 $(0,\pi)$ 内

$$y'=1+\cos x>0,$$

由定理 3.3.1 可知,函数 $y=x+\sin x$ 在 $[0,\pi]$ 上单调增加.

例 3.3.2 讨论函数 $y=\mathrm{e}^x-x-1$ 的单调性.

解 函数的定义域为 $(-\infty,+\infty)$,$y'=\mathrm{e}^x-1$,则在 $(-\infty,0)$ 内,$y'<0$,所以函数 $y=\mathrm{e}^x-x-1$ 在 $(-\infty,0]$ 上单调减少;在 $(0,+\infty)$ 内,$y'>0$,所以函数 $y=\mathrm{e}^x-x-1$ 在 $[0,+\infty)$ 上单调增加.

例 3.3.3 讨论函数 $y=\sqrt[3]{x^2}$ 的单调性.

解 函数的定义域为 $(-\infty,+\infty)$,当 $x\neq 0$ 时,$y'=\dfrac{2}{3\sqrt[3]{x}}$;当 $x=0$ 时,函数的导数不存在.

在 $(-\infty,0)$ 内，$y'<0$，所以函数 $y=\sqrt[3]{x^2}$ 在 $(-\infty,0]$ 上单调减少；在 $(0,+\infty)$ 内，$y'>0$，所以函数 $y=\sqrt[3]{x^2}$ 在 $[0,+\infty)$ 上单调增加，如图3.4所示.

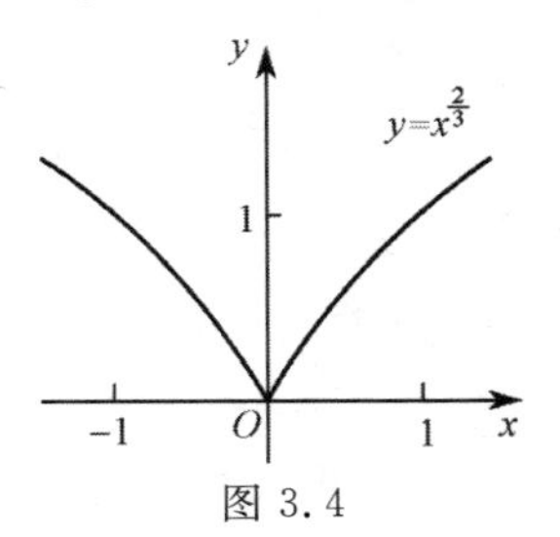

图 3.4

例 3.3.2 中，驻点是单调增加区间与单调减少区间的分界点；例 3.3.3 中，不可导点是单调增加区间与单调减少区间的分界点.

由此，可得求函数 $f(x)$ 单调区间的一般步骤：

(1)确定函数 $f(x)$ 的定义域，并求出函数的导数 $f'(x)$；

(2)求出函数的驻点和不可导点，并用这些点作为分界点将定义域划分为若干个区间；

(3)确定各个区间上 $f'(x)$ 的符号，从而判断函数在该区间上的单调性.

例 3.3.4 求函数 $f(x)=2x^3-9x^2+12x-3$ 的单调区间.

解 函数的定义域为 $(-\infty,+\infty)$，且

$$f'(x)=6x^2-18x+12=6(x-1)(x-2).$$

令 $f'(x)=0$，得 $x=1,x=2$，没有不可导点.

驻点 $x=1,x=2$ 将定义域分成三个部分区间 $(-\infty,1]$，$[1,2]$，$[2,+\infty)$，在 $(-\infty,1)$ 与 $(2,+\infty)$ 内，$y'>0$，所以函数 $f(x)$ 在 $(-\infty,1]$ 与 $[2,+\infty)$ 上单调增加；在 $(1,2)$ 内，$y'<0$，所以函数 $f(x)$ 在 $[1,2]$ 上单调减少.

函数 $f(x)=2x^3-9x^2+12x-3$ 的图形如图 3.5 所示.

一般地，如果 $f'(x)$ 在某区间内的有限个点处为零，在其余各点处均为正(或负)时，那么在该区间上仍旧是单调增加(或单调减少)的. 如 $f(x)=x^3$，在定义域 $(-\infty,+\infty)$ 上除 $x=0$ 处 $f'(x)=0$ 外，其余各点均有 $f'(x)>0$，所以在整个定义域内 $f(x)=x^3$ 是单调增加的，如图 3.6 所示.

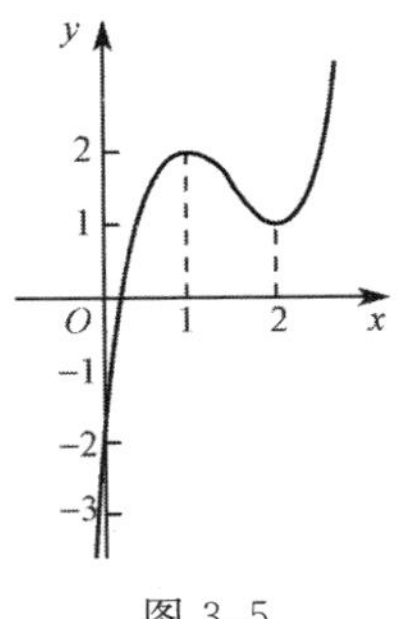

图 3.5

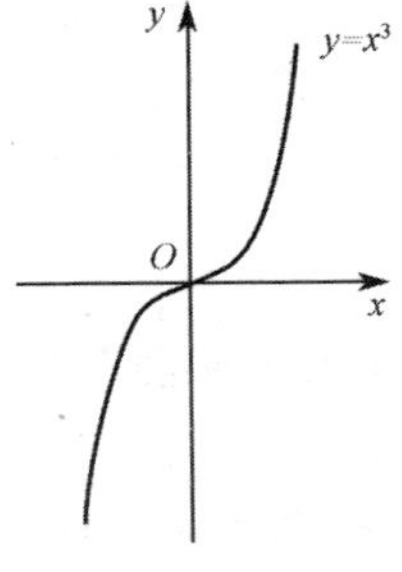

图 3.6

利用函数的单调性,我们可以证明某些不等式.

例 3.3.5 证明当 $x>0$ 时,$x>\ln(1+x)$.

证明 令函数 $f(x)=x-\ln(1+x)$,则

$$f'(x)=1-\frac{1}{1+x}=\frac{x}{1+x}.$$

$f(x)$ 在 $[0,+\infty)$ 上连续,在 $(0,+\infty)$ 内 $f'(x)>0$,因此 $f(x)$ 在 $[0,+\infty)$ 上单调增加,从而当 $x>0$ 时,$f(x)>f(0)=0$,即 $x-\ln(1+x)>0$,亦即

$$x>\ln(1+x).$$

3.3.2 函数的极值

在图 3.5 中我们可以看到,在 $x=1$ 的某去心邻域内,总有 $f(x)<f(1)$,而在 $x=2$ 的某去心邻域内,总有 $f(x)>f(2)$,具有这种性质的点在应用上有着十分重要的作用,一般地有如下定义.

定义 3.3.1 设函数 $f(x)$ 在 x_0 的某邻域 $U(x_0)$ 内有定义,如果对于 x_0 的某去心邻域 $\mathring{U}(x_0)$ 内的任一点 x,有 $f(x)>f(x_0)$ [或 $f(x)<f(x_0)$],那么就称 $f(x_0)$ 为函数 $f(x)$ 的一个**极大值**(或**极小值**).

函数的极大值与极小值统称为函数的**极值**,使函数取得极值的点称为**极值点**. 如函数 $f(x)=2x^3-9x^2+12x-3$ 有极大值 $f(1)=2$,极小值 $f(2)=1$,$x=1$ 和 $x=2$ 是函数的极值点.

注意:函数的极值是局部概念,如果 $f(x_0)$ 是函数 $f(x)$ 的一个极大值,那么在 x_0 附近的一个局部范围内,$f(x_0)$ 是一个最大值,但对于整个定义域来说,$f(x_0)$ 未必是最大值. 极小值的情况类似.

如图 3.7 所示,函数在取得极值的点处,曲线的切线是水平的,但曲线上有水平切线的点,函数不一定取得极值,一般有下面的结论.

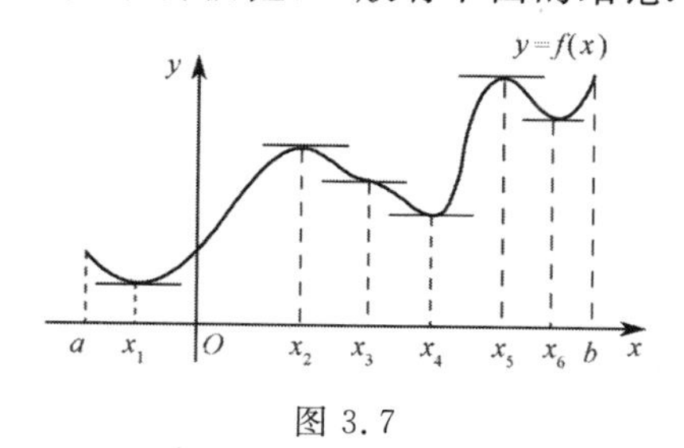

图 3.7

定理 3.3.2(极值的必要条件) 如果函数 $f(x)$ 在 x_0 处可导,且在 x_0 处取得极值,那么 $f'(x_0)=0$.

证明 不妨假设函数 $f(x)$ 在 x_0 取得极大值(极小值的情况可类似证明),则存在 x_0 的去心邻域 $\mathring{U}(x_0)$,对 $\forall x\in\mathring{U}(x_0)$,都有

$$f(x) < f(x_0).$$

所以,当 $x < x_0$ 时,
$$\frac{f(x) - f(x_0)}{x - x_0} > 0,$$

而函数 $f(x)$ 在 x_0 可导,因此

$$f'_{-}(x_0) = \lim_{x \to x_0^-} \frac{f(x) - f(x_0)}{x - x_0} \geqslant 0\ ;$$

当 $x > x_0$ 时,
$$\frac{f(x) - f(x_0)}{x - x_0} < 0,$$

$$f'_{+}(x_0) = \lim_{x \to x_0^+} \frac{f(x) - f(x_0)}{x - x_0} \leqslant 0.$$

从而

$$f'(x_0) = 0.$$

定理 3.3.2 说明,可导函数的极值点一定是函数的驻点.但是驻点却不一定是函数的极值点.例如,函数 $f(x) = x^3$,我们有 $f'(x) = 3x^2$,$f'(0) = 0$.因此 $x = 0$ 是可导函数的驻点,但显然 $x = 0$ 不是其极值点.又如函数 $f(x) = |x|$,在 $x = 0$ 取得极小值,但在该点处函数不可导.由此可知,函数的极值点可能是驻点,也可能是不可导点,如何判断函数在这些点是否取得极值?如果是的话,是极大值还是极小值?根据函数单调性的判别方法容易得出下面的结论.

定理 3.3.3(极值的第一充分条件) 设函数 $f(x)$ 在 x_0 处连续,且在 x_0 的某去心邻域 $\mathring{U}(x_0)$ 内可导,则

(1)如果当 $x \in (x_0 - \delta, x_0)$ 时,$f'(x) > 0$,而 $x \in (x_0, x_0 + \delta)$ 时,$f'(x) < 0$,则在 x_0 处取得极大值;

(2)如果当 $x \in (x_0 - \delta, x_0)$ 时,$f'(x) < 0$,而 $x \in (x_0, x_0 + \delta)$ 时,$f'(x) > 0$,则在 x_0 处取得极小值;

(3)如果当 $x \in \mathring{U}(x_0, \delta)$ 时,$f'(x)$ 的符号保持不变,则在 x_0 处没有极值.

由定理 3.3.2 和定理 3.3.3,可得求函数极值的一般步骤:

(1)确定函数 $f(x)$ 的定义域,并求出函数的导数 $f'(x)$;

(2)求出函数的驻点和不可导点;

(3)考察(2)中各点左右两侧附近 $f'(x)$ 的符号,从而判断函数在该点处是否取得极值,如果是的话,进一步判断是极大值还是极小值.

例 3.3.6 求函数 $f(x) = 2x^3 - 9x^2 + 12x - 3$ 的极值.

解 由例 3.3.4 可知,函数有 $x = 1$,$x = 2$ 两个驻点,没有不可导点;在 $(-\infty, 1]$ 与 $[2, +\infty)$ 上单调增加;在 $[1, 2]$ 上单调减少.

为了更加直观地看到各点处的情况,列表如下:

x	$(-\infty,1)$	1	$(1,2)$	2	$(2,+\infty)$
$f'(x)$	$+$	0	$-$	0	$+$
$f(x)$	单调增加	极大值	单调减少	极小值	单调增加

所以,原函数有极大值为 $f(1)=2$,极小值为 $f(2)=1$.

例 3.3.7 求函数 $y=\sqrt[3]{x^2}$ 的极值.

解 由例 3.3.4 可知,函数在 $x=0$ 时,函数在 $(-\infty,0]$ 上单调减少;在 $[0,+\infty)$ 上单调增加,列表如下:

x	$(-\infty,0)$	0	$(0,+\infty)$
$f'(x)$	$-$	0	$+$
$f(x)$	单调减少	极小值	单调增加

所以,原函数有极小值为 $f(0)=0$,无极大值.

定理 3.3.4(极值的第二充分条件) 如果函数 $f(x)$ 在 x_0 处有二阶导数,且 $f'(x_0)=0, f''(x_0)\neq 0$,有

(1)如果 $f''(x_0)<0$,则 $f(x)$ 在 x_0 处取得极大值;

(2)如果 $f''(x_0)>0$,则 $f(x)$ 在 x_0 处取得极小值.

证明 (1)由二阶导数的定义及 $f'(x_0)=0$ 知

$$f''(x_0)=\lim_{x\to x_0}\frac{f'(x)-f'(x_0)}{x-x_0}=\lim_{x\to x_0}\frac{f'(x)}{x-x_0}<0.$$

利用函数极限的保号性,存在 x_0 的去心邻域 $\mathring{U}(x_0)$,对 $\forall x\in\mathring{U}(x_0)$,都有 $\dfrac{f'(x)}{x-x_0}<0$.

在该去心邻域内,$x<x_0$ 时,$f'(x)>0$,而 $x>x_0$ 时,$f'(x)<0$,由定理 3.3.3 知,函数在 x_0 处取得极大值.

类似可证(2).

注意:如果 $f'(x_0)=0, f''(x_0)=0$,那么函数在点 x_0 处可能取得极值,也可能不取得极值,取得极值时,可能是极大值也可能是极小值.这时不能使用定理 3.3.4,而要用定理 3.3.3 来判断.

例 3.3.8 求函数 $f(x)=(x^2-1)^3$ 的极值.

解 $f'(x)=6x(x^2-1)^2, f''(x)=6(5x^2-1)(x^2-1)$.令 $f'(x)=0$,得驻点 $x=-1, x=0, x=1$.又 $f''(0)=6>0$,故函数在 $x=0$ 处取得极小值 $f(0)=-1$.而 $f''(-1)=f''(1)=0$,用定理 3.3.4 无法判断.考察 $x=-1$, $x=1$ 左右两侧导数的符号:$x=-1$ 邻近两侧,导数 $f'(x)<0$;$x=1$ 邻近两侧,导数 $f'(x)>0$,两个点左右两侧导数符号没有发生改变,亦即单调性没有发生改变,所以没有极值.

习题 3.3

1. 求下列函数的单调区间.

(1) $y = \arctan x - x$；　　(2) $y = x + \sin x$；

(3) $y = 2x + \dfrac{8}{x}$；　　(4) $y = x^3 + x^2 - x - 1$.

2. 求下列函数的极值.

(1) $y = 2x^3 - 3x^2 + 6$；　　(2) $y = x - \ln(1 + x)$；

(3) $y = x + \sqrt{1 - x}$；　　(4) $y = 2 - (x + 1)^{\frac{2}{3}}$；

(5) $y = e^x + e^{-x}$；　　(6) $y = x + \cos x$.

3. 证明下列不等式.

(1)当 $x > 0$ 时，$1 + \dfrac{1}{2}x > \sqrt{1 + x}$；

(2)当 $0 < x < \dfrac{\pi}{2}$ 时，$\sin x + \tan x > 2x$.

3.4 函数的凹凸性与拐点　函数图形的描绘

3.4.1 函数的凹凸性

通过函数的单调性，可以知道函数图形的上升或下降趋势，但这还不能较全面地反映其变化情况. 如图 3.8 所示有两段弧，虽然它们都是上升的，但图形的弯曲方向明显不同. $\overset{\frown}{ADB}$ 是凸的，而 $\overset{\frown}{ACB}$ 是凹的. 下面讨论曲线的凹凸性及其判定方法.

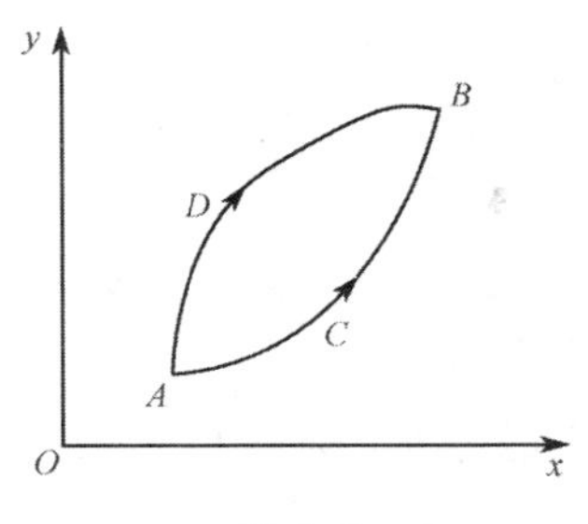

图 3.8

定义 3.4.1　设函数 $f(x)$ 在 I 上连续，对 I 上任意两点 x_1，x_2，如果恒有

$$f\left(\frac{x_2 + x_1}{2}\right) < \frac{f(x_2) + f(x_1)}{2}\ [\text{图 } 3.9(a)],$$

那么称函数 $f(x)$ 的图形在 I 上是**凹的**(或**凹弧**)；如果恒有

$$f\left(\frac{x_2 + x_1}{2}\right) > \frac{f(x_2) + f(x_1)}{2}\ [\text{图 } 3.9(b)],$$

那么称函数 $f(x)$ 的图形在 I 上是**凸**的(或**凸弧**).

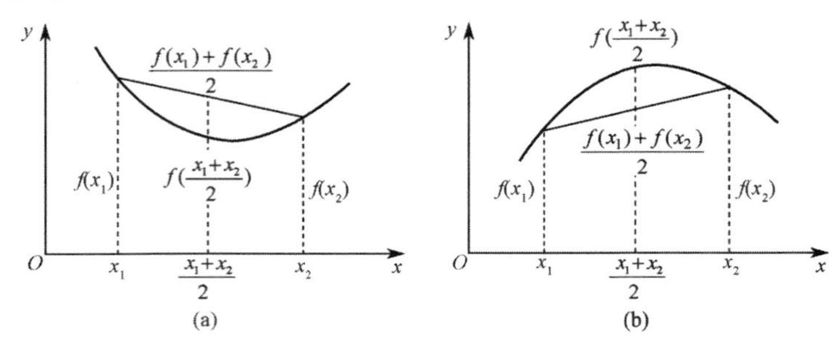

图 3.9

定义 3.4.2 曲线 $y=f(x)$ 上凹弧与凸弧的分界点称为**拐点**. 如图 3.10 中的点 C.

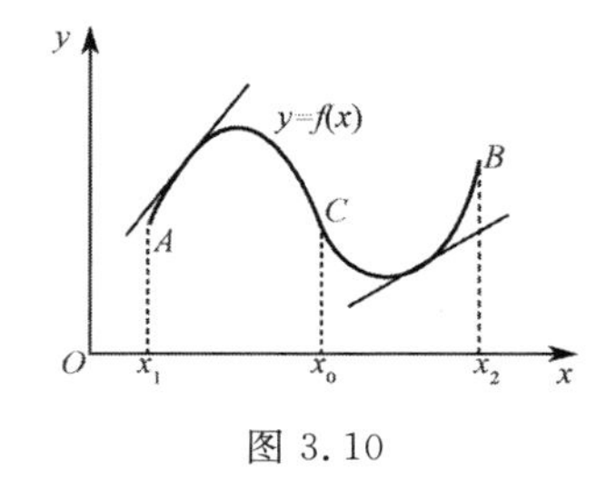

图 3.10

在图 3.10 中还可以看出,在 $\overset{\frown}{AC}$ 上,切线斜率随 x 的增大而变小,所以 $f'(x)$ 在 $[x_1,x_0]$ 上是单调递减的,从而说明当 $f''(x)<0$ 时,曲线是凸的;而在 $\overset{\frown}{CB}$ 上,切线斜率随 x 的增大而增大,所以 $f'(x)$ 在 $[x_0,x_2]$ 上是单调递增的,从而说明当 $f''(x)>0$ 时,曲线是凹的.

定理 3.4.1 设函数 $y=f(x)$ 在 $[a,b]$ 上连续,在 (a,b) 内有二阶导数,那么

(1)如果在 (a,b) 内 $f''(x)>0$, 那么函数 $y=f(x)$ 在 $[a,b]$ 上图形是凹的;

(2)如果在 (a,b) 内 $f''(x)<0$, 那么函数 $y=f(x)$ 在 $[a,b]$ 上图形是凸的.

由于拐点是凹凸曲线弧的分界点,所以如果点 $(x_0,f(x_0))$ 是曲线的拐点,且 $f''(x_0)$ 存在,必有 $f''(x_0)=0$.

定理 3.4.2(拐点的必要条件) 如果函数 $f(x)$ 在 x_0 处二阶可导,且 $(x_0,f(x_0))$ 是曲线 $y=f(x)$ 的拐点,那么 $f''(x_0)=0$.

定理 3.4.2 是在 $f''(x_0)$ 存在的前提下,点 $(x_0,f(x_0))$ 是拐点的必要条件. 但反过来,二阶导数为零的点不一定就是拐点,如函数 $f(x)=x^4$, $f''(0)=0$, 但是由于 $f''(x)=12x^2$ 在定义域 $(-\infty,+\infty)$ 内恒大于零,曲线始终是凹的,所以点 $(0,0)$ 不是曲线的拐点.

又如函数 $f(x)=\sqrt[3]{x}$ 在定义域 $(-\infty,+\infty)$ 内连续，$f''(x)=-\dfrac{2}{9x\sqrt[3]{x^2}}$，$f''(x)$ 不存在零点，但有一个二阶导数不存在的点 $x=0$. 在 $(-\infty,0)$ 内，$f''(x)>0$，曲线 $y=f(x)$ 在 $(-\infty,0)$ 内是凹的；在 $(0,+\infty)$ 内，$f''(x)<0$，曲线 $y=f(x)$ 在 $(0,+\infty)$ 内是凸的，所以 $(0,0)$ 是曲线的拐点. 因此，$f(x)$ 的二阶导数不存在的点也有可能是曲线 $y=f(x)$ 的拐点.

综合以上分析，可以按以下步骤求曲线 $y=f(x)$ 上的凹凸区间及其拐点：

(1)确定函数 $f(x)$ 的定义域，并求出函数的二阶导数 $f''(x)$；

(2)求出 $f''(x)=0$ 的点和 $f''(x)$ 不存在的点，用这些点将定义域划分为若干部分区间；

(3)考察(2)中各个部分区间内 $f''(x)$ 的符号，从而判定曲线 $y=f(x)$ 的凹凸性，进一步求出凹凸区间和拐点.

例 3.4.1 求曲线 $y=x^4-2x^3+1$ 的凹凸区间及拐点.

解 函数 $y=x^4-2x^3+1$ 的定义域为 $(-\infty,+\infty)$，且

$$y'=4x^3-6x^2, y''=12x^2-12x=12x(x-1).$$

令 $y''=0$，得 $x_1=0, x_2=1$. $x_1=0$ 时，$y=1$；$x_2=1$ 时，$y=0$.

具体情况列表如下：

x	$(-\infty,0)$	0	$(0,1)$	1	$(1,+\infty)$
y''	+	0	−	0	+
$y=3x^4-4x^3+1$	凹	$(0,1)$ 是拐点	凸	$(1,0)$ 是拐点	凹

所以曲线 $y=x^4-2x^3+1$ 在 $(-\infty,0]$ 及 $[1,+\infty)$ 上是凹的，在 $[0,1]$ 上是凸的；$(0,1)$ 及 $(1,0)$ 是曲线的拐点.

3.4.2 函数图形的描绘

借助于函数的一阶导数的符号，可以确定函数的图形在哪个区间上升，在哪个区间下降，在什么位置有极值；借助于函数二阶导数的符号，可以确定函数图形在哪个区间上为凹，在哪个区间上为凸，在什么位置有拐点. 有了这些性质，就可以比较准确地画出函数的图形. 对于存在渐近线的函数图形，在作图时也必须作出渐近线，在第 1 章中已经给出了水平渐近线和垂直渐近线的定义，下面仅给出斜渐近线的定义.

若 $\lim\limits_{x\to\infty}\dfrac{f(x)}{x}=k\neq 0$，$\lim\limits_{x\to\infty}[f(x)-kx]=b$，则直线 $y=kx+b$ 是曲线 $y=f(x)$ 的**斜渐近线**.

例 3.4.2 求曲线 $y=\dfrac{x^3}{x^2+2x-3}$ 的渐近线.

解 因为 $\lim\limits_{x\to\infty}y=\infty$，所以曲线无水平渐近线.

由于 $\dfrac{x^3}{x^2+2x-3}=\dfrac{x^3}{(x-1)(x+3)}$，$\lim\limits_{x\to-3}y=\infty$，$\lim\limits_{x\to1}y=\infty$，所以 $x=-3$ 及 $x=1$ 是曲线的铅直渐近线.

$\lim\limits_{x\to\infty}\dfrac{f(x)}{x}=\lim\limits_{x\to\infty}\dfrac{x^2}{x^2+2x-3}=1$，$\lim\limits_{x\to\infty}\left(\dfrac{x^3}{x^2+2x-3}-x\right)=\lim\limits_{x\to\infty}\dfrac{-2x^2+3x}{x^2+2x-3}$ $=-2$，所以 $y=x-2$ 是曲线的斜渐近线.

描绘函数图形的一般步骤如下：

第一步　确定函数 $f(x)$ 的定义域及特性(奇偶性、周期性)；

第二步　求出函数的一阶导数 $f'(x)$ 和二阶导数 $f''(x)$，并求出定义域内 $f'(x)=0$ 和 $f''(x)=0$ 的点及 $f'(x)$ 和 $f''(x)$ 不存在的点，用这些点把函数的定义域划分为若干个部分区间；

第三步　列表判断这些部分区间内 $f'(x)$ 和 $f''(x)$ 的符号，由此确定函数图形的单调性、凹凸性、极值点和拐点；

第四步　求出函数图形的渐近线；

第五步　建立坐标系并描点作图，其中描点包括：极值点、拐点及辅助作图点.

例 3.4.3　画出函数 $y=\dfrac{4(x+1)}{x^2}-2$ 的图形.

解　(1)函数 $y=\dfrac{4(x+1)}{x^2}-2$ 的定义域为 $(-\infty,0)\cup(0,+\infty)$，无奇偶性与周期性.

(2) $y'=-\dfrac{4(x+2)}{x^3}$，$y''=\dfrac{8(x+3)}{x^4}$. 令 $y'=0$ 得驻点 $x=-2$，令 $y''=0$ 得 $x=-3$. $x=0$ 是函数的间断点.

(3)列表如下：

x	$(-\infty,-3)$	-3	$(-3,-2)$	-2	$(-2,0)$	0	$(0,+\infty)$
y'	$-$		$-$	0	$+$		$-$
y''	$-$	0	$+$		$+$		$+$
y	↓	拐点 $\left(-3,-\dfrac{26}{9}\right)$	↘	极小值 -3	↑	间断点	↘

这里↗表示递增而且凸的；↓表示递减而且凸的；↑表示递增而且凹的；↘表示递减而且凹的.

(4)由于 $\lim\limits_{x\to0}y=+\infty$，所以 $x=0$ 是图形的铅直渐近线；又 $\lim\limits_{x\to\infty}y=-2$，所以 $y=-2$ 是图形的水平渐近线.

(5)描点：$\left(-3,-\dfrac{26}{9}\right)$，$(-2,-3)$，$(-1,-2)$，$(1,6)$，$(2,1)$，$\left(3,-\dfrac{2}{9}\right)$，

作出函数的图形如图 3.11 所示.

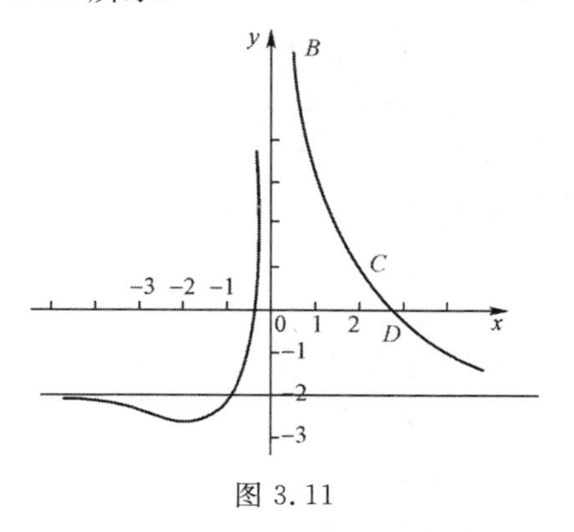

图 3.11

习题 3.4

1. 求下列曲线的凹凸区间和拐点.

(1) $y=3x-2x^2$;　　(2) $y=xe^{-x}$;

(3) $y=(x+1)^2+e^x$;　　(4) $y=\ln(x^2+1)$.

2. 当 a,b 为何值时,点 (1,3) 为曲线 $y=ax^3+bx^2$ 的拐点?

3. 作出函数 $y=x^4-6x^2+8x$ 的图形.

3.5 函数的最大值与最小值及其在经济上的应用

3.5.1 函数的最大值与最小值

在经济问题中我们经常会遇到这样的问题,在一定条件下,怎样才能使"产品最多""用料最省""成本最低""效率最高"等,这类问题在数学上有时可归结为求某一函数(通常称为目标函数)的最大值或最小值问题.

在第1章中我们已经知道,如果函数 $f(x)$ 在闭区间 $[a,b]$ 上连续,那么在 $[a,b]$ 上一定存在最大值和最小值,如何才能求出最大值和最小值呢?

函数 $f(x)$ 在闭区间上取得最大值和最小值有两种可能:第一,在区间的端点取得,即 $f(a)$ 或 $f(b)$;第二,在 (a,b) 内取得,显然这时最大值(最小值)一定也是函数 $f(x)$ 的一个极大值(极小值). 因此,可按如下方法求函数 $f(x)$ 在 $[a,b]$ 上的最大值和最小值.

(1)求出 $f(x)$ 在 (a,b) 内的驻点和不可导点;

(2)计算(1)中各点及区间端点的函数值,并加以比较,其中最大的就是 $f(x)$ 在 $[a,b]$ 上的最大值,最小的就是 $f(x)$ 在 $[a,b]$ 上的最小值.

例 3.5.1 求函数 $f(x)=3x^4-4x^3-12x^2+1$ 在 $[-3,1]$ 上的最大值和最小值.

解 函数 $f(x)=3x^4-4x^3-12x^2+1$ 在 $[-3,1]$ 上连续,所以在 $[-3,1]$

上一定存在最大值和最小值.

$f'(x)=12x^3-12x^2-24x=12x(x+1)(x-2)$，则在 $(-3,1)$ 内，可得 $f(x)$ 的驻点为 $x_1=0,x_2=-1$，没有不可导点.

而 $f(-3)=244,f(-1)=-4,f(0)=1,f(1)=-12$，比较可得，$f(x)$ 在 $x=-3$ 处取得最大值 244，在 $x=1$ 处取得最小值 -12.

3.5.2 经济应用问题举例

在求函数 $f(x)$ 的最大值(或最小值)时，特别值得指出的是下述情形：在一个区间内可导且只有一个驻点 x_0，并且这个驻点 x_0 是函数 $f(x)$ 的极值点. 那么，当 $f(x_0)$ 是极大值时，$f(x_0)$ 就是 $f(x)$ 在该区间上的最大值；当 $f(x_0)$ 是极小值时，$f(x_0)$ 就是 $f(x)$ 在该区间上的最小值. 在实际应用问题中，如果根据问题背景可以确定目标函数 $f(x)$ 在某一区间内必有最大值或最小值，那么这个唯一的驻点 x_0 处的 $f(x_0)$ 就是所要求的最大值或最小值.

例 3.5.2(最低成本问题) 某企业每月生产 Q 吨钢材的总成本为

$$C(Q)=54+18Q+6Q^2\ (\text{万元}).$$

求月产量为多少吨时平均成本最低？最低平均成本为多少万元？

解 平均成本为 $\overline{C}(Q)=\dfrac{C(Q)}{Q}=\dfrac{54}{Q}+18+6Q,\overline{C}'(Q)=-\dfrac{54}{Q^2}+6.$

令 $\overline{C}'(Q)=0$，得 $Q=3$. 当 $0<Q<3$ 时，$\overline{C}'(Q)<0$；当 $Q>3$ 时，$\overline{C}'(Q)>0$. 所以 $Q=3$ 时平均成本最低，此时，$\overline{C}(3)=54$ 万元/吨.

一般地，因为 $C(Q)=Q\overline{C}(Q)$，所以 $C'(Q)=\overline{C}(Q)+Q\overline{C}'(Q)$，要使平均成本最低，则 $\overline{C}'(Q)=0$，所以 $C'(Q)=\overline{C}(Q)$，因此使平均成本最低的产量，正是使边际成本等于平均成本时的产量.

例 3.5.3(最大收益问题) 某商品的需求量 Q 是价格 P 的函数

$$Q=Q(P)=75-P^2,$$

问 P 为何值时，总收益最大？

解 总收益

$$R(P)=PQ=75P-P^3\ (P>0),$$

求导得

$$R'(P)=75-3P^2.$$

令 $R'(P)=0$，得 $P=5$，又

$$R''(P)=-6P,R''(5)<0,$$

从而 $R(5)=250$ 为收益 $R(P)$ 的极大值. 即当价格为 5 时，有最大收益为 250.

例 3.5.4(最大利润问题) 某工厂在一个月生产玩具 Q 件时，总成本费为 $C(Q)=4Q+100$ (万元)，得到的收益为 $R(Q)=10Q-0.01Q^2$ (万元)，问一个月生产多少件玩具时，所获利润最大？

解　由题设知,利润为

$$\begin{aligned}L(Q) &= R(Q) - C(Q) \\ &= 10Q - 0.01Q^2 - 4Q - 100 \\ &= 6Q - 0.01Q^2 - 100 (0 < Q < +\infty).\end{aligned}$$

显然最大利润一定在 $(0, +\infty)$ 内取得,求导得

$$L'(Q) = 6 - 0.02Q.$$

令 $L'(Q) = 0$,得 $Q = 300$. 又

$$L''(Q) = -0.02 < 0, L''(300) < 0.$$

所以 $L(300) = 800$(万元)为利润 $L(Q)$ 的一个极大值. 从而一个月生产 300 件玩具时,取得最大利润 800 万元.

例 3.5.5(最大税收问题) 某企业生产文具盒的平均成本为 $\overline{C}(x) = 2$,价格函数为 $P(x) = 20 - 4x$(x 为商品数量),国家向企业每件文具盒征税为 t.

(1)生产多少文具盒时,利润最大?

(2)在企业取得最大利润的情况下,t 为何值时才能使总税收最大?

解　(1)总成本

$$C(x) = x\overline{C}(x) = 2x,$$

总收益

$$R(x) = xP(x) = 20x - 4x^2,$$

总税收

$$T(x) = tx,$$

总利润

$$\begin{aligned}L(x) &= R(x) - C(x) - T(x) \\ &= (18 - t)x - 4x^2.\end{aligned}$$

令

$$L'(x) = 18 - t - 8x = 0,$$

得 $x = \dfrac{18 - t}{8}$. 又

$$L''(x) = -8 < 0,$$

所以 $L\left(\dfrac{18 - t}{8}\right) = \dfrac{(18 - t)^2}{16}$ 为最大利润.

(2)取得最大利润时的税收为

$$T = tx = \frac{t(18 - t)}{8} = \frac{18t - t^2}{8} \ (t > 0),$$

令

$$T' = \frac{9 - t}{4} = 0,$$

得 $t = 9$. 又

$$T'' = -\frac{1}{4} < 0,$$

所以当 $t = 9$ 时,总税收取得最大值

$$T(9) = \frac{9(18-9)}{8} = \frac{81}{8},$$

此时的总利润为

$$L = \frac{(18-9)^2}{16} = \frac{81}{16}.$$

习题 3.5

1.求下列函数的最大值、最小值.

(1) $y = 2x^3 - 3x^2 - 80, -1 \leqslant x \leqslant 4$;

(2) $y = x^4 - 8x^2, -1 \leqslant x \leqslant 3$;

(3) $y = x + \sqrt{1-x}, -5 \leqslant x \leqslant 1$.

2.求下列经济应用问题中的最大值或最小值.

(1)设价格函数为 $P = 15e^{-\frac{x}{3}}$ (x 为产量),求最大收益时的产量、价格和收益.

(2)假设某种商品的需求量 Q 是单价 P 的函数 $Q = 12\,000 - 80P$,商品的总成本 C 是需求量 Q 的函数 $C = 25\,000 + 50Q$,每单位商品需纳税 2.试求使销售利润最大的商品价格和最大利润.

(3)设某企业在生产一种产品 x 件时的总收益为 $R(x) = 100x - x^2$,总成本函数为 $C(x) = 200 + 50x + x^2$,问政府对每件商品征收货物税为多少时,在企业获得最大利润的情况下,总税额最大?

复习题三

1.选择题.

(1)设 a,b 为方程 $f(x) = 0$ 的两根,$f(x)$ 在 $[a,b]$ 上连续,(a,b) 内可导,则 $f'(x) = 0$ 在 (a,b) 内(　　).

A. 只有一个实根　　B. 至少有一个实根

C. 没有实根　　D. 至少有两个实根

(2)设函数 $f(x)$ 在点 x_0 处连续,在 x_0 的某个去心邻域内可导,且在 $x \neq x_0$ 时,$(x - x_0)f'(x) > 0$,则 $f(x_0)$ 是(　　).

A. 极小值　　B. 极大值

C. x_0 为 $f(x)$ 的驻点　　D. x_0 不是 $f(x)$ 的极值点

(3)设 $f(x)$ 具有二阶连续导数,且 $f'(0) = 0, \lim\limits_{x \to 0} \frac{f''(x)}{|x|} = 1$,则(　　).

A. $f(0)$ 是 $f(x)$ 的极大值

B. $f(0)$ 是 $f(x)$ 的极小值

C. $(0,f(0))$ 是曲线的拐点

D. $f(0)$ 不是 $f(x)$ 的极值，$(0,f(0))$ 不是曲线的拐点

2. 设 $a_0+\frac{a_1}{2}+\cdots+\frac{a_n}{n+1}=0$，证明：多项式 $f(x)=a_0+a_1x+\cdots+a_nx^n$ 在 $(0,1)$ 在内至少有一个零点.

3. 设函数 $f(x)$ 在 $[0,1]$ 上连续，在 $(0,1)$ 内可导，且 $f(1)=0$. 证明：至少存在一点 $\xi\in(0,1)$，使 $3f(\xi)+\xi f'(\xi)=0$.

4. 求下列极限.

(1) $\lim\limits_{x\to 0}\frac{e^x+e^{-x}-2}{x^2}$；　(2) $\lim\limits_{x\to+\infty}\left(\frac{2}{\pi}\arctan x\right)^{2x}$；

(3) $\lim\limits_{x\to\frac{\pi}{2}}(\sec x-\tan x)$.

5. 证明下列不等式.

(1)当 $0<x_1<x_2<\frac{\pi}{2}$ 时，$\frac{x_2}{x_1}<\frac{\tan x_2}{\tan x_1}$；

(2)当 $x>0$ 时，$\ln(1+x)>\frac{\arctan x}{1+x}$.

6. 求下列经济应用问题的最大、最小值.

(1)某超市一年内要分批购进毛巾 2400 件，每条毛巾批发价为 6 元(购进)每条毛巾每年占用银行资金为 10% 利率，每批毛巾的采购费用为 160 元，问分几批购进时，才能使上述两项开支之和最少(不包括商品批发价)?

(2)某企业生产产品 x 件时，总成本函数为 $C(x)=ax^2+bx+c$，总收益函数为 $R(x)=\alpha x^2+\beta x\ (a,b,c,\alpha,\beta>0,a>\alpha)$，当企业按最大利润投产时，对每件产品征收税额为多少时才能使总税额最大?

数学家简介——布鲁克·泰勒

布鲁克·泰勒(Brook Taylor)，英国数学家，1685 年 8 月 18 日生于英格兰德尔塞克斯郡的埃德蒙顿市；1731 年 12 月 29 日卒于伦敦.

泰勒

泰勒出身于英格兰一个富有且有贵族血统的家庭，父亲约翰来自肯特郡的比夫隆家庭，泰勒是长子. 进大学之前，泰勒一直在家里读书. 泰勒全家尤其是他的父亲，都喜欢音乐和艺术，经常在家里招待艺术家. 这对泰勒一生的工作产生了极大的影响，这从他的两个主要科学研究课题：弦振动问题及透视画法，就可以看出来.

1701 年，泰勒进入剑桥大学的圣约翰学院学习.

1709年,他获得法学学士学位.1714年获法学博士学位.1712年,他被选为英国皇家学会会员,同年进入仲裁牛顿和莱布尼兹发明微积分优先权争论的委员会.从1714年起担任皇家学会第一秘书,1718年以健康为由辞去这一职务.

泰勒后期的家庭生活是不幸的.1721年,因和一位据说是出身名门但没有财产的女人结婚,遭到父亲的严厉反对,只好离开家庭.两年后,妻子在生产中死去,才又回到家里,1725年,在征得父亲同意后,他第二次结婚,并于1729年继承了父亲在肯特郡的财产.1730年,第二个妻子也在生产中死去,不过这一次留下了一个女儿.妻子的死深深地刺激了他,第二年他也去了,安葬在伦敦圣·安教堂墓地.

由于工作及健康上的原因,泰勒曾几次访问法国并和法国数学家蒙莫尔多次通信讨论级数问题和概率论的问题.1708年,23岁的泰勒得到了"振动中心问题"的解,引起了人们的注意,在这个工作中他用了牛顿的"瞬"的记号.从1714年到1719年,是泰勒在数学上盛产的时期.他的两本著作:《正和反的增量法》及《直线透视》都出版于1715年,它们的第二版分别出版于1717和1719年.从1712到1724年,他在《哲学会报》上共发表了13篇文章,其中有些是通信和评论.文章中还包含毛细管现象、磁学及温度计的实验记录.

在生命的后期,泰勒转向宗教和哲学的写作,他的第三本著作《哲学的沉思》在他死后由外孙W·杨于1793年出版.

泰勒以微积分学中将函数展开成无穷级数的定理著称于世.这条定理大致可以叙述为:函数在一个点的邻域内的值可以用函数在该点的值及各阶导数值组成的无穷级数表示出来.然而,在半个世纪里,数学家并没有认识到泰勒定理的重大价值.这一重大价值是后来由拉格朗日发现的,他把这一定理刻画为微积分的基本定理.泰勒定理的严格证明是在定理诞生一个世纪之后,由柯西给出的.

第 4 章

不定积分

在第 2 章中，我们讨论了求一个已知显函数的导数或微分，本章我们将讨论其反问题：已知一个显函数的导数或微分，求该函数的解析式及其相关运算. 这是积分学的基本运算之一. 积分学主要包括两个重要组成部分：不定积分和定积分，而不定积分为定积分的计算提供了寻求原函数的途径. 本章主要介绍不定积分的概念、性质和基本的积分方法.

4.1 不定积分的概念与性质

4.1.1 原函数与不定积分的概念

在微分学中，我们讨论了根据总成本函数来研究每增加一个单位产品后，总成本增加的数量问题，即边际成本问题. 例如，已知生产某产品的总成本函数为 $C(x)$，则边际成本即为总成本函数的导数 $C'(x)$.

实际上，在经济学中，常常遇到相反的问题，即已知生产某产品的边际成本函数 $f(x)$，求出生产 x 个产品的总成本函数 $C(x)$. 显然在这个问题中隐含着如下的条件：所求的函数 $C(x)$ 应该满足

$$C'(x)=f(x).$$

上述的反问题在经济学的其他问题中普遍存在，即已知一个函数的导数或微分，去寻求原来的函数. 为了便于研究，我们引入以下概念.

1. 原函数

定义 4.1.1 如果在区间 I 上，可导函数 $F(x)$ 的导数为 $f(x)$，即对于 $\forall x\in I$，恒有

$$F'(x)=f(x) \text{ 或 } \mathrm{d}F(x)=f(x)\mathrm{d}x,$$

那么函数 $F(x)$ 就称为 $f(x)$ 在区间 I 上的一个**原函数**.

例如：$(\sin x)'=\cos x$，所以 $\sin x$ 是 $\cos x$ 在 $(-\infty,+\infty)$ 上的一个原函数.

$(\arcsin x)'=\dfrac{1}{\sqrt{1-x^2}}$，所以 $\arcsin x$ 是 $\dfrac{1}{\sqrt{1-x^2}}$ 在 $(-1,1)$ 上的一个原函数.

一个函数具备什么样的条件，就一定存在原函数呢？下面我们给出一个充分条件，即**原函数存在性**定理.

定理 4.1.1 如果函数 $f(x)$ 在区间 I 上连续，那么在区间 I 上一定存在可导函数 $F(x)$，使对任一 $x\in I$ 都有

$$F'(x) = f(x),$$

或

$$\mathrm{d}F(x) = f(x)\mathrm{d}x.$$

简言之,连续函数一定有原函数.由于初等函数在其定义区间上都是连续函数,所以初等函数在其定义区间上都有原函数.

关于原函数,不难得到下面的结论:

若 $F'(x) = f(x)$,则对于任意常数 C,$F(x)+C$ 都是 $f(x)$ 的原函数.

定理 4.1.2 若 $F(x)$ 和 $G(x)$ 都是 $f(x)$ 的原函数,则 $F(x)-G(x)=C$(C 为任意常数).

定理 4.1.2 表明,一个函数的任意两个原函数只差一个常数.

若 $F'(x) = f(x)$,则 $F(x)+C$(C 为任意常数)表示 $f(x)$ 的所有原函数.我们称集合 $\{F(x)+C \mid -\infty < C < +\infty\}$ 为 $f(x)$ 的**原函数族**.由此,我们引入下面的定义.

2. 不定积分

定义 4.1.2 在区间 I 上,函数 $f(x)$ 的所有原函数的全体,称为 $f(x)$ 在区间 I 上的**不定积分**,记为

$$\int f(x)\mathrm{d}x,$$

其中 $\int$ 称为**积分号**,$f(x)$ 称为**被积函数**,$f(x)\mathrm{d}x$ 称为**被积表达式**,x 称为**积分变量**.

由此定义及前面的结论可知,若 $F(x)$ 是 $f(x)$ 在区间 I 上的一个原函数,则 $f(x)$ 的不定积分的结果可表示为

$$\int f(x)\mathrm{d}x = F(x) + C.$$

注意:(1)不定积分和原函数是两个不同的概念,前者是个集合,后者是该集合中的一个元素.

(2)求不定积分,只需求出它的一个原函数,再加上一个任意常数 C.

例 4.1.1 计算不定积分 $\int 3x^2\,\mathrm{d}x$.

解 因为 $(x^3)' = 3x^2$,所以 $\int 3x^2\,\mathrm{d}x = x^3 + C$.

例 4.1.2 计算不定积分 $\int \sec^2 x\mathrm{d}x$.

解 因为 $(\tan x)' = \sec^2 x$,所以 $\int \sec^2 x\mathrm{d}x = \tan x + C$.

例 4.1.3 计算不定积分 $\int \frac{1}{x}\mathrm{d}x$.

解 由于 $x > 0$ 时,$(\ln x)' = \frac{1}{x}$,所以 $\ln x$ 是 $\frac{1}{x}$ 在 $(0,+\infty)$ 上的一个原

函数,因此在区间 $(0,+\infty)$ 内,

$$\int \frac{1}{x}\mathrm{d}x = \ln x + C.$$

又当 $x<0$ 时,$[\ln(-x)]' = \frac{1}{x}$,所以 $\ln(-x)$ 是 $\frac{1}{x}$ 在 $(-\infty,0)$ 上的一个原函数,因此在区间 $(-\infty,0)$ 内,

$$\int \frac{1}{x}\mathrm{d}x = \ln(-x) + C.$$

综上所述,有 $\int \frac{1}{x}\mathrm{d}x = \ln|x| + C \ (x \neq 0)$.

4.1.2 不定积分的几何意义

由于 $\int f(x)\mathrm{d}x = F(x) + C$,对于给定的常数 C,都有一个与 $f(x)$ 相应的原函数,在几何上对应一条曲线,我们称它为 $f(x)$ 的一条**积分曲线**. 又因为 C 可以取任意值,所以 $F(x)+C$ 对应于一族曲线,称之为 $f(x)$ 的**积分曲线族**. 显然,积分曲线族中的任何一条曲线,在横坐标同为 x_0 的点处的切线斜率都为 $f(x_0)$. 换言之,积分曲线族在同一横坐标 $x=x_0$ 处的切线互相平行(图 4.1).

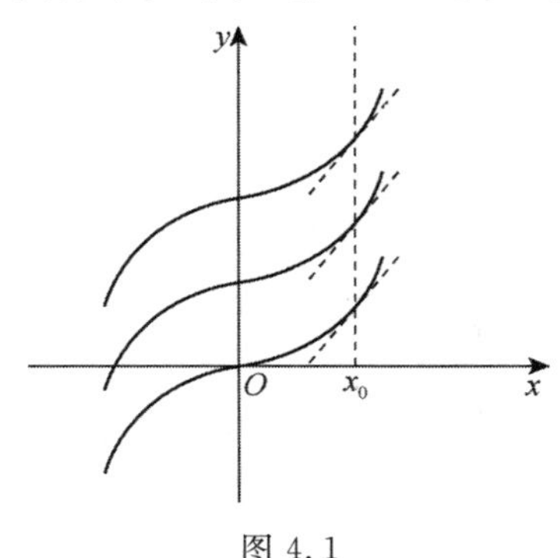

图 4.1

例 4.1.4 设曲线通过点 $(1,2)$,且其上任一点处的切线斜率等于这点横坐标的两倍,求此曲线方程.

解 设曲线方程 $y=f(x)$,曲线上任一点处切线的斜率 $\frac{\mathrm{d}y}{\mathrm{d}x} = 2x$,即 $f(x)$ 是 $2x$ 的一个原函数. 因为 $f(x) = \int 2x\mathrm{d}x = x^2 + C$,又曲线过 $(1,2)$,所以 $2 = 1 + C$,$C = 1$. 于是曲线方程为 $y = x^2 + 1$.

4.1.3 不定积分的性质

根据不定积分的定义,可以推得它有如下性质.

性质 4.1.1 积分运算与微分运算互为逆运算,即

(1) $\left[\int f(x)\mathrm{d}x\right]' = f(x)$ 或 $\mathrm{d}\left[\int f(x)\mathrm{d}x\right] = f(x)\mathrm{d}x$.

(2) $\int F'(x)\mathrm{d}x = F(x) + C$ 或 $\int \mathrm{d}F(x) = F(x) + C$.

性质 4.1.2 设函数 $f(x)$ 和 $g(x)$ 的原函数皆存在,则

$$\int [f(x) + g(x)]\mathrm{d}x = \int f(x)\mathrm{d}x + \int g(x)\mathrm{d}x .$$

易得性质 4.1.2 对于有限个函数都成立.

性质 4.1.3 设函数 $f(x)$ 的原函数存在,k 为非零的常数,则

$$\int kf(x)\mathrm{d}x = k\int f(x)\mathrm{d}x .$$

4.1.4 基本积分公式

我们把求不定积分的运算称之为**积分运算**.既然积分运算与微分运算是互逆的,那么很自然地从导数公式可以得到相应的积分公式.

例如:因为 $\left(\dfrac{x^{\mu+1}}{\mu+1}\right)' = x^{\mu}$,所以 $\int x^{\mu}\mathrm{d}x = \dfrac{x^{\mu+1}}{\mu+1} + C\ (\mu \neq -1)$.

类似可以得到其他积分公式,我们把下面这些积分公式称为**基本积分公式**.

(1) $\int k\mathrm{d}x = kx + C$ (k 是常数);

(2) $\int x^{\mu}\mathrm{d}x = \dfrac{x^{\mu+1}}{\mu+1} + C\ (\mu \neq -1)$;

(3) $\int \dfrac{1}{x}\mathrm{d}x = \ln|x| + C$;

(4) $\int a^{x}\mathrm{d}x = \dfrac{a^{x}}{\ln a} + C$;

(5) $\int \mathrm{e}^{x}\mathrm{d}x = \mathrm{e}^{x} + C$;

(6) $\int \sin x\mathrm{d}x = -\cos x + C$;

(7) $\int \cos x\mathrm{d}x = \sin x + C$;

(8) $\int \dfrac{1}{\cos^{2}x}\mathrm{d}x = \int \sec^{2}x\mathrm{d}x = \tan x + C$;

(9) $\int \dfrac{1}{\sin^{2}x}\mathrm{d}x = \int \csc^{2}x\mathrm{d}x = -\cot x + C$;

(10) $\int \sec x\tan x\mathrm{d}x = \sec x + C$;

(11) $\int \csc x\cot x\mathrm{d}x = -\csc x + C$;

(12) $\int \frac{1}{\sqrt{1-x^2}}\,dx = \arcsin x + C, \int \left(-\frac{1}{\sqrt{1-x^2}}\right)dx = \arccos x + C$;

(13) $\int \frac{1}{1+x^2}dx = \arctan x + C, \int \left(-\frac{1}{1+x^2}\right)dx = \mathrm{arccot}\,x + C$.

例 4.1.5 计算不定积分 $\int x\sqrt{x}\,dx$.

解 $\int x\sqrt{x}\,dx = \int x^{\frac{3}{2}}\,dx = \frac{x^{\frac{3}{2}+1}}{\frac{3}{2}+1} + C = \frac{2}{5}x^{\frac{5}{2}} + C$.

例 4.1.6 计算不定积分 $\int \left(\frac{3}{1+x^2} - \frac{2}{\sqrt{1-x^2}}\right)dx$.

解
$$\begin{aligned}\int \left(\frac{3}{1+x^2} - \frac{2}{\sqrt{1-x^2}}\right)dx &= 3\int \frac{1}{1+x^2}dx - 2\int \frac{1}{\sqrt{1-x^2}}\,dx \\ &= 3\arctan x - 2\arcsin x + C.\end{aligned}$$

例 4.1.7 计算不定积分 $\int \frac{1+x+x^2}{x(1+x^2)}\,dx$.

解
$$\begin{aligned}\int \frac{1+x+x^2}{x(1+x^2)}\,dx &= \int \frac{(1+x^2)+x}{x(1+x^2)}dx = \int \left(\frac{1}{x} + \frac{1}{1+x^2}\right)dx \\ &= \ln|x| + \arctan x + C.\end{aligned}$$

例 4.1.8 计算不定积分 $\int \frac{x^4}{1+x^2}dx$.

解
$$\begin{aligned}\int \frac{x^4}{1+x^2}dx &= \int \frac{1+x^4-1}{1+x^2}dx = \int \left(x^2 - 1 + \frac{1}{1+x^2}\right)dx \\ &= \frac{x^3}{3} - x + \arctan x + C.\end{aligned}$$

注意:例 4.1.7、例 4.1.8 通过恒等变形将被积函数拆项,再逐项积分.

例 4.1.9 计算不定积分 $\int 2^x e^x\,dx$.

解 $\int 2^x e^x\,dx = \int (2e)^x\,dx = \frac{1}{\ln 2e}(2e)^x + C$.

例 4.1.10 计算不定积分 $\int \frac{1}{1-\cos 2x}dx$.

解 $\int \frac{1}{1-\cos 2x}dx = \frac{1}{2}\int \frac{1}{\sin^2 x}dx = -\frac{1}{2}\cot x + C$.

例 4.1.11 计算不定积分 $\int \tan^2 x\,dx$.

解 $\int \tan^2 x\,dx = \int (\sec^2 x - 1)\,dx = \tan x - x + C$.

例 4.1.12 计算不定积分 $\int \cos^2 \frac{x}{2}dx$.

解 $\int \cos^2 \frac{x}{2}\mathrm{d}x = \int \frac{1+\cos x}{2}\mathrm{d}x = \frac{1}{2}(x+\sin x)+C.$

注意:积分运算的结果是否正确,可以通过它的逆运算(求导)来检验,如果它的导数等于被积函数,那么积分结果是正确的,否则是错误的.

习题 4.1

1. 计算不定积分.

(1) $\int \frac{1}{x^4}\mathrm{d}x$; (2) $\int \frac{\mathrm{d}h}{\sqrt{2gh}}$;

(3) $\int (ax-b)^2\mathrm{d}x$; (4) $\int (\sqrt{x}+\sqrt[3]{x})^2\mathrm{d}x$;

(5) $\int \frac{x^2+x\sqrt{x}+3}{\sqrt[3]{x}}\mathrm{d}x$; (6) $\int \frac{\sqrt{x}-x^3\mathrm{e}^x+x^2}{x^3}\mathrm{d}x$;

(7) $\int \left(2\mathrm{e}^x-\frac{3}{x}\right)\mathrm{d}x$; (8) $\int \frac{x^2}{1+x^2}\mathrm{d}x$;

(9) $\int \frac{x^4+x^2+3}{x^2+1}\mathrm{d}x$; (10) $\int \frac{\mathrm{d}x}{x^2(x^2+1)}$;

(11) $\int 3^x a^x\mathrm{d}x$; (12) $\int \frac{2\cdot 3^x-5\cdot 2^x}{3^x}\mathrm{d}x$;

(13) $\int \left(\sin\frac{x}{2}+\cos\frac{x}{2}\right)^2\mathrm{d}x$; (14) $\int \sin^2\frac{x}{2}\mathrm{d}x$;

(15) $\int \cot^2 x\mathrm{d}x$; (16) $\int \frac{1+\cos^2 x}{1+\cos 2x}\mathrm{d}x$;

(17) $\int \sec x(\sec x+\tan x)\mathrm{d}x$; (18) $\int (\tan x+\cot x)^2\mathrm{d}x$;

(19) $\int \frac{\cos 2x\mathrm{d}x}{\cos x-\sin x}$; (20) $\int \frac{\sqrt{1+x^2}}{\sqrt{1-x^4}}\mathrm{d}x$.

2. 已知某产品的成本边际是时间 t 的函数:$f(t)=at+b$(a,b 为常数).设此产品的产量函数为 $p(t)$,且 $p(0)=0$,求 $p(t)$.

4.2 换元积分法

利用基本积分公式与积分的运算性质,所能计算的不定积分是非常有限的,例如:$\int \tan x\mathrm{d}x$,$\int \sqrt{a^2-x^2}\mathrm{d}x$ 等就不能利用基本公式直接算出.因此,有必要进一步探讨不定积分的求法.本节将由复合函数的求导法推导出求不定积分的换元积分法.换元积分法通常分为两类:第一类是把积分变量 x 作为自变量,引入中间变量 $u=\varphi(x)$;第二类是把积分变量 x 作为中间变量,引入自变量 t,作变换 $x=\varphi(t)$,从而将复杂的被积函数化为较简单的类型.下面先讨论第一类换元积分法.

4.2.1 第一类换元积分法

定理 4.2.1 设 $f(u)$ 具有原函数，$u=\varphi(x)$ 可导，则有换元公式

$$\int f[\varphi(x)]\varphi'(x)\mathrm{d}x=\left[\int f(u)\mathrm{d}u\right]_{u=\varphi(x)}. \tag{4.2.1}$$

证明 不妨设 $F(u)$ 为 $f(u)$ 的一个原函数，则 $\left[\int f(u)\mathrm{d}u\right]_{u=\varphi(x)}=F[\varphi(x)]+C$. 由不定积分的定义，只需证明 $(F[\varphi(x)])'=f[\varphi(x)]\varphi'(x)$，利用复合函数的求导法则显然成立.

由此可见，虽然不定积分 $\int f[\varphi(x)]\varphi'(x)\mathrm{d}x$ 是一个整体的记号，但从形式上看，被积表达式中的 $\mathrm{d}x$ 也可以当作自变量 x 的微分对待，则微分等式 $\varphi'(x)\mathrm{d}x=\mathrm{d}u$ 可以方便地应用到被积表达式中.

如何应用第一类换元积分公式来求不定积分呢？如要求不定积分 $\int g(x)\mathrm{d}x$，可按照以下步骤进行：

(1)在保证恒等的条件下，把 $g(x)\mathrm{d}x$ 改写成 $f[\varphi(x)]\mathrm{d}\varphi(x)$，即通过凑微分凑出中间变量；

(2)作变量替换 $u=\varphi(x)$，积分化简为 $\int f(u)\mathrm{d}u$，计算 $f(u)$ 的一个原函数 $F(u)$—利用基本积分公式；

(3)将变量 u 还原为 x 的函数.

显然最重要的是第一步——凑微分，所以通常第一类换元积分法也称为**凑微分法**.

例 4.2.1 计算不定积分 $\int 3\mathrm{e}^{3x}\mathrm{d}x$.

解 被积函数为两个函数 3 和 e^{3x} 相乘，其中函数 e^{3x} 是复合函数：$\mathrm{e}^{3x}=\mathrm{e}^{u}$，$u=3x$，而常数因式恰好是内层函数，即中间变量 u 的导数，因此根据式(4.2.1)，做变换 $u=3x$，从而有

$$\int 3\mathrm{e}^{3x}\mathrm{d}x=\int \mathrm{e}^{3x}\cdot 3\mathrm{d}x=\int \mathrm{e}^{3x}\cdot(3x)'\mathrm{d}x=\int \mathrm{e}^{u}\,\mathrm{d}u=\mathrm{e}^{u}+C.$$

最后，将变量 $u=3x$ 代入，即得

$$\int 3\mathrm{e}^{3x}\mathrm{d}x=\mathrm{e}^{3x}+C.$$

例 4.2.2 计算不定积分 $\int(4x+5)^{99}\mathrm{d}x$.

解 被积函数 $(4x+5)^{99}$ 是复合函数：$(4x+5)^{99}=u^{99}$，$u=4x+5$，显然这里缺少了中间变量 u 的导数 4，所以可以通过改变系数凑出这个因子：

$$(4x+5)'=4,$$

因此就有

$$\int (4x+5)^{99}\mathrm{d}x = \int \frac{1}{4}(4x+5)^{99}\mathrm{d}(4x+5) = \int \frac{1}{4}u^{99}\mathrm{d}u$$

$$= \frac{1}{4}\cdot\frac{u^{100}}{100}+C = \frac{(4x+5)^{100}}{400}+C.$$

例 4.2.3 计算不定积分$\int \frac{x}{x^2+a^2}\mathrm{d}x$.

解 令$u=x^2+a^2$,则$\mathrm{d}u=2x\mathrm{d}x$,从而有

$$\int \frac{x}{x^2+a^2}\mathrm{d}x = \frac{1}{2}\int \frac{1}{u}\mathrm{d}u = \frac{1}{2}\ln|u|+C = \frac{1}{2}\ln(x^2+a^2)+C.$$

例 4.2.4 计算不定积分$\int x\sqrt{1-x^2}\mathrm{d}x$.

解 令$u=1-x^2$,则$\mathrm{d}u=-2x\mathrm{d}x$,即$-\frac{1}{2}\mathrm{d}u=x\mathrm{d}x$,所以有

$$\int x\sqrt{1-x^2}\mathrm{d}x = \int u^{\frac{1}{2}}\cdot\left(-\frac{1}{2}\right)\mathrm{d}u = -\frac{1}{2}\cdot\frac{u^{\frac{3}{2}}}{1+\frac{1}{2}}+C$$

$$= -\frac{1}{3}u^{\frac{3}{2}}+C = -\frac{1}{3}(1-x^2)^{\frac{3}{2}}+C.$$

根据以上四个例题,总结如下:如果被积表达式中出现$f(ax+b)\mathrm{d}x(a\neq 0)$,$f(x^m)\cdot x^{m-1}\mathrm{d}x$,通常作如下相应的变换:$u=ax+b$,$u=x^m$,把它们分别化为

$$f(ax+b)\mathrm{d}x = \frac{1}{a}f(ax+b)\mathrm{d}(ax+b),$$

$$f(x^m)\cdot x^{m-1}\mathrm{d}x = \frac{1}{m}f(x^m)\mathrm{d}(x^m).$$

例 4.2.5 计算不定积分$\int \frac{1}{x\ln x}\mathrm{d}x$.

解 因为$\frac{1}{x}\mathrm{d}x=\mathrm{d}\ln x(x>0)$,所以

$$\int \frac{1}{x\ln x}\mathrm{d}x = \int \frac{1}{\ln x}\mathrm{d}\ln x = \ln|\ln x|+C.$$

例 4.2.6 计算不定积分$\int \frac{2^{\arctan x}}{1+x^2}\mathrm{d}x$.

解 因为$\frac{1}{1+x^2}\mathrm{d}x=\mathrm{d}\arctan x$,所以

$$\int \frac{2^{\arctan x}}{1+x^2}\mathrm{d}x = \int 2^{\arctan x}\mathrm{d}\arctan x = \frac{2^{\arctan x}}{\ln 2}+C.$$

例 4.2.7 计算不定积分$\int \frac{\sin\sqrt{x}}{2\sqrt{x}}\mathrm{d}x$.

解 因为 $\frac{1}{2\sqrt{x}}\mathrm{d}x = \mathrm{d}\sqrt{x}$，所以

$$\int \frac{\sin\sqrt{x}}{2\sqrt{x}}\mathrm{d}x = \int \sin\sqrt{x}\,\mathrm{d}\sqrt{x} = -\cos\sqrt{x} + C.$$

在例 4.2.5 至例 4.2.7 中，没有引入中间变量，而是直接凑微分，凑出被积函数中复合函数的内层函数 $\varphi(x)$，然后直接积分，这样可以简化积分过程. 所以熟记常用的微分公式是十分必要的. 我们根据基本微分公式推导出常用的凑微分公式（下列公式中的 a,b 均为常数，且 $a \neq 0$）：

(1) $\frac{1}{\sqrt{x}}\mathrm{d}x = \frac{2}{a}\mathrm{d}(a\sqrt{x} + b)$；

(2) $\frac{1}{x^2}\mathrm{d}x = -\frac{1}{a}\mathrm{d}\left(\frac{a}{x} + b\right)$；

(3) $\frac{1}{x}\mathrm{d}x = \mathrm{d}(\ln|x| + b)$；

(4) $\mathrm{e}^x\mathrm{d}x = \mathrm{d}(\mathrm{e}^x + b)$；

(5) $\cos x\mathrm{d}x = \frac{1}{a}\mathrm{d}(a\sin x + b)$；

(6) $\sin x\mathrm{d}x = -\frac{1}{a}\mathrm{d}(a\cos x + b)$；

(7) $\frac{1}{\cos^2 x}\mathrm{d}x = \sec^2 x\mathrm{d}x = \mathrm{d}\tan x$；

(8) $\frac{1}{\sin^2 x}\mathrm{d}x = \csc^2 x\mathrm{d}x = -\mathrm{d}\cot x$；

(9) $\frac{1}{\sqrt{1-x^2}}\mathrm{d}x = \mathrm{d}(\arcsin x) = -\mathrm{d}(\arccos x)$；

(10) $\frac{1}{1+x^2}\mathrm{d}x = \mathrm{d}(\arctan x) = -\mathrm{d}(\mathrm{arccot} x)$.

在积分的运算中，被积函数有时还需要作适当的代数式或三角函数式的恒等变形后，再用凑微分法求不定积分.

例 4.2.8 计算不定积分 $\int \frac{1}{a^2 + x^2}\mathrm{d}x$.

解 将函数变形 $\frac{1}{a^2 + x^2} = \frac{1}{a^2} \cdot \frac{1}{1 + \left(\frac{x}{a}\right)^2}$，由 $\mathrm{d}x = a\mathrm{d}\frac{x}{a}$，所以得到

$$\int \frac{1}{a^2 + x^2}\mathrm{d}x = \frac{1}{a}\int \frac{1}{1 + \left(\frac{x}{a}\right)^2}\mathrm{d}\frac{x}{a} = \frac{1}{a}\arctan\frac{x}{a} + C.$$

例 4.2.9 计算不定积分 $\int \frac{1}{\sqrt{a^2 - x^2}}\mathrm{d}x\ (a > 0)$.

解 $\int \frac{1}{\sqrt{a^2-x^2}}dx = \frac{1}{a}\int \frac{1}{\sqrt{1-\left(\frac{x}{a}\right)^2}}dx = \int \frac{1}{\sqrt{1-\left(\frac{x}{a}\right)^2}}d\left(\frac{x}{a}\right)$

$$= \arcsin\frac{x}{a} + C.$$

例 4.2.10 计算不定积分 $\int \frac{1}{x^2-a^2}dx$.

解 因为

$$\frac{1}{x^2-a^2} = \frac{1}{(x-a)(x+a)} = \frac{1}{2a}\left(\frac{1}{x-a} - \frac{1}{x+a}\right),$$

所以

$$\begin{aligned}\int \frac{1}{x^2-a^2}dx &= \frac{1}{2a}\int \left(\frac{1}{x-a} - \frac{1}{x+a}\right)dx = \frac{1}{2a}\left(\int \frac{1}{x-a}dx - \int \frac{1}{x+a}dx\right) \\ &= \frac{1}{2a}\left[\int \frac{1}{x-a}d(x-a) - \int \frac{1}{x+a}d(x+a)\right] \\ &= \frac{1}{2a}(\ln|x-a| - \ln|x+a|) + C = \frac{1}{2a}\ln\left|\frac{x-a}{x+a}\right| + C\end{aligned}$$

例 4.2.11 计算不定积分 $\int \tan x dx$.

解 $\int \tan x dx = \int \frac{\sin x dx}{\cos x} = -\int \frac{d\cos x}{\cos x} = -\ln|\cos x| + C.$

同理,我们可以推得 $\int \cot x dx = \ln|\sin x| + C.$

例 4.2.12 计算不定积分 $\int \sin^3 x dx$.

解 $\int \sin^3 x dx = \int \sin^2 x \sin x dx = -\int \sin^2 x d\cos x = -\int (1-\cos^2 x)d\cos x$

$$= -\cos x + \frac{1}{3}\cos^3 x + C.$$

例 4.2.13 计算不定积分 $\int \sin^2 x\cos^3 x dx$.

解 $\int \sin^2 x\cos^3 x dx = \int \sin^2 x\cos^2 x\cos x dx = \int \sin^2 x\cos^2 x d\sin x$

$$\begin{aligned}&= \int \sin^2 x(1-\sin^2 x)d\sin x = \int (\sin^2 x - \sin^4 x)d\sin x \\ &= \frac{1}{3}\sin^3 x - \frac{1}{5}\sin^5 x + C.\end{aligned}$$

例 4.2.14 计算不定积分 $\int \sin^2 x\, dx$.

解 $\int \sin^2 x dx = \int \frac{1-\cos 2x}{2}dx = \frac{1}{2}x - \frac{1}{4}\sin 2x + C$.

例 4.2.15 计算不定积分 $\int \sec x \, dx$.

解 $\int \sec x \, dx = \int \frac{1}{\cos x} dx = \int \cos^{-1} x \, dx = \int \cos^{-2} x \, d\sin x = \int \frac{1}{1-\sin^2 x} d\sin x$

$$= \frac{1}{2}\ln\left|\frac{\sin x + 1}{\sin x - 1}\right| + C = \ln|\sec x + \tan x| + C.$$

同理,我们可以推得 $\int \csc x \, dx = \ln|\csc x - \cot x| + C$.

事实上,例 4.2.11～例 4.2.15 都是形如 $\int \sin^m x \cos^n x \, dx$ 的积分,通过以上运算过程,我们可以总结如下:如果 m,n 中至少有一个是奇数,不妨设 n 为奇数,从幂次是奇数 n 的项中取出一项与 dx 进行凑微分,即凑成 $d\sin x$,那么被积函数的其他函数一定能够化简成关于 $\sin x$ 的多项式函数,从而可以顺利地计算出不定积分;如果 m,n 均为偶数,则利用倍角(半角)公式降次,直至将三角函数降为一次幂,再进行逐项积分.

对于被积函数是一个有理函数[形如 $\frac{P(x)}{Q(x)}$ 的函数称为**有理函数**, $P(x)$, $Q(x)$ 均为多项式函数],通过代数式的恒等变形,将被积函数分拆成更简单的部分分式的形式,然后采用凑微分法逐项积分. 下面我们再举一个被积函数为有理函数的例子.

例 4.2.16 计算不定积分 $\int \frac{x+3}{x^2-5x+6} dx$.

解 先将有理真函数的分母 x^2-5x+6 因式分解,得 $x^2-5x+6=(x-2)(x-3)$. 下面利用待定系数法将被积函数进行分拆.

令 $$\frac{x+3}{x^2-5x+6} = \frac{A}{x-2} + \frac{B}{x-3} = \frac{A(x-3)+B(x-2)}{(x-2)(x-3)},$$

从而 $$x+3 = A(x-3)+B(x-2),$$

分别将 $x=3, x=2$ 代入 $x+3=A(x-3)+B(x-2)$ 中,易得 $\begin{cases} A=-5, \\ B=6. \end{cases}$

故原式 $= \int \left(\frac{-5}{x-2} + \frac{6}{x-3}\right) dx = -5\ln|x-2| + 6\ln|x-3| + C$.

4.2.2 第二类换元积分法

定理 4.2.2 设 $x=\varphi(t)$ 是单调、可导的函数,并且 $\varphi'(t) \neq 0$, 又设 $f[\varphi(t)]\varphi'(t)$ 具有原函数,则有换元公式

$$\int f(x) dx = \left[\int f[\varphi(t)]\varphi'(t) dt\right]_{t=\varphi^{-1}(x)},$$

其中 $\varphi^{-1}(x)$ 是 $x=\varphi(t)$ 的反函数.

证明 设 $f[\varphi(t)]\varphi'(t)$ 的原函数为 $\omega(t)$. 记 $\omega[\varphi^{-1}(x)] = F(x)$, 利用复

合函数及反函数求导法则,得到

$$F'(x)=\frac{\mathrm{d}\omega}{\mathrm{d}t}\cdot\frac{\mathrm{d}t}{\mathrm{d}x}=f[\varphi(t)]\varphi'(t)\cdot\frac{1}{\varphi'(t)}=f[\varphi(t)]=f(x),$$

则 $F(x)$ 是 $f(x)$ 的原函数. 所以有

$$\int f(x)\mathrm{d}x=F(x)+C=\omega[\varphi^{-1}(x)]+C=\left[\int f[\varphi(t)]\varphi'(t)\mathrm{d}t\right]_{t=\varphi^{-1}(x)}.$$

利用第二类换元法进行积分,重要的是找到恰当的函数 $x=\varphi(t)$ 代入到被积函数中,将被积函数化简成较容易的积分,并且在求出原函数后将 $t=\varphi^{-1}(x)$ 还原. 常用的换元法主要有三角函数代换法、倒代换法和简单无理函数代换法. 下面我们逐一介绍.

1. 三角函数代换法

例 4.2.17 计算不定积分 $\int\sqrt{a^2-x^2}\,\mathrm{d}x\ (a>0)$.

解 设 $x=a\sin t,t\in\left[-\frac{\pi}{2},\frac{\pi}{2}\right]$, $\sqrt{a^2-x^2}=a\cos t$, $\mathrm{d}x=a\cos t\mathrm{d}t$, 则

$$\int\sqrt{a^2-x^2}\,\mathrm{d}x=\int a\cos t\cdot a\cos t\mathrm{d}t=a^2\int\cos^2 t\mathrm{d}t=\frac{a^2}{2}t+\frac{a^2}{2}\sin t\cos t+C.$$

因为 $x=a\sin t,t\in\left[-\frac{\pi}{2},\frac{\pi}{2}\right]$, 所以 $t=\arcsin\frac{x}{a}$, $\cos t=\sqrt{1-\left(\frac{x}{a}\right)^2}=\frac{\sqrt{a^2-x^2}}{a}$.

因此 $\int\sqrt{a^2-x^2}\,\mathrm{d}x=\frac{a^2}{2}\arcsin\frac{x}{a}+\frac{1}{2}x\sqrt{a^2-x^2}+C.$

注意:在将原函数中的 t 还原为 x 的函数时,利用 $\sin t=\frac{x}{a}$ 作辅助三角形(图 4.2),求得 $\cos t=\frac{\sqrt{a^2-x^2}}{a}$,然后代入到原函数中比较方便.

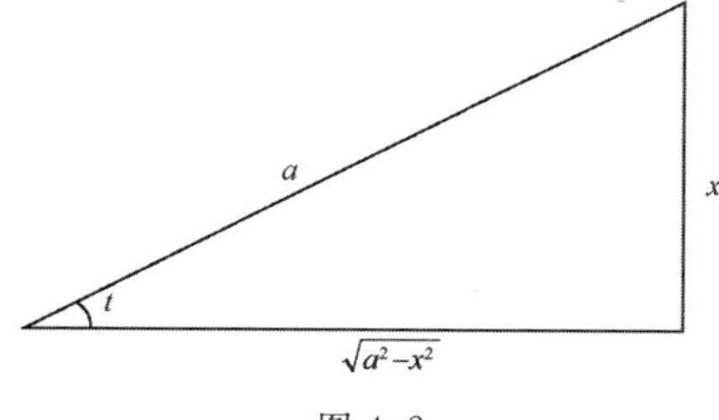

图 4.2

例 4.2.18 计算不定积分 $\int\frac{\mathrm{d}x}{\sqrt{x^2+a^2}}\ (a>0)$.

解 令 $x=a\tan t,t\in\left(-\frac{\pi}{2},\frac{\pi}{2}\right)$, $\mathrm{d}x=a\sec^2 t\mathrm{d}t$, 则

$$\int \frac{\mathrm{d}x}{\sqrt{x^2+a^2}} = \int \frac{1}{a}\cos t \cdot a\sec^2 t\mathrm{d}t = \int \sec t\mathrm{d}t = \ln|\sec t + \tan t| + C.$$

类似例 4.2.17,利用 $\tan t = \frac{x}{a}$ 作辅助三角形(图 4.3),得

$$\sec t = \frac{\sqrt{x^2+a^2}}{a}, t \in \left(-\frac{\pi}{2}, \frac{\pi}{2}\right).$$

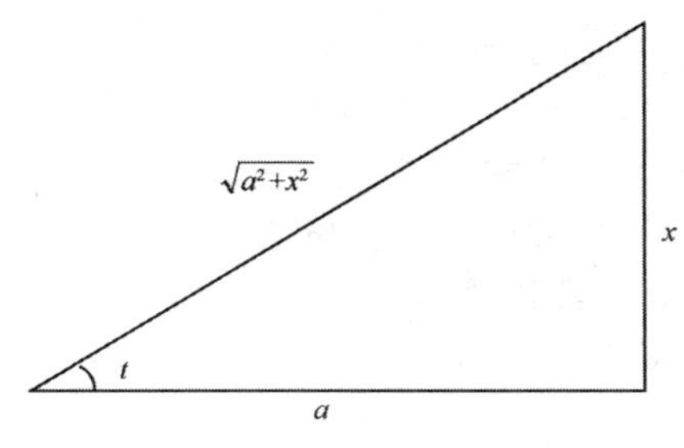

图 4.3

因此 $\int \frac{\mathrm{d}x}{\sqrt{x^2+a^2}} = \ln\left(\frac{x}{a} + \frac{\sqrt{x^2+a^2}}{a}\right) + C_1 = \ln(x + \sqrt{x^2+a^2}) + C$ $(C = C_1 - \ln a)$.

例 4.2.19 计算不定积分 $\int \frac{\mathrm{d}x}{\sqrt{x^2-a^2}}$ $(a > 0)$.

解 当 $x > a$ 时,令 $x = a\sec t, t \in \left(0, \frac{\pi}{2}\right)$, $\mathrm{d}x = a\sec t \cdot \tan t\mathrm{d}t$, 则

$$\int \frac{\mathrm{d}x}{\sqrt{x^2-a^2}} = \int \frac{1}{a} \cdot \cot t \cdot a\sec t \cdot \tan t\mathrm{d}t = \int \sec t\mathrm{d}t = \ln|\sec t + \tan t| + C_1.$$

利用 $\cos t = \frac{a}{x}$ 作辅助三角形(图 4.4),求得 $\tan t = \frac{\sqrt{x^2-a^2}}{a}$. 因此

$$\int \frac{\mathrm{d}x}{\sqrt{x^2-a^2}} = \ln\left|\frac{x}{a} + \frac{\sqrt{x^2-a^2}}{a}\right| + C_1 = \ln(x + \sqrt{x^2-a^2}) + C,$$

其中 $C = C_1 - \ln a$.

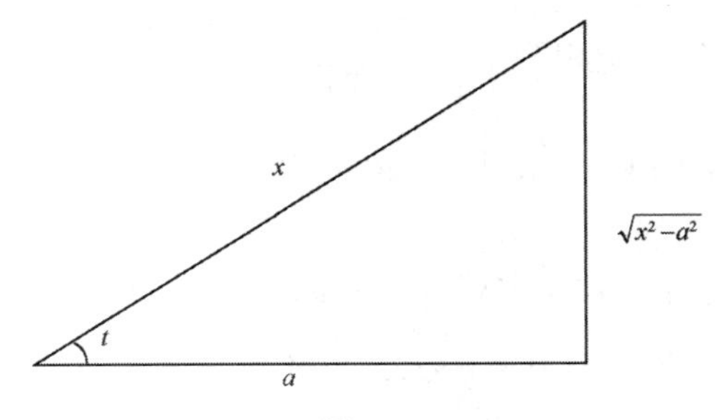

图 4.4

当 $x < -a$ 时,令 $x = -u$, 则 $u > a$, 由上面的结果,得

$$\int\frac{dx}{\sqrt{x^2-a^2}}=-\int\frac{du}{\sqrt{u^2-a^2}}=-\ln(u+\sqrt{u^2-a^2})+C_1$$
$$=-\ln(-x+\sqrt{x^2-a^2})+C_1$$
$$=\ln(-x-\sqrt{x^2-a^2})+C\ (C=C_1-2\ln a).$$

综上,

$$\int\frac{dx}{\sqrt{x^2-a^2}}=\ln\left|x+\sqrt{x^2-a^2}\right|+C.$$

注意:当被积函数含有形如 $\sqrt{a^2-x^2}$,$\sqrt{a^2+x^2}$,$\sqrt{x^2-a^2}$ 的二次根式时,可以作相应的换元:$x=a\sin t$,$x=a\tan t$,$x=\pm a\sec t$ 将根号化去.但是具体解题时,要根据被积函数的具体情况,选取尽可能简捷的代换,不能只局限于以上三种代换(如例 4.2.4).

2. 倒代换法

所谓**倒代换**,即设 $x=\frac{1}{t}$ 或 $t=\frac{1}{x}$. 通过倒代换,被积函数能被化简,从而进行积分.但有时,适得其反.这就需要我们在学习过程中总结一些经验.

例 4.2.20 计算不定积分 $\int\frac{dx}{x(x^6+1)}$.

解 设 $x=\frac{1}{t}$,$dx=-\frac{1}{t^2}dt$,则

$$\int\frac{dx}{x(x^6+1)}=\int\frac{-\frac{1}{t^2}dt}{\frac{1}{t}\cdot\left(\frac{1}{t^6}+1\right)}=-\int\frac{t^5}{1+t^6}dt=-\frac{1}{6}\int\frac{d(t^6+1)}{1+t^6}$$
$$=-\frac{1}{6}\ln|1+t^6|+C=-\frac{1}{6}\ln\left(1+\frac{1}{x^6}\right)+C.$$

注意:倒代换适合于"头轻脚重"式——分母中 x 的最高次幂减去分子中 x 的最高次幂大于 1.

3. 简单无理函数代换法

例 4.2.21 计算不定积分 $\int\frac{dx}{1+\sqrt{2x}}$.

解 令 $u=\sqrt{2x}$,$x=\frac{u^2}{2}$,$dx=u\,du$,则

$$\int\frac{dx}{1+\sqrt{2x}}=\int\frac{u\,du}{1+u}=\int\left(1-\frac{1}{1+u}\right)du=u-\ln|1+u|+C$$
$$=\sqrt{2x}-\ln(1+\sqrt{2x})+C.$$

例 4.2.22 计算不定积分 $\int\frac{dx}{(1+\sqrt[3]{x})\sqrt{x}}$.

解 被积函数中出现了两个不同的根式,这是积分的难点,为了同时消去

这两个根式,可以作如下代换:令 $t=\sqrt[6]{x}$,则 $x=t^6$,$\mathrm{d}x=6t^5\mathrm{d}t$,从而

$$\int\frac{\mathrm{d}x}{(1+\sqrt[3]{x})\sqrt{x}}=\int\frac{6t^5}{(1+t^2)t^3}\mathrm{d}t=6\int\frac{t^2}{1+t^2}\mathrm{d}t=6\int\left(1-\frac{1}{1+t^2}\right)\mathrm{d}t$$

$$=6(t-\arctan t)+C=6(\sqrt[6]{x}-\arctan\sqrt[6]{x})+C.$$

一般地,如果积分具有如下形式:

(1) $\int R(x,\sqrt[n]{ax+b})\mathrm{d}x$,则作变换 $t=\sqrt[n]{ax+b}$;

(2) $\int R(x,\sqrt[n]{ax+b},\sqrt[m]{ax+b})\mathrm{d}x$,则作变换 $t=\sqrt[p]{ax+b}$,其中 p 是 m,n 的最小公倍数.

运用这些变换就可以将被积函数中的根号去掉,同时将被积函数化为有理函数,从而降低了积分的难度.

本节例题中,有些积分经常遇到,通常也被当作基本积分公式使用,列出来如下:

(1) $\int\tan x\mathrm{d}x=-\ln|\cos x|+C$;

(2) $\int\cot x\mathrm{d}x=\ln|\sin x|+C$;

(3) $\int\sec x\mathrm{d}x=\ln|\sec x+\tan x|+C$;

(4) $\int\csc x\mathrm{d}x=\ln|\csc x-\cot x|+C$;

(5) $\int\frac{1}{a^2+x^2}\mathrm{d}x=\frac{1}{a}\arctan\frac{x}{a}+C$;

(6) $\int\frac{1}{x^2-a^2}\mathrm{d}x=\frac{1}{2a}\ln\left|\frac{x-a}{x+a}\right|+C$;

(7) $\int\frac{1}{\sqrt{a^2-x^2}}\mathrm{d}x=\arcsin\frac{x}{a}+C\ (a>0)$;

(8) $\int\frac{\mathrm{d}x}{\sqrt{x^2\pm a^2}}=\ln\left|x+\sqrt{x^2\pm a^2}\right|+C\ (a>0)$.

例 4.2.23 计算不定积分 $\int\frac{\mathrm{d}x}{x^2-4x+13}$.

解 $\int\frac{\mathrm{d}x}{x^2-4x+13}=\int\frac{\mathrm{d}(x-2)}{(x-2)^2+3^2}=\frac{1}{3}\arctan\frac{x-2}{3}+C$.

例 4.2.24 计算不定积分 $\int\frac{\mathrm{d}x}{\sqrt{x^2-2x-3}}$.

解 $\int\frac{\mathrm{d}x}{\sqrt{x^2-2x-3}}=\int\frac{\mathrm{d}(x-1)}{\sqrt{(x-1)^2-2^2}}=\ln\left|x-1+\sqrt{x^2-2x-3}\right|+C.$

习题 4.2

1. 利用第一类换元积分法计算不定积分.

(1) $\int (3x+2)^9 \mathrm{d}x$； (2) $\int \frac{\mathrm{d}x}{(1-6x)^2}$；

(3) $\int (a+bx)^k \mathrm{d}x\ (b \neq 0)$； (4) $\int \sin 3x \mathrm{d}x$；

(5) $\int \cos(\alpha-\beta x)\mathrm{d}x$； (6) $\int \tan 5x \mathrm{d}x$；

(7) $\int \mathrm{e}^{-3x}\mathrm{d}x$； (8) $\int 10^{2x}\mathrm{d}x$；

(9) $\int \frac{\mathrm{d}x}{\sin^2\left(2x+\frac{\pi}{4}\right)}$； (10) $\int \frac{\mathrm{d}x}{\sqrt{1-25x^2}}$；

(11) $\int \frac{\mathrm{d}x}{1+9x^2}$； (12) $\int \frac{(2x-3)\mathrm{d}x}{x^2-3x+8}$；

(13) $\int \frac{x^2\mathrm{d}x}{x^6+4}$； (14) $\int x\sqrt{1-x^2}\,\mathrm{d}x$；

(15) $\int \frac{x^3\mathrm{d}x}{\sqrt[3]{1+x^4}}$； (16) $\int \frac{x\mathrm{d}x}{(1+x^2)^3}$；

(17) $\int \mathrm{e}^x \sin \mathrm{e}^x\,\mathrm{d}x$； (18) $\int x\mathrm{e}^{x^2}\mathrm{d}x$；

(19) $\int \frac{\sqrt{\ln x}}{x}\mathrm{d}x$； (20) $\int \frac{\cot\theta}{\sqrt{\sin\theta}}\mathrm{d}\theta$；

(21) $\int \frac{(\arctan x)^2}{1+x^2}\mathrm{d}x$； (22) $\int \frac{\mathrm{d}x}{(\arcsin x)^2\sqrt{1-x^2}}$；

(23) $\int \cos^2 x\mathrm{d}x$； (24) $\int \cos^3 x\mathrm{d}x$；

(25) $\int \sec^4 x\mathrm{d}x$； (26) $\int \cot^4 x\mathrm{d}x$；

(27) $\int \frac{1}{x^2}\mathrm{e}^{\frac{1}{x}}\mathrm{d}x$； (28) $\int \cot\sqrt{1+x^2}\,\frac{x}{\sqrt{1+x^2}}\mathrm{d}x$.

2. 利用第二类换元积分法计算下列不定积分.

(1) $\int \frac{\mathrm{d}x}{(1-x^2)^{\frac{3}{2}}}$； (2) $\int \frac{x^2}{\sqrt{a^2-x^2}}\mathrm{d}x\ (a>0)$；

(3) $\int \frac{\mathrm{d}x}{(x^2+a^2)^{\frac{3}{2}}}\ (a>0)$； (4) $\int \frac{x^4\mathrm{d}x}{\sqrt{(1-x^2)^3}}$；

(5) $\int \frac{1}{\sqrt{x}+\sqrt[4]{x}}\mathrm{d}x$； (6) $\int \frac{1}{1+\sqrt[3]{1+x}}\mathrm{d}x$；

(7) $\int \frac{dx}{x^4 - x^2}$；　　(8) $\int \frac{dx}{x(x^2+1)}$；

(9) $\int \frac{x^2}{1-x^4} dx$；　　(10) $\int \frac{x+1}{x^2+2x+5} dx$.

4.3 分部积分法

上一节在“复合函数及反函数求导法则”的基础上，得到了换元积分法. 本节我们将利用“两个函数乘积的求导法则”来推导求积分的另一种基本方法——**分部积分法**.

定理 4.3.1 若函数 $u = u(x), v = v(x)$ 具有连续的导数，则

$$\int u dv = uv - \int v du . \tag{4.3.1}$$

证明 对微分公式 $d(uv) = u dv + v du$ 两边积分，得

$$uv = \int u dv + \int v du ,$$

移项后，得

$$\int u dv = uv - \int v du .$$

式(4.3.1)称为**分部积分公式**. 它可以将不易求解的不定积分 $\int u dv$ 转化成另一个易于求解的不定积分 $\int v du$.

例 4.3.1 计算不定积分 $\int x\cos x dx$.

解 根据分部积分公式，首先选择 u 和 dv，我们不妨先设 $u = x$，$\cos x dx = dv$，即 $v = \sin x$，则

$$\int x\cos x dx = \int x d\sin x = x\sin x - \int \sin x dx = x\sin x + \cos x + C .$$

采用这种选择方式，积分很顺利地被积出，但是如果作如下选择：

设 $u = \cos x, x dx = dv$，即 $v = \frac{1}{2}x^2$，则

$$\int x\cos x dx = \frac{1}{2}\int \cos x dx^2 = \frac{1}{2}x^2\cos x + \frac{1}{2}\int x^2 \sin x dx ,$$

比较原积分 $\int x\cos x dx$ 与新得到的积分 $\frac{1}{2}\int x^2 \sin x dx$ ，显然后面的积分变得更加复杂难以解出.

由此可见利用分部积分公式的关键是恰当选择 u 和 dv. 如果选择不恰当，就会使原来的积分变得更加复杂.

因此，在选取 u 和 dv 时一般要考虑下面两点：

(1) v 要容易求得；

(2) $\int v\mathrm{d}u$ 要比 $\int u\mathrm{d}v$ 容易求出.

例 4.3.2 计算不定积分 $\int x\mathrm{e}^x\mathrm{d}x$.

解 令 $u=x,\mathrm{e}^x\mathrm{d}x=\mathrm{d}v,v=\mathrm{e}^x$，则

$$\int x\mathrm{e}^x\,\mathrm{d}x=\int x\mathrm{d}\mathrm{e}^x=x\mathrm{e}^x-\int \mathrm{e}^x\mathrm{d}x=x\mathrm{e}^x-\mathrm{e}^x+C .$$

例 4.3.3 计算不定积分 $\int x^2\mathrm{e}^x\mathrm{d}x$.

解 令 $u=x^2,\mathrm{e}^x\mathrm{d}x=\mathrm{d}v,v=\mathrm{e}^x$，则利用分部积分公式得

$$\int x^2\mathrm{e}^x\,\mathrm{d}x=\int x^2\mathrm{d}\mathrm{e}^x=x^2\mathrm{e}^x-\int \mathrm{e}^x\mathrm{d}x^2=x^2\mathrm{e}^x-2\int x\mathrm{e}^x\mathrm{d}x .$$

这里运用了一次分部积分公式后，虽然没有直接将积分积出，但是 x 的幂次比原来降了一次，$\int x\mathrm{e}^x\mathrm{d}x$ 显然比 $\int x^2\mathrm{e}^x\mathrm{d}x$ 容易积出，根据例 4.3.2，可以继续运用分部积分公式，从而得到

$$\begin{aligned}\int x^2\mathrm{e}^x\mathrm{d}x&=x^2\mathrm{e}^x-2\int x\mathrm{e}^x\mathrm{d}x=x^2\mathrm{e}^x-2\int x\mathrm{d}\mathrm{e}^x\\&=x^2\mathrm{e}^x-2(x\mathrm{e}^x-\mathrm{e}^x)+C\\&=\mathrm{e}^x(x^2-2x+2)+C.\end{aligned}$$

注意：在多次运用分部积分公式时，先后选择的 u 与 $\mathrm{d}v$ 的方法要保持一致.

例 4.3.4 计算不定积分 $\int x\ln x\mathrm{d}x$.

解 令 $u=\ln x,x\mathrm{d}x=\frac{1}{2}\mathrm{d}x^2,v=\frac{1}{2}x^2$，则

$$\begin{aligned}\int x\ln x\mathrm{d}x&=\int \frac{1}{2}\ln x\mathrm{d}x^2=\frac{1}{2}\left(x^2\ln x-\int x^2\cdot\frac{1}{x}\mathrm{d}x\right)\\&=\frac{1}{2}\left(x^2\ln x-\frac{1}{2}x^2\right)+C\\&=\frac{x^2\ln x}{2}-\frac{1}{4}x^2+C.\end{aligned}$$

在分部积分公式运用比较熟练后，就不必具体写出 u 和 $\mathrm{d}v$，只要把被积表达式写成 $\int u\mathrm{d}v$ 的形式，直接套用分部积分公式即可.

例 4.3.5 计算不定积分 $\int x\arctan x\mathrm{d}x$.

解

$$\begin{aligned}\int x\arctan x\mathrm{d}x&=\frac{1}{2}\int \arctan x\mathrm{d}x^2=\frac{1}{2}\left(x^2\arctan x-\int \frac{x^2}{1+x^2}\mathrm{d}x\right)\\&=\frac{1}{2}(x^2\arctan x-x+\arctan x)+C.\end{aligned}$$

例 4.3.6 计算不定积分 $\int \arcsin x\mathrm{d}x$.

解 $\int \arcsin x \mathrm{d}x = x\arcsin x - \int x \mathrm{d}\arcsin x = x\arcsin x - \int \frac{x}{\sqrt{1-x^2}}\mathrm{d}x$

$$= x\arcsin x + \sqrt{1-x^2} + C$$

综上各例，一般情况下，u 和 $\mathrm{d}v$ 可以按照以下规律作选择：

(1)形如 $\int x^n \sin kx \mathrm{d}x$，$\int x^n \cos kx \mathrm{d}x$，$\int x^n \mathrm{e}^{kx} \mathrm{d}x$ 的不定积分（n 为正整数），取 u 为幂函数，即令 $u = x^n$，取 $\mathrm{d}v$ 为剩余函数表达式，如例 4.3.1～例 4.3.3；

(2)形如 $\int x^n \ln x \mathrm{d}x$，$\int x^n \arctan x \mathrm{d}x$，$\int x^n \arcsin x \mathrm{d}x$，$\int x^n \arccos x \mathrm{d}x$ 的不定积分（n 为非负整数），取 $\mathrm{d}v = x^n \mathrm{d}x$，取 u 为剩余函数，如例 4.3.4～例 4.3.6.

下面再举几个典型的例子.

例 4.3.7 计算不定积分 $\int \mathrm{e}^x \sin x \, \mathrm{d}x$.

解 方法一 $\boxed{\int \mathrm{e}^x \sin x \mathrm{d}x} = \int \sin x \mathrm{d}\mathrm{e}^x = \mathrm{e}^x \sin x - \int \mathrm{e}^x \cos x \mathrm{d}x$

$$= \mathrm{e}^x \sin x - \int \cos x \mathrm{d}\mathrm{e}^x$$

$$= \mathrm{e}^x \sin x - \mathrm{e}^x \cos x - \boxed{\int \mathrm{e}^x \sin x \mathrm{d}x},$$

因此 $\int \mathrm{e}^x \sin x \mathrm{d}x = \frac{1}{2}\mathrm{e}^x(\sin x - \cos x) + C$.

方法二 $\boxed{\int \mathrm{e}^x \sin x \mathrm{d}x} = \int \mathrm{e}^x \mathrm{d}(-\cos x) = \mathrm{e}^x(-\cos x) + \int \cos x \mathrm{d}\mathrm{e}^x$

$$= -\mathrm{e}^x \cos x + \int \mathrm{e}^x \cos x \, \mathrm{d}x = -\mathrm{e}^x \cos x + \int \mathrm{e}^x \mathrm{d}\sin x$$

$$= -\mathrm{e}^x \cos x + \mathrm{e}^x \sin x - \int \sin x \mathrm{d}\mathrm{e}^x$$

$$= -\mathrm{e}^x \cos x + \mathrm{e}^x \sin x - \boxed{\int \mathrm{e}^x \sin x \mathrm{d}x},$$

因此 $\int \mathrm{e}^x \sin x \mathrm{d}x = \frac{1}{2}\mathrm{e}^x(\sin x - \cos x) + C$.

当被积函数为“指数函数与正(余)弦函数”的乘积时，任选一函数与 $\mathrm{d}x$ 凑微分，经过两次分部积分后，会还原到原来的积分形式，只是系数发生了变化，我们称它为“**循环法**”，但要注意两次凑微分函数的选择要一致.

在求不定积分的过程中，有时需要同时使用换元法和分部积分法.

例 4.3.8 计算不定积分 $\int \mathrm{e}^{\sqrt{x}} \mathrm{d}x$.

解 设 $t = \sqrt{x}$，$x = t^2$，$\mathrm{d}x = 2t\mathrm{d}t$，则

$$\int e^{\sqrt{x}}dx=\int e^t 2t dt=\int 2t de^t=2te^t-2\int e^t dt=2te^t-2e^t+C=2\sqrt{x}e^{\sqrt{x}}-2e^{\sqrt{x}}+C.$$

习题 4.3

计算下列不定积分.

(1) $\int x\sin 2x dx$； (2) $\int \frac{x}{2}(e^x-e^{-x})dx$；

(3) $\int x^2\cos\omega x dx$； (4) $\int x^2 a^x dx$；

(5) $\int \ln x dx$； (6) $\int \ln^2 x dx$；

(7) $\int \arctan x dx$； (8) $\int x\operatorname{arccot} x dx$；

(9) $\int x^2\ln(1+x)dx$； (10) $\int \frac{\ln^3 x}{x^2}dx$；

(11) $\int (\arcsin x)^2 dx$； (12) $\int x\cos^2 x dx$；

(13) $\int x\tan^2 x dx$； (14) $\int x^2\sin^2 x dx$；

(15) $\int \frac{\ln\cos x}{\cos^2 x}dx$； (16) $\int e^{\sqrt[3]{x}}dx$；

(17) $\int \arctan\sqrt{x}dx$； (18) $\int e^{ax}\cos nx dx$.

复习题四

1. 计算下列不定积分.

(1) $\int \frac{\arcsin\sqrt{x}}{\sqrt{x}}dx$； (2) $\int \frac{1}{e^x+e^{-x}}dx$；

(3) $\int \frac{dx}{x^2+2x+5}$； (4) $\int e^{\cos x}\sin x dx$；

(5) $\int \frac{x^7 dx}{(1+x^4)^2}$； (6) $\int (\arccos x)^3\frac{1}{\sqrt{1-x^2}}dx$；

(7) $\int \frac{dx}{\sqrt{5-2x+x^2}}$； (8) $\int \frac{e^x(x+1)}{2+xe^x}dx$；

(9) $\int \frac{x-1}{x^2-x-2}dx$； (10) $\int \frac{e^x(1+e^x)}{\sqrt{1-e^{2x}}}dx$；

(11) $\int \sqrt{\frac{a+x}{a-x}}dx$； (12) $\int \frac{dx}{x^4-1}$；

(13) $\int \frac{dx}{\sqrt{x-x^2}}$； (14) $\int \frac{dx}{\sqrt{x}+\sqrt[3]{x}}$；

(15) $\int x\sqrt{2x^2-3}\,\mathrm{d}x$；　　(16) $\int \frac{\mathrm{d}x}{\sqrt{9-16x^2}}$；

(17) $\int \frac{2^x}{\sqrt{1-4^x}}\mathrm{d}x$；　　(18) $\int \left(\frac{\sec x}{1+\tan x}\right)^2\mathrm{d}x$；

(19) $\int x\ln(1+x^2)\mathrm{d}x$；　　(20) $\int \ln(1+x^2)\mathrm{d}x$.

2. 设某商品的需求量 Q 是价格 P 的函数，该商品的最大需求量为 10^4（$P=0$ 时，$Q=10^4$），已知需求量的变化率为

$$Q'(P)=-2\cdot 10^3\cdot \mathrm{e}^{-\frac{P}{5}},$$

求需求量关于价格的弹性.

数学家简介——柯西

柯西(Augustin－Louis Cauchy)(1789—1857)，法国数学家. 1789 年 8 月 21 日生于巴黎；1857 年 5 月 23 日卒于巴黎附近的索镇.

柯西的父亲是一位精通古典文学的律师，曾任法国参议院秘书长，和拉格朗日、拉普拉斯等人交往甚密，因此柯西从小就认识了一些著名的科学家. 柯西自幼聪敏好学，在中学时就是学校里的明星，曾获得希腊文、拉丁文作文和拉丁文诗奖，在中学毕业时赢得全国大奖赛和一项古典文学特别奖. 拉格郎日曾预言他日后必成大器. 1805 年，年仅 16 岁的他就以第二名的成绩考入巴黎综合工科学校，1807 年又以第一名的成绩考入道路桥梁工程学校. 1810 年 3 月柯西完成了学业离开了巴黎. 但后来由于身体欠佳，又颇具数学天赋，便听从拉格朗日与拉普拉斯的劝告转攻数学. 从 1810 年 12 月，柯西就把数学的各个分支从头到尾再温习一遍，从算术开始到天文学为止，把模糊的地方弄清楚，应用他自己的方法去简化证明和发现新定理. 柯西于 1813 年回到巴黎综合工科学校任教，1816 年晋升为该校教授，以后又担任了巴黎理学院及法兰西学院教授.

柯西创造力惊人，数学论文像连绵不断的泉水在柯西的一生中喷涌，他发表了 789 篇论文，出版专著 7 本，全集共有十四开本 24 卷，从他 23 岁写出第一篇论文到 68 岁逝世的 45 年中，平均每月发表一至两篇论文. 1849 年，仅在法国科学院 8 月至 12 月的 9 次会议上，他就提交了 24 篇短文和 15 篇研究报告. 他的文章朴实无华、充满新意. 柯西 27 岁即当选为法国科学院院士，他还是英国皇家学会会员和许多国家的科学院院士.

柯西对数学的最大贡献是在微积分中引进了清晰和严格的表述与证明方法. 正如著名数学家冯・诺伊曼所说：“严密性的统治地位基本上由柯西重新建

立起来的."在这方面他写下了3部专著:《分析教程》(1821)、《无穷小计算教程》(1823)、《微分计算教程》(1826－1828).他的这些著作,摆脱了微积分单纯的对几何、运动的直观理解和物理解释,引入了严格的分析上的叙述和论证,从而形成了微积分的现代体系.在数学分析中,可以说柯西比任何人的贡献都大,微积分的现代概念就是柯西建立起来的.有鉴于此,人们通常将柯西看作是近代微积分学的奠基者.柯西将微积分严格化的方法虽然也利用无穷小的概念,但他改变了以前数学家所说的无穷小是固定数,而把无穷小或无穷小量简单地定义为一个以零为极限的变量.他定义了上下极限,最早证明了 $\lim\limits_{n\to\infty}\left(1+\frac{1}{n}\right)^n$ 的收敛,并在这里第一次使用了极限符号.他指出了对一切函数都任意地使用那些只有代数函数才有的性质,无条件地使用级数,都是不合法的.判定收敛性是必要的,并且给出了检验收敛性的重要判据——柯西准则,这个判据至今仍在使用.他还清楚地论述了半收敛级数的意义和用途.他定义了二重级数的收敛性,对幂级数的收敛半径有清晰的估计.柯西清楚地知道无穷级数是表达函数的一种有效方法,并是最早对泰勒定理给出完善证明和确定其余项形式的数学家.他以正确的方法建立了极限和连续性的理论,重新给出函数的积分是和式的极限,他还定义了广义积分.他抛弃了欧拉坚持的函数的显示式表示以及拉格朗日的形式幂级数,而引进了不一定具有解析表达式的函数新概念,并且以精确的极限概念定义了函数的连续性、无穷级数的收敛性、函数的导数、微分和积分以及有关理论.柯西对微积分的论述,使数学界大为震惊.例如,在一次科学会议上,柯西提出了级数收敛性的理论.著名数学家拉普拉斯听过后非常紧张,便急忙赶回家,闭门不出,直到对他的《天体力学》中所用到的每一级数都核实过是收敛的以后,才松了口气.柯西上述三部教程的广泛流传和他一系列的学术演讲,使他对微积分的见解被普遍接受,一直沿用至今.

柯西的另一个重要贡献,是发展了复变函数的理论,取得了一系列重大成果.特别是他在1814年关于复数极限的定积分的论文,开始了他作为单复变量函数理论的创立者和发展者的伟大业绩.他还给出了复变函数的几何概念,证明了在复数范围内幂级数具有收敛圆,还给出了含有复积分限的积分概念以及残数理论等.

柯西还是探讨微分方程解的存在性问题的第一个数学家,他证明了微分方程在不包含奇点的区域内存在着满足给定条件的解,从而使微分方程的理论深化了.在研究微分方程的解法时,他成功地提出了特征带方法并发展了强函数方法.

柯西在代数学、几何学、数论等各个数学领域也都有创建.例如,他是置换群理论的一位杰出先驱者,他对置换理论作了系统的研究,并由此产生了有限群的表示理论.他还深入研究了行列式的理论,并得到了有名的宾内特(Binet)—柯西公式.他总结了多面体的理论,证明了费马关于多角数的定理,等等.

柯西对物理学、力学和天文学都做过深入的研究,特别在固体力学方面,奠定了弹性理论的基础.在这门学科中以他的姓氏命名的定理和定律就有16个之多,仅凭这项成就,就足以使他跻身于杰出的科学家之列.

作为一位学者,柯西的思路敏捷,功绩卓著.由柯西卷帙浩大的论著和成果,人们不难想象他一生是怎样孜孜不倦地勤奋工作.但柯西却是个具有复杂性格的人.他是忠诚的保王党人,热心的天主教徒,落落寡合的学者.尤其作为久负盛名的科学泰斗,他常常忽视青年学者的创造.例如,由于柯西"失落"了才华出众的年轻数学家阿贝尔与伽罗华的开创性的论文手稿,造成群论晚问世半个世纪.

1857年5月23日,柯西在巴黎病逝,他临终的一句名言"人总是要死的,但是,他们的业绩永存"长久地叩击着一代又一代学子的心扉.

第 5 章

定积分及其应用

定积分是积分学的第二个基本问题，它是从实际应用问题中抽象出来的，是解决实际问题的有效工具，在自然科学、经济学等问题中有着广泛的应用.

本章首先从实际问题引出定积分的概念，然后着重讨论定积分的性质和计算方法，最后讨论其在经济学中的实际应用.

5.1 定积分的概念与性质

5.1.1 引例

1. 几何学问题——曲边梯形的面积

“积零为整”的数学方法即为微积分中积分的思想. 早在 17 世纪后半叶牛顿(Newton)(1642—1727)和莱布尼茨(Leibniz)(1646—1716)在总结前辈大量工作的基础上，建立了比较成熟的积分学理论的思想体系. 牛顿指出，在计算曲线所围成的面积时，可通过把微分法反过来求得；而莱布尼茨指出，可把这样的面积看作是由诸多矩形微元的“和”的思想，这是一种典型的“积零为整”的思想. 他们都发现了微分和积分是一对互逆的运算，并建立了微积分的基本定理，从而将微分学和积分学构成统一的微积分学理论.

曲边梯形的面积不能用初等方法计算，如何准确计算此类不规则图形的面积?

在 xOy 坐标系中，设曲边是连续曲线 $y=f(x)$ $(f(x)\geqslant 0)$，则曲边梯形是由曲线 $y=f(x)$，$x=a$，$x=b$ $(a<b)$ 和 x 轴围成的(图 5.1)，计算其面积 A.

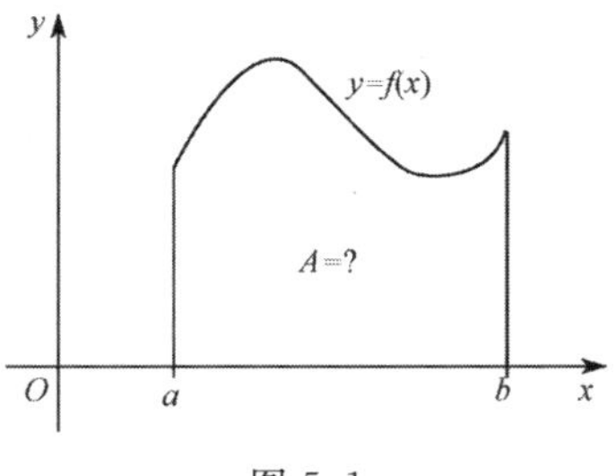

图 5.1

众所周知，矩形的面积公式为：矩形面积 = 底 × 高，其中高是不变的. 由于曲边梯形的高 $f(x)$ 在区间 $[a,b]$ 上是变化的，所以不能按照上面的公式计算其面积. 这里我们采用极限的思想来计算曲边梯形的面积. 具体的计算步骤可以分为以下四步：

(1)分割：在区间 $[a,b]$ 内任意插入 $n-1$ 个分点

$$a=x_0<x_1<\cdots<x_{n-1}<x_n=b,$$

将区间分成 n 个小区间 $[x_0,x_1],[x_1,x_2],\cdots,[x_{n-1},x_n]$，它们的长度分别记为

$$\Delta x_1=x_1-x_0,\Delta x_2=x_2-x_1,\cdots,\Delta x_n=x_n-x_{n-1},$$

过区间端点做垂直于 x 轴的直线，这样就可以将曲边梯形分割为 n 个细长的小曲边梯形(图 5.2).

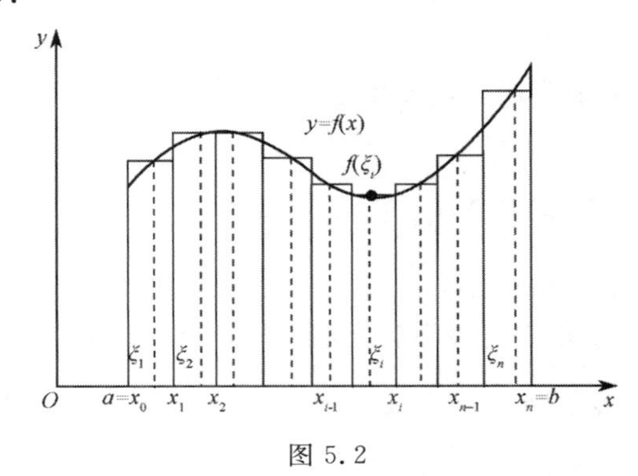

图 5.2

(2)近似：在区间 $[x_{i-1},x_i](i=1,2,\cdots,n)$ 上任取一点 ξ_i，以 $f(\xi_i)$ 为高，以 Δx_i 为底作一个小矩形，以小矩形的面积 $f(\xi_i)\Delta x_i$ 作为相应小曲边梯形面积的近似值，即

$$\Delta A_i\approx f(\xi_i)\Delta x_i(i=1,2,\cdots,n).$$

(3)求和：将这样得到的 n 个小矩形的面积之和作为曲边梯形面积 A 的近似值，即

$$A\approx f(\xi_1)\Delta x_1+f(\xi_2)\Delta x_2+\cdots+f(\xi_n)\Delta x_n=\sum_{i=1}^{n}f(\xi_i)\Delta x_i.$$

(4)取极限：为使所有的小区间长度趋于零，只需要让所有小区间长度的最大值趋于零即可，令

$$\lambda=\max\{\Delta x_1,\Delta x_2,\cdots,\Delta x_n\},$$

当 $\lambda\to 0$ 时(此时对应小区间的个数 n 在无限增多，即 $n\to\infty$)，上述和式的极限即为曲边梯形的面积，即

$$A=\lim_{\lambda\to 0}\sum_{i=1}^{n}f(\xi_i)\Delta x_i.$$

2. 收益问题

假设某商品的价格 P 是销售量 x 的函数 $P=P(x)$. 我们来计算：当销售量从 a 变化到 b 时的收益 R 为多少(设 x 为连续变量).

由于价格随销售量的变动而变动，不能直接用销售量乘以价格的公式来计算收益，类似于求曲边梯形的面积，按以下步骤来求收益 R：

(1)分割:在区间$[a,b]$内任意插入 $n-1$ 个分点

$$a=x_0<x_1<\cdots<x_{n-1}<x_n=b.$$

将销售量区间$[a,b]$分成 n 个销售段 $[x_0,x_1],[x_1,x_2],\cdots,[x_{n-1},x_n]$,它们的长度分别记为

$$\Delta x_1=x_1-x_0,\Delta x_2=x_2-x_1,\cdots,\Delta x_n=x_n-x_{n-1}.$$

(2)近似:在销售段 $[x_{i-1},x_i]$ 中任取一点 ξ_i,把 $P(\xi_i)$ 作为该段的近似价格,则销售段 $[x_{i-1},x_i]$ 上收益的近似值为:

$$\Delta R_i\approx P(\xi_i)\Delta x_i(i=1,2,\cdots,n).$$

(3)求和:将 n 个销售段上收益的近似值累加在一起即为销售量区间$[a,b]$上收益的近似值,即

$$R\approx\sum_{i=1}^{n}P(\xi_i)\Delta x_i(i=1,2,\cdots,n).$$

(4)取极限:令 $\lambda=\max\{\Delta x_1,\Delta x_2,\cdots,\Delta x_n\}$,则当 $\lambda\to 0$ 时,所有的区间长度都在趋近于零,上述和式的极限就是收益 R,即

$$R=\lim_{\lambda\to 0}\sum_{i=1}^{n}P(\xi_i)\Delta x_i(i=1,2,\cdots,n).$$

结合这两个不同学科领域的问题,我们可以总结出它们的共性:解决问题的思路和方法是完全相同的;最终所求量的表达式的结构完全一样,都是和式的极限. 事实上,还有其他的一些实际问题也可以采用同样的方式来表达. 例如,物理学上的变速直线运动的路程,变力沿直线做功等,这些问题的所求量最终仍是用相同结构的和式的极限来表达,不考虑这些问题的实际意义,根据它们的共性,就可以抽象出如下定积分的定义.

5.1.2 定积分的定义

定义 5.1.1 设函数 $f(x)$在区间$[a,b]$上有界,在$[a,b]$中任意插入 $n-1$ 个分点,

$$a=x_0<x_1<\cdots<x_{n-1}<x_n=b,$$

将区间$[a,b]$分成 n 个小区间 $[x_0,x_1],[x_1,x_2],\cdots,[x_{n-1},x_n]$,其长度记作 $\Delta x_i=x_i-x_{i-1}(i=1,2,\cdots,n)$,$\lambda=\max\limits_{1\leqslant i\leqslant n}\{\Delta x_i\}$,任取 $\xi_i\in[x_{i-1},x_i](i=1,2,\cdots,n)$,作乘积 $f(\xi_i)\Delta x_i$ 并求和 $\sum\limits_{i=1}^{n}f(\xi_i)\Delta x_i$. 不论区间$[a,b]$怎么分割、$\xi_i$ 在每个区间上怎么取,只要 $\lambda\to 0$ 时,极限 $\lim\limits_{\lambda\to 0}\sum\limits_{i=1}^{n}f(\xi_i)\Delta x_i$ 总存在确定的值 I,则称 I 为函数 $f(x)$在区间 $[a,b]$上的**定积分**,记作 $\int_a^b f(x)\mathrm{d}x$,即

$$\int_a^b f(x)\mathrm{d}x=\lim_{\lambda\to 0}\sum_{i=1}^{n}f(\xi_i)\Delta x_i.$$

此时称 $f(x)$ 在区间 $[a,b]$ 上**可积**，其中 $\sum_{i=1}^{n} f(\xi_i)\Delta x_i$ 称为**积分和**，a 称为**积分下限**，b 称为**积分上限**，$f(x)$ 称为**被积函数**，x 称为**积分变量**，$[a,b]$ 称为**积分区间**.

对于定积分的定义，我们作以下几点说明：

(1)当极限 I 不存在时，称函数 $f(x)$ 在区间 $[a,b]$ 上不可积；

(2)根据定义，如果函数保持不变，积分区间不变，只改变积分变量 x 为其他写法，如 t 或者 u 等，不会改变极限的值，所以定积分的值跟积分变量的写法无关.

根据定积分的定义和记法，本节开始引用的两个实例就可以表示为：

(1)由连续曲线 $y=f(x)(f(x)\geqslant 0)$，直线 $x=a,x=b(a<b)$ 和 x 轴围成的曲边梯形的面积 A 为 $f(x)$ 在区间 $[a,b]$ 上的定积分，即

$$A=\int_a^b f(x)\mathrm{d}x.$$

(2)已知销售量函数 $P=P(x)$，在销售量区间 $[a,b]$ 上的收益 R 为 $P(x)$ 在区间 $[a,b]$ 上的定积分，即

$$R=\int_a^b P(x)\mathrm{d}x.$$

对于定积分，当函数 $f(x)$ 满足什么条件时，$f(x)$ 在区间 $[a,b]$ 上是可积的呢？对此问题我们不做深入研究，只给出可积的两个充分条件.

定理 5.1.1 设 $f(x)$ 在区间 $[a,b]$ 上连续，则 $f(x)$ 在 $[a,b]$ 上可积.

定理 5.1.2 设 $f(x)$ 在区间 $[a,b]$ 上有界，并且只有有限个间断点，则 $f(x)$ 在 $[a,b]$ 上可积.

下面我们来举一个按定义计算定积分的例子.

例 5.1.1 利用定义计算定积分 $\int_0^1 x^2\mathrm{d}x$.

解 由可积的充分条件可知，连续函数 $f(x)=x^2$ 在区间 $[0,1]$ 上是可积的，所以定积分的值与区间 $[0,1]$ 的分法以及点 ξ_i 的取法无关.

为了便于计算，将区间 $[0,1]$ 分成 n 等份，则分点可表示为 $x_i=\frac{i}{n}(i=1,2,\cdots,n)$，区间长度

$$\Delta x_i=\frac{1}{n}\quad(i=1,2,\cdots,n),$$

在每个小区间上取

$$\xi_i=x_i\quad(i=1,2,\cdots,n),$$

因此，积分和

$$\begin{aligned}\sum_{i=1}^{n} f(\xi_i)\Delta x_i &= \sum_{i=1}^{n}\xi_i{}^2\Delta x_i=\sum_{i=1}^{n}x_i^2\Delta x_i\\ &=\sum_{i=1}^{n}\left(\frac{i}{n}\right)^2\cdot\frac{1}{n}=\frac{1}{n^3}\sum_{i=1}^{n}i^2\end{aligned}$$

$$= \frac{1}{n^3} \cdot \frac{1}{6} n(n+1)(2n+1)$$

$$= \frac{1}{6}\left(1+\frac{1}{n}\right)\left(2+\frac{1}{n}\right),$$

由定积分的定义,得

$$\int_0^1 x^2 \mathrm{d}x = \lim_{\lambda \to 0} \sum_{i=1}^{n} \xi_i^2 \Delta x_i = \lim_{n \to \infty} \frac{1}{6}\left(1+\frac{1}{n}\right)\left(2+\frac{1}{n}\right) = \frac{1}{3}.$$

5.1.3 定积分的几何意义

下面讨论定积分的几何意义.

由本节的第一个实例——曲边梯形的面积问题不难看出,在区间$[a,b]$上:

(1)$f(x) \geqslant 0$ 时,定积分 $\int_a^b f(x)\mathrm{d}x$ 在几何上表示由连续曲线 $y=f(x)$,直线 $x=a, x=b(a<b)$ 和 x 轴围成的曲边梯形的面积;

(2)$f(x) \leqslant 0$ 时,曲线 $y=f(x)$,直线 $x=a, x=b(a<b)$ 和 x 轴围成的曲边梯形位于 x 轴的下方,此时定积分 $\int_a^b f(x)\mathrm{d}x$ 在几何上表示上述曲边梯形面积的负值;

(3)$f(x)$既有正值又有负值时,函数 $f(x)$的图形某些部分在 x 轴的上方,某些部分在 x 轴的下方(图 5.3),此时定积分 $\int_a^b f(x)\mathrm{d}x$ 在几何上表示 x 轴上方图形面积与下方图形面积之差.

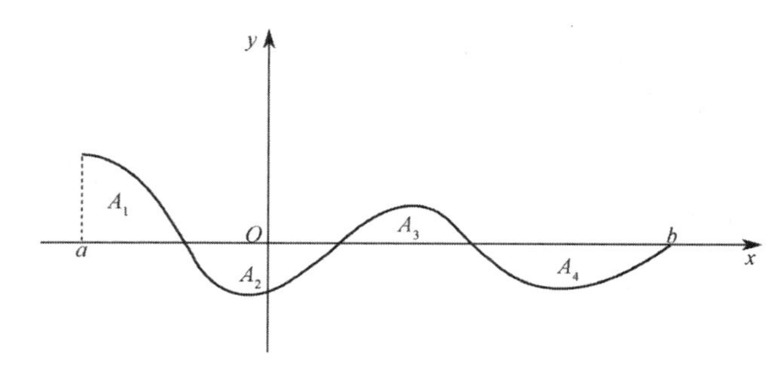

图 5.3

利用定积分的几何意义可以计算一些定积分.

例 5.1.2 计算定积分 $\int_0^2 \sqrt{2x-x^2}\,\mathrm{d}x$.

解 此定积分的被积函数为 $f(x)=\sqrt{2x-x^2} \geqslant 0, x \in [0,2]$. 因此定积分的值等于由曲线 $y=\sqrt{2x-x^2}$,直线 $x=0, x=2$ 和 x 轴围成的半圆(特殊的曲边梯形)的面积. 所以

$$\int_0^2 \sqrt{2x-x^2}\,\mathrm{d}x = \frac{1}{2}\times\pi\times 1^2 = \frac{\pi}{2}.$$

根据几何意义可得以下结论：

设 $f(x)$ 在 $[-a,a]$ 上连续，则有

(1) $f(x)$ 为偶函数，则 $\int_{-a}^{a} f(x)\mathrm{d}x = 2\int_0^a f(x)\mathrm{d}x$；

(2) $f(x)$ 为奇函数，则 $\int_{-a}^{a} f(x)\mathrm{d}x = 0$.

例 5.1.3 计算定积分 $\int_{-\pi}^{\pi} \sin x\mathrm{d}x$.

解 利用正弦函数图形，结合定积分的几何意义，有

$$\int_{-\pi}^{\pi} \sin x\mathrm{d}x = 0.$$

5.1.4 定积分的性质

在下面的讨论中假设被积函数是可积的，同时我们对定积分作两点补充规定：

(1)当 $a=b$ 时，$\int_a^b f(x)\mathrm{d}x = 0$；

(2)当 $a>b$ 时，$\int_b^a f(x)\mathrm{d}x = -\int_a^b f(x)\mathrm{d}x$.

在如下的讨论中，如无特别指明，对积分的上下限的大小不加限制.

性质 5.1.1 $\int_a^b [f(x)\pm g(x)]\mathrm{d}x = \int_a^b f(x)\mathrm{d}x \pm \int_a^b g(x)\mathrm{d}x$.

此性质可推广到被积函数为有限个函数的代数和的情形.

性质 5.1.2 $\int_a^b kf(x)\mathrm{d}x = k\int_a^b f(x)\mathrm{d}x$（$k$ 为常数）.

性质 5.1.3(可加性) 设 $a<c<b$，则 $\int_a^b f(x)\mathrm{d}x = \int_a^c f(x)\mathrm{d}x + \int_c^b f(x)\mathrm{d}x$.

注意：不论 a,b,c 的相对位置如何，上述等式总是成立的.

例如，若 $a<b<c$，$\int_a^c f(x)\mathrm{d}x = \int_a^b f(x)\mathrm{d}x + \int_b^c f(x)\mathrm{d}x$，则

$$\int_a^b f(x)\mathrm{d}x = \int_a^c f(x)\mathrm{d}x - \int_b^c f(x)\mathrm{d}x = \int_a^c f(x)\mathrm{d}x + \int_c^b f(x)\mathrm{d}x.$$

其他情况同理可以证明，因此有下面的推论.

推论 5.1.1 $\int_a^b f(x)\mathrm{d}x = \left(\int_a^c + \int_c^d + \cdots + \int_n^m + \int_m^b\right) f(x)\mathrm{d}x$（首尾相接）.

性质 5.1.4 $\int_a^b \mathrm{d}x = b-a$.

性质 5.1.5 如果在区间 $[a,b]$ 上 $f(x)\leqslant g(x)$，则 $\int_a^b f(x)\mathrm{d}x \leqslant$

$\int_a^b g(x)\mathrm{d}x$.

推论 5.1.2 如果在区间$[a,b]$上 $f(x)\geqslant 0$，则 $\int_a^b f(x)\mathrm{d}x\geqslant 0$.

注意:若在区间$[a,b]$上 $f(x)>0$，则 $\int_a^b f(x)\mathrm{d}x>0$.

推论 5.1.3 $\left|\int_a^b f(x)\mathrm{d}x\right|\leqslant\int_a^b |f(x)|\mathrm{d}x\ (a<b)$.

证明 因为$-|f(x)|\leqslant f(x)\leqslant|f(x)|$，所以由性质 5.1.5 得

$$-\int_a^b |f(x)|\mathrm{d}x\leqslant\int_a^b f(x)\mathrm{d}x\leqslant\int_a^b |f(x)|\mathrm{d}x,$$

即

$$\left|\int_a^b f(x)\mathrm{d}x\right|\leqslant\int_a^b |f(x)|\mathrm{d}x\quad(a<b).$$

例 5.1.4 比较定积分 $\int_1^2 \ln x\mathrm{d}x$ 与 $\int_1^2 x\mathrm{d}x$ 的大小.

解 设 $f(x)=x-\ln x,x\in[1,2]$，因为 $f(x)>0$，所以$\int_1^2(x-\ln x)\mathrm{d}x>0$，即

$$\int_1^2 \ln x\mathrm{d}x<\int_1^2 x\mathrm{d}x.$$

例 5.1.5 比较定积分 $\int_1^2 x^2\mathrm{d}x$ 与 $\int_1^2 x^3\mathrm{d}x$ 的大小.

解 由于在$[1,2]$上，$x^2\leqslant x^3$，所以由性质 5.1.5，得

$$\int_1^2 x^2\mathrm{d}x\leqslant\int_1^2 x^3\mathrm{d}x.$$

性质 5.1.6(估值定理) 设函数 $f(x)$ 在$[a,b]$上的最大值和最小值分别是 M 及 m (图 5.4)，则

$$m(b-a)\leqslant\int_a^b f(x)\mathrm{d}x\leqslant M(b-a).$$

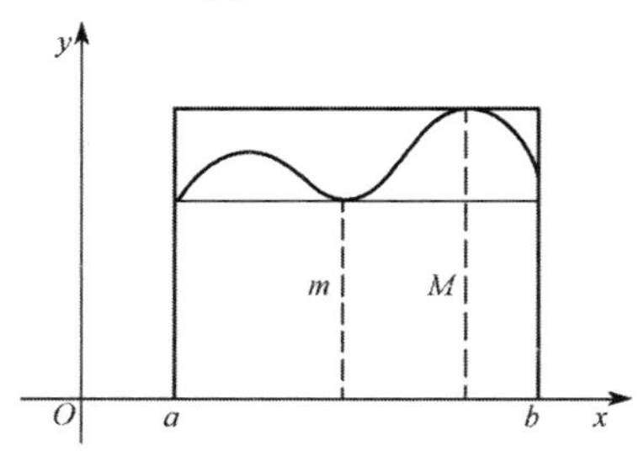

图 5.4

利用性质 5.1.4 和性质 5.1.5，易证得性质 5.1.6，读者可自行验证.

例 5.1.6 估计积分 $\int_0^{\pi}\frac{1}{3+\sin^3 x}\mathrm{d}x$ 的值.

解 令 $f(x)=\dfrac{1}{3+\sin^3 x}, x\in[0,\pi]$，因为 $0\leqslant\sin^3 x\leqslant 1$，所以 $\dfrac{1}{4}\leqslant\dfrac{1}{3+\sin^3 x}\leqslant\dfrac{1}{3}$，从而由性质 5.1.6 知，

$$\frac{1}{4}(\pi-0)\leqslant\int_0^\pi\frac{1}{3+\sin^3 x}\mathrm{d}x\leqslant\frac{1}{3}(\pi-0),$$

即

$$\frac{\pi}{4}\leqslant\int_0^\pi\frac{1}{3+\sin^3 x}\mathrm{d}x\leqslant\frac{\pi}{3}.$$

性质 5.1.7（积分中值定理） 如果 $f(x)$ 在区间 $[a,b]$ 上连续，则至少存在一点 $\xi\in[a,b]$，使 $\int_a^b f(x)\mathrm{d}x=f(\xi)(b-a)$.

证明 设 $f(x)$ 在 $[a,b]$ 上的最大值、最小值分别是 M 和 m，则由性质 5.1.6可得，

$$m\leqslant\frac{1}{b-a}\int_a^b f(x)\mathrm{d}x\leqslant M.$$

根据闭区间上连续函数介值定理，在 $[a,b]$ 上至少存在一点 $\xi\in[a,b]$，使 $f(\xi)=\dfrac{1}{b-a}\int_a^b f(x)\mathrm{d}x$，因此定理成立.

注意：积分中值定理有如下几何意义（图 5.5），即曲边梯形的面积等于以 $b-a$ 为底，以 $f(\xi)$ 为高的矩形面积，其中 $f(\xi)=\dfrac{1}{b-a}\int_a^b f(x)\mathrm{d}x$ 称为函数 $f(x)$ 在区间 $[a,b]$ 上的平均值.

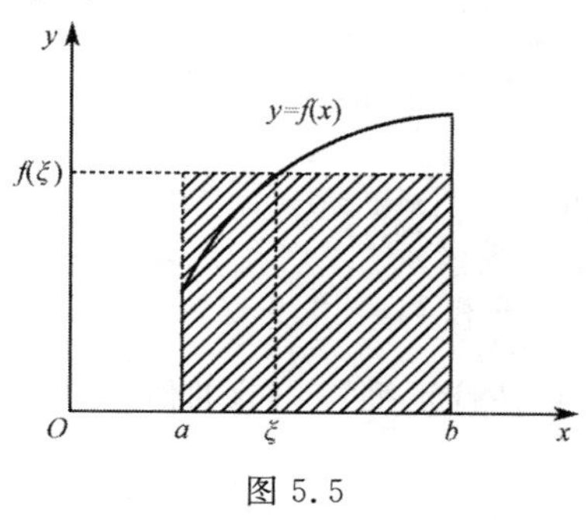

图 5.5

例 5.1.7 由定积分几何意义，确定函数 $f(x)=\sqrt{4-x^2}$ 在区间 $[-2,2]$ 上的平均值.

解 由积分中值定理知，所求平均值为

$$f(\xi)=\frac{1}{2-(-2)}\int_{-2}^{2}\sqrt{4-x^2}\,\mathrm{d}x=\frac{1}{4}\int_{-2}^{2}\sqrt{4-x^2}\,\mathrm{d}x,$$

再由定积分的几何意义知，$\int_{-2}^{2}\sqrt{4-x^2}\,\mathrm{d}x$ 表示由曲线 $y=\sqrt{4-x^2}$，直线 $x=-2, x=2$ 及 x 轴围成图形的面积，正是以原点为圆心、半径 $R=2$ 的上半圆的

面积,于是

$$\int_{-2}^{2}\sqrt{4-x^2}\,dx=\frac{1}{2}\cdot\pi\cdot 2^2=2\pi,$$

所以

$$f(\xi)=\frac{1}{4}\cdot 2\pi=\frac{\pi}{2}.$$

习题 5.1

1. 利用定积分的几何意义,计算下列积分.

(1) $\int_{0}^{1}2x\,dx$;　　(2) $\int_{-2}^{2}x^3\,dx$;

(3) $\int_{-\pi}^{\pi}x^6\sin x\,dx$;　　(4) $\int_{-\frac{1}{2}}^{\frac{1}{2}}\cos x\cdot\ln\left(\frac{1+x}{1-x}\right)dx$.

2. 设 $f(x)$ 连续,而且 $\int_{0}^{1}2f(x)\,dx=4$,$\int_{0}^{3}f(x)\,dx=6$,$\int_{0}^{1}g(x)\,dx=3$,计算下列各值.

(1) $\int_{0}^{1}f(x)\,dx$;　　(2) $\int_{1}^{3}3f(x)\,dx$;

(3) $\int_{1}^{0}g(x)\,dx$;　　(4) $\int_{0}^{1}\frac{f(x)+2g(x)}{4}dx$.

3. 根据定积分的性质,比较下列积分的大小.

(1) $I_1=\int_{0}^{1}x^2\,dx$ 和 $I_2=\int_{0}^{1}x^3\,dx$;

(2) $I_1=\int_{1}^{\frac{\pi}{2}}\sin x\,dx$ 和 $I_2=\int_{1}^{\frac{\pi}{2}}x\,dx$;

(3) $I_1=\int_{1}^{2}\ln x\,dx$ 和 $I_2=\int_{1}^{2}\ln^2 x\,dx$;

(4) $I_1=\int_{0}^{1}\ln(1+x)\,dx$ 和 $I_2=\int_{0}^{1}x\,dx$.

4. 利用定积分的性质,估计下列各积分的值.

(1) $\int_{1}^{4}(x^2+1)\,dx$;　　(2) $\int_{1}^{2}\frac{x}{1+x^2}dx$.

5.2 微积分基本公式

从例 5.1.1 的计算过程可以看到,即使被积函数非常简单,用定积分的定义计算也是非常困难和复杂的.因此寻找一种简单有效的方法是积分学的一个关键问题.牛顿和莱布尼茨开辟了求定积分的新途径,他们首先发现了定积分与不定积分之间存在着深刻的内在联系,然后推导出了计算定积分的重要公式——**牛顿—莱布尼茨公式**.

5.2.1 积分上限函数及其导数

设函数 $f(x)$ 在区间 $[a,b]$ 上连续，则定积分 $\int_a^b f(x)\mathrm{d}x$ 一定存在，在几何学上表示曲边梯形的面积. 对任意 $x \in [a,b]$，考察定积分 $\int_a^x f(x)\mathrm{d}x$，它表示曲边梯形的部分面积 $\Phi(x)$（图 5.6），当上限 x 在区间 $[a,b]$ 上任意变动时，曲边梯形的面积 $\Phi(x)$ 也在随之变化，因此，对于每一个取定的值 $x \in [a,b]$，总有一个值与之对应，因此 $\int_a^x f(x)\mathrm{d}x$ 是 x 的函数，称为**积分上限函数**，记作

$$\Phi(x) = \int_a^x f(x)\mathrm{d}x \ (a \leqslant x \leqslant b).$$

注意：因为定积分的取值与积分变量无关，所以为了明确起见，积分上限函数常记作 $\Phi(x) = \int_a^x f(t)\mathrm{d}t \ (a \leqslant x \leqslant b)$.

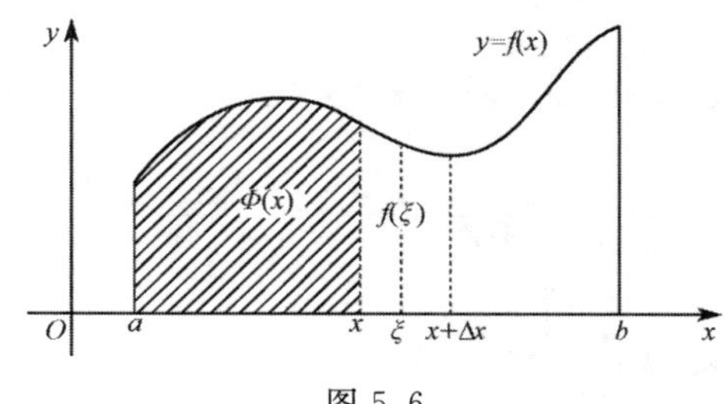

图 5.6

积分上限函数具有如下非常重要的性质：

定理 5.2.1 如果 $f(x)$ 在 $[a,b]$ 上连续，则积分上限函数 $\Phi(x) = \int_a^x f(t)\mathrm{d}t$ 在 $[a,b]$ 上具有导数，且它的导数是

$$\Phi'(x) = \frac{\mathrm{d}}{\mathrm{d}x}\int_a^x f(t)\mathrm{d}t = f(x) \ (a \leqslant x \leqslant b).$$

证明 利用导数的定义来证明此结论.

若 $x \in (a,b)$，且 $x + \Delta x \in (a,b)$，则对应的函数值的增量

$$\Delta\Phi = \Phi(x+\Delta x) - \Phi(x) = \int_a^{x+\Delta x} f(t)\mathrm{d}t - \int_a^x f(t)\mathrm{d}t = \int_x^{x+\Delta x} f(t)\mathrm{d}t.$$

由积分中值定理可得

$$\int_x^{x+\Delta x} f(t)\mathrm{d}t = f(\xi)\Delta x, \xi \text{ 介于 } x \text{ 与 } x+\Delta x \text{ 之间},$$

所以

$$\lim_{\Delta x \to 0}\frac{\Delta\Phi}{\Delta x} = \lim_{\Delta x \to 0} f(\xi) = \lim_{\xi \to x} f(\xi) = f(x),$$

即 $\Phi'(x) = f(x)$.

当 $x=a$ 时,取 $\Delta x>0$,同理可证 $\Phi'_{+}(a)=f(a)$;当 $x=b$ 时,取 $\Delta x<0$,同理可证 $\Phi'_{-}(b)=f(b)$. 综上所述,

$$\Phi'(x)=\frac{\mathrm{d}}{\mathrm{d}x}\int_a^x f(t)\mathrm{d}t=f(x)\ (a\leqslant x\leqslant b).$$

利用复合函数的求导法则,可进一步得到下列公式:

(1) $\frac{\mathrm{d}}{\mathrm{d}x}\int_a^{\varphi(x)}f(t)\mathrm{d}t=f[\varphi(x)]\varphi'(x)$; (2) $\frac{\mathrm{d}}{\mathrm{d}x}\int_{\psi(x)}^{b}f(t)\mathrm{d}t=-f[\psi(x)]\psi'(x)$;

(3) $\frac{\mathrm{d}}{\mathrm{d}x}\int_{\psi(x)}^{\varphi(x)}f(t)\mathrm{d}t=f[\varphi(x)]\varphi'(x)-f[\psi(x)]\psi'(x)$.

上述公式的证明请读者自己完成.

例 5.2.1 计算下列导数.

(1) $\frac{\mathrm{d}}{\mathrm{d}x}\int_0^x\sqrt{1+\sin^2 t}\,\mathrm{d}t$; (2) $\frac{\mathrm{d}}{\mathrm{d}x}\int_0^{2x}\cos^3 t^2\mathrm{d}t$; (3) $\frac{\mathrm{d}}{\mathrm{d}x}\int_{x^2}^{x^3}\frac{\mathrm{d}t}{\sqrt{1+t^2}}$.

解 (1) $\frac{\mathrm{d}}{\mathrm{d}x}\int_0^x\sqrt{1+\sin^2 t}\,\mathrm{d}t=\sqrt{1+\sin^2 x}$.

(2) $\frac{\mathrm{d}}{\mathrm{d}x}\int_0^{2x}\cos^3 t^2\mathrm{d}t=\cos^3(4x^2)\cdot(2x)'=2\cos^3(4x^2)$.

(3) $\frac{\mathrm{d}}{\mathrm{d}x}\int_{x^2}^{x^3}\frac{\mathrm{d}t}{\sqrt{1+t^2}}=\frac{1}{\sqrt{1+x^6}}\cdot(x^3)'-\frac{1}{\sqrt{1+x^4}}\cdot(x^2)'=\frac{3x^2}{\sqrt{1+x^6}}-\frac{2x}{\sqrt{1+x^4}}$.

例 5.2.2 计算极限 $\lim\limits_{x\to0}\frac{\int_{\cos x}^{1}\mathrm{e}^{-t^2}\mathrm{d}t}{x^2}$.

解 这是 $\frac{0}{0}$ 型未定式,可用洛必达法则,同时将积分号去掉. 因为

$$\frac{\mathrm{d}}{\mathrm{d}x}\int_{\cos x}^{1}\mathrm{e}^{-t^2}\mathrm{d}t=-\mathrm{e}^{-\cos^2 x}\cdot(\cos x)'=\sin x\cdot\mathrm{e}^{-\cos^2 x},$$

所以

$$\lim_{x\to0}\frac{\int_{\cos x}^{1}\mathrm{e}^{-t^2}\mathrm{d}t}{x^2}=\lim_{x\to0}\frac{\sin x\cdot\mathrm{e}^{-\cos^2 x}}{2x}=\frac{1}{2\mathrm{e}}.$$

5.2.2 牛顿—莱布尼茨公式

定理 5.2.1 具有非常重要的意义,如果函数 $f(x)$ 连续,那么积分上限函数 $\Phi(x)=\int_a^x f(t)\mathrm{d}t$ 是它的一个原函数,因此得到下面的原函数存在定理.

定理 5.2.2 如果 $f(x)$ 在 $[a,b]$ 上连续,则积分上限函数

$$\Phi(x)=\int_a^x f(t)\mathrm{d}t$$

就是 $f(x)$ 在 $[a,b]$ 上的一个原函数.

定理 5.2.2 一方面肯定了连续函数一定有原函数,另一方面建立了定积分

与不定积分之间的联系，因此，有可能通过原函数来计算定积分.

定理 5.2.3 如果函数 $F(x)$ 是连续函数 $f(x)$ 在 $[a,b]$ 上的一个原函数，则

$$\int_a^b f(x)\mathrm{d}x = F(b) - F(a). \tag{5.2.1}$$

证明 由已知条件 $F(x)$ 是连续函数 $f(x)$ 在 $[a,b]$ 上的一个原函数，根据定理 5.2.2，$\Phi(x) = \int_a^x f(t)\mathrm{d}t$ 也是 $f(x)$ 的一个原函数，所以 $F(x)$ 与 $\Phi(x)$ 只差一个常数，即

$$F(x) - \Phi(x) = C, x \in [a,b].$$

在上式中，令 $x = a$，得 $F(a) - \Phi(a) = C$，又因为 $\Phi(a) = \int_a^a f(t)\mathrm{d}t = 0$，所以 $F(a) = C$. 于是 $F(x) - \int_a^x f(t)\mathrm{d}t = F(a)$，即

$$\int_a^x f(x)\mathrm{d}x = F(x) - F(a).$$

在上式中，令 $x = b$，即得 $\int_a^b f(x)\mathrm{d}x = F(b) - F(a)$.

为方便起见，式(5.2.1)记作

$$\int_a^b f(x)\mathrm{d}x = [F(x)]_a^b \text{ 或者 } \int_a^b f(x)\mathrm{d}x = F(x)\mid_a^b.$$

式(5.2.1)称为**牛顿—莱布尼茨公式**. 这个公式表明：一个连续函数在区间 $[a,b]$ 上的定积分等于它的任意一个原函数在区间 $[a,b]$ 上的增量. 它巧妙地将定积分的计算转化到求被积函数的原函数上，最后计算区间上的增量. 这就给定积分的运算提供了一个有效而简便的计算方法，大大简化了定积分的运算过程.

例 5.2.3 计算定积分 $\int_0^2 x^3\mathrm{d}x$.

解 由于 $\frac{1}{4}x^4$ 是 x^3 的一个原函数，所以按照牛顿—莱布尼茨公式，得

$$\int_0^2 x^3\mathrm{d}x = \left[\frac{1}{4}x^4\right]_0^2 = 4 - 0 = 4.$$

例 5.2.4 计算定积分 $\int_0^{\frac{\pi}{2}} \sin 2x\mathrm{d}x$.

解 由于 $-\frac{1}{2}\cos 2x$ 是 $\sin 2x$ 的一个原函数，所以

$$\int_0^{\frac{\pi}{2}} \sin 2x\mathrm{d}x = \left[-\frac{1}{2}\cos 2x\right]_0^{\frac{\pi}{2}} = \frac{1}{2}(\cos 0 - \cos\pi) = 1.$$

例 5.2.5 计算定积分 $\int_{-1}^3 |2 - x|\mathrm{d}x$.

解 由于 $|2-x|=\begin{cases}2-x, x\leqslant 2,\\ x-2, x>2,\end{cases}$ 于是

$$\int_{-1}^{3}|2-x|\,dx=\int_{-1}^{2}(2-x)\,dx+\int_{2}^{3}(x-2)\,dx$$
$$=\left[2x-\frac{1}{2}x^2\right]_{-1}^{2}+\left[\frac{1}{2}x^2-2x\right]_{2}^{3}$$
$$=\frac{9}{2}+\frac{1}{2}=5.$$

习题 5.2

1. 计算下列导数.

(1) $\dfrac{d}{dx}\displaystyle\int_0^x e^{t^2-t}\,dt$；

(2) $\dfrac{d}{dx}\displaystyle\int_{x^2}^{x^3}\frac{1}{\sqrt{1+t^4}}\,dt$；

(3) $\dfrac{d}{dx}\displaystyle\int_{\sin^2 x}^{2}\frac{1}{1+t^2}\,dt$；

(4) $\dfrac{d}{dx}\displaystyle\int_{e}^{\sqrt{x}}\cos(t^2+1)\,dt$.

2. 计算下列极限.

(1) $\lim\limits_{x\to 0}\dfrac{\int_0^x \cos t^2\,dt}{x}$；

(2) $\lim\limits_{x\to 0}\dfrac{\int_0^x \ln(1+t^2)\,dt}{x^3}$；

(3) $\lim\limits_{x\to 0}\dfrac{\int_0^{x^2}\sqrt{1+t^2}\,dt}{x^2}$；

(4) $\lim\limits_{x\to 1}\dfrac{\int_1^x e^{t^2}\,dt}{\ln x}$；

(5) $\lim\limits_{x\to 0}\dfrac{\left(\int_0^x \sin t^2\,dt\right)^2}{\int_0^x t^2\sin t^3\,dt}$.

3. 设 $g(x)=\displaystyle\int_0^{x^2}\frac{1}{1+t^3}\,dt$，求 $g''(1)$.

4. 当 x 为何值时，函数 $I(x)=\displaystyle\int_0^x te^{-t^2}\,dt$ 有极值？

5. 计算下列定积分.

(1) $\displaystyle\int_1^4\frac{1+x}{\sqrt{x}}\,dx$；

(2) $\displaystyle\int_0^{\frac{\pi}{4}}\tan^2\theta\,d\theta$；

(3) $\displaystyle\int_0^2\frac{1}{4+x^2}\,dx$；

(4) $\displaystyle\int_1^2\left(x^2+\frac{1}{x^4}\right)dx$；

(5) $\displaystyle\int_{\frac{\pi}{2}}^{\frac{\pi}{4}}\cot^2 x\,dx$；

(6) $\displaystyle\int_1^{e^2}\frac{\ln^2 x}{x}\,dx$；

(7) $\displaystyle\int_0^2|x-1|\,dx$；

(8) $\displaystyle\int_{-\frac{1}{2}}^{\frac{1}{2}}\frac{1}{\sqrt{1-x^2}}\,dx$；

(9) $\displaystyle\int_{-1}^{0}\frac{3x^4+3x^2+1}{x^2+1}\,dx$；

(10) $\displaystyle\int_0^1(6-x^2-\sqrt{x})\,dx$.

6. 设 $f(x)=\begin{cases}x, & x<1,\\ e^{x-1}, & x\geqslant 1,\end{cases}$ 求 $\int_0^2 f(x)\mathrm{d}x$.

7. 设 $f(x)=\begin{cases}x^2, & x\in[0,1),\\ x, & x\in[1,2],\end{cases}$ 求 $\Phi(x)=\int_0^x f(t)\mathrm{d}t$ 在 $[0,2]$ 上的表达式,并讨论 $\Phi(x)$ 在 $(0,2)$ 内的连续性.

5.3 定积分的换元法和分部积分法

由牛顿—莱布尼茨公式知道,求定积分 $\int_a^b f(x)\mathrm{d}x$ 的问题可以转化为求被积函数 $f(x)$ 的原函数 $F(x)$ 在区间 $[a,b]$ 上的增量问题.因此计算定积分关键的一步就是寻求被积函数的一个原函数.在不定积分求原函数的计算中有换元法和分部积分法,那么在一定条件下,这两类方法在定积分的计算中仍然适用,本节将具体讨论定积分的计算方法.

5.3.1 定积分的换元法

定理 5.3.1 假设函数 $f(x)$ 在区间 $[a,b]$ 上连续,函数 $x=\varphi(t)$ 满足以下条件:

(1) $\varphi(\alpha)=a,\varphi(\beta)=b,a\leqslant\varphi(t)\leqslant b$;

(2) $\varphi(t)$ 在 $[\alpha,\beta]$ (或 $[\beta,\alpha]$)上有连续导数,

则有公式

$$\int_a^b f(x)\mathrm{d}x=\int_\alpha^\beta f[\varphi(t)]\varphi'(t)\mathrm{d}t. \tag{5.3.1}$$

式(5.3.1)称为定积分的**换元公式**.

证明 已知 $f(x)$ 和 $\varphi(t)$ 都是连续函数,根据连续函数的性质可知式(5.3.1)右边的被积函数 $f[\varphi(t)]\varphi'(t)$ 也是连续的,所以它们的原函数都存在.

设 $F(x)$ 是 $f(x)$ 在区间 $[a,b]$ 上的一个原函数,根据牛顿—莱布尼茨公式,左边的定积分

$$\int_a^b f(x)\mathrm{d}x=F(b)-F(a).$$

$F[\varphi(t)]$ 是 $F(x)$ 和 $x=\varphi(t)$ 复合而成的函数,由复合函数求导法则得

$$\frac{\mathrm{d}}{\mathrm{d}t}F[\varphi(t)]=F'[\varphi(t)]\varphi'(t)=f[\varphi(t)]\varphi'(t).$$

可见,$F[\varphi(t)]$ 是 $f[\varphi(t)]\varphi'(t)$ 的一个原函数,根据牛顿—莱布尼茨公式,右边的定积分

$$\int_\alpha^\beta f[\varphi(t)]\varphi'(t)\mathrm{d}t=F[\varphi(\beta)]-F[\varphi(\alpha)]=F(b)-F(a),$$

所以

$$\int_a^b f(x)\mathrm{d}x = \int_\alpha^\beta f[\varphi(t)]\varphi'(t)\mathrm{d}t.$$

应用换元公式时应该注意以下三点:

(1)用 $x=\varphi(t)$ 把原变量 x 代换成新变量 t 时,积分限也要换成相应于新变量 t 的积分限,即换元必定换限;

(2)求出 $f[\varphi(t)]\varphi'(t)$ 的一个原函数 $F[\varphi(t)]$ 后,可以不必像计算不定积分那样再把 $F[\varphi(t)]$ 换成原来变量 x 的函数,而只要把新变量 t 的上、下限分别代入 $F[\varphi(t)]$ 中然后相减即可;

(3)换元公式也可反过来使用,为使用方便起见,把换元公式中左右两边对调位置,得

$$\int_\alpha^\beta f[\varphi(t)]\varphi'(t)\mathrm{d}t = \int_a^b f(x)\mathrm{d}x \text{ (令 } x=\varphi(t) \text{)}.$$

例 5.3.1 计算定积分 $\int_0^{\frac{\pi}{2}} \cos^5 x\sin x\mathrm{d}x$.

解 令 $t=\cos x$, 则 $\mathrm{d}t=-\sin x\mathrm{d}x$, 且当 $x=\frac{\pi}{2}$ 时, $t=0$; 当 $x=0$ 时, $t=1$. 所以

$$\int_0^{\frac{\pi}{2}} \cos^5 x\sin x\mathrm{d}x = -\int_1^0 t^5\mathrm{d}t = \left[\frac{t^6}{6}\right]_0^1 = \frac{1}{6}.$$

例 5.3.2 计算定积分 $\int_0^a \sqrt{a^2-x^2}\mathrm{d}x\ (a>0)$.

解 令 $x=a\sin t$, 则 $\mathrm{d}x=a\cos t\mathrm{d}t$, 且当 $x=0$ 时, $t=0$; 当 $x=a$ 时, $t=\frac{\pi}{2}$, 所以

$$\begin{aligned}\int_0^a \sqrt{a^2-x^2}\mathrm{d}x &= a^2\int_0^{\frac{\pi}{2}} \cos^2 t\mathrm{d}t \\ &= \frac{a^2}{2}\int_0^{\frac{\pi}{2}} (1+\cos 2t)\mathrm{d}t \\ &= \left[\frac{a^2}{2}\left(t+\frac{1}{2}\sin 2t\right)\right]_0^{\frac{\pi}{2}} = \frac{\pi a^2}{4}.\end{aligned}$$

例 5.3.3 计算定积分 $\int_0^8 \frac{\mathrm{d}x}{1+\sqrt[3]{x}}$.

解 令 $x=t^3$, 则 $\mathrm{d}x=3t^2\mathrm{d}t$, 且当 $x=0$ 时, $t=0$; 当 $x=8$ 时, $t=2$, 所以

$$\begin{aligned}\int_0^8 \frac{\mathrm{d}x}{1+\sqrt[3]{x}} &= \int_0^2 \frac{3t^2}{1+t}\mathrm{d}t \\ &= 3\int_0^2 \left(t-1+\frac{1}{1+t}\right)\mathrm{d}t\end{aligned}$$

$$= 3\left[\frac{1}{2}t^2 - t + \ln(1+t)\right]_0^2 = 3\ln 3.$$

例 5.3.4 计算定积分 $\int_1^2 \frac{dx}{x(x^4+1)}$.

解 令 $t = \frac{1}{x}$，则 $dx = -\frac{1}{t^2}dt$，且当 $x = 1$ 时，$t = 1$；$x = 2$ 时，$t = \frac{1}{2}$，所以

$$\int_1^2 \frac{dx}{x(x^4+1)} = -\int_1^{\frac{1}{2}} \frac{t^3 dt}{t^4+1} = \int_{\frac{1}{2}}^1 \frac{t^3 dt}{t^4+1} = \frac{1}{4}\int_{\frac{1}{2}}^1 \frac{d(t^4+1)}{t^4+1}$$

$$= \frac{1}{4}[\ln(t^4+1)]_{\frac{1}{2}}^1 = \frac{5}{4}\ln 2 - \frac{1}{4}\ln 17.$$

注意：根据奇偶函数在对称区间上积分的性质，可以使某些积分的计算大大简化，具体计算时，有时需要根据题目特点作一些特殊的代换.

例 5.3.5 计算定积分 $\int_{-1}^1 \frac{x\ln(1+x^2)+1}{1+x^2}dx$.

解 因为

$$\int_{-1}^1 \frac{x\ln(1+x^2)+1}{1+x^2}dx = \int_{-1}^1 \frac{x\ln(1+x^2)}{1+x^2}dx + \int_{-1}^1 \frac{1}{1+x^2}dx,$$

而函数 $\frac{x\ln(1+x^2)}{1+x^2}$ 是 x 的奇函数，所以 $\int_{-1}^1 \frac{x\ln(1+x^2)}{1+x^2}dx = 0$，所以

$$\int_{-1}^1 \frac{x\ln(1+x^2)+1}{1+x^2}dx = 0 + \int_{-1}^1 \frac{1}{1+x^2}dx = [\arctan x]_{-1}^1 = \frac{\pi}{2}.$$

例 5.3.6 若 $f(x)$ 在 $[0,1]$ 上连续，证明：$\int_0^{\frac{\pi}{2}} \sin^n x\,dx = \int_0^{\frac{\pi}{2}} \cos^n x\,dx$.

证明 设 $x = \frac{\pi}{2} - t$，则 $dx = -dt$，当 $x = 0$ 时，$t = \frac{\pi}{2}$；当 $x = \frac{\pi}{2}$ 时，$t = 0$，

$$\int_0^{\frac{\pi}{2}} \sin^n x\,dx = -\int_{\frac{\pi}{2}}^0 \sin^n\left(\frac{\pi}{2} - t\right)dt = \int_0^{\frac{\pi}{2}} \cos^n t\,dt = \int_0^{\frac{\pi}{2}} \cos^n x\,dx.$$

利用以上结果可以简化某些含有正、余弦函数的积分的计算.

5.3.2 定积分的分部积分法

设函数 $u(x)$，$v(x)$ 在区间 $[a,b]$ 上具有连续导数，根据不定积分的分部积分法，可得

$$\int_a^b u(x)v'(x)dx = \left[\int u(x)v'(x)dx\right]_a^b = \left[u(x)v(x) - \int v(x)u'(x)dx\right]_a^b$$

$$= [u(x)v(x)]_a^b - \int_a^b v(x)u'(x)dx.$$

简记为

$$\int_a^b uv'\mathrm{d}x = [uv]_a^b - \int_a^b vu'\mathrm{d}x,$$

或者

$$\int_a^b u\mathrm{d}v = [uv]_a^b - \int_a^b v\mathrm{d}u. \qquad (5.3.2)$$

式(5.3.2)称为定积分的**分部积分公式**. 此公式适用的类型以及 $u(x)$, $v(x)$ 的选择与不定积分中的选择是相同的.

例 5.3.7 计算定积分 $\int_1^5 \ln x\mathrm{d}x$.

解 令 $u=\ln x, \mathrm{d}v=\mathrm{d}x$, 则 $\mathrm{d}u=\frac{\mathrm{d}x}{x}, v=x$,

$$\begin{aligned}\int_1^5 \ln x\mathrm{d}x &= [x\ln x]_1^5 - \int_1^5 x\mathrm{d}\ln x \\ &= [x\ln x]_1^5 - \int_1^5 x\cdot\frac{1}{x}\mathrm{d}x \\ &= [x\ln x]_1^5 - [x]_1^5 \\ &= 5\ln 5 - 4.\end{aligned}$$

例 5.3.8 计算定积分 $\int_0^{\frac{1}{2}} \arcsin x\mathrm{d}x$.

解 令 $u=\arcsin x, \mathrm{d}v=\mathrm{d}x$, 则 $\mathrm{d}u=\frac{\mathrm{d}x}{\sqrt{1-x^2}}, v=x$,

$$\int_0^{\frac{1}{2}} \arcsin x\mathrm{d}x = [x\arcsin x]_0^{\frac{1}{2}} - \int_0^{\frac{1}{2}} \frac{x\mathrm{d}x}{\sqrt{1-x^2}} = \frac{1}{2}\cdot\frac{\pi}{6} + \frac{1}{2}\int_0^{\frac{1}{2}} \frac{1}{\sqrt{1-x^2}}\mathrm{d}(1-x^2)$$

$$= \frac{\pi}{12} + \left[\sqrt{1-x^2}\right]_0^{\frac{1}{2}} = \frac{\pi}{12} + \frac{\sqrt{3}}{2} - 1.$$

例 5.3.9 计算定积分 $\int_0^1 \mathrm{e}^{\sqrt{x}}\mathrm{d}x$.

解 令 $\sqrt{x}=t$, 则 $x=t^2, \mathrm{d}x=2t\mathrm{d}t$, 且当 $x=0$ 时, $t=0$; 当 $x=1$ 时, $t=1$. 所以

$$\begin{aligned}\int_0^1 \mathrm{e}^{\sqrt{x}}\mathrm{d}x &= 2\int_0^1 t\mathrm{e}^t\mathrm{d}t = 2\int_0^1 t\mathrm{d}\mathrm{e}^t = 2[t\mathrm{e}^t]_0^1 - 2\int_0^1 \mathrm{e}^t\mathrm{d}t \\ &= 2\mathrm{e} - 2[\mathrm{e}^t]_0^1 = 2.\end{aligned}$$

例 5.3.10 设 $f(0)=1, f(2)=3, f'(2)=5$, 计算 $\int_0^2 xf''(x)\mathrm{d}x$.

解 根据分部积分法得

$$\begin{aligned}\int_0^2 xf''(x)\mathrm{d}x &= \int_0^2 x\mathrm{d}f'(x) = xf'(x)\Big|_0^2 - \int_0^2 f'(x)\mathrm{d}x \\ &= 2f'(2) - f(x)\Big|_0^2 = 10 - f(2) + f(0) = 8.\end{aligned}$$

习题 5.3

1. 计算下列定积分.

(1) $\int_0^{\sqrt{2}a} \frac{x}{\sqrt{3a^2-x^2}}\mathrm{d}x\ (a>0)$；　(2) $\int_1^2 \frac{1}{(3x-1)^2}\mathrm{d}x$；

(3) $\int_{\frac{\pi}{3}}^{\pi} \sin\left(x+\frac{\pi}{3}\right)\mathrm{d}x$；　(4) $\int_1^{\mathrm{e}^2} \frac{1}{x\sqrt{1+\ln x}}\mathrm{d}x$；

(5) $\int_{-2}^{0} \frac{1}{x^2+2x+2}\mathrm{d}x$；　(6) $\int_0^{\frac{\pi}{2}} \sin^2 x\cos x\mathrm{d}x$；

(7) $\int_0^{\pi} (1-\sin^3\theta)\mathrm{d}\theta$；　(8) $\int_0^1 \frac{1}{\mathrm{e}^x+\mathrm{e}^{-x}}\mathrm{d}x$；

(9) $\int_0^{\sqrt{2}} \sqrt{2-x^2}\mathrm{d}x$；　(10) $\int_{-\sqrt{2}}^{\sqrt{2}} \sqrt{8-2t^2}\mathrm{d}t$；

(11) $\int_1^4 \frac{1}{1+\sqrt{x}}\mathrm{d}x$；　(12) $\int_{\frac{3}{4}}^{1} \frac{1}{\sqrt{1-x}-1}\mathrm{d}x$；

(13) $\int_{-1}^{1} \frac{x}{\sqrt{5-4x}}\mathrm{d}x$；　(14) $\int_0^{\ln 3} \frac{1}{\sqrt{1+\mathrm{e}^x}}\mathrm{d}x$.

2. 计算下列定积分.

(1) $\int_0^1 x^2\mathrm{e}^{-x}\mathrm{d}x$；　(2) $\int_1^4 \frac{\ln x}{\sqrt{x}}\mathrm{d}x$；

(3) $\int_0^{\frac{\pi}{4}} x\cos 2x\mathrm{d}x$；　(4) $\int_0^{\frac{\pi}{3}} \frac{x}{\cos^2 x}\mathrm{d}x$；

(5) $\int_{\mathrm{e}}^{\mathrm{e}^2} \frac{\ln x}{(x-1)^2}\mathrm{d}x$；　(6) $\int_1^2 \ln(x+1)\mathrm{d}x$；

(7) $\int_1^{\mathrm{e}} \sin(\ln x)\mathrm{d}x$.

3. 利用函数的奇偶性计算下列定积分.

(1) $\int_{-1}^{1} (x+|x|)^2\mathrm{d}x$；　(2) $\int_{-\frac{\pi}{2}}^{\frac{\pi}{2}} \sqrt{\cos x-\cos^3 x}\mathrm{d}x$.

4. 设 $f(x)$ 在 $[a,b]$ 上连续，证明：$\int_a^b f(x)\mathrm{d}x=\int_a^b f(a+b-x)\mathrm{d}x$.

5. 证明：$\int_x^1 \frac{1}{1+x^2}\mathrm{d}x=\int_1^{\frac{1}{x}} \frac{1}{1+x^2}\mathrm{d}x\ (x>0)$.

6. 证明：$\int_0^{\pi} \sin^n x\mathrm{d}x=2\int_0^{\frac{\pi}{2}} \sin^n x\mathrm{d}x$.

7. 已知 $f(2x+1)=x\mathrm{e}^x$，求 $\int_3^5 f(x)\mathrm{d}x$.

5.4 反常积分

前面介绍的定积分中，被积函数满足的条件是：$f(x)$ 在有限区间 $[a,b]$ 上是有界的.但是在一些实际应用问题中,还经常会遇到积分区间为无限区间或者是被积函数在积分区间上无界的情形,这样的积分不再属于定积分,而是定积分的推广,我们通常称其为**反常积分**或**广义积分**.

5.4.1 无穷限的反常积分

定义 5.4.1 设函数 $f(x)$ 在 $[a,+\infty)$ 上连续,取 $t>a$,如果极限 $\lim\limits_{t\to+\infty}\int_a^t f(x)\mathrm{d}x$ 存在,则称此极限为函数 $f(x)$ 在无穷区间 $[a,+\infty)$ 上的**反常积分**,记作 $\int_a^{+\infty} f(x)\mathrm{d}x$,即

$$\int_a^{+\infty} f(x)\mathrm{d}x=\lim_{t\to+\infty}\int_a^t f(x)\mathrm{d}x.$$

这时也称反常积分 $\int_a^{+\infty} f(x)\mathrm{d}x$ **收敛**;上述极限不存在时,称反常积分 $\int_a^{+\infty} f(x)\mathrm{d}x$ **发散**,记号 $\int_a^{+\infty} f(x)\mathrm{d}x$ 不再表示数值.

类似地,设函数 $f(x)$ 在区间 $(-\infty,b]$ 上连续,取 $t<b$,如果极限 $\lim\limits_{t\to-\infty}\int_t^b f(x)\mathrm{d}x$ 存在,则称此极限为函数 $f(x)$ 在无穷区间 $(-\infty,b]$ 上的**反常积分**,记作 $\int_{-\infty}^b f(x)\mathrm{d}x$,即

$$\int_{-\infty}^b f(x)\mathrm{d}x=\lim_{t\to-\infty}\int_t^b f(x)\mathrm{d}x.$$

这时也称反常积分 $\int_{-\infty}^b f(x)\mathrm{d}x$ **收敛**;当上述极限不存在时,称反常积分 $\int_{-\infty}^b f(x)\mathrm{d}x$ **发散**.

设函数 $f(x)$ 在 $(-\infty,+\infty)$ 上连续,如果反常积分 $\int_{-\infty}^0 f(x)\mathrm{d}x$ 和 $\int_0^{+\infty} f(x)\mathrm{d}x$ 都收敛,则称上述两反常积分之和为函数 $f(x)$ 在无穷区间 $(-\infty,+\infty)$ 上的**反常积分**,记作 $\int_{-\infty}^{+\infty} f(x)\mathrm{d}x$,即

$$\begin{aligned}\int_{-\infty}^{+\infty} f(x)\mathrm{d}x&=\int_{-\infty}^0 f(x)\mathrm{d}x+\int_0^{+\infty} f(x)\mathrm{d}x\\&=\lim_{t\to-\infty}\int_t^0 f(x)\mathrm{d}x+\lim_{t\to+\infty}\int_0^t f(x)\mathrm{d}x.\end{aligned}$$

这时称反常积分 $\int_{-\infty}^{+\infty} f(x)\mathrm{d}x$ **收敛**;如果 $\int_{-\infty}^0 f(x)\mathrm{d}x$ 和 $\int_0^{+\infty} f(x)\mathrm{d}x$ 不都收敛,则称反常积分 $\int_{-\infty}^{+\infty} f(x)\mathrm{d}x$ **发散**.

上述积分我们统称为**无穷限的反常积分**.

根据定义 5.4.1 和牛顿—莱布尼茨公式,我们可以得到以下简记形式:

对于反常积分 $\int_a^{+\infty} f(x)\mathrm{d}x$,如果 $F(x)$ 是 $f(x)$ 在 $[a,+\infty)$ 上的一个原函数,则

$$\int_a^{+\infty} f(x)\mathrm{d}x = \lim_{t\to+\infty}\int_a^t f(x)\mathrm{d}x = \lim_{t\to+\infty}[F(t)-F(a)] = \lim_{t\to+\infty}F(t)-F(a),$$

记 $\lim\limits_{t\to+\infty}F(t)=F(+\infty)$,则积分

$$\int_a^{+\infty} f(x)\mathrm{d}x = F(+\infty)-F(a) = [F(x)]_a^{+\infty}.$$

类似地,记

$$\int_{-\infty}^{b} f(x)\mathrm{d}x = [F(x)]_{-\infty}^{b},$$

$$\int_{-\infty}^{+\infty} f(x)\mathrm{d}x = [F(x)]_{-\infty}^{+\infty}.$$

例 5.4.1 计算反常积分 $\int_0^{+\infty} \mathrm{e}^{-x}\mathrm{d}x$.

解 $\int_0^{+\infty} \mathrm{e}^{-x}\mathrm{d}x = \lim\limits_{t\to+\infty}\int_0^t \mathrm{e}^{-x}\mathrm{d}x = \lim\limits_{t\to+\infty}[-\mathrm{e}^{-x}]_0^t = \lim\limits_{t\to+\infty}(1-\mathrm{e}^{-t})=1$.

例 5.4.2 计算反常积分 $\int_{-\infty}^{+\infty} \frac{\mathrm{d}x}{1+x^2}$.

解

$$\int_{-\infty}^{+\infty} \frac{\mathrm{d}x}{1+x^2} = [\arctan x]_{-\infty}^{+\infty} = \lim_{x\to+\infty}\arctan x - \lim_{x\to-\infty}\arctan x = \frac{\pi}{2}-\left(-\frac{\pi}{2}\right)=\pi.$$

例 5.4.3 证明反常积分 $\int_0^{+\infty}\cos x\mathrm{d}x$ 发散.

证明 $\int_0^{+\infty}\cos x\mathrm{d}x = [\sin x]_0^{+\infty} = \lim\limits_{t\to+\infty}\sin t$,而 $\lim\limits_{t\to+\infty}\sin t$ 不存在,所以反常积分 $\int_0^{+\infty}\cos x\mathrm{d}x$ 发散.

例 5.4.4 证明反常积分 $\int_a^{+\infty}\frac{1}{x^p}\mathrm{d}x\ (a>0)$ 当 $p>1$ 时收敛,当 $p\leqslant 1$ 时发散.

证明 (1) $p=1$,$\int_a^{+\infty}\frac{1}{x^p}\mathrm{d}x = \int_a^{+\infty}\frac{1}{x}\mathrm{d}x = [\ln x]_a^{+\infty} = +\infty$.

(2) $p\neq 1$,$\int_a^{+\infty}\frac{1}{x^p}\mathrm{d}x = \left[\frac{x^{1-p}}{1-p}\right]_a^{+\infty} = \begin{cases}+\infty, & p<1,\\ \frac{a^{1-p}}{p-1}, & p>1.\end{cases}$

因此当 $p>1$ 时反常积分收敛,其值为 $\frac{a^{1-p}}{p-1}$;当 $p\leqslant 1$ 时反常积分发散.

5.4.2 无界函数的反常积分

定义 5.4.2 如果函数 $f(x)$ 在点 a 的任一邻域内都无界，则称点 a 为函数 $f(x)$ 的**瑕点**(称**无界间断点**).

定义 5.4.3 设函数 $f(x)$ 在区间 $(a,b]$ 上连续，点 a 为 $f(x)$ 的瑕点. 取 $t>a$，如果极限 $\lim\limits_{t\to a^+}\int_t^b f(x)\mathrm{d}x$ 存在，则称此极限为函数 $f(x)$ 在区间 $(a,b]$ 上的**反常积分**，记作

$$\int_a^b f(x)\mathrm{d}x=\lim_{t\to a^+}\int_t^b f(x)\mathrm{d}x.$$

这时也称反常积分 $\int_a^b f(x)\mathrm{d}x$ **收敛**；当上述极限不存在时，称反常积分 $\int_a^b f(x)\mathrm{d}x$ **发散**.

类似地，设函数 $f(x)$ 在区间 $[a,b)$ 上连续，点 b 为 $f(x)$ 的瑕点. 取 $t<b$，如果极限 $\lim\limits_{t\to b^-}\int_a^t f(x)\mathrm{d}x$ 存在，则称此极限为函数 $f(x)$ 在区间 $[a,b)$ 上的**反常积分**，记作

$$\int_a^b f(x)\mathrm{d}x=\lim_{t\to b^-}\int_a^t f(x)\mathrm{d}x.$$

这时也称反常积分 $\int_a^b f(x)\mathrm{d}x$ **收敛**；当上述极限不存在时，称反常积分 $\int_a^b f(x)\mathrm{d}x$ **发散**.

设函数 $f(x)$ 在区间 $[a,b]$ 上除点 $c(a<c<b)$ 外连续，点 c 为 $f(x)$ 的瑕点. 如果两个反常积分 $\int_a^c f(x)\mathrm{d}x$ 和 $\int_c^b f(x)\mathrm{d}x$ 都收敛，则定义

$$\int_a^b f(x)\mathrm{d}x=\int_a^c f(x)\mathrm{d}x+\int_c^b f(x)\mathrm{d}x=\lim_{t\to c^-}\int_a^t f(x)\mathrm{d}x+\lim_{t\to c^+}\int_t^b f(x)\mathrm{d}x,$$

这时称反常积分 $\int_a^b f(x)\mathrm{d}x$ **收敛**；否则，就称反常积分 $\int_a^b f(x)\mathrm{d}x$ **发散**.

例 5.4.5 计算反常积分 $\int_0^a \frac{\mathrm{d}x}{\sqrt{a^2-x^2}}\ (a>0)$.

解 因为 $\lim\limits_{x\to a^-}\frac{1}{\sqrt{a^2-x^2}}=+\infty$，所以 $x=a$ 为被积函数的无穷间断点，从而必为瑕点，于是

$$\int_0^a \frac{\mathrm{d}x}{\sqrt{a^2-x^2}}=\lim_{t\to a^-}\int_0^t \frac{\mathrm{d}x}{\sqrt{a^2-x^2}}=\lim_{t\to a^-}\left[\arcsin\frac{x}{a}\right]_0^t=\frac{\pi}{2}.$$

例 5.4.6 讨论反常积分 $\int_{-1}^1 \frac{1}{x^2}\mathrm{d}x$ 的敛散性.

解 显然 $x=0$ 是内部瑕点,因此把积分分为两部分,即

$$\int_{-1}^{1}\frac{1}{x^2}\mathrm{d}x=\int_{-1}^{0}\frac{1}{x^2}\mathrm{d}x+\int_{0}^{1}\frac{1}{x^2}\mathrm{d}x,$$

而 $\int_{-1}^{0}\frac{1}{x^2}\mathrm{d}x=\left[-\frac{1}{x}\right]_{-1}^{0}=\lim\limits_{x\to0^-}\left(-\frac{1}{x}\right)-1=+\infty$. 根据定义,反常积分 $\int_{-1}^{1}\frac{1}{x^2}\mathrm{d}x$ 发散.

例 5.4.7 证明反常积分 $\int_a^b\frac{\mathrm{d}x}{(x-a)^q}$ 当 $q<1$ 时收敛,当 $q\geqslant1$ 时发散.

证明 (1)当 $q=1$ 时,$\int_a^b\frac{\mathrm{d}x}{x-a}=[\ln|x-a|]_a^b=+\infty$.

(2)当 $q\neq1$ 时,

$$\int_a^b\frac{\mathrm{d}x}{(x-a)^q}=\left[\frac{(x-a)^{1-q}}{1-q}\right]_a^b=\begin{cases}\dfrac{(b-a)^{1-q}}{1-q}, & q<1,\\ +\infty, & q>1.\end{cases}$$

所以当 $q<1$ 时,该反常积分收敛,其值为 $\frac{(b-a)^{1-q}}{1-q}$;当 $q\geqslant1$ 时,该反常积分发散.

例 5.4.8 计算反常积分 $\int_1^2\frac{\mathrm{d}x}{x\sqrt{x-1}}$.

解 显然 $x=1$ 是瑕点,令 $\sqrt{x-1}=t$,则有

$$\int_1^2\frac{\mathrm{d}x}{x\sqrt{x-1}}=\int_0^1\frac{2t}{(t^2+1)t}\mathrm{d}t=2\int_0^1\frac{1}{t^2+1}\mathrm{d}t$$

$$=2[\arctan t]_0^1=\frac{\pi}{2}.$$

5.4.3 Γ 函数

在经济学中,我们经常会应用概率统计模型讨论问题,其中研究概率分布中的数字特征是一项重要内容. 而数字特征的计算往往都归到复杂的积分运算. 利用 Γ 函数的特殊性质能有效简便地求解概率论中所涉及的具体且复杂的积分表征形式、数字特征求解等数学问题,可以避免多次分部积分. 下面来介绍 Γ 函数的定义及其重要性质.

定义 5.4.4 称反常积分

$$\Gamma(s)=\int_0^{+\infty}x^{s-1}\mathrm{e}^{-x}\mathrm{d}x\,(s>0) \tag{5.4.1}$$

为 Γ 函数(图 5.7).

可以证明式(5.4.1)右端的反常积分在 $s>0$ 时是收敛的,说明 Γ 函数的定义域为 $s>0$. 还可以进一步证明 Γ 函数在其定义域内是连续的.

下面重点介绍它的重要性质.

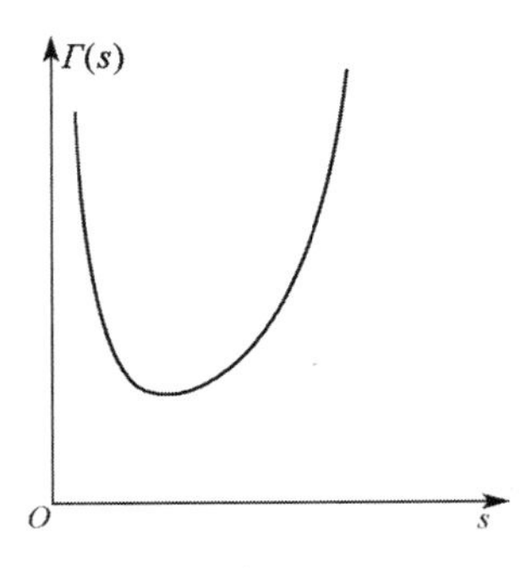

图 5.7

性质 5.4.1 $\Gamma(s+1)=s\Gamma(s)\ (s>0)$.

证明 根据定义,有

$$\Gamma(s+1)=\int_0^{+\infty}x^s e^{-x}dx=-\int_0^{+\infty}x^s de^{-x}$$

$$=[-x^s e^{-x}]_0^{+\infty}+\int_0^{+\infty}e^{-x}dx^s=s\int_0^{+\infty}e^{-x}x^{s-1}dx$$

$$=s\Gamma(s).$$

性质 5.4.2 $\Gamma(n+1)=n!$(n 为正整数).

证明 根据上述性质,有

$$\Gamma(n+1)=n\Gamma(n)=n\cdot(n-1)\Gamma(n-1)=\cdots$$

$$=n\cdot(n-1)\cdot\cdots\cdot 2\cdot 1\cdot\Gamma(1)$$

$$=n!\Gamma(1).$$

而

$$\Gamma(1)=\int_0^{+\infty}e^{-x}dx=[-e^{-x}]_0^{+\infty}=1.$$

所以结论成立.

性质 5.4.3 $\Gamma(s)\Gamma(1-s)=\dfrac{\pi}{\sin\pi s}\ (0<s<1)$.

这个性质中的公式称为**余元公式**,在此我们不作证明.

例 5.4.9 计算下列各值.

(1) $\dfrac{\Gamma(6)}{2\Gamma(3)}$;　　(2) $\dfrac{\Gamma\left(\frac{5}{2}\right)}{\Gamma\left(\frac{1}{2}\right)}$.

解 (1)根据性质 5.4.2:

$$\frac{\Gamma(6)}{2\Gamma(3)}=\frac{5!}{2\cdot 2!}=\frac{5\cdot 4\cdot 3}{2}=30.$$

(2)根据性质 5.4.1:

$$\frac{\Gamma\left(\frac{5}{2}\right)}{\Gamma\left(\frac{1}{2}\right)}=\frac{\frac{3}{2}\Gamma\left(\frac{3}{2}\right)}{\Gamma\left(\frac{1}{2}\right)}=\frac{\frac{3}{2}\cdot\frac{1}{2}\Gamma\left(\frac{1}{2}\right)}{\Gamma\left(\frac{1}{2}\right)}=\frac{3}{4}.$$

例 5.4.10 计算积分.

(1) $\int_0^{+\infty} x^2 e^{-x} dx$；　　(2) $\int_0^{+\infty} x^{-\frac{1}{2}} e^{-x} dx$.

解 (1) $\int_0^{+\infty} x^2 e^{-x} dx = \Gamma(3) = 2! = 2$.

(2)根据定义

$$\int_0^{+\infty} x^{-\frac{1}{2}} e^{-x} dx = \Gamma\left(\frac{1}{2}\right),$$

根据性质 5.4.3,令 $s=\frac{1}{2}$,可得

$$\Gamma\left(\frac{1}{2}\right)=\sqrt{\pi}.$$

所以

$$\int_0^{+\infty} x^{-\frac{1}{2}} e^{-x} dx = \sqrt{\pi}.$$

令 $x=t^2, dx=2tdt$,可得

$$\begin{aligned}\int_0^{+\infty} x^{-\frac{1}{2}} e^{-x} dx &= \int_0^{+\infty} t^{-1} e^{-t^2}\cdot 2tdt\\ &= 2\int_0^{+\infty} e^{-t^2} dt = \int_{-\infty}^{+\infty} e^{-t^2} dt.\end{aligned}$$

即

$$\int_{-\infty}^{+\infty} e^{-t^2} dt = \Gamma\left(\frac{1}{2}\right)=\sqrt{\pi}.$$

习题 5.4

1. 计算下列反常积分.

(1) $\int_{-\infty}^{+\infty} \frac{1}{4x^2+4x+5} dx$；　　(2) $\int_0^{-\infty} e^{3x} dx$；

(3) $\int_0^{+\infty} x^3 e^{-x^2} dx$；　　(4) $\int_1^{+\infty} \frac{\ln x}{x^2} dx$；

(5) $\int_{-1}^{1} \frac{1}{\sqrt{1-x^2}} dx$；　　(6) $\int_1^{5} \frac{1}{\sqrt{5-x}} dx$.

2. 判断下列反常积分的敛散性.

(1) $\int_1^{+\infty} \frac{1}{x^4} dx$；　　(2) $\int_3^{+\infty} \frac{1}{x(x-1)} dx$；

(3) $\int_{-1}^{2} \frac{2x}{x^2-4} dx$；　　(4) $\int_0^{\frac{\pi}{2}} \frac{1}{\sin x} dx$.

3. 计算下列各值.

(1) $\frac{\Gamma(7)}{2\Gamma(4)\Gamma(3)}$; (2) $\int_0^{+\infty} x^2 e^{-2x^2} dx$.

5.5 定积分的元素法及其在几何学上的应用

5.5.1 定积分的元素法

在本节中,我们将应用前面章节中的定积分理论来解决一些几何学的相关问题.本节的学习过程中,不仅要掌握这些实际问题的计算公式,更重要的是深刻体会推导这些公式的重要思想方法——**元素法**.

下面首先介绍元素法的基本思想.

简单回顾在本章第一节中的几何学问题——曲边梯形的面积问题,解决的步骤可归结为"分割、近似、求和、取极限".将曲边梯形分割成细长的小曲边梯形时任意插入了 $n-1$ 个分点 $x_1, x_2, \cdots, x_{n-1}$,在对每个小曲边梯形的面积作近似计算时,从对应的每个小区间上任取一个点 ξ_i,用对应的函数值 $f(\xi_i)$ 为高,以区间长度 Δx_i 为底的矩形面积近似代替了小曲边梯形的面积,然后进行求和,取极限得到曲边梯形面积的精确值

$$A = \lim_{\lambda \to 0} \sum_{i=1}^{n} f(\xi_i) \Delta x_i.$$

为了简单起见,对上述的任意分割和任意取值不作具体化标注,从而可以将上述过程改写如下:

(1) 分割:把 $[a,b]$ 任意分为 n 个小区间,任取其中一个小区间 $[x, x+dx]$,ΔA 表示 $[x, x+dx]$ 上小曲边梯形的面积.

(2)近似:取 $[x, x+dx]$ 的左端点 x 为 ξ,以 x 处的函数值 $f(x)$ 为高,dx 为底的小矩形的面积 $f(x)dx$ 作为 ΔA 的近似值:

$$\Delta A \approx f(x)dx.$$

(3)求和:面积 A 的近似值表示为

$$A = \sum \Delta A \approx \sum f(x)dx.$$

(4)取极限:面积 A 的精确值表示为

$$A = \lim \sum f(x)dx = \int_a^b f(x)dx.$$

在这四个步骤中,关键是第二步.只要求出了任取小区间对应的小曲边梯形面积 ΔA 的近似值 $dA = f(x)dx$,再以它为被积函数求定积分,就可以得到 A 的精确值.在这里 $dA = f(x)dx$ 称为**面积元素**.

对所求的量先求出其元素,然后以元素为被积表达式作定积分,从而求出所求量的方法,称为**元素法**.

一般地,如果某一实际问题中的所求量 U 符合下列条件,就可以考虑用定

积分的元素法来表达这个量：

(1) U 是一个与变量 x 的变化区间 $[a,b]$ 有关的量；

(2) U 对于区间 $[a,b]$ 具有可加性，即如果把区间 $[a,b]$ 分成若干部分区间，则 U 相应地被分成若干部分量，而 U 等于所有部分量之和；

(3)部分量 ΔU_i 近似等于 $f(\xi_i)\Delta x_i$，则 $U=\int_a^b f(x)\mathrm{d}x$.

通常写出所求量 U 的一般步骤如下：

(1)根据问题的具体情况，选取一个变量，比如 x 作积分变量，并确定它的变化区间 $[a,b]$；

(2)在 $[a,b]$ 上任取一个小区间 $[x,x+\mathrm{d}x]$，求出相对应的部分量 ΔU 的近似值，如果近似值能够表示成 $f(x)\mathrm{d}x$，就把它称为量 U 的**元素**并记为 $\mathrm{d}U$，即

$$\mathrm{d}U=f(x)\mathrm{d}x\ ;$$

(3)以所求量的元素 $f(x)\mathrm{d}x$ 为被积表达式，在区间 $[a,b]$ 上作定积分，得 $U=\int_a^b f(x)\mathrm{d}x$.

5.5.2 定积分在几何学上的应用——平面图形的面积

由连续曲线 $y=f(x)(f(x)\geqslant 0)$，直线 $x=a,x=b(a<b)$ 和 x 轴围成的曲边梯形的面积 $A=\int_a^b f(x)\mathrm{d}x$，被积表达式 $f(x)\mathrm{d}x$ 就是面积元素 $\mathrm{d}A$.

按照定积分的元素法，我们可以推导出一般平面图形的面积计算公式.

一般地，由两条曲线 $y=f_1(x),y=f_2(x)(f_1(x)\geqslant f_2(x))$ 与直线 $x=a$，$x=b$ 围成的图形的面积元素如图 5.8 所示.

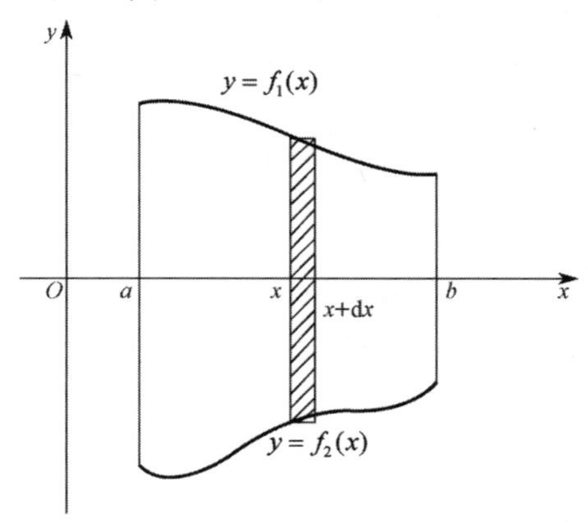

图 5.8

$$\mathrm{d}A=[f_1(x)-f_2(x)]\mathrm{d}x,$$

因此面积为

$$A=\int_a^b[f_1(x)-f_2(x)]\mathrm{d}x.$$

类似地,按照定积分元素法,由曲线 $x=g_1(y)$,$x=g_2(y)$($g_1(y)\leqslant g_2(y)$)与直线 $y=c$,$y=d$ 所围平面图形(图 5.9)的面积为

$$A=\int_c^d[g_2(y)-g_1(y)]\mathrm{d}y.$$

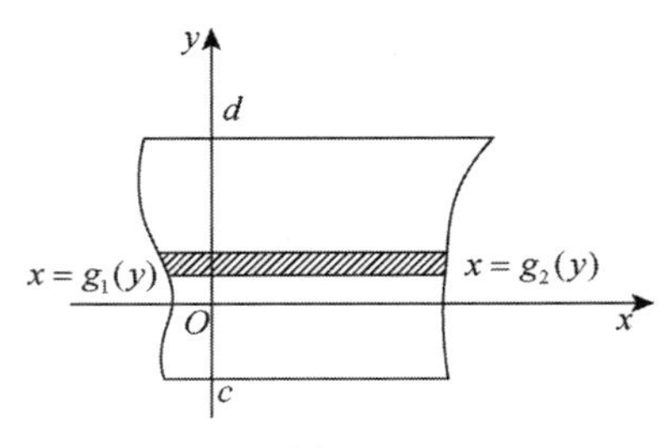

图 5.9

例 5.5.1 计算椭圆 $\frac{x^2}{a^2}+\frac{y^2}{b^2}=1(a>0,b>0)$ 所围成的平面图形的面积.

解 根据椭圆图形的对称性,整个椭圆所围成的图形面积应为位于第一象限内图形面积的 4 倍,所以只需计算第一象限内图形的面积,如图 5.10 所示.

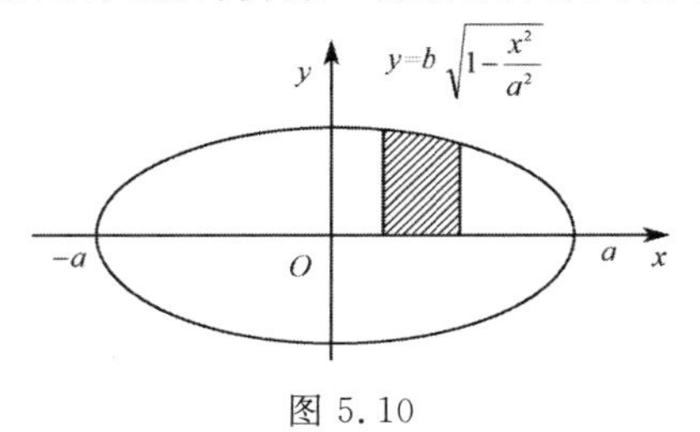

图 5.10

取 x 为积分变量,则 $0\leqslant x\leqslant a$,$y=b\sqrt{1-\frac{x^2}{a^2}}$,则得到相应的面积元素为

$$\mathrm{d}A=b\sqrt{1-\frac{x^2}{a^2}}\mathrm{d}x,$$

故

$$A=4\int_0^a y\mathrm{d}x=4\int_0^a b\sqrt{1-\frac{x^2}{a^2}}\mathrm{d}x\xlongequal{\text{设 } x=a\cos t}-4\int_0^{\frac{\pi}{2}}(b\sin t)(-a\sin t)\mathrm{d}t$$

$$=4ab\int_0^{\frac{\pi}{2}}\sin^2 t\mathrm{d}t=\pi ab.$$

例 5.5.2 计算由两条抛物线 $y^2=x$ 和 $y=x^2$ 所围成的图形的面积.

解 如图 5.11 所示,两曲线的交点 (0,0),(1,1),取 x 为积分变量,则 $x\in[0,1]$,任取 $[x,x+\mathrm{d}x]\subset[0,1]$,则得到相应的面积元素为

$$\mathrm{d}A=(\sqrt{x}-x^2)\mathrm{d}x$$

于是

$$A=\int_0^1(\sqrt{x}-x^2)\mathrm{d}x=\left[\frac{2}{3}x^{\frac{3}{2}}-\frac{1}{3}x^3\right]_0^1=\frac{1}{3}.$$

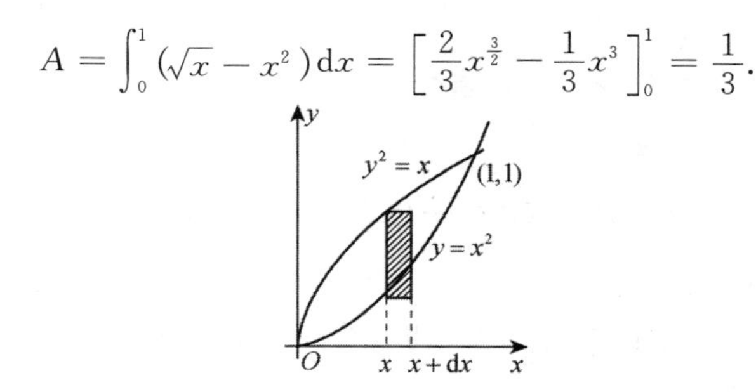

图 5.11

注意：本题也可取 y 为积分变量，请读者自己完成.

例 5.5.3 计算抛物线 $y^2=2x$ 与直线 $y=x-4$ 所围成的图形面积.

解 解方程组 $\begin{cases}y^2=2x\\ y=x-4\end{cases}$，得交点：(2，－2) 和 (8,4).

选取 x 为积分变量，则 x 的变化范围为 $[0,8]$，但在区间 $[0,2]$ 和 $[2,8]$ 上，面积元素表达式是不同的，如图 5.12 所示.

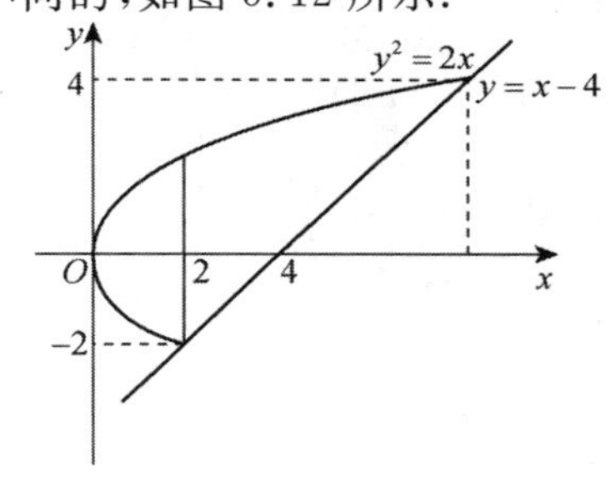

图 5.12

在 $0\leqslant x\leqslant 2$ 上，面积元素为

$$\mathrm{d}A=\left[\sqrt{2x}-(-\sqrt{2x})\right]\mathrm{d}x=2\sqrt{2x}\,\mathrm{d}x\ ;$$

在 $2\leqslant x\leqslant 8$ 上，面积元素为

$$\mathrm{d}A=\left[\sqrt{2x}-(x-4)\right]\mathrm{d}x=(4+\sqrt{2x}-x)\mathrm{d}x,$$

从而

$$\begin{aligned}A&=\int_0^2 2\sqrt{2x}\,\mathrm{d}x+\int_2^8\left[4+\sqrt{2x}-x\right]\mathrm{d}x\\&=\left[\frac{4\sqrt{2}}{3}x^{\frac{3}{2}}\right]_0^2+\left[4x+\frac{2\sqrt{2}}{3}x^{\frac{3}{2}}-\frac{1}{2}x^2\right]_2^8=18.\end{aligned}$$

若选取 y 为积分变量，则 y 的变化范围为 $[-2,4]$，任取 $[y,y+\mathrm{d}y]\subset[-2,4]$，对应的面积元素表达式只有一个，即为

$$\mathrm{d}A=\left(y+4-\frac{1}{2}y^2\right)\mathrm{d}y.$$

于是

$$A=\int_{-2}^{4}\left(y+4-\frac{1}{2}y^2\right)\mathrm{d}y=\left[\frac{y^2}{2}+4y-\frac{y^3}{6}\right]_{-2}^{4}=18.$$

显然,选取 y 为积分变量的解题过程要简洁,因此在求平面图形的面积时,恰当地选取积分变量可以使计算简单.

5.5.3 定积分在几何学上的应用——体积

1. 旋转体的体积

由一个平面图形绕这平面内一条直线旋转一周而成的立体称为**旋转体**,这条直线称为**旋转轴**.

如圆柱、圆锥、圆台、球体可以分别看成是由矩形绕它的一条边、直角三角形绕它的直角边、直角梯形绕它的直角腰、半圆绕它的直径旋转一周而成的立体,它们都是旋转体.

设一旋转体由连续曲线 $y=f(x)$,直线 $x=a$,$x=b$ 及 x 轴所围成的曲边梯形绕 x 轴旋转一周而成(图 5.13),下面计算它的体积 V.

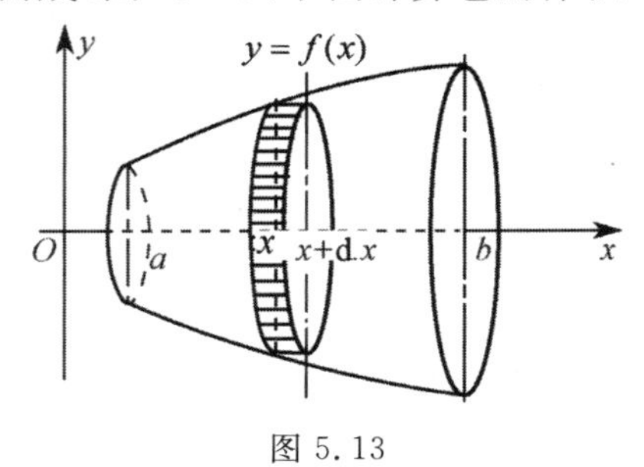

图 5.13

取 x 为积分变量,旋转体垂直于 x 轴的截面都是圆面,所以在任取的 $x\in[a,b]$ 处对应的圆面的面积为

$$A(x)=\pi y^2=\pi f^2(x).$$

从而得到体积元素为

$$\mathrm{d}V=\pi f^2(x)\mathrm{d}x,$$

将体积元素作为被积表达式,就可以得到所求旋转体的体积公式

$$V=\int_a^b \pi f^2(x)\mathrm{d}x=\pi\int_a^b f^2(x)\mathrm{d}x.$$

类似地,如图 5.14 所示,由连续曲线 $x=\varphi(y)$,直线 $y=c$,$y=d$ 及 y 轴所围成的曲边梯形绕 y 轴旋转一周而成的立体,其体积为

$$V=\int_c^d \pi\varphi^2(y)\mathrm{d}y=\pi\int_c^d \varphi^2(y)\mathrm{d}y.$$

例 5.5.4 计算由椭圆 $\frac{x^2}{a^2}+\frac{y^2}{b^2}=1$ 所围成的图形绕 x 轴旋转一周而成的旋转体(叫作**旋转椭球体**)的体积.

解 如图 5.15 所示,旋转椭球体可以看作上半椭圆绕 x 轴旋转而成的.

取 x 为积分变量，则在任意点 $x\in[-a,a]$ 处对应的面积

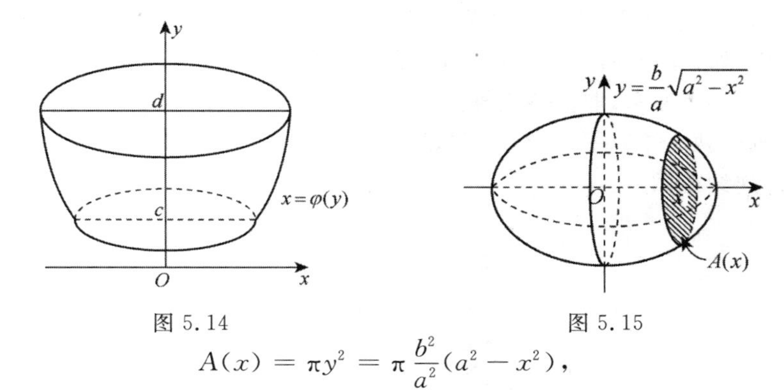

图 5.14　　　　图 5.15

$$A(x)=\pi y^2=\pi\frac{b^2}{a^2}(a^2-x^2),$$

则体积元素为

$$dV=A(x)dx=\pi\frac{b^2}{a^2}(a^2-x^2)dx,$$

故所求旋转体的体积为

$$V=\int_{-a}^{a}\pi\frac{b^2}{a^2}(a^2-x^2)dx=\pi\frac{b^2}{a^2}\left[a^2x-\frac{1}{3}x^3\right]_{-a}^{a}=\frac{4}{3}\pi ab^2.$$

特别地，当 $a=b=R$ 时，可得半径为 R 的球体的体积 $V=\frac{4}{3}\pi R^3$.

例 5.5.5　计算由曲线 $y=x^3$ 及直线 $x=2,y=0$ 所围成的图形绕 y 轴旋转而成的旋转体的体积.

解　所求的旋转体可以看作是由平面图形 $OABO$ 绕 y 轴旋转一周形成的(图 5.16).

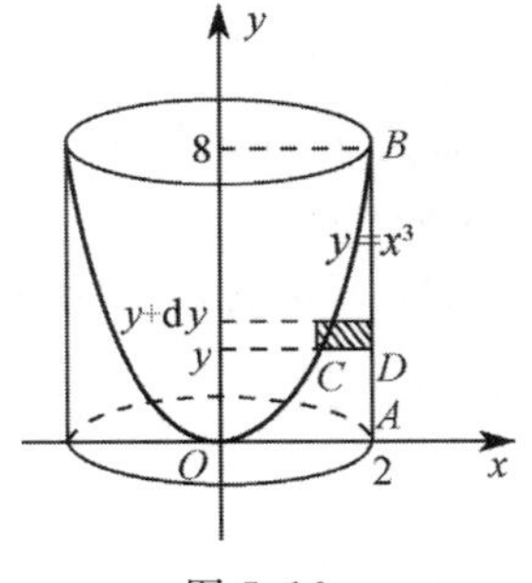

图 5.16

选取 y 为积分变量，则根据已知条件得，其变化范围为[0,8]，任取 $y\in[0,8]$，在 y 处对应的截面面积为

$$A(y)=\pi\times2^2-\pi\times x^2=\pi(4-y^{\frac{2}{3}}),$$

因此所求的旋转体的体积为

$$V=\int_0^8A(y)dy=\int_0^8\pi(4-y^{\frac{2}{3}})dy=32\pi-\frac{3}{5}\pi[y^{\frac{5}{3}}]_0^8=\frac{64}{5}\pi.$$

2. 平行截面面积为已知的立体体积

假设一个不规则的立体,该立体垂直于一个定轴并且用垂直于定轴的平面截该立体,如果已知各个截面的面积,那么这个立体的体积可用定积分来计算.

如图 5.17 所示,取上述定轴为 x 轴,并设该立体在过点 $x=a$,$x=b$ 且垂直于 x 轴的两个平行平面之间,并设过任意一点 x 的截面面积为 $A(x)$,这里 $A(x)$ 是连续函数.

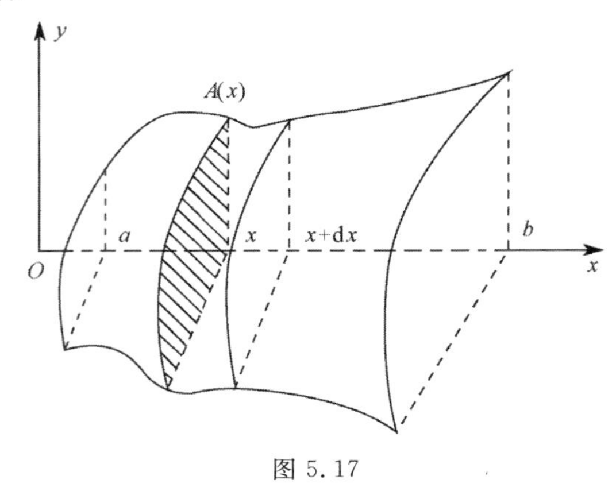

图 5.17

取 x 为积分变量,变化区间为 $[a,b]$,任取 $[x,x+\mathrm{d}x]\subset[a,b]$,相应于该小区间的薄片的体积近似于底面积为 $A(x)$、高为 $\mathrm{d}x$ 的扁柱体的体积,则体积元素为

$$\mathrm{d}V=A(x)\mathrm{d}x,$$

从而,所求立体的体积为

$$V=\int_a^b A(x)\mathrm{d}x.$$

例 5.5.6 一平面经过半径为 R 的圆柱体的底圆中心并与底面交成 α 角,计算该平面截圆柱体所得立体的体积.

解 如图 5.18 左图所示,建立平面直角坐标系,则底圆方程为 $x^2+y^2=R^2$.

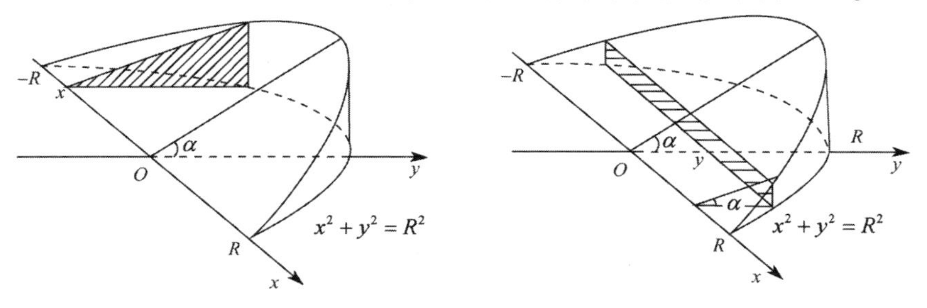

图 5.18

取 x 为积分变量,变化区间为$[-R,R]$,过区间上任一点 x 且垂直于 x 轴的截面是一个直角三角形. 两条直角边的长分别为 $\sqrt{R^2-x^2}$ 及 $\sqrt{R^2-x^2}\tan\alpha$,

所以截面面积 $A(x)=\frac{1}{2}(R^2-x^2)\tan\alpha$，于是所求立体体积为

$$V=\int_{-R}^{R}\frac{1}{2}(R^2-x^2)\tan\alpha\mathrm{d}x=\frac{1}{2}\tan\alpha\left[R^2x-\frac{1}{3}x^3\right]_{-R}^{R}=\frac{2}{3}R^3\tan\alpha.$$

注意：这个问题也可以取 y 为积分变量(5.18右图)，请读者自行完成.

习题 5.5

1. 计算由下列各曲线所围成的图形的面积.

(1) $y=\frac{1}{2}x^2$ 与 $x^2+y^2=8$（两部分都要计算）；

(2) $y=\sqrt{x}$ 与 $y=x$；

(3) $y=\frac{1}{x}$，$y=x$ 与 $y=2$；

(4) $y=\sin x$ 在区间 $\left[0,\frac{\pi}{2}\right]$ 上的部分与直线 $x=0$，$y=1$；

(5) $y^2=2-x$ 与 y 轴；

(6) $y=x^2-25$ 与直线 $y=x-13$.

2. 计算下列曲线所围成的图形绕指定的轴旋转而形成的旋转体的体积.

(1) $y=\sin x(0\leqslant x\leqslant\pi)$，$y=0$，绕 x 轴；

(2) $y=x^2$，$y=0$，$x=1$，$x=2$，绕 x 轴；

(3) $y=x^2$，$y^2=8x$，分别绕 x 轴和 y 轴.

5.6 定积分的经济应用

5.6.1 由边际函数求原函数

前面我们学习过，经济应用函数 $u(x)$ 的导数为其边际函数 $u'(x)$，则有

$$\int_0^x u'(t)\mathrm{d}t=u(x)-u(0),$$

于是可以得到边际函数的原函数

$$u(x)=u(0)+\int_0^x u'(t)\mathrm{d}t. \qquad (5.6.1)$$

例 5.6.1 生产某产品的边际成本函数为

$$C'(x)=3x^2-14x+100,$$

固定成本 $C(0)=10000$，计算生产 x 个产品的总成本函数.

解 总成本函数的导数即为边际成本函数，因此边际成本函数的原函数即为总成本函数，由式(5.6.1)可得

$$C(x)=C(0)+\int_0^x C'(t)\mathrm{d}t$$
$$=10\,000+\int_0^x(3t^2-14t+100)\mathrm{d}t$$
$$=10\,000+[t^3-7t^2+100t]_0^x$$
$$=10\,000+x^3-7x^2+100x.$$

例 5.6.2 已知边际收益函数为 $R'(x)=78-2x$，设 $R(0)=0$，求收益函数.

解
$$R(x)=R(0)+\int_0^x R'(t)\mathrm{d}t$$
$$=0+\int_0^x(78-2t)\mathrm{d}t$$
$$=78x-x^2.$$

例 5.6.3 已知某产品生产 x 单位时的边际收益为 $R'(x)=100-\dfrac{x}{200}$，求

(1)生产 100 单位时的总收益；

(2)如果已经生产了 200 单位，求再生产 200 单位的总收益.

解 (1)生产 100 单位时的总收益是

$$R(100)=R(0)+\int_0^{100}\left(100-\frac{x}{200}\right)\mathrm{d}x=\left[100x-\frac{x^2}{400}\right]_0^{100}=9\,975.$$

(2)已经生产了 200 单位，再生产 200 单位的总收益是

$$R=\int_{200}^{400}\left(100-\frac{x}{200}\right)\mathrm{d}x=\left[100x-\frac{x^2}{400}\right]_{200}^{400}=19\,700.$$

例 5.6.4 某煤矿投资 5 000 万元建成，开采以后，在时刻 t 的追加成本为

$$C'(t)=3+2\sqrt[3]{t^2}\ (\text{百万元/年}),$$

同时增加的收益为 $R'(t)=30-\sqrt[3]{t^2}$ (百万元/年). 如果要获得最大利润，则该矿应该在何时停止开采？最大利润是多少？

解 由极值存在的必要条件，有 $C'(t)=R'(t)$，即

$$3+2\sqrt[3]{t^2}=30-\sqrt[3]{t^2},$$

解得 $t=27$，又

$$R''(t)-C''(t)=-3\cdot\frac{2}{3}t^{-\frac{1}{3}},R''(27)-C''(27)<0,$$

所以 $t=27$ 年时利润最大，最大利润是

$$L=\int_0^{27}[R'(t)-C'(t)]\mathrm{d}t-50=\int_0^{27}(27-3\cdot\sqrt[3]{t^2})\mathrm{d}t-50=241.6\ (\text{百万元/年}).$$

*5.6.2 已知贴现率求现金流量的贴现值

由于货币有时间价值，所以不同时间里的货币不能直接相加、减，那么应该如何处理呢？最常用的一种方法是**现值法**. 所谓**现值法**就是把不同时间里的货币都换算成它的“现在”值.

设时间 t 是离散取值的，$t=0,1,2,3,\cdots$，一般取年作为时间单位，投资额(以货币形式)记为 $P(0)$，年利率为 r，按复利计算，则 t 年后的货币额为

$$P(t)=P(0)(1+r)^{t}(t=1,2,\cdots),\tag{5.6.2}$$

从而有

$$P(0)=P(t)(1+r)^{-t}(t=1,2,\cdots).\tag{5.6.3}$$

其中，式(5.6.2)中 $P(0)$ 就称为 t 年后的货币 $P(t)$ 之**现值**.

设时间 t 是连续取值的，以 $P(t)$ 表示时间 t 时的货币额，$P(0)$ 为投资额. 若按年利率 r 作连续复利计算，$P(0)$ 在 t 年后的货币额为

$$P(t)=P(0)\mathrm{e}^{rt},\tag{5.6.4}$$

从而，t 年后货币额为 $P(t)$ 的现值为

$$P(0)=P(t)\mathrm{e}^{-rt}.\tag{5.6.5}$$

投资的目的在于收益，由于总收益通常不是在投资周期之末一次进行，而是陆续进行的，比如说在每一年末都有收益，甚至在每时刻都有收益，这就称为**收益流量(货币流量)**. 现在我们来计算一项投资的总收益.

离散型 设第1年末，第2年末，…，每年末的收益流量皆为 R_1，年利率为 r，则 n 年末的现值分别为

$$R_1(1+r)^{-1},R_1(1+r)^{-2},\cdots,R_1(1+r)^{-n},$$

n 年末该项投资的总收益现值为

$$R=\sum_{i=1}^{n}\frac{R_1}{(1+r)^{i}}.\tag{5.6.6}$$

连续型 设 t 时刻的收益流量为 R，它指的是在时刻 t 时，单位时间里的收益，则在一个很短的时间区间 $[t,t+\mathrm{d}t]$ 内的收益的近似值是 $R\mathrm{d}t$. 若按年利率为 r 的连续复利计算，在 $[t,t+\mathrm{d}t]$ 内收益的现值为 $R\mathrm{e}^{-rt}\mathrm{d}t$，按照定积分的元素法，那么到 n 年末该项投资的总收益现值为

$$R=\int_0^n R\mathrm{e}^{-rt}\,\mathrm{d}t.\tag{5.6.7}$$

例 5.6.5 有一个大型投资项目，投资成本为 $C=10\,000$ (万元)，投资年利率为5%，每年的均匀收益流量 $A=2000$ (万元)，求该投资在20年末的纯收入的贴现值(按连续型计算).

解 由已知，$R(t)=2000$ (万元)为常量，年利率 $r=5\%$，由式(5.6.7)，得该项投资在20年末的总收益现值为

$$R=\int_0^{20}2000e^{-0.05t}dt=\frac{2000}{0.05}[-e^{-0.05t}]_0^{20}$$

$$=4000(1-e^{-1})\approx 25\ 285\ (万元).$$

所以,纯收益现值为

$$L=R-C\approx 25\ 285-10\ 000=15\ 285\ (万元).$$

例 5.6.6 若某商品房现售价为 50 万元,李某分期付款购买,10 年付清,每年付款数相同,若年利率为 4%,按连续复利计算,问李某每年应付款多少万元?

解 设李某每年付款 A 万元,共计 10 年,而全部付款的总现值是已知的,即房屋的现售价 50 万元,则

$$50=A\int_0^{10}e^{-0.04t}dt=\frac{A}{0.04}(1-e^{-0.4}),$$

即

$$A\approx 6.066\ (万元),$$

李某每年应付款 6.066 万元.

习题 5.6

1. 已知某产品的月销售率为 $f(t)=2t+5$ (单位/月),求该产品上半年的总销售量为多少?

2. 设某产品在时刻 t 总产量的变化率为 $f(t)=100+12t-0.6t^2$ (单位/天),求从第 5 天到第 10 天的产量.

3. 某印刷厂在印刷了 x 份广告时印刷一份广告的边际成本是 $\frac{dC}{dx}=\frac{1}{2\sqrt{x}}$ 元,求

(1)印刷 $2\sim 100$ 份广告的成本;

(2)印刷 $101\sim 400$ 份广告的成本.

4. 已知边际成本函数为 $C'(x)=30+2x$,边际收益函数为 $R'(x)=60-x$,x 为产量,固定成本为 10 万元,求最大利润时的产量,最大利润是多少?

复习题五

1. 选择题.

(1) $\varphi(x)$ 在 $[a,b]$ 上连续,$f(x)=(x-b)\int_a^x\varphi(t)dt$,则由罗尔定理,必有 $\xi\in[a,b]$,使得 $f'(\xi)=($　　$)$.

A. 1　　B. 0　　C. -1　　D. $e-1$

(2)已知 $\int_0^x[2f(t)-1]dt=f(x)-1$,则 $f'(0)=($　　$)$.

A. 2　　B. $2e-1$　　C. -1　　D. $e-1$

(3)设定积分 $I_1=\int_1^e \ln x\mathrm{d}x, I_2=\int_1^e \ln^2 x\mathrm{d}x$，则(　　).

A. $I_2-I_1=0$　　B. $I_2-2I_1=0$

C. $I_2-2I_1=e$　　D. $I_2+2I_1=e$

(4)下列反常积分中(　　)是收敛的.

A. $\int_{-1}^{1}\frac{1}{t}\mathrm{d}t$　　B. $\int_{-\infty}^{0}e^t\mathrm{d}t$

C. $\int_{0}^{+\infty}e^t\mathrm{d}t$　　D. $\int_{1}^{+\infty}\frac{1}{\sqrt{t}}\mathrm{d}t$

(5)设 $a>0$，则 $\int_a^{2a} f(2a-x)\mathrm{d}x=$ (　　).

A. $\int_0^a f(t)\mathrm{d}t$　　B. $-\int_0^a f(t)\mathrm{d}t$

C. $2\int_0^a f(t)\mathrm{d}t$　　D. $-2\int_0^a f(t)\mathrm{d}t$

(6) $\int_{-a}^{a} x[f(x)+f(-x)]\mathrm{d}x=$ (　　).

A. $4\int_0^a tf(t)\mathrm{d}t$　　B. $2\int_0^a x[f(x)+f(-x)]\mathrm{d}x$

C. 0　　D. 以上都不正确

2. 填空题.

(1)函数 $f(x)$ 在 $[a,b]$ 上有界是 $f(x)$ 在 $[a,b]$ 上可积的________条件,而 $f(x)$ 在 $[a,b]$ 连续是 $f(x)$ 在 $[a,b]$ 可积的________条件.

(2)对 $[a,+\infty)$ 上非负的连续函数 $f(x)$，它的变上限积分 $\int_a^x f(t)\mathrm{d}t$ 在 $[a,+\infty)$ 上有界是反常积分 $\int_a^{+\infty} f(x)\mathrm{d}x$ 收敛的________条件.

(3)设 $f(5)=2$，$\int_0^5 f(x)\mathrm{d}x=3$，则 $\int_0^5 xf'(x)\mathrm{d}x=$ ________.

(4) $\int_{-1}^{1}(x+\sqrt{1-x^2})\mathrm{d}x=$ ________.

(5)函数 $f(x)$ 在 $[a,b]$ 上有定义且 $|f(x)|$ 在 $[a,b]$ 上可积,此时积分 $\int_a^b f(x)\mathrm{d}x$ ________存在.

3. 计算下列极限.

(1) $\lim\limits_{x\to a}\frac{x}{x-a}\int_a^x f(t)\mathrm{d}t$，其中 $f(x)$ 连续；　(2) $\lim\limits_{x\to 0}\frac{\int_0^{x^2} te^t\mathrm{d}t}{x^4}$；

(3) $\lim\limits_{x\to 0}\frac{\int_0^{\sin^2 x}\ln(1+t)\mathrm{d}t}{\sqrt{1+x^4}-1}$；　(4) $\lim\limits_{x\to 0}\frac{\int_0^{x^2}\sin t\mathrm{d}t}{\int_x^0 t\ln(1+t^2)\mathrm{d}t}$.

4. 计算下列积分.

(1) $\int_{0}^{16}\frac{1}{\sqrt{x+9}-\sqrt{x}}\mathrm{d}x$；　　(2) $\int_{0}^{2\pi}\sin^{3}x\mathrm{d}x$；

(3) $\int_{0}^{\frac{\pi}{2}}\frac{x+\sin x}{1+\cos x}\mathrm{d}x$；　　(4) $\int_{0}^{\frac{\pi}{2}}\frac{1}{1+\cos^{2}x}\mathrm{d}x$；

(5) $\int_{0}^{1}\frac{1}{x^{2}+4x+5}\mathrm{d}x$；　　(6) $\int_{-\frac{1}{2}}^{\frac{1}{2}}\frac{x\arcsin x}{\sqrt{1-x^{2}}}\mathrm{d}x$；

(7) $\int_{1}^{e}\frac{1}{x\sqrt{1-\ln^{2}x}}\mathrm{d}x$；　　(8) $\int_{\frac{1}{e}}^{e}|\ln x|\mathrm{d}x$；

(9) $\int_{-\infty}^{\frac{2}{\pi}}\frac{1}{x^{2}}\sin\frac{1}{x}\mathrm{d}x$；　　(10) $\int_{1}^{2}\frac{x}{\sqrt{x-1}}\mathrm{d}x$.

5. 设 $f(x)=\int_{1}^{x^{2}}\frac{\sin t}{t}\mathrm{d}t$，计算 $\int_{0}^{1}xf(x)\mathrm{d}x$.

6. 计算曲线 $y=x^{2}$，$4y=x^{2}$ 及直线 $y=1$ 所围图形面积.

7. 计算由 $y=x^{\frac{3}{2}}$，$x=4$，$y=0$ 所围图形绕 y 轴旋转而成的旋转体的体积.

8. 已知边际成本函数为 $C'(x)=7+\frac{25}{\sqrt{x}}$，固定成本为1000，求总成本函数.

9. 已知边际收益函数为 $R'(x)=a-bx$，求收益函数.

数学家简介——莱布尼茨

莱布尼茨(Gottfried Wilhelm Leibniz)(1646—1716)，德国数学家、自然主义哲学家、自然科学家，1646年7月1日出生于莱比锡，1716年11月14日卒于汉诺威.

莱布尼茨的父亲是莱比锡大学的哲学教授，在莱布尼茨6岁时就去世了，留给他十分丰富的藏书.莱布尼茨自幼聪敏好学，经常到父亲的书房里阅读各种不同学科的书籍，中小学的基础课程主要是自学完成的.16岁进莱比锡大学学习法律，并钻研哲学，广泛地阅读了培根、开普勒、伽利略等人的著作，并且对前人的著述进行深入的思考和评价.1663年5月，他获得莱比锡大学学士学位.1664年1月，他取得该校哲学学士学位.从1665年开始，莱比锡大学审查他提交的博士论文《论身份》，但1666年以他年轻(20岁)为由，不授予他博士学位.对此他气愤地离开了莱比锡前往纽伦堡的阿尔特多夫大学，1667年2月阿尔特多夫大学授予他法学博士学位，该校要聘他为教授，被他谢绝了.1672—1676年，他任外交官并到欧洲各国游历，在此期间他结识了惠更斯等科学家，并在他们的影响下深入钻研了笛卡儿、帕斯卡、巴罗等人的论著，并写下了很有见地的数学笔记.这些笔记显示出他的才智，从中可

以看出莱布尼茨深刻的理解力和超人的创造力. 1676年，他到德国西部的汉诺威，担任腓特烈公爵(Duke John Frederick)的顾问及图书馆馆长近40年，这使他能利用空闲探讨自己喜爱的问题，撰写各种题材的论文，其论文之多令人惊叹. 莱布尼茨1673年被选为英国皇家学会会员，1682年创办《博学文摘》，1700年被选为法国科学院院士，同年创建了柏林科学院，并担任第一任院长.

莱布尼茨在数学上最突出的成就是创建了微积分的方法. 莱布尼茨的微积分思想的最早纪录，是出现在他1675年的数学笔记中. 莱布尼茨研究了巴罗的《几何讲义》之后，意识到微分与积分是互逆的关系，并得出了求曲线的切线依赖于纵坐标与横坐标的差值(当这些差值变成无穷小时)的比；而求面积则依赖于在横坐标的无穷小区间上的纵坐标之和或无限窄矩形面积之和. 并且这种求和与求差的运算是互逆的. 即莱布尼茨的微分学是把微分看作变量相邻二值的无限小的差，而他的积分概念则以变量分成的无穷多个微分之和的形式出现. 莱布尼茨的第一篇微分学论文《一种求极大极小和切线的新方法，它也适用于分式和无理量，以及这种新方法的奇妙类型的计算》，于1684年发表在《博学文摘》上，这也是历史上最早公开发表的关于微分学的文献. 文中介绍了微分的定义，并广泛采用了微分记号 $\mathrm{d}x$，$\mathrm{d}y$，函数的和、差、积、商以及乘幂的微分法则，关于一阶微分不变形式的定理、关于二阶微分的概念以及微分学对于研究极值、作切线、求曲率及拐点的应用. 他关于积分学的第一篇论文发表于1686年，其中首次引进了积分号 $\int$，并且初步论述了积分或求积问题与微分或求切线问题的互逆关系，该文的题目为《探奥几何与不可分量及无限的分析》. 关于积分常数的论述发表于1694年，他得到的特殊积分法有：变量替换法、分部积分法、在积分号下对参变量的积分法、利用部分分式求有理式的积分方法等. 他还给出了判断交错级数收敛性的准则. 在常微分方程中，他研究了分离变量法，得出了一阶齐次方程通过用 $y = ux$ 的代换可使其变量分离，得出了求一阶线性方程的解的方法. 他给出用微积分求旋转体体积的公式等.

莱布尼茨是数学史上最伟大的符号学者，他在创建微积分的过程中，花了很多时间来选择精巧的符号. 现在微积分学中的一些基本符号，如 $\mathrm{d}x$，$\mathrm{d}y$，$\frac{\mathrm{d}x}{\mathrm{d}y}$，$\mathrm{d}^n$，$\int$，log等，都是他创立的. 他的优越的符号为以后分析学的发展带来了极大方便. 莱布尼茨和牛顿研究微积分学的基础，都达到了同一个目的，但各自采用了不同的方法. 莱布尼茨是作为哲学家和几何学家对这些问题产生兴趣的，而牛顿则主要是从研究物体运动的需要而提出这些问题的. 他们都研究了导数、积分的概念和运算法则，阐明了求导数和求积分是互逆的两种运算，从而建立了微积分的重要基础. 牛顿在时间上比莱布尼茨早10年，而莱布尼茨公开发表的时间却比牛顿早3年.

作为一个数学家,莱布尼茨的声望虽然是凭借他在微积分的创建中树立起来的,但他对其他数学分支也是有重大贡献的.例如,对笛卡儿的解析几何,他就提出过不少改进意见,“坐标”及“纵坐标”等术语都是他给出的.他提出了行列式的某些理论,他为包络理论做了很多基础性的工作.并给出了曲率中的密切圆的定义.莱布尼茨还是组合拓扑的先驱,也是数理逻辑学的鼻祖,他系统地阐述了二进制记数法.

莱布尼茨把一切领域的知识作为自己追求的目标.他企图扬弃机械的近世纪哲学与目的论的中世纪哲学,调和新旧教派的纷争,并且为发展科学制订了世界科学院计划,还想建立通用符号、通用语言,以便统一一切科学.莱布尼茨的研究涉及数学、哲学、法学、力学、光学、流体静力学、气体学、海洋学、生物学、地质学、机械学、逻辑学、语言学、历史学、神学等41个范畴.他被誉为“17世纪的亚里士多德”,“德国的百科全书式的天才”.他终生努力寻求的是一种普遍的方法,这种方法既是获得知识的方法,也是创造发明的方法.

莱布尼茨很重视和其他学者交流、讨论问题,他与多方面的人士保持通信和接触,最远的交流到达锡兰和中国.莱布尼茨十分爱好和重视中国的科学文化与哲学思想.他主张东西方应在文化、科学方面互相学习、平等交流.莱布尼茨虽然脾气急躁,但容易平息.他一生没有结婚,一生不愿进教堂.作为一位伟大的科学家和思想家,他把自己的一生奉献给了科学文化事业.

第 6 章

微分方程与差分方程

在研究经济管理和科学技术的许多问题中，函数具有重要的作用. 由于客观世界的复杂性，在很多情况下，往往不能直接找出所需要的函数. 但是，根据具体问题所提供的情况，可以建立起未知函数以及其导数或者微分的关系式，这种关系式就是所谓的**微分方程**. 列出微分方程后，用一定的方法找出满足方程的未知函数，这一过程就叫**解微分方程**. 本章将介绍常微分方程的一些基本概念、几类简单而又实用的微分方程的解法及其在经济问题中的应用.

但是，在经济管理和许多实际问题中，数据大多数是按等时间间隔周期统计的，因此，有关变量的取值是离散变化的. 如何寻求它们之间的关系和变化规律呢？差分方程是研究这类离散型数学问题的有力工具. 本章第 5 节将介绍差分方程的基本概念及一阶差分方程的求解方法.

6.1 微分方程的基本概念

6.1.1 引例

人类社会进入 20 世纪以来，在科学技术和生产力飞速发展的同时，世界人口也以空前的规模增长，而建立人口模型，揭示人口数量的变化规律，作出较准确的预报，是有效控制人口增长的前提.

200 多年前英国人口学家马尔萨斯(Malthus，1766—1834)调查了英国 100 多年的人口统计资料，得出了人口增长率不变的假设，据此建立了著名的人口指数增长模型.

记时刻 t 的人口为 $x(t)$，考察一个国家或者一个较大地区的人口时，$x(t)$ 是一个很大的整数. 利用微积分这一数学工具，将 $x(t)$ 视为连续、可微函数，记初始时刻 $(t=0)$ 的人口为 x_0 . 假设人口增长率为常数 k，即单位时间内 $x(t)$ 的增量为 k 乘以 $x(t)$. 考虑 t 到 $t+\Delta t$ 时间内人口的增量，显然有

$$x(t)-x(t+\Delta t)=kx(t)\Delta t .$$

令 $\Delta t \to 0$，得到 $x(t)$ 满足方程 $\dfrac{\mathrm{d}x}{\mathrm{d}t}=kx$. 而由如上方程可得 $\dfrac{\mathrm{d}x}{x}=k\mathrm{d}t$，

两边积分，得

$$\int \frac{\mathrm{d}x}{x}=k\int \mathrm{d}t ,$$

即

$$\ln x=kt+C_1 ,$$

从而

$$x(t)=\mathrm{e}^{kt+C_1}=\mathrm{e}^{C_1}\mathrm{e}^{kt}=C\mathrm{e}^{kt}\,(C=\mathrm{e}^{C_1}).$$

又 $x(0)=x_0$ 得 $C=x_0$，故 $x(t)=x_0\mathrm{e}^{kt}$.

历史上，指数增长模型与19世纪以前欧洲的一些地区的人口统计数据可以很好地吻合，迁往加拿大的欧洲移民后代的人口也大致符合这个模型.

6.1.2 微分方程的概念

上述人口指数增长模型中含有未知函数的导数，这就是一个微分方程.

定义 6.1.1 表示未知函数、未知函数的导数或微分与自变量之间的关系的方程称为**微分方程**. 未知函数为一元函数的方程，称为**常微分方程**；未知函数是多元函数的方程，称为**偏微分方程**.

注意：一个微分方程可以不含有自变量和未知函数，但必须含有未知函数的导数或微分. 例如，$y''=5$ 也是一个微分方程.

定义 6.1.2 微分方程中所含未知函数的导数的最高阶数称为**微分方程的阶**.

例如，方程

$$y'''-y'=\sin x$$

是三阶微分方程.

方程

$$\frac{\mathrm{d}y}{\mathrm{d}x}=3x^2 \text{ 和 } x^2\mathrm{d}x-y^2\mathrm{d}y=0$$

都是一阶微分方程；而方程

$$y^{(4)}+xy''=\mathrm{e}^x$$

是四阶微分方程.

一般地，n 阶微分方程的一般形式为

$$F(x,y,y',y'',\cdots,y^{(n)})=0 \text{ 或者 } y^{(n)}=f(x,y,y',y'',\cdots,y^{(n-1)}).$$

值得注意的是，在 n 阶微分方程中，$y^{(n)}$ 是必须出现的.

定义 6.1.3 若把某个函数 $y=y(x)$ 代入到微分方程后，能使方程成为恒等式，则称该函数 $y=y(x)$ 是微分方程的**解**. 如果微分方程的解中所含有的独立的任意常数的个数等于微分方程的阶数，则称该解为微分方程的**通解**.

例如函数 $s=-\dfrac{1}{2}gt^2+C_1t+C_2$ 是二阶微分方程 $\dfrac{\mathrm{d}^2s}{\mathrm{d}t^2}=-g$ 的解，且是它的通解.

定义 6.1.4 确定了通解中任意常数的解，称为微分方程的**特解**，确定任意常数的条件称为**初始条件**.

如引例中，$x(0)=x_0$ 是初始条件，函数 $x(t)=C\mathrm{e}^{kt}$ 是一阶微分方程 $\dfrac{\mathrm{d}x}{\mathrm{d}t}=kx$ 的通解，$x(t)=x_0\mathrm{e}^{kt}$ 是满足初始条件 $x(0)=x_0$ 的特解.

求微分方程 $y'=f(x,y)$ 满足初始条件 $y|_{x=x_0}=y_0$ 的特解这样一个问题，

称为一阶微分方程的**初值问题**,记作

$$\begin{cases} y' = f(x,y), \\ y\big|_{x=x_0} = y_0. \end{cases} \tag{6.1.1}$$

微分方程的解的图形是一条曲线,称为**微分方程的积分曲线**. 初值问题(6.1.1)的几何意义,就是求微分方程的通过点(x_0,y_0)的那条积分曲线. 同样,二阶微分方程的初值问题

$$\begin{cases} y'' = f(x,y,y'), \\ y\big|_{x=x_0} = y_0, y'\big|_{x=x_0} = y_1 \end{cases}$$

的几何意义,是求微分方程的通过点(x_0,y_0)且在该点处的切线斜率为y_1的那条积分曲线.

例 6.1.1 (1)验证函数 $y = C_1\cos kx + C_2\sin kx$ 是微分方程 $\dfrac{d^2y}{dx^2} + k^2y = 0$ 的通解;

(2)求(1)中满足初始条件 $y\big|_{x=0} = 2, y'\big|_{x=0} = 3$ 的特解.

解 (1)对函数 $y = C_1\cos kx + C_2\sin kx$ 两边分别求导,得

$$\frac{dy}{dx} = -kC_1\sin kx + kC_2\cos kx,$$

再次求导,得

$$\frac{d^2y}{dx^2} = -k^2C_1\cos kx - k^2C_2\sin kx.$$

将 y 和 $\dfrac{d^2y}{dx^2}$ 代入微分方程 $\dfrac{d^2y}{dx^2} + k^2y = 0$ 左端,得

$$-k^2C_1\cos kx - k^2C_2\sin kx + k^2(C_1\cos kx + C_2\sin kx) = 0.$$

已知原微分方程是二阶微分方程,而 $y = C_1\cos kx + C_2\sin kx$ 中含有两个相互独立的任意常数 C_1 和 C_2,所以 $y=C_1\cos kx+C_2\sin kx$ 是微分方程$\dfrac{d^2y}{dx^2}+k^2y=0$ 的通解.

(2)将初始条件 $y\big|_{x=0} = 2$ 代入通解中,得

$$C_1 = 2.$$

将 $y'\big|_{x=0} = 3$ 代入 $\dfrac{dy}{dx} = -kC_1\sin kx + kC_2\cos kx$ 中,得

$$C_2 = \frac{3}{k}.$$

因此,满足初始条件的微分方程的特解是

$$y = 2\cos kx + \frac{3}{k}\sin kx.$$

习题 6.1

1. 试写出下列微分方程的阶数.

(1) $x^2dx+ydy=0$;　　(2) $x(y')^2-2yy'+x=0$;

(3) $x^2y''-xy'+y=0$;　　(4) $xy'''+2y''+x^2y=0$.

2. 验证函数 $y=Ce^{-x}+x-1$ 是微分方程 $y'+y=x$ 的通解,并求满足初始条件 $y|_{x=0}=2$ 的特解.

3. 某商品的销售量 x 是价格 P 的函数,如果要使该商品的销售收入在价格变化的情况下保持不变,则销售量 x 对于价格 P 的函数关系满足什么样的微分方程? 在这种情况下,该商品的需求量相对价格 P 的弹性是什么?

6.2 一阶微分方程

一阶微分方程的一般形式为

$$F(x,y,y')=0,$$

如果上式中 y' 可解出,则方程可写成

$$y'=f(x,y).$$

一阶微分方程有时也可写成如下的对称形式:

$$P(x,y)dx+Q(x,y)dy=0.$$

本节介绍几种主要的一阶微分方程及其解法.

6.2.1 可分离变量的微分方程

如果一阶微分方程 $F(x,y,y')=0$ 能化为如下形式:

$$g(y)dy=f(x)dx, \tag{6.2.1}$$

则原方程称为**可分离变量的微分方程**.

如方程 $\frac{dy}{dx}=e^{x+y}$,可化为

$$\frac{1}{e^y}dy=e^xdx,$$

则原方程是可分离变量的微分方程.

将式(6.2.1)两边分别对 x,y 积分,得

$$\int g(y)dy=\int f(x)dx,$$

即得微分方程(6.2.1)的通解

$$G(y)=F(x)+C, \tag{6.2.2}$$

其中 C 为任意常数, $G(y)$ 和 $F(x)$ 分别是 $g(y)$ 和 $f(x)$ 的一个原函数. 式(6.2.2)称为微分方程(6.2.1)的**隐式通解**.

由此看到,解这类方程的方法是,首先经过适当的恒等变形,将含不同变量

的函数及其微分分别置于方程的两端，将方程化为式(6.2.1)的形式，即分离变量；然后方程两边对不同变量进行积分，即可得解.

例 6.2.1 求微分方程 $\frac{\mathrm{d}y}{\mathrm{d}x}-\mathrm{e}^{y}\sin x=0$ 的通解.

解 分离变量，得

$$\mathrm{e}^{-y}\mathrm{d}y=\sin x\mathrm{d}x,$$

两边积分

$$\int \mathrm{e}^{-y}\mathrm{d}y=\int \sin x\mathrm{d}x\ ,$$

得

$$-\mathrm{e}^{-y}=-\cos x+C.$$

则所给微分方程的通解为 $\cos x-\mathrm{e}^{-y}=C$.

例 6.2.2 求微分方程 $\frac{\mathrm{d}y}{\mathrm{d}x}=2xy$ 满足初始条件 $y\mid_{x=0}=1$ 的特解.

解 分离变量，得

$$\frac{\mathrm{d}y}{y}=2x\mathrm{d}x,$$

两边积分

$$\int\frac{\mathrm{d}y}{y}=\int 2x\mathrm{d}x\ ,$$

得

$$\ln\mid y\mid=x^{2}+C_{1}.$$

从而 $y=\pm\,\mathrm{e}^{x^{2}+C_{1}}=\pm\,\mathrm{e}^{C_{1}}\mathrm{e}^{x^{2}}=C\mathrm{e}^{x^{2}}$ $(C=\pm\,\mathrm{e}^{C_{1}})$. 又 $y=0$ 也是原方程的解，故得原方程通解为 $y=C\mathrm{e}^{x^{2}}$.

把初始条件 $y\mid_{x=0}=1$ 代入上式，得 $C=1$. 故微分方程满足初始条件的特解为

$$y=\mathrm{e}^{x^{2}}.$$

6.2.2 齐次方程

如果一阶微分方程可化为

$$\frac{\mathrm{d}y}{\mathrm{d}x}=\varphi\left(\frac{y}{x}\right) \tag{6.2.3}$$

的形式，则称该微分方程为**齐次微分方程**.

下面介绍齐次方程通解的求法.

(1)将所给方程化为 $\frac{\mathrm{d}y}{\mathrm{d}x}=\varphi\left(\frac{y}{x}\right)$.

(2)作变换，令 $u=\frac{y}{x}$，则有

$$y=ux,\frac{\mathrm{d}y}{\mathrm{d}x}=u+x\frac{\mathrm{d}u}{\mathrm{d}x},$$

代入方程(6.2.3),得

$$u+x\frac{\mathrm{d}u}{\mathrm{d}x}=\varphi(u),$$

即

$$x\frac{\mathrm{d}u}{\mathrm{d}x}=\varphi(u)-u,$$

这是可分离变量的微分方程.分离变量后两端同时积分得

$$\int\frac{\mathrm{d}u}{\varphi(u)-u}=\int\frac{\mathrm{d}x}{x}.$$

求出积分后,再用 $\frac{y}{x}$ 代替 u,便得所给齐次方程的通解.

例 6.2.3 求微分方程 $(x-y)y\mathrm{d}x-x^2\mathrm{d}y=0$ 的通解.

解 将方程化为 $\frac{\mathrm{d}y}{\mathrm{d}x}=\left(1-\frac{y}{x}\right)\cdot\frac{y}{x}$,令 $u=\frac{y}{x}$,则有

$$y=ux,\frac{\mathrm{d}y}{\mathrm{d}x}=u+x\frac{\mathrm{d}u}{\mathrm{d}x}.$$

代入原方程,得

$$u+x\frac{\mathrm{d}u}{\mathrm{d}x}=(1-u)u,$$

即

$$x\frac{\mathrm{d}u}{\mathrm{d}x}=-u^2.$$

分离变量,得

$$-\frac{1}{u^2}\mathrm{d}u=\frac{\mathrm{d}x}{x},$$

两边积分

$$\int-\frac{1}{u^2}\mathrm{d}u=\int\frac{\mathrm{d}x}{x},$$

得

$$\frac{1}{u}=\ln|x|+C_1,$$

即

$$\mathrm{e}^{\frac{1}{u}}=Cx\ (C=\pm\mathrm{e}^{C_1}).$$

将 $u=\frac{y}{x}$ 代入,便得原方程的通解为 $\mathrm{e}^{\frac{x}{y}}=Cx$.

例 6.2.4 求微分方程 $\frac{\mathrm{d}y}{\mathrm{d}x}=\frac{xy}{x^2+xy-y^2}$ 的通解.

解 在原方程中,将 x 看成是 y 的函数,则原方程化为

$$\frac{\mathrm{d}x}{\mathrm{d}y}=\frac{x^2+xy-y^2}{xy}=\frac{x}{y}+1-\frac{y}{x}.$$

令 $u=\frac{x}{y}$,则有

$$x=uy,\frac{\mathrm{d}x}{\mathrm{d}y}=u+y\frac{\mathrm{d}u}{\mathrm{d}y}.$$

于是原方程可化为 $$u+y\frac{\mathrm{d}u}{\mathrm{d}y}=u+1-\frac{1}{u},$$

即 $$y\frac{\mathrm{d}u}{\mathrm{d}y}=\frac{u-1}{u}.$$

分离变量,得 $$\frac{u}{u-1}\mathrm{d}u=\frac{1}{y}\mathrm{d}y,$$

两端积分

$$\int\frac{u}{u-1}\mathrm{d}u=\int\frac{1}{y}\mathrm{d}y,$$

得

$$u+\ln|u-1|=\ln|y|+C_1,$$

即 $$\frac{y}{u-1}=C\mathrm{e}^{u}\ (C=\pm\mathrm{e}^{C_1}).$$

将 $u=\frac{x}{y}$ 代入上式,得原方程的通解 $\frac{y^2}{x-y}=C\mathrm{e}^{\frac{x}{y}}$.

除了齐次方程可经过变量代换化成可分离变量的微分方程之外,还有很多方程也可以经过变量代换化为可分离变量的微分方程.下面再举一个例子.

例 6.2.5 求微分方程 $\frac{\mathrm{d}y}{\mathrm{d}x}=(x-y)^2+1$ 的通解.

解 该方程形式上不是可分离变量的,但如果进行适当的变量替换即可化为可分离变量的微分方程.

令 $u=x-y$,则有

$$\frac{\mathrm{d}u}{\mathrm{d}x}=1-\frac{\mathrm{d}y}{\mathrm{d}x}.$$

将上式代入原方程,得 $$\frac{\mathrm{d}u}{\mathrm{d}x}=-u^2,$$

这是一个可分离变量的微分方程.分离变量,得

$$-\frac{1}{u^2}\mathrm{d}u=\mathrm{d}x,$$

两端积分

$$\int\left(-\frac{1}{u^2}\right)\mathrm{d}u=\int\mathrm{d}x,$$

得 $$\frac{1}{u}=x+C.$$

将 $u=x-y$ 代入,得原方程的通解为 $y=x-\frac{1}{x+C}$.

6.2.3 一阶线性微分方程

方程

$$y'+P(x)y=Q(x) \tag{6.2.4}$$

称为**一阶线性微分方程**，其中 $P(x)$，$Q(x)$ 是 x 的已知函数.

当 $Q(x)=0$ 时，原方程化为

$$y'+P(x)y=0, \tag{6.2.5}$$

称为**一阶齐次线性微分方程**；

当 $Q(x)\neq 0$ 时，原方程为

$$y'+P(x)y=Q(x), \tag{6.2.6}$$

称为**一阶非齐次线性微分方程**.

下面研究一阶线性微分方程的解法.

(1)先解一阶齐次线性微分方程 $y'+P(x)y=0$. 这是一个可分离变量的微分方程.所以分离变量，得

$$\frac{1}{y}\mathrm{d}y=-P(x)\mathrm{d}x,$$

两边积分
$$\int\frac{1}{y}\mathrm{d}y=-\int P(x)\mathrm{d}x\ ,$$

得
$$\ln|y|=-\int P(x)\mathrm{d}x+C_1\ .$$

故方程(6.2.5)的通解为

$$y=C\mathrm{e}^{-\int P(x)\mathrm{d}x}\,(C=\pm\,\mathrm{e}^{C_1}). \tag{6.2.7}$$

(2)利用**常数变易法**求解一阶非齐次线性微分方程.

把一阶齐次线性微分方程(6.2.5)的通解式(6.2.7)中的任意常数 C 换成 x 的未知函数 $C(x)$，即作变换

$$y=C(x)\mathrm{e}^{-\int P(x)\mathrm{d}x}. \tag{6.2.8}$$

设式(6.2.8)为一阶非齐次线性微分方程(6.2.6)的通解，则有

$$y'=C'(x)\mathrm{e}^{-\int P(x)\mathrm{d}x}-C(x)P(x)\mathrm{e}^{-\int P(x)\mathrm{d}x},$$

将上式代入方程(6.2.6)，有

$$C'(x)\mathrm{e}^{-\int P(x)\mathrm{d}x}-P(x)C(x)\mathrm{e}^{-\int P(x)\mathrm{d}x}+P(x)C(x)\mathrm{e}^{-\int P(x)\mathrm{d}x}=Q(x),$$

即
$$C'(x)=Q(x)\mathrm{e}^{\int P(x)\mathrm{d}x},$$

两端积分，得
$$C(x)=\int Q(x)\mathrm{e}^{\int P(x)\mathrm{d}x}\mathrm{d}x+C\,.$$

因此，一阶非齐次线性微分方程 $y'+P(x)y=Q(x)$ 的通解为

$$y=\mathrm{e}^{-\int P(x)\mathrm{d}x}\left[\int Q(x)\mathrm{e}^{\int P(x)\mathrm{d}x}\mathrm{d}x+C\right]. \tag{6.2.9}$$

将式(6.2.9)改写成两项之和

$$y=C\mathrm{e}^{-\int P(x)\mathrm{d}x}+\mathrm{e}^{-\int P(x)\mathrm{d}x}\int Q(x)\mathrm{e}^{\int P(x)\mathrm{d}x}\,\mathrm{d}x,$$

上式右端第一项是对应的齐次线性微分方程(6.2.5)的通解，第二项是非齐次线性微分方程(6.2.6)的一个特解(在通解(6.2.9)中取 $C=0$ 便得到这个特

解).由此可知,一阶非齐次线性微分方程的通解等于对应的齐次线性微分方程的通解与非齐次方程的一个特解之和.

例 6.2.6 求微分方程 $y'+\frac{1}{x}y=\frac{\sin x}{x}$ 的通解.

解 此方程为一阶线性非齐次微分方程,其中

$$P(x)=\frac{1}{x},Q(x)=\frac{\sin x}{x}.$$

由式(6.2.9)

$$\begin{aligned}y&=e^{-\int\frac{1}{x}dx}\left[\int\frac{\sin x}{x}e^{\int\frac{1}{x}dx}dx+C\right]\\&=\frac{1}{x}\left[\int\sin x dx+C\right]=\frac{1}{x}(-\cos x+C)\\&=-\frac{\cos x}{x}+\frac{C}{x}.\end{aligned}$$

例 6.2.7 求微分方程 $(x+1)\frac{dy}{dx}-y=e^x(x+1)^2$ 的通解.

解 原方程可化为

$$\frac{dy}{dx}-\frac{1}{x+1}y=e^x(x+1),$$

则

$$P(x)=-\frac{1}{x+1},Q(x)=e^x(x+1).$$

由式(6.2.9)

$$\begin{aligned}y&=e^{-\int-\frac{1}{x+1}dx}\left[\int e^x(x+1)e^{-\int\frac{1}{x+1}dx}dx+C\right]\\&=(x+1)\left[\int e^x dx+C\right]\\&=(x+1)(e^x+C).\end{aligned}$$

例 6.2.8 求方程 $\frac{dy}{dx}=\frac{1}{x+y}$ 的通解.

解 把 x 看作 y 的函数,所给方程变形为

$$\frac{dx}{dy}=x+y,$$

令

$$P(y)=-1,Q(y)=y.$$

由式(6.2.9),方程通解为

$$\begin{aligned}x&=e^{-\int P(y)dy}\left[\int Q(y)e^{\int P(y)dy}dy+C\right]\\&=e\int 1dy\left[\int ye^{-\int 1dy}dy+C\right]\\&=e^y\left[\int ye^{-y}dy+C\right]\end{aligned}$$

$$= e^{y}(-ye^{-y}-e^{-y}+C)$$
$$= Ce^{y}-y-1.$$

习题 6.2

1. 求下列微分方程的通解.

(1) $2x^2yy' = y^2+1$；　　(2) $xy' - y\ln y = 0$；

(3) $3x^2+5x-5y' = 0$；　　(4) $y' = \sqrt{1-y^2}$；

(5) $y' = \dfrac{y}{x} + \tan\dfrac{y}{x}$；　　(6) $(x^2+y^2)\mathrm{d}x - xy\mathrm{d}y = 0$.

2. 求下列微分方程的特解.

(1) $x\mathrm{d}y + 2y\mathrm{d}x = 0, y|_{x=2} = 1$；　　(2) $y'\sin x = y\ln y, y|_{x=\frac{\pi}{2}} = \mathrm{e}$；

(3) $(y^2-3x^2)\mathrm{d}y + 2xy\mathrm{d}x = 0, y|_{x=0} = 1$；

(4) $y' = \dfrac{x}{y}, y|_{x=1} = 2$.

3. 求下列微分方程的通解.

(1) $\dfrac{\mathrm{d}y}{\mathrm{d}x} + y = \mathrm{e}^{-x}$；　　(2) $y' + y\cos x = \mathrm{e}^{-\sin x}$；

(3) $(x^2-1)y' + 2xy - \cos x = 0$；　　(4) $(y^2-6x)y' + 2y = 0$.

4. 求下列微分方程的特解.

(1) $x\cdot\dfrac{\mathrm{d}y}{\mathrm{d}x} + y - \mathrm{e}^x = 0, y|_{x=0} = 6$；

(2) $y' + y\cos x = \sin x\cdot\cos x, y|_{x=0} = 1$.

6.3 可降阶的二阶微分方程

对于二阶微分方程

$$y'' = f(x, y, y'),$$

在有些情况下，可以通过适当的变量代换，把它们化成一阶微分方程来求解，具有这种性质的方程称为**可降阶的微分方程**，相应的求解方法称为**降阶法**. 本节介绍三种可降阶的微分方程及其解法.

6.3.1 $y'' = f(x)$ 型的微分方程

微分方程

$$y'' = f(x) \tag{6.3.1}$$

的右端仅含自变量 x，只要把 y' 看作新的未知函数，那么式(6.3.1)可写成

$$(y')' = f(x). \tag{6.3.2}$$

它就可看作新未知函数 y' 的一阶微分方程，对式(6.3.2)两端积分，得

$$y' = \int f(x)\mathrm{d}x + C_1.$$

对上式两端再积分一次,得方程(6.3.1)的通解

$$y=\int\left[\int f(x)\mathrm{d}x\right]\mathrm{d}x+C_1x+C_2,$$

其中 C_1,C_2 为任意常数.

例 6.3.1 求微分方程 $y''=\mathrm{e}^{2x}-\sin\frac{x}{3}$ 的通解.

解 对原方程两端连续进行两次积分,得

$$y'=\frac{1}{2}\mathrm{e}^{2x}+3\cos\frac{x}{3}+C_1,$$

$$y=\frac{1}{4}\mathrm{e}^{2x}+9\sin\frac{x}{3}+C_1x+C_2,$$

这就是所求方程的通解.

例 6.3.2 试求 $y''=x$ 的经过点 $M(0,1)$ 且在此点与直线 $y=\frac{x}{3}+1$ 相切的积分曲线.

解 该几何问题可归结为如下微分方程的初值问题:

$$y''=x,\ y\,|_{x=0}=1,\ y'\,|_{x=0}=\frac{1}{3}.$$

对方程 $y''=x$ 两边积分,得

$$y'=\frac{1}{2}x^2+C_1.$$

由条件 $y'\,|_{x=0}=\frac{1}{3}$,得 $C_1=\frac{1}{3}$. 从而

$$y'=\frac{1}{2}x^2+\frac{1}{3}.$$

对上式两边再积分一次,得

$$y=\frac{1}{6}x^3+\frac{1}{3}x+C_2.$$

由条件 $y\,|_{x=0}=1$,得 $C_2=1$. 故所求曲线为

$$y=\frac{x^3}{6}+\frac{x}{3}+1.$$

推广 $y^{(n)}=f(x)$ 型的微分方程.

只需将 $y^{(n-1)}$ 作为新的未知函数,那么 $y^{(n)}=f(x)$ 等价于 $(y^{(n-1)})'=f(x)$,而成为新未知函数的一阶微分方程. 两边积分,就得到一个 $n-1$ 阶的微分方程

$$y^{(n-1)}=\int f(x)\mathrm{d}x+C_1,$$

同理可得
$$y^{(n-2)}=\int\left[\int f(x)\mathrm{d}x+C_1\right]\mathrm{d}x+C_2,$$

依次积分 n 次,便得到方程 $y^{(n)}=f(x)$ 的含有 n 个任意常数的通解.

6.3.2 $y''=f(x,y')$ 型的微分方程

微分方程

$$y''=f(x,y') \tag{6.3.3}$$

的右端不显含未知函数 y，如果设 $y'=p(x)$，那么

$$y''=\frac{\mathrm{d}p}{\mathrm{d}x}=p',$$

从而方程(6.3.3)就成为

$$p'=f(x,p).$$

这是一个关于变量 x,p 的一阶微分方程.若求得它的通解为

$$p=\varphi(x,C_1),$$

又因 $p=\frac{\mathrm{d}y}{\mathrm{d}x}$，所以又得到一个一阶微分方程

$$\frac{\mathrm{d}y}{\mathrm{d}x}=\varphi(x,C_1).$$

对上式两端进行积分，便得到式(6.3.3)的通解为

$$y=\int\varphi(x,C_1)\mathrm{d}x+C_2.$$

例 6.3.3 求微分方程 $y''=\frac{1}{x}y'+xe^x$ 的通解.

解 所给微分方程是 $y''=f(x,y')$ 型.设 $y'=p$，则 $y''=p'$，带入原方程得

$$p'-\frac{1}{x}p=xe^x,$$

这是关于 p 的一阶线性微分方程.根据式(6.2.9)有

$$\begin{aligned}p&=e^{\int\frac{1}{x}\mathrm{d}x}\left(\int xe^x e^{-\int\frac{1}{x}\mathrm{d}x}\mathrm{d}x+C_0\right)\\&=x\left(\int e^x\mathrm{d}x+C_0\right)\\&=x(e^x+C_0),\end{aligned}$$

即

$$y'=x(e^x+C_0),$$

对上式两端积分，得

$$\begin{aligned}y&=\int x(e^x+C_0)\mathrm{d}x+C_2=(x-1)e^x+\frac{C_0}{2}x^2+C_2\\&=(x-1)e^x+C_1x^2+C_2\left(C_1=\frac{C_0}{2}\right),\end{aligned}$$

这就是所求方程的通解.

例 6.3.4 求微分方程 $(1+x^2)y''=2xy'$ 满足初始条件 $y|_{x=0}=1,y'|_{x=0}$

$= 2$ 的特解.

解 所给微分方程是 $y'' = f(x,y')$ 型.设 $y' = p$,代入方程并分离变量后,得

$$\frac{dp}{p} = \frac{2x}{1+x^2}dx.$$

两端积分,得 $$\ln|p| = \ln(1+x^2) + C,$$

即 $$y' = p = C_1(1+x^2)\,(C_1 = \pm e^C).$$

由条件 $y'|_{x=0} = 2$,得

$$C_1 = 2.$$

故 $$y' = 2(1+x^2).$$

两端积分,得 $$y = \frac{2}{3}x^3 + 2x + C_2.$$

又由条件 $y|_{x=0} = 1$,得

$$C_2 = 1.$$

于是所求特解为 $$y = \frac{2}{3}x^3 + 2x + 1.$$

*6.3.3 $y'' = f(y,y')$ 型的微分方程

微分方程

$$y'' = f(y,y') \tag{6.3.4}$$

的特点是不显含自变量 x.为了求其解,令 $y' = p(y)$,利用复合函数的求导法则,把 y'' 化为对 y 的导数,即

$$y'' = \frac{dp}{dx} = \frac{dp}{dy}\cdot\frac{dy}{dx} = p\cdot\frac{dp}{dy}.$$

故原方程(6.3.4)化为

$$p\frac{dp}{dy} = f(y,p),$$

这是一个关于 y,p 的一阶微分方程.若求出它的通解为

$$y' = p = \varphi(y,C_1),$$

则对上式分离变量并两端积分,得原方程(6.3.4)的通解为

$$\int\frac{dy}{\varphi(y,C_1)} = x + C_2.$$

例 6.3.5 求方程 $yy'' - (y')^2 = 0$ 的通解.

解 所给方程不显含自变量 x,设 $y' = p$,于是 $y'' = p\dfrac{dp}{dy}$,代入所给方程,得

$$yp\frac{dp}{dy} - p^2 = 0.$$

若 $y \neq 0, p \neq 0$，约去 p 并分离变量，得

$$\frac{\mathrm{d}p}{p} = \frac{\mathrm{d}y}{y},$$

两端积分，得

$$\ln|p| = \ln|y| + C'_1,$$

即

$$y' = p = C_1 y (C_1 = \pm \mathrm{e}^{C'_1}).$$

这是齐次线性方程，解得原方程的通解为

$$y = C_2 \mathrm{e}^{C_1 x}.$$

从以上求解过程中看到，应该 $C_1 \neq 0, C_2 \neq 0$，但由于 y 等于常数也是方程的解，所以事实上，C_1, C_2 不必有非零的限制.

习题 6.3

1. 求下列微分方程的通解.

(1) $y'' = x + \sin x$；　　(2) $y'' = x\mathrm{e}^x$；

(3) $y'' = 1 + (y')^2$；　　(4) $y'' = y' + x$；

(5) $xy'' + y' = 0$；　　*(6) $y^3 y'' - 1 = 0$.

2. 求下列微分方程满足所给初始条件的特解.

(1) $x^2 y'' + xy' = 1, y|_{x=1} = 0, y'|_{x=1} = 1$；

*(2) $y'' - a(y')^2 = 0, y|_{x=0} = 0, y'|_{x=0} = -1$；

*(3) $y'' - \mathrm{e}^{2y} = 0, y|_{x=0} = y'|_{x=0} = 0$.

3. 试求 $xy'' = y' + x^2$ 经过点 $(1,0)$ 且在此点的切线与直线 $y = 3x - 3$ 垂直的积分曲线.

6.4　二阶常系数线性微分方程

在实际中应用较多的一类高阶微分方程是**二阶常系数线性微分方程**，它的一般形式是

$$y'' + py' + qy = f(x), \tag{6.4.1}$$

其中 p, q 为实常数，$f(x)$ 为 x 的已知函数. 当方程右端 $f(x) \equiv 0$ 时，方程称为**齐次的**；当 $f(x) \not\equiv 0$ 时，方程称为**非齐次的**.

6.4.1　二阶常系数齐次线性微分方程

先讨论二阶常系数齐次线性微分方程

$$y'' + py' + qy = 0, \tag{6.4.2}$$

其中 p, q 为常数.

一般情况，对于给定微分方程，我们的主要目的是找到其通解. 为了求二阶常系数齐次线性微分方程(6.4.2)的通解，下面首先介绍有关其解的结论.

定理 6.4.1　如果函数 $y_1(x)$ 与 $y_2(x)$ 是方程(6.4.2)的两个解，那么

$$y = C_1 y_1(x) + C_2 y_2(x) \tag{6.4.3}$$

也是方程(6.4.2)的解,其中 C_1,C_2 是任意常数.

解(6.4.3)从其形式上看含有两个任意常数,但它不一定是 $y'' + py' + qy = 0$ 的通解.例如,设 $y_1(x)$ 是 $y'' + py' + qy = 0$ 的一个解,易验证 $y_2(x) = 2y_1(x)$ 也是它的一个解.这时 $y = C_1 y_1(x) + 2C_2 y_1(x)$ 可成 $y = Cy_1(x)$,其中 $C = C_1 + 2C_2$,这显然不是 $y'' + py' + qy = 0$ 的通解.那么,在什么样的情况下 $y = C_1 y_1(x) + C_2 y_2(x)$ 才是 $y'' + py' + qy = 0$ 的通解呢?需要有如下定理:

定理 6.4.2 如果函数 $y_1(x)$,$y_2(x)$ 是方程(6.4.2)的两个特解,且 $\frac{y_2(x)}{y_1(x)}$ 不为常数,则 $y = C_1 y_1(x) + C_2 y_2(x)$(其中 C_1,C_2 是任意常数)是方程(6.4.2)的通解.

一般地,对于任意两个函数 $y_1(x)$,$y_2(x)$,若它们的比为常数,则称它们是**线性相关**的,否则称它们是**线性无关**的.

例如,方程 $y'' - y = 0$ 是二阶常系数齐次线性微分方程,不难验证 $y_1 = e^x$ 与 $y_2 = e^{-x}$ 是所给方程的两个特解,且 $\frac{y_2(x)}{y_1(x)} = \frac{e^{-x}}{e^x} = e^{-2x} \neq$ 常数,即它们是两个线性无关的特解,因此方程 $y'' - y = 0$ 的通解为

$$y = C_1 e^x + C_2 e^{-x}\ (C_1, C_2 \text{ 是任意常数}).$$

因此求方程(6.4.2)的通解,归结为如何求它的两个线性无关的特解.由于方程(6.4.2)的左端是关于 y'',y' 和 y 的线性关系式,且系数都为常数,而当 r 为常数时,指数函数 e^{rx} 和它的各阶导数都只差一个常数因子,所以用 $y = e^{rx}$ 来尝试,看能否取到适当的常数 r,使 $y = e^{rx}$ 满足方程(6.4.2).

对 $y = e^{rx}$ 求导,得

$$y' = re^{rx}, y'' = r^2 e^{rx}.$$

把 y,y' 和 y'' 代入方程(6.4.2),得

$$(r^2 + pr + q)e^{rx} = 0.$$

由于 $e^{rx} \neq 0$,所以

$$r^2 + pr + q = 0. \tag{6.4.4}$$

由此可见,只要 r 是代数方程(6.4.4)的根,函数 $y = e^{rx}$ 就是微分方程(6.4.2)的解,我们把代数方程(6.4.4)称为微分方程(6.4.2)的**特征方程**.

特征方程是一个一元二次代数方程,其中 r^2,r 的系数及常数项恰好依次是微分方程(6.4.2)中 y'',y' 和 y 的系数.

特征方程的两个根 r_1,r_2 可用公式

$$r_{1,2} = \frac{-p \pm \sqrt{p^2 - 4q}}{2}$$

求出,它们有三种不同情形,分别对应着微分方程(6.4.2)通解的三种不同情形.分别叙述如下:

(1)若 $p^2-4q>0$，则特征方程有两个不相等的实根：$r_1\neq r_2$，这时 $y_1=e^{r_1x}$，$y_2=e^{r_2x}$ 是微分方程(6.4.2)的两个特解，且 $\frac{y_2}{y_1}=\frac{e^{r_2x}}{e^{r_1x}}=e^{(r_2-r_1)x}$ 不是常数.因此，微分方程(6.4.2)的通解为

$$y=C_1e^{r_1x}+C_2e^{r_2x}.$$

(2)若 $p^2-4q=0$，则特征方程有两个相等的实根 r_1,r_2，且

$$r_1=r_2=-\frac{p}{2}.$$

此时，只得到微分方程(6.4.2)的一个解

$$y_1=e^{r_1x}.$$

为了得到微分方程(6.4.2)的通解，还需求出另一个解 y_2，且要求 $\frac{y_2}{y_1}$ 不是常数.设 $\frac{y_2}{y_1}=u(x)$，$u(x)$ 是 x 的待定函数，于是

$$y_2=u(x)y_1=e^{r_1x}u(x).$$

下面来确定 $u(x)$. 将 y_2 求导，得

$$y_2{}'=e^{r_1x}(u'+r_1u),$$
$$y_2{}''=e^{r_1x}(u''+2r_1u'+r_1{}^2u).$$

将 y_2,y'_2,y''_2 代入微分方程(6.4.2)，得

$$e^{r_1x}[(u''+2r_1u'+r_1{}^2u)+p(u'+r_1u)+qu]=0.$$

约去 e^{r_1x}，并以 u'',u',u 为准合并同类项，得

$$u''+(2r_1+p)u'+(r_1{}^2+pr_1+q)u=0.$$

由于 r_1 是特征方程的二重根，所以 $r_1{}^2+pr_1+q=0$，且 $2r_1+p=0$，于是得 $u''=0$. 这说明所设特解 y_2 中的函数 $u(x)$ 不能为常数且要满足 $u''(x)=0$. 显然 $u=x$ 是可取函数中最简单的一个，由此得微分方程(6.4.2)的另一个解

$$y_2=xe^{r_1x}.$$

从而微分方程(6.4.2)的通解为

$$y=C_1e^{r_1x}+C_2xe^{r_1x}=(C_1+C_2x)e^{r_1x}.$$

(3)若 $p^2-4q<0$，则特征方程有一对共轭复根

$$r_1=\alpha+\beta i,r_2=\alpha-\beta i,$$

其中 $\alpha=-\frac{p}{2},\beta=\frac{\sqrt{4q-p^2}}{2}$.

这时，$y_1=e^{(\alpha+i\beta)x}$，$y_2=e^{(\alpha-i\beta)x}$ 是微分方程(6.4.2)的两个解，但它们是复值函数形式. 为了得到实值函数形式，先利用**欧拉公式** $e^{i\theta}=\cos\theta+i\sin\theta$ 把 y_1,y_2 改写为

$$y_1=e^{(\alpha+i\beta)x}=e^{\alpha x}\cdot e^{i\beta x}=e^{\alpha x}(\cos\beta x+i\sin\beta x),$$
$$y_2=e^{(\alpha-i\beta)x}=e^{\alpha x}\cdot e^{-i\beta x}=e^{\alpha x}(\cos\beta x-i\sin\beta x).$$

由于复值函数 y_1 与 y_2 之间成共轭关系,因此得实值函数

$$\bar{y}_1=\frac{1}{2}(y_1+y_2)=e^{\alpha x}\cos\beta x,\bar{y}_2=\frac{1}{2i}(y_1-y_2)=e^{\alpha x}\sin\beta x.$$

根据定理 6.4.1,实值函数 $\bar{y}_1,\bar{y}_2$ 是微分方程(6.4.2)的解,且

$$\frac{\bar{y}_1}{\bar{y}_2}=\frac{e^{\alpha x}\cos\beta x}{e^{\alpha x}\sin\beta x}=\cot\beta x\neq 常数,$$

故微分方程(6.4.2)的通解为

$$y=e^{\alpha x}(C_1\cos\beta x+C_2\sin\beta x).$$

综上所述,求二阶常系数齐次线性微分方程

$$y''+py'+qy=0$$

通解的步骤如下:

(1)写出微分方程(6.4.2)的特征方程为

$$r^2+pr+q=0;$$

(2)求特征方程(6.4.4)的两个根 r_1,r_2;

(3)根据特征方程(6.4.4)的两个根的不同情形,按照下列表格写出微分方程(6.4.2)的通解.

特征方程 $r^2+pr+q=0$ 的两个根 r_1,r_2	微分方程 $y''+py'+qy=0$ 的通解
两个不相等的实根 r_1,r_2	$y=C_1e^{r_1x}+C_2e^{r_2x}$
两个相等的实根 $r_1=r_2=r$	$y=(C_1+C_2x)e^{rx}$
一对共轭的复根 $r_{1,2}=\alpha\pm\beta i$	$y=e^{\alpha x}(C_1\cos\beta x+C_2\sin\beta x)$

例 6.4.1 求微分方程 $y''-2y'-8y=0$ 的通解.

解 特征方程为

$$r^2-2r-8=(r-4)(r+2)=0,$$

其根为 $r_1=4,r_2=-2$,因此原方程通解为

$$y=C_1e^{4x}+C_2e^{-2x}.$$

例 6.4.2 求方程 $\frac{d^2S}{dt^2}+2\frac{dS}{dt}+S=0$ 满足初始条件 $S|_{t=0}=4,S'|_{t=0}=-2$ 的特解.

解 特征方程为

$$r^2+2r+1=(r+1)^2=0,$$

其根 $r_1=r_2=-1$,因此所求微分方程的通解为

$$S=(C_1+C_2t)e^{-t}.$$

将条件 $S|_{t=0}=4$ 代入上式通解,得 $C_1=4$,从而

$$S=(4+C_2t)e^{-t}.$$

将上式对 t 求导数,得 $S'=(C_2-4-C_2t)e^{-t}$. 再把条件 $S'|_{t=0}=-2$ 代入导数中,得 $C_2=2$. 故所求特解为

$$S=(4+2t)e^{-t}.$$

例 6.4.3 求微分方程 $y''+6y'+25y=0$ 的通解.

解 特征方程为

$$r^2+6r+25=0,$$

其根 $r_{1,2}=\dfrac{-6\pm\sqrt{36-100}}{2}=-3\pm4i$，因此所求微分方程的通解为

$$y=e^{-3x}(C_1\cos4x+C_2\sin4x).$$

6.4.2 二阶常系数非齐次线性微分方程

这里，我们讨论二阶常系数非齐次线性微分方程(6.4.1)的解法. 为此，先介绍方程(6.4.1)解的结构定理.

定理 6.4.3 设 y^* 是二阶常系数非齐次线性微分方程(6.4.1)的特解，而 $Y(x)$ 是与式(6.4.1)对应的齐次方程(6.4.2)的通解，那么

$$y=Y(x)+y^*(x) \tag{6.4.5}$$

是二阶常系数非齐次线性微分方程(6.4.1)的通解.

证明 把式(6.4.5)代入方程(6.4.1)的左端，得

$$\begin{aligned}&(Y''+y^{*\prime\prime})+p(Y'+y^{*\prime})+q(Y+y^*)\\=&(Y''+pY'+qY)+(y^{*\prime\prime}+py^{*\prime}+qy^*)\\=&0+f(x)=f(x).\end{aligned}$$

由于对应的齐次方程(6.4.2)的通解 $Y=C_1y_1+C_2y_2$ 中含有两个独立任意常数，所以 $y=Y+y^*$ 中也含有两个独立任意常数，从而它就是二阶常系数非齐次线性微分方程(6.4.1)的通解.

例如，方程 $y''+y=x^2$ 是二阶常系数非齐次线性微分方程，可求得对应的齐次方程 $y''+y=0$ 的通解为 $y=C_1\cos x+C_2\sin x$；又容易验证 $y^*=x^2-2$ 是所给非齐次方程的一个特解. 因此

$$y=Y+y^*=C_1\cos x+C_2\sin x+x^2-2$$

是所给非齐次方程的通解.

由定理 6.4.3 知，求二阶常系数非齐次线性微分方程

$$y''+py'+qy=f(x)$$

通解的步骤如下：

(1)求出对应的齐次方程 $y''+py'+qy=0$ 的通解 Y；

(2)求出非齐次方程 $y''+py'+qy=f(x)$ 的一个特解 y^*；

(3)所求方程的通解为

$$y=Y+y^*.$$

而齐次方程(6.4.2)通解的求法已在前面给出，故关键是如何求非齐次方程(6.4.1)的一个特解 y^*. 对此我们不作一般讨论，仅对一种常见类型的 $f(x)$

进行介绍,并省略相关证明.下面给出用待定系数法求特解的方法.

结论 6.4.1 若 $f(x)=P_m(x)e^{\lambda x}$,其中 $P_m(x)$ 是 x 的 m 次多项式,λ 为常数(显然,若 $\lambda=0$,则 $f(x)=P_m(x)$),则二阶常系数非齐次线性微分方程(6.4.1)具有形如

$$y^*=x^kQ_m(x)e^{\lambda x} \tag{6.4.6}$$

的特解,其中 $Q_m(x)$ 是与 $P_m(x)$ 同次的多项式,而 k 的取值根据以下情况确定:

(1)若 λ 不是特征方程的根,则 $k=0$;

(2)若 λ 是特征方程的单根,则 $k=1$;

(3)若 λ 是特征方程的重根,则 $k=2$.

例 6.4.4 求微分方程 $y''-2y'-3y=2x+1$ 的通解.

解 所给方程是二阶常系数非齐次线性微分方程,且函数 $f(x)$ 是 $P_m(x)e^{\lambda x}$ 型(其中 $P_m(x)=2x+1,\lambda=0$).

对应齐次方程为

$$y''-2y'-3y=0,$$

它的特征方程为

$$r^2-2r-3=0,$$

其两个实根分别为 $r_1=3,r_2=-1$,于是对应的齐次方程的通解为

$$Y=C_1e^{3x}+C_2e^{-x}.$$

由于 $\lambda=0$ 不是特征方程的根,所以由式(6.4.6),应设非齐次方程的一个特解为

$$y^*=b_0x+b_1.$$

代入原方程,得

$$-3b_0x-(2b_0+3b_1)=2x+1.$$

比较上式两端 x 同次幂的系数,得

$$\begin{cases}-3b_0=2,\\-2b_0-3b_1=1,\end{cases}$$

解得 $b_0=-\dfrac{2}{3},b_1=\dfrac{1}{9}$,于是非齐次方程的一个特解为

$$y^*=-\frac{2}{3}x+\frac{1}{9}.$$

因此非齐次方程的通解为

$$y=Y+y^*=C_1e^{3x}+C_2e^{-x}-\frac{2}{3}x+\frac{1}{9}.$$

例 6.4.5 求微分方程 $y''-5y'+6y=xe^{2x}$ 的通解.

解 所给方程是二阶常系数非齐次线性微分方程,且函数 $f(x)$ 是 $P_m(x)e^{\lambda x}$ 型(其中 $P_m(x)=x,\lambda=2$).对应齐次方程为

$$y'' - 5y' + 6y = 0,$$

其特征方程为

$$r^2 - 5r + 6 = 0,$$

有两个不等实根 $r_1 = 2, r_2 = 3$，故对应齐次方程的通解为

$$Y = C_1 e^{2x} + C_2 e^{3x}.$$

由于 $\lambda = 2$ 是特征方程的单根，所以由式(6.4.6)，应设原方程的一个特解为

$$y^* = x(b_0 x + b_1)e^{2x}.$$

代入原方程，得

$$-2b_0 x + 2b_0 - b_1 = x.$$

比较上式两端 x 同次幂的系数，得

$$\begin{cases} -2b_0 = 1, \\ 2b_0 - b_1 = 0, \end{cases}$$

解得 $b_0 = -\dfrac{1}{2}, b_1 = -1$，因此原方程的一个特解为

$$y^* = x\left(-\frac{1}{2}x - 1\right)e^{2x}.$$

故原方程的通解为

$$y = Y + y^* = C_1 e^{2x} + C_2 e^{3x} - \frac{1}{2}(x^2 + 2x)e^{2x}.$$

* **定理** 6.4.4　设二阶常系数非齐次线性微分方程(6.4.1)的右端 $f(x)$ 是几个函数之和，如

$$y'' + py' + qy = f_1(x) + f_2(x), \tag{6.4.7}$$

而 y_1^* 与 y_2^* 分别是方程

$$y'' + py' + qy = f_1(x)$$

与

$$y'' + py' + qy = f_2(x)$$

的特解，则 $y_1^* + y_2^*$ 就是原非齐次方程(6.4.7)的特解.

证明　将 $y = y_1^* + y_2^*$ 代入方程(6.4.7)的左端，得

$$\begin{aligned} &(y_1^* + y_2^*)'' + p(y_1^* + y_2^*)' + q(y_1^* + y_2^*) \\ &= (y_1^{*''} + py_1^{*'} + qy_1^*) + (y_2^{*''} + py_2^{*'} + qy_2^*) \\ &= f_1(x) + f_2(x). \end{aligned}$$

因此 $y_1^* + y_2^*$ 是方程(6.4.7)的一个特解.

这一定理通常称为非齐次线性微分方程解的**叠加原理**.

* **例** 6.4.6　求微分方程 $y'' + 4y' + 3y = (x - 2) + e^{2x}$ 的一个特解.

解　可求得 $y'' + 4y' + 3y = x - 2$ 的一个特解为

$$y_1^* = \frac{1}{3}x - \frac{10}{9},$$

而 $y''+4y'+3y=\mathrm{e}^{2x}$ 的一个特解为

$$y_2{}^*=\frac{1}{15}\mathrm{e}^{2x}.$$

上述求解过程请读者自行完成.

于是,由定理 6.4.4 可知,原方程的一个特解为

$$y^*=\left(\frac{1}{3}x-\frac{10}{9}\right)+\frac{1}{15}\mathrm{e}^{2x}.$$

习题 6.4

1. 下列函数组在定义区间内哪些是线性无关的?

(1) x,x^2;　　(2) $x,3x$;

(3) $\mathrm{e}^{3x},3\mathrm{e}^{3x}$;　　(4) $\mathrm{e}^x\cos 8x,\mathrm{e}^x\sin 8x$.

2. 验证 $y_1=\cos 2x$ 及 $y_2=\sin 2x$ 都是方程 $y''+4y=0$ 的解,并写出该方程的通解.

3. 求下列微分方程的通解.

(1) $y''+7y'+12y=0$;　　(2) $y''-12y'+36y=0$;

(3) $y''+6y'+13y=0$;　　(4) $y''+y=0$.

4. 求下列微分方程满足所给初始条件的特解.

(1) $y''-4y'+3y=0,y|_{x=0}=6,y'|_{x=0}=10$;

(2) $4y''+4y'+y=0,y|_{x=0}=2,y'|_{x=0}=0$;

(3) $y''+4y'+29y=0,y|_{x=0}=0,y'|_{x=0}=15$.

5. 求下列微分方程的通解.

(1) $2y''+y'-y=2\mathrm{e}^x$;　　(2) $y''+9y'=x-4$.

6. 求下列微分方程满足已给初始条件的特解.

(1) $y''-3y'+2y=5,y|_{x=0}=1,y'|_{x=0}=2$;

(2) $y''-y=4x\mathrm{e}^x,y|_{x=0}=0,y'|_{x=0}=1$.

6.5 差分方程

前面几节我们介绍了几类微分方程以及其解法.微分方程研究的变量是在某区间连续取值,而在经济管理问题中,经济变量的数据大多是以等间隔时间周期进行统计的.例如,国内生产总值(GDP)、消费水平、投资水平等按年、季统计,产品的产量、成本、收益、利润等按月、周统计.由于这个原因,在研究分析实际经济管理问题时,各有关经济变量的取值是随时间离散变化的,所以描述各经济变量之间变化规律的数学模型是离散型数学模型.

本节对常见的一类离散型数学模型——差分方程,作一些简要介绍.

6.5.1 差分的概念

设函数 $y=f(x)$,当自变量 x 依次取遍非负整数时,相应的函数值可以排

成一个数列

$$f(0),f(1),\cdots,f(x),f(x+1),\cdots,$$

将之简记为

$$y_0,y_1,\cdots,y_x,y_{x+1},\cdots.$$

当自变量从 x 变到 $x+1$ 时,函数的增量 $y_{x+1}-y_x$ 称为函数 y 在点 x 的**差分**,也称为**一阶差分**,记为 Δy_x,即

$$\Delta y_x = y_{x+1}-y_x\ (x=0,1,2,\cdots). \tag{6.5.1}$$

例 6.5.1 已知 $y_x=C$(C 为常数),求 Δy_x.

解 $$\Delta y_x = y_{x+1}-y_x = C-C=0.$$

所以常数的差分为零.

例 6.5.2 (1)设 $y_x=kx$($k\neq 0$ 且 k 为常数),求 Δy_x;

(2)设 $y_x=x^2$,求 Δy_x.

解 (1) $\Delta y_x = y_{x+1}-y_x = k(x+1)-kx=k$.

(2) $\Delta y_x = y_{x+1}-y_x=(x+1)^2-x^2=2x+1$.

例 6.5.3 设 $y_x=a^{kx}$(其中 $k\neq 0$ 且 k 为常数,$a>0$ 且 $a\neq 1$),求 Δy_x.

解 $$\Delta y_x = y_{x+1}-y_x = a^{k(x+1)}-a^{kx}=a^{kx}(a^k-1).$$

可见,指数函数的差分等于指数函数乘上一个常数,例如

$$\Delta(\mathrm{e}^{2x})_x=\mathrm{e}^{2x}(\mathrm{e}^2-1).$$

由一阶差分的定义,容易得到和导数类似的差分的四则运算法则:

(1) $\Delta(Cy_x)=C\Delta y_x$;

(2) $\Delta(y_x\pm z_x)=\Delta y_x\pm\Delta z_x$;

(3) $\Delta(y_x\cdot z_x)=y_{x+1}\Delta z_x+z_x\Delta y_x=y_x\Delta z_x+z_{x+1}\Delta y_x$;

(4) $\Delta\left(\dfrac{y_x}{z_x}\right)=\dfrac{z_x\cdot\Delta y_x-y_x\cdot\Delta z_x}{z_x\cdot z_{x+1}}=\dfrac{z_{x+1}\cdot\Delta y_x-y_{x+1}\cdot\Delta z_x}{z_x\cdot z_{x+1}}$.

这里只给出(3)式的证明:

$$\begin{aligned}\Delta(y_x\cdot z_x)&=y_{x+1}z_{x+1}-y_xz_x\\&=y_{x+1}z_{x+1}-y_{x+1}z_x+y_{x+1}z_x-y_xz_x\\&=y_{x+1}(z_{x+1}-z_x)+z_x(y_{x+1}-y_x)\\&=y_{x+1}\cdot\Delta z_x+z_x\cdot\Delta y_x.\end{aligned}$$

类似可证 $\Delta(y_x\cdot z_x)=y_x\Delta z_x+z_{x+1}\Delta y_x$.

例 6.5.4 设 $y_x=x\mathrm{e}^x+x^2-2x+3$,求 Δy_x.

解 利用差分的运算法则得

$$\begin{aligned}\Delta y_x&=\Delta(x\mathrm{e}^x+x^2-2x+3)=\Delta(x\mathrm{e}^x)+\Delta(x^2)-2\Delta x+\Delta(3)\\&=[x(\mathrm{e}^{x+1}-\mathrm{e}^x)+\mathrm{e}^{x+1}\cdot 1]+(2x+1)-2\cdot 1+0\\&=\mathrm{e}^x[(\mathrm{e}-1)x+\mathrm{e}]+2x-1.\end{aligned}$$

由于 y_x 的一阶差分 Δy_x 还是一个函数,一阶差分的差分我们称为**二阶差**

分，记为 $\Delta^2 y_x$，有

$$\Delta^2 y_x = \Delta(\Delta y_x) = \Delta(y_{x+1} - y_x) = (y_{x+2} - y_{x+1}) - (y_{x+1} - y_x)$$
$$= y_{x+2} - 2y_{x+1} + y_x.$$

同样，二阶差分的差分称为**三阶差分**，记为 $\Delta^3 y_x$，即

$$\Delta^3 y_x = y_{x+3} - 3y_{x+2} + 3y_{x+1} - y_x.$$

依次类推可以定义 n 阶差分 $\Delta^n y_x = \Delta(\Delta^{n-1} y_x)$.

例 6.5.5 设 $y_x = ax^2 + bx + c$，求 $\Delta^2 y_x, \Delta^3 y_x$.

解 先求一阶差分

$$\Delta y_x = \Delta(ax^2 + bx + c) = a\Delta(x^2) + b\Delta x + \Delta(c) = 2ax + a + b,$$

故有

$$\Delta^2 y_x = \Delta(2ax + a + b) = 2a,$$
$$\Delta^3 y_x = \Delta(2a) = 0.$$

6.5.2 差分方程的概念

含有自变量、未知函数及其差分的方程称为**差分方程**. 如果方程中差分的最高阶数为 n（或未知函数下标的最大值与最小值之差为 n），则称为 **n 阶差分方程**. 其一般形式为

$$F(x, y_x, \Delta y_x, \Delta^2 y_x, \cdots, \Delta^n y_x) = 0,$$

或

$$G(x, y_x, y_{x-1}, y_{x-2}, \cdots, y_{x-n}) = 0,$$

或

$$H(x, y_x, y_{x+1}, y_{x+2}, \cdots, y_{x+n}) = 0, \tag{6.5.2}$$

其中式(6.5.2)较为常用.

例如

$$\Delta y_x + 3y_x = x^2 + 2, 2y_{x+1} - 3y_x = 2x - 3$$

都是一阶差分方程，而

$$y_{x+2} - 3y_{x+1} + 2y_x = x^2$$

是一个二阶差分方程.

如果一个函数代入差分方程后能使方程变成恒等式，则此函数称为**差分方程的解**；如果解中相互独立的任意常数的个数等于方程的阶数，这样的解称为**通解**；如果通解中的任意常数都已确定，这样的解称为**特解**. 确定通解中任意常数的条件称为**初始条件**.

例如，函数 $y_x = C2^x - 1$（C 为任意常数）为一阶差分方程 $y_{x+1} - 2y_x = 1$ 的通解，其中满足初始条件 $y(0) = 1$ 的特解为 $y_x = 2^{x+1} - 1$.

6.5.3 一阶常系数线性差分方程

形如

$$y_{x+1} - ay_x = f(x)\ (a \text{ 为非零常数}) \tag{6.5.3}$$

的差分方程称为**一阶常系数线性差分方程**；其中当 $f(x) \equiv 0$ 时称为**一阶常系**

数齐次线性差分方程,当 $f(x)\neq 0$ 时称为**一阶常系数非齐次线性差分方程**.

1. 解的结构

定理 6.5.1 设 $y_x{}^*$ 是一阶常系数非齐次线性差分方程(6.5.3)的一个特解,Y_x 是其对应的齐次差分方程的通解,则差分方程(6.5.3)的通解为 $y_x=Y_x+y_x{}^*$.

定理 6.5.2 设 y_1^*,y_2^* 分别是非齐次方程 $y_{x+1}-ay_x=f_1(x)$ 和 $y_{x+1}-ay_x=f_2(x)$ 的特解,则 $y^*=y_1^*+y_2^*$ 是方程 $y_{x+1}-ay_x=f_1(x)+f_2(x)$ 的特解.

2. 齐次方程 $y_{x+1}-ay_x=0$ 的求解

由于方程 $y_{x+1}-ay_x=0$ 等同于 $\Delta y_x+(1-a)y_x=0$. 由例 6.5.3 知,指数函数的差分等于指数函数乘上一个常数,故 y_x 的形式一定为某个指数函数. 于是,设 $y_x=\lambda^x(\lambda\neq 0)$ 代入方程得

$$\lambda^{x+1}-a\lambda^x=0,$$

即

$$\lambda-a=0,$$

得 $\lambda=a$. 称如上方程为齐次方程 $y_{x+1}-ay_x=0$ 的特征方程,而 $\lambda=a$ 为特征方程的根(简称**特征根**). 于是 $y_x=a^x$ 是齐次方程的一个解,从而

$$y_x=Ca^x\ (C\text{ 为任意常数})\tag{6.5.4}$$

是齐次方程的通解.

例 6.5.6 求 $2y_{x+1}+y_x=0$ 的通解.

解 特征方程为

$$2\lambda+1=0,$$

特征方程的根为 $\lambda=-\frac{1}{2}$. 于是原方程的通解为

$$y_x=C\left(-\frac{1}{2}\right)^x\ (C\text{ 为任意常数}).$$

3. 一阶常系数非齐次线性差分方程的求解

由定理 6.5.1 知,一阶常系数非齐次线性差分方程(6.5.3)的求解归结为求它的一个特解及对应齐次方程的通解,式(6.5.4)给出了方程(6.5.3)所对应的齐次方程的通解,下面用待定系数法讨论特解 $y_x{}^*$ 的求法.

若 $f(x)=P_n(x)$,其中 $P_n(x)$ 是 x 的 n 次多项式,则一阶常系数非齐次线性方程方程(6.5.3)具有形如

$$y_x{}^*=x^kQ_n(x)$$

的特解,其中 $Q_n(x)$ 是与 $P_n(x)$ 同次的待定多项式,而 k 取值的确定如下:

(1)若 1 不是特征方程的根,取 $k=0$;

(2)若 1 是特征方程的根,取 $k=1$.

例 6.5.7 求差分方程 $y_{x+1}-3y_x=-2$ 的通解.

解 (1)先求该方程对应的齐次方程

$$y_{x+1}-3y_x=0$$

的通解 Y_x.

由于齐次方程的特征方程为 $\lambda-3=0$,$\lambda=3$ 是特征方程的根. 故 $Y_x=C3^x$ 是齐次方程的通解.

(2)再求非齐次方程的一个特解 $y_x{}^*$.

由于 1 不是特征方程的根,于是令 $y_x{}^*=a$ 代入原方程为

$$a-3a=-2,$$

即 $a=1$, 从而 $y_x{}^*=1$.

则原非齐次差分方程的通解为

$$y_x=Y_x+y_x{}^*=C3^x+1\ (C\ \text{为任意常数}).$$

例 6.5.8 求差分方程 $y_{x+1}-2y_x=3x^2$ 的通解.

解 (1)求该方程对应的齐次方程

$$y_{x+1}-2y_x=0$$

的通解 Y_x.

由于齐次方程的特征方程为 $\lambda-2=0$, 得其根为 $\lambda=2$, 于是

$$Y_x=C2^x.$$

(2)求非齐次方程的一个特解 $y_x{}^*$.

由于 1 不是特征方程的根,于是令 $y_x{}^*=b_0x^2+b_1x+b_2$, 代入原方程得

$$b_0(x+1)^2+b_1(x+1)+b_2-2(b_0x^2+b_1x+b_2)=3x^2.$$

比较两边同次幂的系数,得

$$b_0=-3,b_1=-6,b_2=-9.$$

从而
$$y_x{}^*=-3x^2-6x-9.$$

原非齐次差分方程的通解为

$$y_x=Y_x+y_x^*=C2^x-3x^2-6x-9\ (C\ \text{为任意常数}).$$

例 6.5.9 求差分方程 $y_{t+1}-y_t=t+1$ 满足 $y_0=1$ 的特解.

解 (1)对应的齐次方程 $y_{t+1}-y_t=0$ 的通解 $Y_t=C$.

(2)再求原方程的一个特解 $y_t{}^*$.

由于 1 是特征方程的根,于是令 $y_t{}^*=t(b_0t+b_1)=b_0t^2+b_1t$ 代入原方程,得

$$b_0(t+1)^2+b_1(t+1)-b_0t^2-b_1t=t+1,$$

比较两边同次幂的系数,得

$$b_0=\frac{1}{2},b_1=\frac{1}{2}.$$

于是
$$y_t{}^*=\frac{1}{2}t^2+\frac{1}{2}t.$$

则原非齐次差分方程的通解为

$$y_t = C + \frac{1}{2}t^2 + \frac{1}{2}t.$$

由 $y_0 = 1$，得 $C = 1$，故原方程满足初始条件的特解为

$$y_t = 1 + \frac{1}{2}t^2 + \frac{1}{2}t.$$

注意：若 $f(x) = \mu^x P_n(x)$，其中 $P_n(x)$ 是 x 的 n 次多项式，这里 μ 为常数，$\mu \neq 0$ 且 $\mu \neq 1$. 此时，只需作变换

$$y_x = \mu^x \cdot z_x,$$

则可得一阶常系数非齐次线性方程(6.5.3)的特解为

$$y_x^* = \mu^x \cdot z_x^*.$$

例 6.5.10 求差分方程 $y_{x+1} + y_x = x \cdot 2^x$ 的通解.

解 (1)求该方程所对应的齐次方程

$$y_{x+1} + y_x = 0$$

的通解 Y_x.

由于齐次方程的特征方程为 $\lambda + 1 = 0$，$\lambda = -1$ 是特征方程的根，故 $Y_x = C(-1)^x$ 是齐次方程的通解.

(2)求非齐次方程的一个特解 y_x^*. 令 $y_x = 2^x \cdot z_x$，代入原方程化简得

$$2z_{x+1} + z_x = x.$$

不难求得它的一个特解为

$$z_x^* = \frac{1}{3}x - \frac{2}{9},$$

于是

$$y_x^* = 2^x\left(\frac{1}{3}x - \frac{2}{9}\right).$$

则原非齐次差分方程的通解为

$$y_x = Y_x + y_x^* = C(-1)^x + 2^x\left(\frac{1}{3}x - \frac{2}{9}\right)（C 为任意常数）.$$

习题 6.5

1. 求下列函数的一阶与二阶差分.

(1) $y_x = 2x^3 - x^2$；　　(2) $y_x = e^{3x}$；

(3) $y_x = \log_a x (a > 0, a \neq 1)$.

2. 确定下列差分方程的阶.

(1) $y_{x+3} - x^2 y_{x+1} + 3y_x = 2$；　　(2) $y_{x-2} - y_{x-4} = y_{x+2}$.

3. 求下列差分方程的通解.

(1) $2y_{x+1} - 3y_x = 0$；　　(2) $y_x + y_{x-1} = 0$；

(3) $y_{x+1} - y_x = 0$.

4. 求下列一阶差分方程满足所给初始条件的特解.

(1) $2y_{x+1}+5y_x=0$，且 $y_0=3$；　(2) $\Delta y_x=0$，且 $y_0=2$.

5. 求下列一阶差分方程的通解或特解.

(1) $\Delta y_x-4y_x=3$；　(2) $y_{x+1}+y_x=2^x$，且 $y_0=2$.

6.6 微分方程和差分方程的简单经济应用

为了研究经济变量之间的联系及其内在规律，常需要建立某一经济函数及其导数所满足的关系式，并由此确定所研究函数形式，从而根据一些已知的条件来确定该函数的表达式. 从数学上讲，这就是建立微分方程或差分方程并求解. 下面举例说明一阶微分方程和差分方程在经济学中的应用.

例 6.6.1 某商品的需求量 Q 对价格 P 的弹性为 $-P\ln2$，若该商品的最大需求量为 1200（$P=0$ 时，$Q=1200$，P 的单位为元，Q 的单位为 kg).

(1)试求需求量 Q 与价格 P 的函数关系；

(2)求当价格为 1 元时，市场对该商品的需求量；

(3)当 $P\to+\infty$ 时，需求量的变化趋势如何？

解 (1)由条件可知

$$\frac{P}{Q}\cdot\frac{\mathrm{d}Q}{\mathrm{d}P}=-P\ln2,$$

即

$$\frac{\mathrm{d}Q}{\mathrm{d}P}=-Q\ln2.$$

分离变量并积分，得

$$Q=C\mathrm{e}^{-P\ln2}=C2^{-P}\ (C\text{ 为任意常数}).$$

由 $Q|_{P=0}=1200$，得 $C=1200$，故 Q 与 P 之间的函数关系为

$$Q=1200\times2^{-P}.$$

(2)当 $P=1$ (元)时，$Q=1200\times2^{-1}=600$ kg.

(3)显然 $P\to+\infty$ 时，$Q\to0$，即随着价格的无限增大，需求量将趋于零，其数学上的意义为：$Q=0$ 是所给方程的平衡解，且该平衡解是稳定的.

例 6.6.2 某林区实行封山养林，现有木材 10 万立方米，如果在每一时刻 t 木材的变化率与当时木材数成正比. 假设 10 年时这林区的木材为 20 万立方米，若规定，该林区的木材量达到 40 万立方米时才能砍伐，问至少多少年后才能砍伐？

解 若时间 t 以年为单位，假设任一时刻 t 木材的数量为 $P(t)$ 万立方米，由题意可知，

$$\frac{\mathrm{d}P}{\mathrm{d}t}=kP\ (k\text{ 为比例系数}),$$

且 $P|_{t=0}=10$，$P|_{t=10}=20$.

分离变量,并两边积分得该方程的通解为

$$P = Ce^{kt}.$$

将 $t=0$ 时, $P=10$ 代入,得 $C=10$, 故

$$P = 10e^{kt}.$$

再将 $t=10$ 时, $P=20$ 代入,得 $k=\frac{\ln 2}{10}$, 于是

$$P = 10e^{\frac{\ln 2}{10}t} = 10 \cdot 2^{\frac{t}{10}}.$$

要使 $P=40$, 则 $t=20$, 故至少 20 年后才能砍伐.

例 6.6.3 某汽车公司在长期的运营中发现每辆汽车的总维修成本 y 对汽车大修时间间隔 x 的变化率等于 $\frac{2y}{x}-\frac{81}{x^2}$, 已知当大修时间间隔 $x=1$(年)时,总维修成本 $y=27.5$(百元). 试求每辆汽车的总维修成本 y 与大修时间间隔 x 的函数关系,并问每辆汽车多少年大修一次,可使每辆汽车的总维修成本最低?

解 由题意可知

$$\frac{dy}{dx} = \frac{2y}{x} - \frac{81}{x^2}.$$

这是一个一阶非齐次线性微分方程,解得

$$y = e^{\int \frac{2}{x}dx}\left(-\int \frac{81}{x^2}e^{-\int \frac{2}{x}dx}dx + C\right)$$

$$= x^2\left(\frac{27}{x^3}+C\right) = \frac{27}{x} + Cx^2.$$

由 $y|_{x=1}=27.5$, 可得 $C=\frac{1}{2}$. 因此得

$$y = \frac{27}{x} + \frac{1}{2}x^2.$$

由上式可得

$$y' = -\frac{27}{x^2} + x, y'' = \frac{54}{x^3} + 1.$$

令 $y'=0$, 得 $x=3$, 并有 $y''(3)>0$. 因此, $x=3$ 是函数的极小值点,因而也是最小值点,即每辆汽车 3 年大修一次,可使每辆汽车的总维修成本最低.

例 6.6.4 某商场的销售成本 y 与贮存费用 S 均是时间 t 的函数,随时间 t 的增长,销售成本的变化率等于贮存费用的倒数与常数 5 的和,而贮存费用的变化率为贮存费用的 $-\frac{1}{2}$ 倍. 若当 $t=0$ 时,销售成本 $y=0$, 贮存费用 $S=10$. 试求销售成本与时间 t 的函数关系及贮存费用与时间 t 的函数关系.

解 由已知

$$\frac{dy}{dt} = \frac{1}{S} + 5, \tag{6.6.1}$$

$$\frac{dS}{dt}=-\frac{1}{2}S. \tag{6.6.2}$$

解微分方程(6.6.2),得

$$S=Ce^{-\frac{t}{2}}.$$

由 $S|_{t=0}=10$ 得,$C=10$,故贮存费用与时间 t 的函数关系为

$$S=10e^{-\frac{t}{2}}.$$

将上式代入微分方程(6.6.1),得

$$\frac{dy}{dt}=\frac{1}{10}e^{\frac{t}{2}}+5.$$

上式两边积分,得

$$y=\frac{1}{5}e^{\frac{t}{2}}+5t+C_1.$$

由 $y|_{t=0}=0$ 得,$C_1=-\frac{1}{5}$. 从而销售成本与时间 t 的函数关系为

$$y=\frac{1}{5}e^{\frac{t}{2}}+5t-\frac{1}{5}.$$

* **例 6.6.5(存款模型)** 设 S_t 为 t 年末存款总额,r 为年利率,设 $S_{t+1}=S_t+rS_t$,且初始存款为 S_0,求 t 年末的本利和.

解 由已知

$$S_{t+1}=S_t+rS_t,$$

即

$$S_{t+1}-(1+r)S_t=0.$$

这是一个一阶常系数齐次线性差分方程,其特征方程为

$$\lambda-(1+r)=0,$$

特征方程的根为

$$\lambda=1+r.$$

于是齐次方程的通解为

$$S_t=C(1+r)^t.$$

将初始条件 $S|_{t=0}=S_0$ 代入,得 $C=S_0$. 因此,t 年末的本利和为

$$S_t=S_0(1+r)^t.$$

这就是一笔本金 S_0 存入银行后,年利率为 r,按年复利计息,t 年末的本利和.

习题 6.6

1. 已知某产品的需求量 Q 与供给量 S 都是价格 P 的函数:$Q=Q(P)=\frac{a}{P^2}$,$S=S(P)=bP$,其中 $a>0$,$b>0$ 为常数,而且价格 P 是时间 t 的函数,且满足 $\frac{dP}{dt}=k(Q(P)-S(P))$($k$ 为正常数),假设当 $t=0$ 时,价格为 1. 试求

(1)需求量等于供给量的均衡价格 P_e;

(2)价格函数 $P(t)$;

(3) $\lim\limits_{t \to +\infty} P(t)$.

2. 在某池塘内养鱼，该池塘内最多能养 1 000 尾，设在 t 时刻该池塘内鱼数 y 是时间 t 的函数 $y = y(t)$，其变化率与鱼数 y 及 $1000 - y$ 的乘积成正比，比例常数为 $k > 0$. 已知在池塘内放养鱼 100 尾，3 个月后池塘内有鱼 250 尾，求放养 t 个月后池塘内鱼数 $y(t)$ 的公式，并求放养 6 个月后有多少鱼?

3. 在宏观经济研究中，发现某地区的国民收入 y，国民储蓄 S 和投资 I 均是时间 t 的函数. 且在任一时刻 t，储蓄额 $S(t)$ 为国民收入 $y(t)$ 的 $\frac{1}{10}$ 倍，投资额 $I(t)$ 是国民收入增长率 $\frac{\mathrm{d}y}{\mathrm{d}t}$ 的 $\frac{1}{3}$. $t = 0$ 时，国民收入为 5 万元. 设在时刻 t 的储蓄额全部用于投资，试求国民收入函数.

4. 某汽车公司的某种汽车运行成本 y 及汽车的转卖值 S 均是时间 t 的函数. 若已知 $\frac{\mathrm{d}y}{\mathrm{d}t} = \frac{2}{S}$, $\frac{\mathrm{d}S}{\mathrm{d}t} = -\frac{1}{3}S$，且 $t = 0$ 时 $y = 0$，$S = 4.5$ (万元/辆). 试求这种汽车的运行成本及转卖值各自与时间 t 的函数关系.

*5. 设某商品在 t 时期的供给量 S_t 与需求量 D_t 都是这一时期该商品的价格 P_t 的线性函数，已知 $S_t = 3P_t - 2$, $D_t = 4 - 5P_t$. 且在 t 时期的价格 P_t 由 $t-1$ 时期的价格 P_{t-1} 及供给量与需求量之差 $S_{t-1} - D_{t-1}$ 按关系式 $P_t = P_{t-1} - \frac{1}{16}(S_{t-1} - D_{t-1})$ 确定，试求商品的价格随时间变化的规律.

复习题六

1. 填空.

(1) $xy''' + 2x^2(y')^2 + x^3 y = x^4 + 1$ 是________阶微分方程;

(2)一阶线性微分方程 $y' + P(x)y = Q(x)$ 的通解为________;

(3)以 $y = C_1 \mathrm{e}^{2x} + C_2 \mathrm{e}^{3x}$ (C_1, C_2 是任意常数)为通解的微分方程为________.

2. 求下列微分方程的通解.

(1) $xy' + y = 2\sqrt{xy}$;　　(2) $y' = \frac{y}{y - x}$;

(3) $\frac{\mathrm{d}y}{\mathrm{d}x} + \frac{\mathrm{e}^{y^2 + x}}{y} = 0$;　　(4) $y' + y\tan x = \cos x$;

(5) $y'' + (y')^2 + 1 = 0$;　　(6) $y'' + 4y' + 4y = \mathrm{e}^{-2x}$;

*(7) $y'' - 9y' + 20y = \mathrm{e}^{3x} + x + 2$.

3. 求下列微分方程的特解.

(1) $\cos y\mathrm{d}x + (1 + \mathrm{e}^{-x})\sin y\mathrm{d}y = 0$, $y|_{x=0} = \frac{\pi}{4}$;

(2) $xy' + (1 - x)y = \mathrm{e}^{2x} (x > 0)$, $y|_{x=1} = 0$;

(3) $x^2 y' + xy = y^2$, $y|_{x=1} = 1$;

(4) $4y''+16y'+15y=4e^{-\frac{3}{2}x}, y|_{x=0}=3, y'|_{x=0}=-\frac{11}{2}$.

4. 已知曲线经过点 (1,1)，它的切线在纵轴上的截距等于切点的横坐标，求曲线的方程.

5. 某银行账户，以连续复利方式计息，年利率为 5%，希望连续 20 年以每年 1 2000 元人民币的速率用这一账户支付职工工资. 若 t 以年为单位，写出余额 $B=f(t)$ 所满足的微分方程，且求出当初始存入的数额 B 为多少时，才能使 20 年后账户中的余额精确地减至 0.

*6. 设 y_t 为某地区 t 期国民收入，C_t 为 t 期消费，I 为投资(各期相同)，设三者有关系：

$$y_t=C_t+I, C_t=\alpha y_{t-1}+\beta,$$

且已知 $t=0$ 时 $y_t=y_0$，其中 $0<\alpha<1, \beta>0$，试求 y_t 和 C_t.

数学家简介——格林

格林(George Green)(1793—1841)，英国数学家、物理学家，1793 年 7 月 14 日生于诺丁汉，1841 年 5 月 31 日卒于剑桥.

格林出身于一个磨坊主家庭，童年辍学在父亲的磨坊干活，他一边干活一边利用工余时间坚持自修数学和物理，特别是在读了拉普拉斯的《天体力学》后很受启发，于是自己试图完全用数学方法来论述静电磁学. 在 32 岁那年他出版了一本私人印的小册子《数学分析在电磁学中的应用》，这是他在电磁学的数学理论方面的最初尝试. 在这本书中，他引入了位势函数，他说："这样的函数以如此简单的形式给出电荷基元在任意位置受力的数值. 由于它在下文中频繁出现，我们冒昧地称其为属于该系统的位势函数，它显然是所考虑的电荷基元 P 的坐标的函数." 在该书中还包含了他首先发现的一个平面区域上的二重积分与沿该区域边界的曲线积分之间的关系(数学分析中有名的格林公式). 但由于这份小册子印数不多，传播范围不广，未引起人们的注意. 十几年后威廉·汤姆孙(William Thomson)发现了这本小册子，并认识到它的巨大价值，于 1850 年将它推荐发表在《纯粹与应用数学杂志》上，但这时格林已去世 10 年.

格林的父亲去世后，一些好友鼓励他到大学去深造，他经过 4 年的自学，将其初等教育中的空白填补后，在 1833 年(当时他已经 40 岁)，才以自费生的身份进入剑桥大学科尼斯学院学习，4 年后毕业获学士学位，毕业时数学成绩名列第四. 1839 年，他被聘为剑桥大学教授，并被选为剑桥冈维尔—科尼斯学院评议员.

格林发展了电磁理论,他引入的位势等概念的意义远远超出了解位势方程,他首次研究了与求解数学物理边值问题密切相关的特殊函数——格林函数.格林函数现已成为偏微分方程理论中的一个重要概念和一项基本工具.他还发表了关于流体平衡定律、关于 n 维空间中的引力及关于流体受椭球体振动而引起的运动等论文.他在1828年的论著里,毫不犹豫地考虑了 n 维位势问题,关于这个理论,他说"已经不再像过去那样局限于三维空间了."他率先发展 n 维分析,在研究波在管道中的传播问题时,讨论过用发散级数来解微分方程的方法.

格林在学术研究中反对门阀偏见.在分析引入英国后,他是第一个沿着欧洲大陆的研究线索前进的英国数学家.他的工作培育了数学物理学方面的剑桥学派,其中包括了近代很多伟大的数学物理学家,如汤姆孙、斯托克斯(Stokes)、瑞利(Rayleigh)、麦克斯韦等.

格林留下的著作于1871年汇集出版,为数虽然不多,但都是数学物理中经典的内容,在现代数学物理方面具有举足轻重的地位. 以他的名字命名的术语有格林定理、格林公式、格林函数、格林曲线、格林算子、格林测度、格林空间等.格林自强不息的精神、自学成才的范例,深受赞扬.为了缅怀这位磨坊主家庭出身、勤奋刻苦的杰出数学家,诺丁汉市决定维护好陪伴格林度过艰苦自学岁月的磨坊.如今,到诺丁汉旅游的人,很远就可以看到它耸立的风轮,特别是在夕阳的照耀下,构成了一幅极美丽的风景画.

第 7 章

多元函数微分学

在一元函数微积分学中讨论的对象都是一元函数,即只依赖于一个自变量的函数. 但在很多自然现象以及实际问题中,经常会遇到多个变量之间的依赖关系,反映到数学上,就是一个变量依赖于多个变量的情形. 因此需要引入多元函数以及多元函数的微积分问题.

本章主要介绍多元函数的微分学,它是一元函数微分学的自然推广,并进一步讨论多元函数微分法的应用. 讨论中将以二元函数为主,并将概念、性质与结论推广到二元以上的函数.

7.1 空间解析几何简介

为了能够更直观深入地研究多元函数,本节作为预备知识简要介绍一些空间解析几何的相关知识.

7.1.1 空间直角坐标系

在平面解析几何中,我们建立了平面直角坐标系,并通过平面直角坐标系,在平面上的点与有序数组[点的坐标 (x,y)]之间建立一一对应的关系. 同样,为了把空间上的任意一点与有序数组对应起来,我们也建立了空间直角坐标系.

1. 空间直角坐标系

在空间选定一点 O 作为原点,过原点 O 作三条两两垂直的数轴,分别标为 x 轴(横轴), y 轴(纵轴), z 轴(竖轴),统称为**坐标轴**. 它们构成一个空间直角坐标系 $Oxyz$. 通常把 x 轴和 y 轴配置在水平面上,而 z 轴是铅垂线;它们的正向通常符合右手规则,即以右手握住 z 轴,右手的四个手指从 x 轴正向以 $\frac{\pi}{2}$ 角度转向 y 轴的正向,大拇指的指向就是 z 轴的正向(图 7.1).

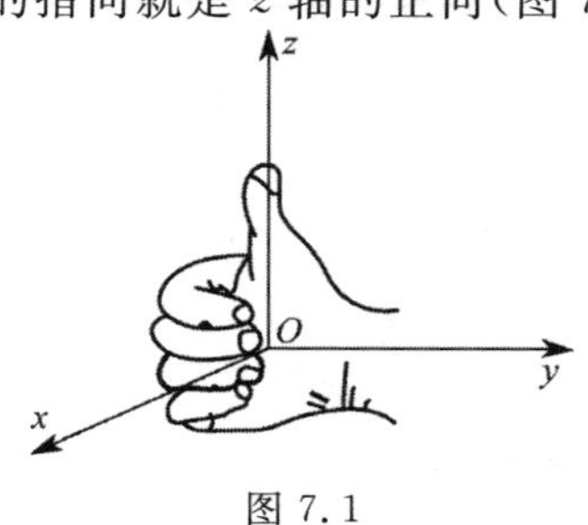

图 7.1

2. 坐标面及卦限

三条坐标轴中每两条坐标轴所在的平面 xOy,yOz,zOx 称为**坐标面**.三个坐标面把空间分成八个部分,每个部分称为一个**卦限**,共八个卦限.其中,$x>0$,$y>0$,$z>0$ 部分为第Ⅰ卦限,第Ⅱ,Ⅲ,Ⅳ卦限在 xOy 平面的上方,按逆时针方向确定;第Ⅴ,Ⅵ,Ⅶ,Ⅷ卦限在 xOy 平面的下方,由第Ⅰ卦限正下方的第Ⅴ卦限按逆时针方向确定(图 7.2).

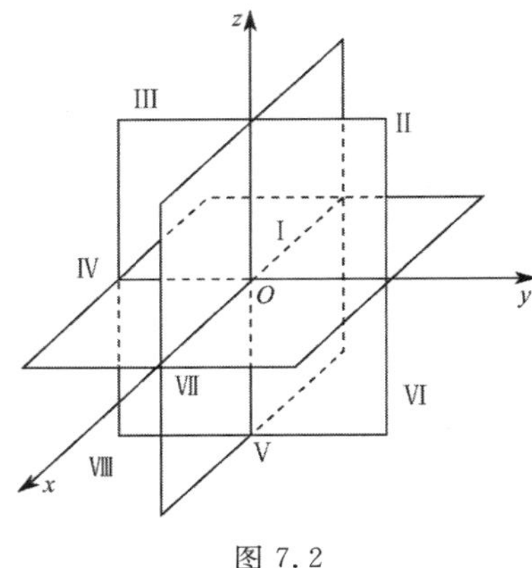

图 7.2

3. 空间点的直角坐标

定义了空间直角坐标系后,再来建立空间上的点与有序数组之间的对应关系.设点 M 是空间中的任意一点(图 7.3),过 M 分别作垂直于 x 轴,y 轴和 z 轴的平面,它们与 x 轴,y 轴和 z 轴分别交于 P,Q 和 R 三个点,设 P,Q 和 R 三点在三条坐标轴上的坐标分别是 x,y 和 z,那么空间上的任一点 M 就唯一地确定了一个有序数组 (x,y,z). 反过来,给定一个有序数组 (x,y,z),可依次在 x 轴,y 轴和 z 轴上找到坐标分别为 x,y 和 z 的三点 P,Q 和 R,过这三点分别作垂直于 x 轴,y 轴和 z 轴的平面,这三个平面的交点就是该有序数组所唯一确定的点 M.

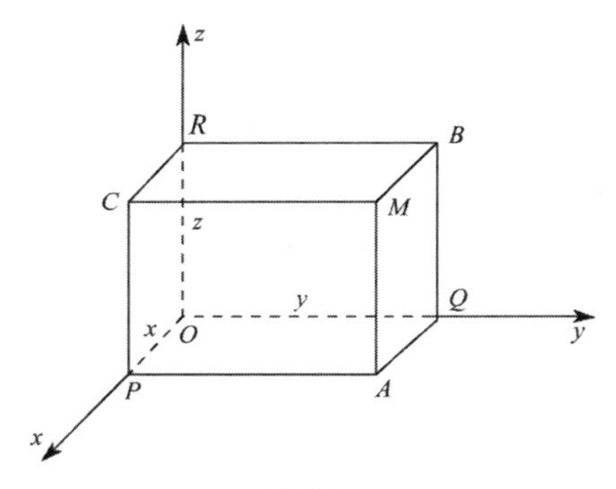

图 7.3

通过空间直角坐标系,空间上的点和有序数组 (x,y,z) 之间建立了一一对应的关系,这组数 x,y 和 z 称为点 M 的**坐标**.其中 x,y 和 z 依次称为点 M 的**横坐标、纵坐标和竖坐标**.坐标为 x,y 和 z 的点 M 通常记作 (x,y,z).

坐标轴和坐标面上的点的坐标各有一定的特点.例如,x 轴上的点,纵坐标 $y=0$,竖坐标 $z=0$,所以其坐标为 $(x,0,0)$.同理,y 轴上点的坐标为 $(0,y,0)$;z 轴上点的坐标为 $(0,0,z)$.xOy 面上点的坐标为 $(x,y,0)$,如图 7.3 中点 A;yOz 面上点的坐标为 $(0,y,z)$,如图 7.3 中点 B;zOx 面上点的坐标为 $(x,0,z)$,如图 7.3 中点 C.

7.1.2 空间两点之间的距离

设有点 $A(x_1,y_1,z_1)$ 和点 $B(x_2,y_2,z_2)$,则点 A 与点 B 之间的距离公式为

$$|AB|=\sqrt{(x_1-x_2)^2+(y_1-y_2)^2+(z_1-z_2)^2}.$$

例 7.1.1 求证以 $M_1(4,3,1)$,$M_2(7,1,2)$,$M_3(5,2,3)$ 三点为顶点的三角形是等腰三角形.

解 因为

$$|M_1M_2|=\sqrt{(7-4)^2+(1-3)^2+(2-1)^2}=\sqrt{14},$$

$$|M_2M_3|=\sqrt{(5-7)^2+(2-1)^2+(3-2)^2}=\sqrt{6},$$

$$|M_3M_1|=\sqrt{(4-5)^2+(3-2)^2+(1-3)^2}=\sqrt{6},$$

所以 $|M_2M_3|=|M_3M_1|$,并且 $|M_2M_3|+|M_3M_1|>|M_1M_2|$,因此 $\Delta M_1M_2M_3$ 为等腰三角形.

例 7.1.2 求 z 轴上与两点 $A(-4,2,7)$ 和 $B(1,5,-2)$ 距离相等的点.

解 因为所求的点在 z 轴上,所以设该点为 $M(0,0,z)$,根据题意有

$$|MA|=|MB|,$$

即

$$\sqrt{(0+4)^2+(0-2)^2+(z-7)^2}=\sqrt{(1-0)^2+(5-0)^2+(-2-z)^2},$$

解得 $z=\dfrac{13}{6}$,因此所求的点为 $M\left(0,0,\dfrac{13}{6}\right)$.

7.1.3 曲面方程的概念

在日常生活中,我们常会看到各种曲面,例如,反光镜的镜面、一些建筑物的表面、球面等.平面解析几何中,把平面曲线看作动点的轨迹,那么在空间解析几何中,曲面也可以看作具有某种性质的动点的轨迹.

定义 7.1.1 在空间直角坐标系中,若曲面 S 上任一点的坐标 (x,y,z) 都满足方程 $F(x,y,z)=0$,而不在曲面 S 上的点的坐标不满足该方程,则方程 $F(x,y,z)=0$ 称为**曲面 S 的方程**,而曲面 S 称为由方程 $F(x,y,z)=0$ 所表示的**图形**.

可以通过研究方程的解析性质来研究曲面的几何性质.有关空间曲面研究的两个基本问题是:

(1)已知曲面上的点所满足的几何性质,建立曲面的方程;

(2)已知曲面方程,研究曲面的几何形状.

例 7.1.3 建立球心在 $M_0(x_0,y_0,z_0)$,半径为 R 的球面的方程.

解 设点 $M(x,y,z)$ 是球面上任意一点,根据题意可得

$$|MM_0|=R,$$

因为

$$|MM_0|=\sqrt{(x-x_0)^2+(y-y_0)^2+(z-z_0)^2},$$

则

$$(x-x_0)^2+(y-y_0)^2+(z-z_0)^2=R^2. \tag{7.1.1}$$

这就是球面上点的坐标所满足的方程.而不在球面上的点的坐标都不满足这个方程,所以方程(7.1.1)就是**球心在 $M_0(x_0,y_0,z_0)$,半径为 R 的球面的方程**(图 7.4).

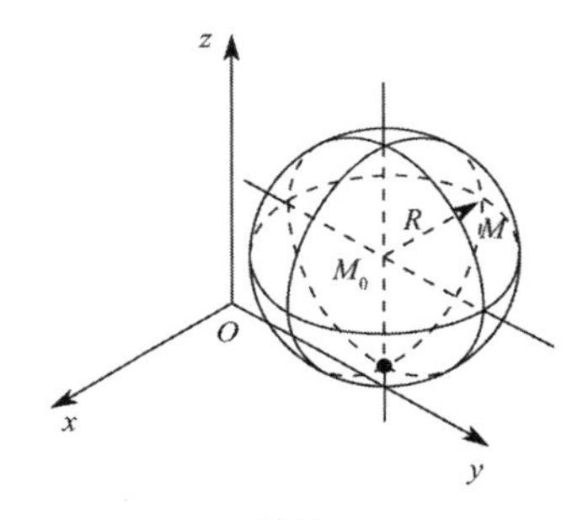

图 7.4

特别地,当球心在坐标原点时,球面方程为 $x^2+y^2+z^2=R^2$.

例 7.1.4 方程 $x^2+y^2+z^2-6x+8y=0$ 表示怎样的曲面?

解 对原方程配方得

$$(x-3)^2+(y+4)^2+z^2=25,$$

所以,原方程表示球心在点 $M_0(3,-4,0)$,半径 $R=5$ 的球面方程.

一般地,三元二次方程 $Ax^2+Ay^2+Az^2+Dx+Ey+Fz+G=0$ 表示球面.这个方程的特点是缺 xy,yz 和 zx 各项,而且平方项系数相同.如果某个方程通过配方可以化成式(7.1.1)的形式,那么它的图形就是一个球面.

7.1.4 常见的曲面及其方程

1.平面

平面是空间中最简单而且最重要的曲面,可以证明空间中任意平面都可以用三元一次方程

$$Ax+By+Cz+D=0 \tag{7.1.2}$$

来表示,其中 A,B,C,D 是不全为零的常数. 反之亦然,方程(7.1.2)称为平面的**一般式方程**.

例如,方程 $x=0,y=0,z=0$ 分别表示空间直角坐标系中的三个坐标平面: yOz 平面, xOz 平面, xOy 平面. 再如方程 $x+y=1, x+y+z=1$ 和 $z=2$ 表示的空间平面如图 7.5 所示.

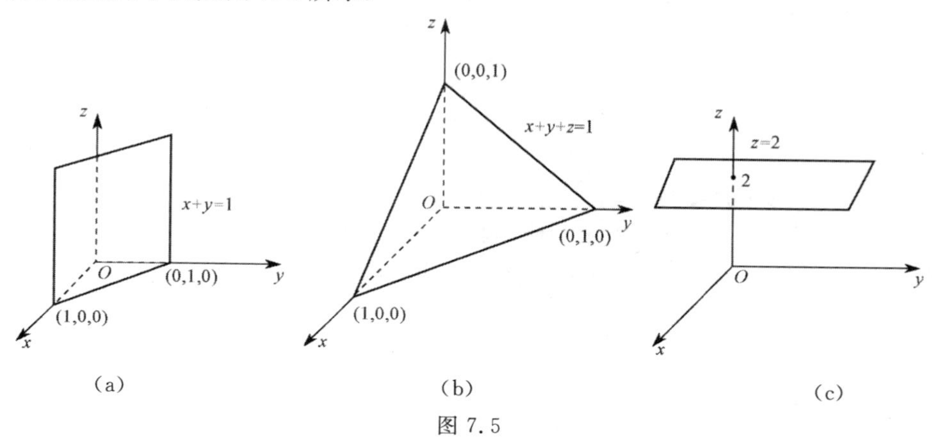

(a) (b) (c)

图 7.5

2. 柱面

例 7.1.5 方程 $x^2+y^2=R^2$ 在空间中表示怎样的曲面?

解 在 xOy 面上,它表示圆心在原点 O,半径为 R 的圆. 在空间直角坐标系中,注意到方程不含竖坐标 z,因此,对空间一点 (x,y,z),不论其竖坐标 z 是什么,只要它的横坐标 x 和纵坐标 y 能满足方程,这一点就落在曲面上. 即凡是通过 xOy 面内圆 $x^2+y^2=R^2$ 上一点 $M(x,y,0)$,且平行于 z 轴的直线 L 都在该曲面上. 因此,该曲面可以看作是平行于 z 轴的直线 L (母线)沿着 xOy 面上的圆 $x^2+y^2=R^2$ (准线)移动而形成的,称该曲面为**圆柱面**[图 7.6(a)].

定义 7.1.2 平行于定直线的直线 L 沿定曲线 C 移动所形成的轨迹称为**柱面**. 这条定曲线 C 称为**柱面的准线**,直线 L 称为**柱面的母线**.

一般地,在空间解析几何中,不含 z 而仅含 x 和 y 的方程 $F(x,y)=0$ 表示母线平行于 z 轴的柱面, xOy 面上的曲线 $F(x,y)=0$ 是这个柱面的一条准线.

同理,不含 y 而仅含 x 和 z 的方程 $G(x,z)=0$ 表示母线平行于 y 轴的柱面;不含 x 而仅含 y 和 z 的方程 $H(y,z)=0$ 表示母线平行于 x 轴的柱面.

例如,方程 $y^2=2x$ 表示母线平行于 z 轴,准线为 xOy 面上的抛物线 $y^2=2x$ 的柱面,这个柱面称为**抛物柱面**[图 7.6(b)].

又如,方程 $x-y=0$ 表示母线平行于 z 轴,准线为 xOy 面上的直线 $x-y=0$ 的柱面,这个柱面是一个**平面**[图 7.6(c)].

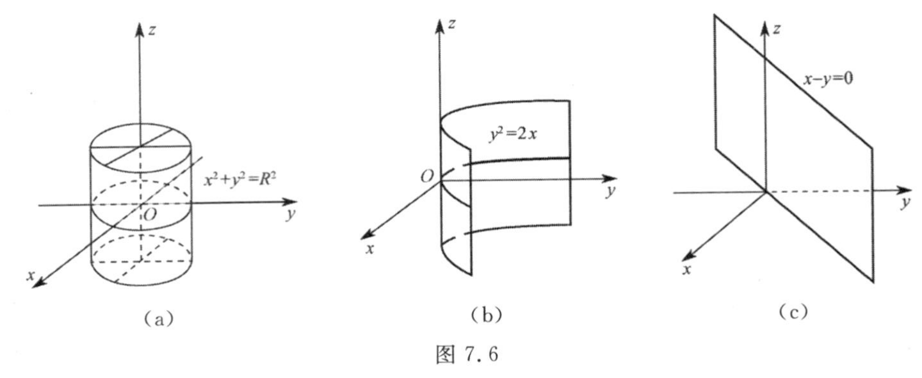

图 7.6

3. 旋转抛物面和圆锥面

方程 $z = a(x^2 + y^2)$ 表示的曲面称为**旋转抛物面**(图 7.7).

方程 $z^2 = a^2(x^2 + y^2)$ 表示的曲面称为**圆锥面**(图 7.8).

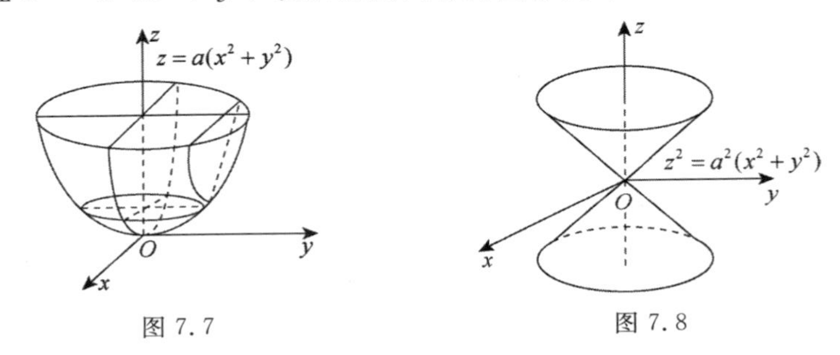

图 7.7　　图 7.8

习题 7.1

1. 求以点 $O(1,3,-2)$ 为球心,且通过原点的球面方程.

2. 指出下列方程在空间解析几何中表示什么图形.

(1) $x = 2$;　(2) $y = x + 1$;　(3) $x^2 + y^2 = 4$.

3. 指出下列各方程表示哪种曲面.

(1) $x^2 + y^2 + z^2 = 1$;　(2) $x^2 + y^2 - 2z = 0$;

(3) $y^2 + 2z^2 = 4$;　(4) $x^2 + y^2 = 4z^2$.

7.2　多元函数的基本概念

7.2.1　平面点集

坐标平面 $\mathbf{R}^2$ 中具有某种性质 P 的所有点的全体称为**平面点集**.

下面介绍一些重要的平面点集.

1. 邻域

设 $P_0(x_0, y_0)$ 是直角坐标平面上的一点,δ 为一正数,称点集

$$\{P \mid |PP_0| < \delta\} = \left\{(x,y) \mid \sqrt{(x-x_0)^2 + (y-y_0)^2} < \delta\right\}$$

为点 P_0 的 δ **邻域**，记为 $U(P_0,\delta)$.

在几何上，$U(P_0,\delta)$ 就是平面上以点 P_0 为中心，以 δ 为半径的圆的内部.

$\mathring{U}(P_0,\delta)$ 表示点 P_0 的**去心 δ 邻域**，即

$$\begin{aligned}\mathring{U}(P_0,\delta) &= \{P \mid 0 < |PP_0| < \delta\} \\ &= \left\{(x,y) \mid 0 < \sqrt{(x-x_0)^2+(y-y_0)^2} < \delta\right\}.\end{aligned}$$

注意：若不需要强调邻域半径 δ，也可写成 $U(P_0)$，点 P_0 的去心邻域记为 $\mathring{U}(P_0)$.

根据邻域的概念，我们来讨论平面中点与点集的关系.

设有点集 E 及一点 P，则点 P 与点集 E 显然有三种关系：点 P 在点集 E 内部、外部或边界上，由此有如下的定义：

若存在点 P 的某邻域 $U(P) \subset E$，则称 P 为 E 的**内点**(图 7.9).

若存在点 P 的某邻域 $U(P) \cap E = \varnothing$，则称 P 为 E 的**外点**(图 7.9).

若点 P 的任一邻域 $U(P)$ 中既含有 E 中的内点也含有 E 的外点，则称 P 为 E 的**边界点**(图 7.10).

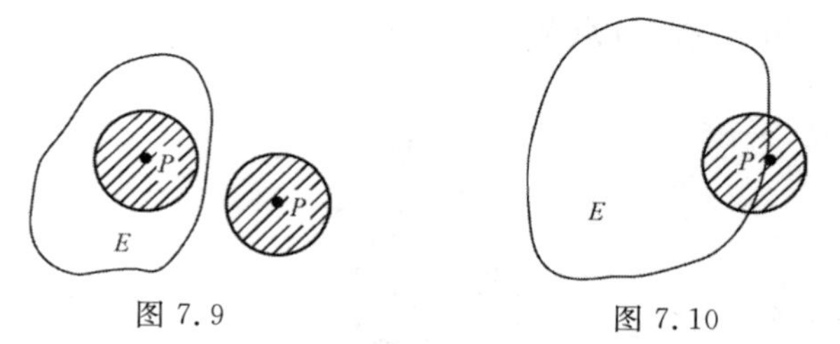

图 7.9　　　　图 7.10

显然，E 的内点必属于 E，E 的外点必不属于 E，E 的边界点可能属于 E，也可能不属于 E.

例如，考察集合 $E = \{(x,y) \mid 1 < x^2+y^2 \leqslant 4\}$. 集合 $\{(x,y) \mid 1 < x^2+y^2 < 4\}$ 为集合 E 的内点，$\{(x,y) \mid x^2+y^2 < 1)$ 或 $x^2+y^2 > 4\}$ 为集合 E 的外点，$\{(x,y) \mid x^2+y^2=1)$ 或 $x^2+y^2=4\}$ 为集合 E 的边界点.

如果按照点 P 的邻近是否聚集着 E 的无穷多个点进行讨论，则点与点集有下述关系：

(1)若点 P 的任意去心邻域 $\mathring{U}(P_0)$ 内总有 E 中的点，则称 P 为 E 的**聚点**. 聚点本身可以属于 E，也可以不属于 E.

(2)若点 $P \in E$，但不是 E 的聚点，即存在 $\mathring{U}(P_0)$，使得 $\mathring{U}(P_0) \cap E = \varnothing$，则称 P 为 E 的**孤立点**.

2. 开区域和闭区域

若点集 E 的点都是内点，则称 E 为**开集**；E 的边界点的全体称为 E 的**边界**，记作 ∂E.

若点集 E 的余集为开集,则称 E 为**闭集**.

若集合 D 中任意两点都可用一完全属于 D 的折线相连,则称 D 是**连通的**.否则就称为**非连通的**.如图 7.11 所示,D_1 和 D_2 都是连通的.

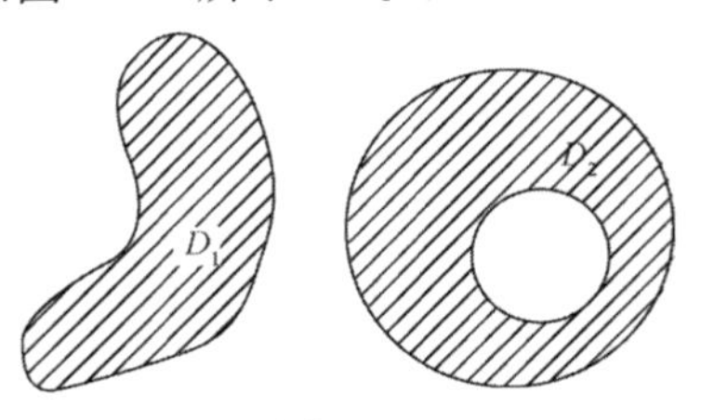

图 7.11

连通的开集称为**开区域**,简称**区域**.开区域连同它的边界一起称为**闭区域**.

对于平面点集 E,如果存在某一正数 r,使得 $E\subset U(O,r)$,其中 O 是坐标原点,则称 E 为**有界集**.

一个集合如果不是有界集,就称它是**无界集**.

例如,点集 $\{(x,y)\mid x+y>0\}$ 和 $\{(x,y)\mid 1<x^2+y^2<4\}$ 是开区域,如图 7.12 中 $\{(x,y)\mid x+y\geqslant 0\}$[图 7.12(a)]和 $\{(x,y)\mid 1\leqslant x^2+y^2\leqslant 4\}$[图 7.12(b)]是闭区域,而点集 $\{(x,y)\mid |x|>1\}$ 是开集,但非区域[图 7.12(c)].

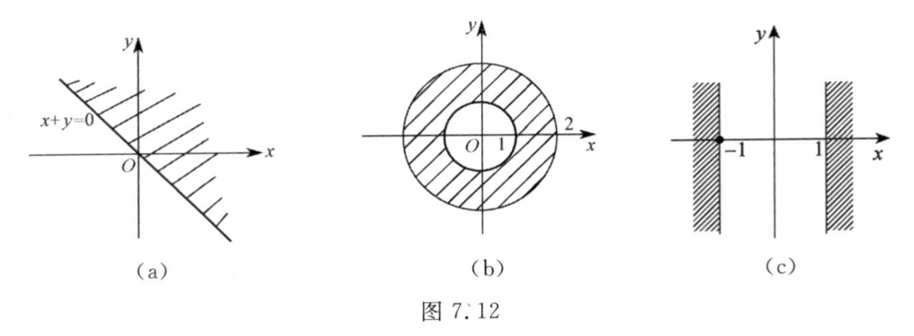

图 7.12

7.2.2 二元函数的概念

定义 7.2.1 设 D 是平面上的一个非空点集,如果对于 D 内的任意一点 (x,y),按照对应法则 f,都有唯一确定的实数 z 与之对应,则称 f 是 D 上的**二元函数**,它在 (x,y) 处的函数值记为 $f(x,y)$,即 $z=f(x,y)$. x,y 称为**自变量**,z 称为**因变量**. D 称为该函数的**定义域**,数集 $\{z\mid z=f(x,y),(x,y)\in D\}$ 称为该函数的**值域**.

类似地,可以定义三元以及三元以上的函数.

例 7.2.1 求函数 $z=\sqrt{1-x^2-y^2}$ 的定义域.

解 要使表达式有意义,需要 $1-x^2-y^2\geqslant 0$,即 $x^2+y^2\leqslant 1$,因此所求定义域为 $\{(x,y)\mid x^2+y^2\leqslant 1\}$,函数图像为中心在原点的上半球面.

例 7.2.2 求函数 $u=\arcsin(x^2+y^2+z^2)$ 的定义域.

解 要使表达式有意义,需要 $-1\leqslant x^2+y^2+z^2\leqslant 1$,因为 $x^2+y^2+z^2\geqslant 0$,所以只要 $x^2+y^2+z^2\leqslant 1$ 即可,因此所求定义域为 $\{(x,y,z)\mid x^2+y^2+z^2\leqslant 1\}$.

例 7.2.3 已知函数 $f(x+y,e^y)=x^2y$,求 $f(x,y)$.

解 设 $u=x+y,v=e^y$,则 $y=\ln v,x=u-\ln v$,代入得

$$f(u,v)=(u-\ln v)^2\ln v,$$

所以

$$f(x,y)=(x-\ln y)^2\ln y.$$

7.2.3 二元函数的极限

与一元函数的极限概念类似,如果在 $P(x,y)\to P_0(x_0,y_0)$ 的过程中,对应的函数值 $f(x,y)$ 无限地接近于一个确定的常数 A,我们就说 A 是函数 $z=f(x,y)$ 当 $x\to x_0,y\to y_0$ 时的极限.

定义 7.2.2 设二元函数 $f(x,y)$ 在聚点 $P_0(x_0,y_0)$ 的某一去心邻域内有定义,A 为确定的常数,如果对于任意给定的正数 ε,总存在正数 δ,使得对于适合不等式 $0<|PP_0|=\sqrt{(x-x_0)^2+(y-y_0)^2}<\delta$ 的一切点 $P(x,y)$,都有 $|f(x,y)-A|<\varepsilon$ 成立,则称常数 A 为函数 $f(x,y)$ 当 $x\to x_0,y\to y_0$ 时的极限,记作

$$\lim_{(x,y)\to(x_0,y_0)}f(x,y)=A \text{ 或 } f(x,y)\to A((x,y)\to(x_0,y_0)).$$

为了区别于一元函数的极限,我们把二元函数的极限叫作**二重极限**.

需要注意的是,在上述定义中,要求动点 $P(x,y)$ 以任何方式趋于 $P_0(x_0,y_0)$ 时,$f(x,y)$ 都无限趋近于常数 A,这时极限才存在,否则极限不存在.例如,函数 $f(x,y)=\dfrac{xy}{x^2+y^2}$,当动点 (x,y) 沿着直线 $y=kx$(k 为常数)趋向点 $(0,0)$ 时,有

$$\lim_{\substack{x\to 0\\ y=kx}}\frac{xy}{x^2+y^2}=\lim_{x\to 0}\frac{x\cdot kx}{x^2+k^2x^2}=\frac{k}{1+k^2}, \tag{7.1.3}$$

显然它随着 k 值的不同而不同,亦即动点沿着不同的趋近方向趋向于点 $(0,0)$ 时,函数有不同的极限,从而函数 $f(x,y)=\dfrac{xy}{x^2+y^2}$ 在 $(0,0)$ 处极限不存在.

二重极限有与一元函数的极限类似的运算法则.

例 7.2.4 求极限 $\lim\limits_{(x,y)\to(0,2)}\dfrac{\sin xy}{x}$.

解 因为 $\lim\limits_{(x,y)\to(0,2)}xy=0$,所以

$$\lim_{(x,y)\to(0,2)}\frac{\sin xy}{x}=\lim_{(x,y)\to(0,2)}\frac{\sin xy}{xy}\cdot y=\lim_{(x,y)\to(0,2)}\frac{\sin xy}{xy}\cdot\lim_{(x,y)\to(0,2)}y=2.$$

例 7.2.5 求极限 $\lim\limits_{(x,y)\to(0,0)}(x^2+y^2)\sin\dfrac{1}{x^2+y^2}$.

解 令 $x^2+y^2=u$，则 $\lim\limits_{(x,y)\to(0,0)}u=0$，则原式变为 $\lim\limits_{u\to 0}u\sin\dfrac{1}{u}$，根据有界函数和无穷小的乘积仍然是无穷小知

$$\lim_{(x,y)\to(0,0)}(x^2+y^2)\sin\frac{1}{x^2+y^2}=\lim_{u\to 0}u\sin\frac{1}{u}=0.$$

例 7.2.6 求极限 $\lim\limits_{(x,y)\to(0,0)}(1+x)^{\frac{1}{x+x^2y}}$.

解 原式 $=\lim\limits_{(x,y)\to(0,0)}(1+x)^{\frac{1}{x}\cdot\frac{1}{1+xy}}=\lim\limits_{(x,y)\to(0,0)}\left[(1+x)^{\frac{1}{x}}\right]^{\frac{1}{1+xy}}=\mathrm{e}$.

7.2.4 二元函数的连续性

定义 7.2.3 设二元函数 $z=f(x,y)$ 在 $P_0(x_0,y_0)$ 的某个邻域内有定义，如果

$$\lim_{(x,y)\to(x_0,y_0)}f(x,y)=f(x_0,y_0),$$

则称函数 $z=f(x,y)$ 在点 (x_0,y_0) 处**连续**. 如果函数 $z=f(x,y)$ 在点 (x_0,y_0) 处不连续，则称函数 $z=f(x,y)$ 在点 (x_0,y_0) 处**间断**.

例如，$(0,0)$ 是函数 $f(x,y)=\dfrac{1}{x^2+y^2}$ 的间断点；而函数 $f(x,y)=\dfrac{1}{x^2+y^2-1}$ 的间断点是 $\{(x,y)\mid x^2+y^2=1\}$.

定义 7.2.4 设二元函数 $z=f(x,y)$ 在某区域 D 内的每一点都是连续的，则称它在区域 D 内**连续**，$z=f(x,y)$ 称为区域 D 内的**连续函数**.

例 7.2.7 讨论函数 $f(x,y)=\begin{cases}\dfrac{xy}{x^2+y^2}, & x^2+y^2\neq 0,\\ 0, & x^2+y^2=0\end{cases}$ 在 $(0,0)$ 处的连续性.

解 根据式(7.1.3)可知，函数 $f(x,y)$ 在 $(0,0)$ 有定义，但是极限不存在. 根据连续性的定义，可知函数 $f(x,y)$ 在 $(0,0)$ 处不连续.

利用二元函数的极限运算法则可以证明，二元连续函数的和、差、积、商(在分母处不为零)仍是连续函数，二元连续函数的复合函数也是连续的.

有界闭区域 D 上连续的二元函数具有与闭区间上连续的一元函数类似的性质.

定理 7.2.1 有界闭区域 D 上连续的二元函数在区域 D 上有界.

定理 7.2.2 有界闭区域 D 上连续的二元函数在区域 D 上存在最大值和最小值.

定理 7.2.3 有界闭区域 D 上连续的二元函数一定可以取得介于最大值和最小值之间的任何值.

习题 7.2

1. 求下列各函数表达式.

(1) $f(x,y)=x^2-y^2$，求 $f\left(x+y,\dfrac{y}{x}\right)$；

(2) $f\left(x+y,\dfrac{y}{x}\right)=x^2-y^2$，求 $f(x,y)$.

2. 求下列函数的定义域.

(1) $z=\sqrt{4x^2+y^2-1}$；　　(2) $z=\ln(xy)$；

(3) $z=\sqrt{1-x^2}+\sqrt{y^2-1}$；　　(4) $z=\sqrt{1-(x^2+y)^2}$；

(5) $z=\dfrac{\sqrt{4x-y^2}}{\ln(1-x^2-y^2)}$；　　(6) $z=\arccos\dfrac{x}{x+y}$.

3. 求下列极限.

(1) $\lim\limits_{(x,y)\to(1,3)}\dfrac{xy}{\sqrt{xy+1}-1}$；　　(2) $\lim\limits_{(x,y)\to(0,0)}\dfrac{2-\sqrt{xy+4}}{xy}$；

(3) $\lim\limits_{(x,y)\to(0,0)}\left(x\sin\dfrac{1}{y}+y\sin\dfrac{1}{x}\right)$；(4) $\lim\limits_{(x,y)\to(a,0)}\dfrac{\sin xy}{y}$；

(5) $\lim\limits_{\substack{x\to\infty\\ y\to a}}\left(1+\dfrac{1}{x}\right)^{\frac{x^2}{x+y}}$.

4. 讨论函数 $f(x,y)=\dfrac{y^2+x}{y^2-x}$ 在何处是间断的.

7.3 偏导数

7.3.1 偏导数的定义及其计算方法

一元函数导数的定义为函数增量与自变量增量比值的极限，

$$f'(x_0)=\left.\frac{\mathrm{d}f}{\mathrm{d}x}\right|_{x=x_0}=\lim_{\Delta x\to0}\frac{f(x_0+\Delta x)-f(x_0)}{\Delta x},$$

它刻画了函数对于自变量的变化率.而对多元函数而言，自变量个数增多，自变量改变的方向是无限多的，但是仍然可以考虑函数对于某一个自变量的变化率，也就是在其中一个自变量发生变化，而其余自变量都保持不变的情形下，考虑函数对于该自变量的变化率.下面给出偏导数的定义.

定义 7.3.1　设函数 $z=f(x,y)$ 在点 (x_0,y_0) 的某个邻域内有定义，当 y 固定在 y_0，x 在 x_0 处有增量 Δx 时，函数相应地取得增量 $f(x_0+\Delta x,y_0)-f(x_0,y_0)$，如果

$$\lim_{\Delta x\to0}\frac{f(x_0+\Delta x,y_0)-f(x_0,y_0)}{\Delta x}$$

存在,则称此极限为函数 $z=f(x,y)$ 在点 (x_0,y_0) **对 x 的偏导数**,记作

$$\left.\frac{\partial z}{\partial x}\right|_{(x_0,y_0)},\left.\frac{\partial z}{\partial x}\right|_{\substack{x=x_0\\y=y_0}},z_x(x_0,y_0),\left.\frac{\partial f}{\partial x}\right|_{(x_0,y_0)},f_x(x_0,y_0)\text{ 或 }f_1'(x_0,y_0).$$

类似地,如果

$$\lim_{\Delta y\to 0}\frac{f(x_0,y_0+\Delta y)-f(x_0,y_0)}{\Delta y}$$

存在,则称此极限为函数 $z=f(x,y)$ 在点 (x_0,y_0) **对 y 的偏导数**,记作

$$\left.\frac{\partial z}{\partial y}\right|_{(x_0,y_0)},\left.\frac{\partial z}{\partial y}\right|_{\substack{x=x_0\\y=y_0}},z_y(x_0,y_0),\left.\frac{\partial f}{\partial y}\right|_{(x_0,y_0)},f_y(x_0,y_0)\text{ 或 }f_2'(x_0,y_0).$$

如果函数 $z=f(x,y)$ 在区域 D 内任一点 (x,y) 处对 x 或对 y 的偏导数都存在,那么这些偏导数仍然是 x,y 的函数,称它们为函数 $z=f(x,y)$ **对 x 或对 y 的偏导函数**(简称**偏导数**),记为

$$\frac{\partial z}{\partial x},z_x,\frac{\partial f}{\partial x},f_x\text{ 或 }f_1'\text{;}$$

$$\frac{\partial z}{\partial y},z_y,\frac{\partial f}{\partial y},f_y\text{ 或 }f_2'.$$

上述定义表明,计算多元函数对某个变量的偏导数时,只需把其余自变量看作常数,然后利用一元函数的求导公式和求导法则进行计算.

例 7.3.1 求函数 $f(x,y)=x^2+3xy+y^2$ 在点 $(1,2)$ 处的偏导数.

解 把 y 看作常数,对 x 求导,得

$$f_x(x,y)=2x+3y,$$

把 x 看作常数,对 y 求导,得

$$f_y(x,y)=3x+2y.$$

所以

$$f_x(1,2)=2+3\times 2=8,f_y(1,2)=3+2\times 2=7.$$

例 7.3.2 求函数 $z=x^2\sin y$ 的偏导数.

解 把 y 看作常数,对 x 求导,得

$$z_x=2x\sin y,$$

把 x 看作常数,对 y 求导,得

$$z_y=x^2\cos y.$$

例 7.3.3 设函数 $z=x^y\ (x>0,x\neq 1)$,求证

$$\frac{x}{y}\cdot\frac{\partial z}{\partial x}+\frac{1}{\ln x}\cdot\frac{\partial z}{\partial y}=2z.$$

证明 因为 $\frac{\partial z}{\partial x}=yx^{y-1},\frac{\partial z}{\partial y}=x^y\ln x$, 所以

$$\frac{x}{y}\cdot\frac{\partial z}{\partial x}+\frac{1}{\ln x}\cdot\frac{\partial z}{\partial y}=\frac{x}{y}\cdot yx^{y-1}+\frac{1}{\ln x}\cdot x^y\ln x=x^y+x^y=2z.$$

偏导数的概念很容易推广到三元以及三元以上的函数中,例如,三元函数 u

$= f(x,y,z)$ 在点 (x,y,z) 处对 x 的偏导数是

$$f_x(x,y,z) = \lim_{\Delta x \to 0} \frac{f(x+\Delta x,y,z) - f(x,y,z)}{\Delta x}.$$

例 7.3.4 求函数 $r = \sqrt{x^2+y^2+z^2}$ 的偏导数.

解 $\dfrac{\partial r}{\partial x} = \dfrac{2x}{2\sqrt{x^2+y^2+z^2}} = \dfrac{x}{r}$，根据对称性，可得

$$\frac{\partial r}{\partial y} = \frac{y}{r},\ \frac{\partial r}{\partial z} = \frac{z}{r}.$$

7.3.2 偏导数的几何意义

二元函数 $z = f(x,y)$ 在点 (x_0,y_0) 处的偏导数 $f_x(x_0,y_0)$ 即为 $\left.\dfrac{\mathrm{d}f(x,y_0)}{\mathrm{d}x}\right|_{x=x_0}$，实质上是一元函数 $f(x,y_0)$ 在点 (x_0,y_0) 处对 x 的导数，故由导数的几何意义可知，$f_x(x_0,y_0)$ 表示曲线 $\begin{cases} z = f(x,y) \\ y = y_0 \end{cases}$ 在点 (x_0,y_0) 处的切线对 x 轴的斜率；同样 $f_y(x_0,y_0)$ 表示曲线 $\begin{cases} z = f(x,y) \\ x = x_0 \end{cases}$ 在点 (x_0,y_0) 处的切线对 y 轴的斜率(图 7.13).

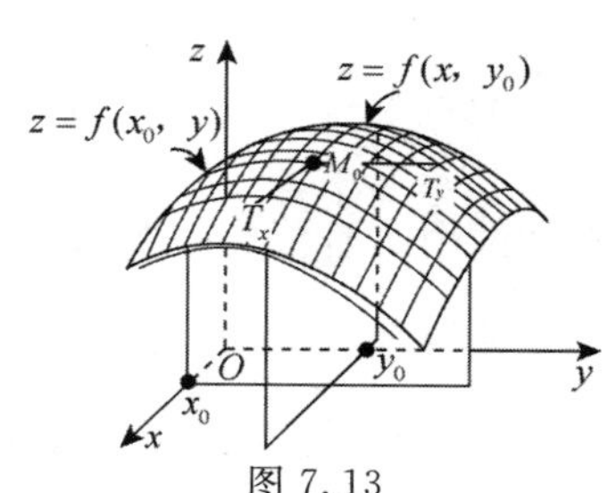

图 7.13

我们知道，如果一元函数在某点可导，则它在该点必定连续. 但对二元函数来说，即使各偏导数在某点都存在，也不能保证函数在该点连续.

例如，函数

$$f(x,y) = \begin{cases} \dfrac{xy}{x^2+y^2}, & x^2+y^2 \neq 0, \\ 0, & x^2+y^2 = 0 \end{cases}$$

在点 $(0,0)$ 处对 x 的偏导数为

$$f_x(0,0) = \lim_{\Delta x \to 0} \frac{f(0+\Delta x,0) - f(0,0)}{\Delta x} = 0,$$

对 y 的偏导数为

$$f_y(0,0) = \lim_{\Delta y \to 0} \frac{f(0,0+\Delta y) - f(0,0)}{\Delta y} = 0.$$

但是 $\lim\limits_{(x,y)\to(0,0)} f(x,y)$ 不存在，故 $f(x,y)$ 在点 $(0,0)$ 处不连续.

7.3.3 高阶偏导数

设函数 $z=f(x,y)$ 在区域 D 内具有偏导数

$$\frac{\partial z}{\partial x}=f_x(x,y),\frac{\partial z}{\partial y}=f_y(x,y),$$

则在 D 内 $f_x(x,y),f_y(x,y)$ 都是关于 x,y 的二元函数.如果这两个函数的偏导数存在,则称它们是函数 $z=f(x,y)$ 的**二阶偏导数**.按照对变量求导次序的不同,有下列四个二阶偏导数:

$$\frac{\partial}{\partial x}\left(\frac{\partial z}{\partial x}\right)=\frac{\partial^2 z}{\partial x^2}=f_{xx}(x,y),\frac{\partial}{\partial y}\left(\frac{\partial z}{\partial x}\right)=\frac{\partial^2 z}{\partial x\partial y}=f_{xy}(x,y),$$

$$\frac{\partial}{\partial x}\left(\frac{\partial z}{\partial y}\right)=\frac{\partial^2 z}{\partial y\partial x}=f_{yx}(x,y),\frac{\partial}{\partial y}\left(\frac{\partial z}{\partial y}\right)=\frac{\partial^2 z}{\partial y^2}=f_{yy}(x,y).$$

其中,$f_{xy}(x,y)$ 和 $f_{yx}(x,y)$ 两个二阶偏导数称为**混合偏导数**.同样可得三阶、四阶直至 n 阶偏导数,二阶及二阶以上的偏导数统称为**高阶偏导数**.

例 7.3.5 求函数 $z=2x^4y-xy^3+xy+1$ 的二阶偏导数.

解 $\frac{\partial z}{\partial x}=8x^3y-y^3+y,\frac{\partial z}{\partial y}=2x^4-3xy^2+x,$

$$\frac{\partial^2 z}{\partial x^2}=24x^2y,\frac{\partial^2 z}{\partial x\partial y}=8x^3-3y^2+1,$$

$$\frac{\partial^2 z}{\partial y\partial x}=8x^3-3y^2+1,\frac{\partial^2 z}{\partial y^2}=-6xy.$$

我们从以上例子可以看到两个二阶混合偏导数相等,即 $\frac{\partial^2 z}{\partial x\partial y}=\frac{\partial^2 z}{\partial y\partial x}$,这不是偶然的,事实上,我们有下述定理.

定理 7.3.1 设函数 $z=f(x,y)$ 的两个二阶混合偏导数 $\frac{\partial^2 z}{\partial x\partial y}$ 及 $\frac{\partial^2 z}{\partial y\partial x}$ 在区域 D 内连续,则在该区域 D 内有 $\frac{\partial^2 z}{\partial x\partial y}=\frac{\partial^2 z}{\partial y\partial x}$.

定理 7.3.1 表明,二阶混合偏导数在连续的条件下与求导次序无关,此定理的证明从略.

我们也可以类似地定义高阶偏导数,而且高阶混合偏导数在连续的条件下也与求导次序无关.

习题 7.3

1. 求下列函数的偏导数.

(1) $z=\ln(x+\ln y)$; (2) $z=e^{xy}+yx^2$;

(3) $z=e^{\sin x}\cos y$; (4) $z=x^3y+3x^2y^2-xy^3$;

(5) $z=\sqrt{x}\sin\frac{y}{x}$; (6) $z=\frac{x^2+y^2}{xy}$;

(7) $z = \sin(xy) + \cos^2(xy)$； (8) $z = \arcsin(x^2 y)$.

2. 设函数 $f(x,y) = x + (y-1)\arcsin\sqrt{x}$，求 $f_x(x,1)$.

3. 求下列函数的二阶偏导数.

(1) $z = x^{2y}$； (2) $z = \arctan\dfrac{y}{x}$；

(3) $z = y\ln(xy)$.

7.4 全微分

7.4.1 全微分

若一元函数 $y = f(x)$ 在 x_0 处可微，则函数的增量可以表示为

$$\Delta y = f(x_0 + \Delta x) - f(x_0) = A\Delta x + o(\Delta x),$$

其中 A 与 Δx 无关，此时 $A\Delta x$ 称为函数 $y = f(x)$ 在 x_0 处的微分.

对于二元函数的全微分有类似的定义.

定义 7.4.1 如果函数 $z = f(x,y)$ 在点 (x,y) 处的全增量

$$\Delta z = f(x + \Delta x, y + \Delta y) - f(x,y)$$

可以表示为

$$\Delta z = A\Delta x + B\Delta y + o(\rho), \tag{7.4.1}$$

其中 A,B 不依赖于 $\Delta x,\Delta y$，而仅与 x,y 有关；$\rho = \sqrt{(\Delta x)^2 + (\Delta y)^2}$，则称函数 $z = f(x,y)$ 在点 (x,y) 处**可微**，$A\Delta x + B\Delta y$ 称为函数 $z = f(x,y)$ 在点 (x,y) 处的**全微分**，记为 $\mathrm{d}z$，即

$$\mathrm{d}z = A\Delta x + B\Delta y.$$

若函数 $z = f(x,y)$ 在区域 D 内各点处都可微，则称该函数在 D 内**可微分**.

定理 7.4.1(必要条件) 如果函数 $z = f(x,y)$ 在点 (x,y) 处可微分，则函数在该点必连续.

证明 根据函数 $z = f(x,y)$ 在点 (x,y) 处可微分的定义可知，

$$\lim_{(\Delta x,\Delta y)\to(0,0)} \Delta z = \lim_{\rho\to 0}[(A\Delta x + B\Delta y) + o(\rho)] = 0,$$

从而

$$\lim_{(\Delta x,\Delta y)\to(0,0)} f(x + \Delta x, y + \Delta y) = \lim_{\rho\to 0}[f(x,y) + \Delta z] = f(x,y),$$

所以函数 $z = f(x,y)$ 在点 (x,y) 处连续.

下面定理给出了可微与偏导数的关系.

定理 7.4.2(必要条件) 如果函数 $z = f(x,y)$ 在点 (x,y) 处可微分，则该函数在 (x,y) 处的偏导数 $\dfrac{\partial z}{\partial x},\dfrac{\partial z}{\partial y}$ 必存在，且 $z = f(x,y)$ 在点 (x,y) 处的全微分为

$$\mathrm{d}z = \frac{\partial z}{\partial x}\Delta x + \frac{\partial z}{\partial y}\Delta y = \frac{\partial z}{\partial x}\mathrm{d}x + \frac{\partial z}{\partial y}\mathrm{d}y. \tag{7.4.2}$$

证明从略.

定理 7.4.3(充分条件) 如果函数 $z=f(x,y)$ 的偏导数 $\frac{\partial z}{\partial x},\frac{\partial z}{\partial y}$ 在点 (x,y) 处连续,则函数在该点可微.

证明从略.

上述关于二元函数全微分的必要条件和充分条件,可以类似地推广到三元及三元以上的多元函数中. 例如,三元函数 $u=f(x,y,z)$ 的全微分可以表示为

$$du=\frac{\partial u}{\partial x}dx+\frac{\partial u}{\partial y}dy+\frac{\partial u}{\partial z}dz. \tag{7.4.3}$$

此式称为全微分的**叠加原理**.

例 7.4.1 求函数 $z=x^3y^2+x^2+y$ 在 $(2,1)$ 处的全微分.

解 因为 $\frac{\partial z}{\partial x}=3x^2y^2+2x,\left.\frac{\partial z}{\partial x}\right|_{(2,1)}=16,\frac{\partial z}{\partial y}=2x^3y+1,\left.\frac{\partial z}{\partial y}\right|_{(2,1)}=17.$

所以

$$dz|_{(2,1)}=\left.\frac{\partial z}{\partial x}\right|_{(2,1)}dx+\left.\frac{\partial z}{\partial y}\right|_{(2,1)}dy=16dx+17dy.$$

例 7.4.2 求函数 $z=x^2y+\frac{x}{y}$ 的全微分.

解 因为 $\frac{\partial z}{\partial x}=2xy+\frac{1}{y},\frac{\partial z}{\partial y}=x^2-\frac{x}{y^2}$,所以

$$dz=\left(2xy+\frac{1}{y}\right)dx+\left(x^2-\frac{x}{y^2}\right)dy.$$

例 7.4.3 求函数 $u=x+\sin\frac{y}{2}+e^{yz}$ 的全微分.

解 因为 $\frac{\partial u}{\partial x}=1,\frac{\partial u}{\partial y}=\frac{1}{2}\cos\frac{y}{2}+ze^{yz},\frac{\partial u}{\partial z}=ye^{yz}$,所以

$$du=dx+\left(\frac{1}{2}\cos\frac{y}{2}+ze^{yz}\right)dy+ye^{yz}dz.$$

*7.4.2 全微分在近似计算中的应用

由二元函数全微分的定义及关于全微分存在的充分条件可知,当二元函数 $z=f(x,y)$ 在点 $P(x,y)$ 的两个偏导数连续,并且 $|\Delta x|,|\Delta y|$ 都较小时,有近似等式

$$\Delta z\approx dz=f_x(x,y)\Delta x+f_y(x,y)\Delta y,$$

也可表示为

$$f(x+\Delta x,y+\Delta y)\approx f(x,y)+f_x(x,y)\Delta x+f_y(x,y)\Delta y. \tag{7.4.4}$$

与一元函数的情形类似,利用上式可对二元函数作近似计算.

例 7.4.4 计算 $(1.04)^{2.02}$ 的近似值.

解 设函数 $f(x,y)=x^y$. 取 $x=1, y=2, \Delta x=0.04, \Delta y=0.02$. 由于 $f(1,2)=1, f_x(x,y)=yx^{y-1}, f_y(x,y)=x^y\ln x, f_x(1,2)=2, f_y(1,2)=0$，根据式(7.4.4)可得

$$(1.04)^{2.02}\approx 1+2\times 0.04+0\times 0.02=1.08.$$

习题 7.4

1. 求函数 $z=\dfrac{y}{x}$ 在 $x=2, y=1, \Delta x=0.1, \Delta y=-0.2$ 时的全微分.

2. 求下列函数的全微分.

(1) $z=\arctan(xy)$； (2) $z=3x^2y+\dfrac{x}{y}$；

(3) $z=3xe^{-y}-2\sqrt{x}+\ln 5$.

3. 求函数 $z=\ln(2+x^2+y^2)$ 在 $x=2, y=1$ 时的全微分.

*4. 计算 $(1.007)^{2.98}$ 的近似值.

*5. 计算 $\sqrt{(1.02)^3+(1.97)^3}$ 的近似值.

7.5 多元复合函数的求导法则

在一元函数中，复合函数的求导法则在导数的运算中起着非常重要的作用，这一法则可以推广到多元复合函数的情形. 下面按照多元复合函数不同的复合情形，分三种情形讨论.

7.5.1 中间变量均为一元函数

设函数 $z=f(u,v), u=\varphi(t), v=\psi(t)$ 构成复合函数 $z=f[\varphi(t),\psi(t)]$，其变量间的相互依赖关系可用图 7.14 的树形图来表达.

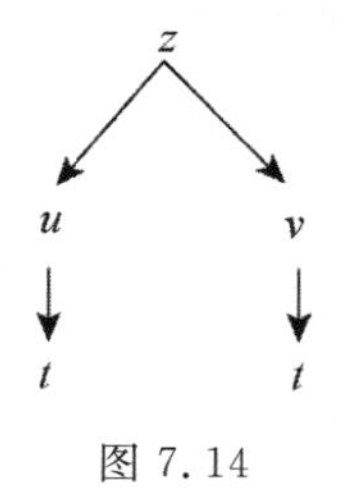

图 7.14

定理 7.5.1 如果函数 $u=\varphi(t)$ 及 $v=\psi(t)$ 都在点 t 可导，$z=f(u,v)$ 在对应点 (u,v) 具有连续偏导数，则复合函数 $z=f[\varphi(t),\psi(t)]$ 在对应点 t 可导，且其导数可用下列公式计算：

$$\frac{\mathrm{d}z}{\mathrm{d}t}=\frac{\partial z}{\partial u}\cdot\frac{\mathrm{d}u}{\mathrm{d}t}+\frac{\partial z}{\partial v}\cdot\frac{\mathrm{d}v}{\mathrm{d}t}. \tag{7.5.1}$$

注意:如果能够准确地表示出因变量、中间变量、自变量之间的树形图,可以按照"按线相乘,分线相加"的法则写出公式,本节中其他情形的公式都可以按照这个法则写出公式.

例 7.5.1 设 $z=u^2+\tan v$,而 $u=\sin t, v=\mathrm{e}^t$,求 $\frac{\mathrm{d}z}{\mathrm{d}t}$.

解 $\frac{\mathrm{d}z}{\mathrm{d}t}=\frac{\partial z}{\partial u}\cdot\frac{\mathrm{d}u}{\mathrm{d}t}+\frac{\partial z}{\partial v}\cdot\frac{\mathrm{d}v}{\mathrm{d}t}=2u\cdot\cos t+\sec^2 v\cdot\mathrm{e}^t=\sin 2t+\mathrm{e}^t\sec^2(\mathrm{e}^t)$.

定理 7.5.1 可推广到中间变量多于两个的情形,例如,$z=f(u,v,w)$,$u=\varphi(t), v=\psi(t), w=\omega(t)$ 构成复合函数 $z=f[\varphi(t),\psi(t),\omega(t)]$,其变量间的相互依赖关系可用图 7.15 的树形图来表达,则在满足与定理 7.5.1 类似的条件下,有

$$\frac{\mathrm{d}z}{\mathrm{d}t}=\frac{\partial z}{\partial u}\cdot\frac{\mathrm{d}u}{\mathrm{d}t}+\frac{\partial z}{\partial v}\cdot\frac{\mathrm{d}v}{\mathrm{d}t}+\frac{\partial z}{\partial w}\cdot\frac{\mathrm{d}w}{\mathrm{d}t}. \tag{7.5.2}$$

式(7.5.1)和式(7.5.2)中的导数 $\frac{\mathrm{d}z}{\mathrm{d}t}$ 称为**全导数**.

例 7.5.2 设 $u=x^2+\mathrm{e}^y+\arctan z$,而 $x=\sqrt{t}, y=\ln(1+t^2), z=t^2$,求全导数 $\frac{\mathrm{d}u}{\mathrm{d}t}$.

解 该函数变量间的相互依赖关系可用图 7.16 来表达,

$$\begin{aligned}\frac{\mathrm{d}u}{\mathrm{d}t}&=\frac{\partial u}{\partial x}\cdot\frac{\mathrm{d}x}{\mathrm{d}t}+\frac{\partial u}{\partial y}\cdot\frac{\mathrm{d}y}{\mathrm{d}t}+\frac{\partial u}{\partial z}\cdot\frac{\mathrm{d}z}{\mathrm{d}t}\\&=2x\cdot\frac{1}{2\sqrt{t}}+\mathrm{e}^y\cdot\frac{2t}{1+t^2}+\frac{1}{1+z^2}\cdot 2t\\&=1+2t+\frac{2t}{1+t^4}.\end{aligned}$$

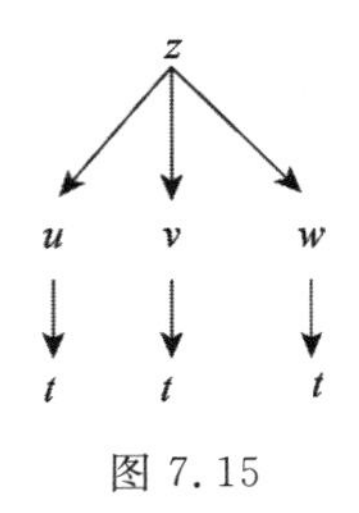

图 7.15

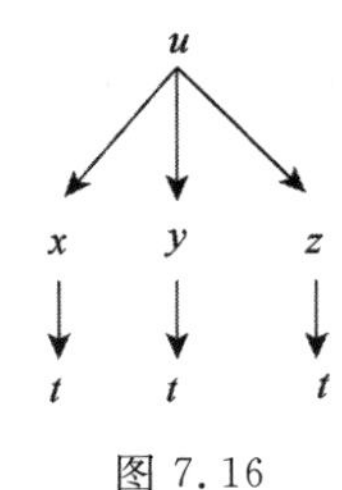

图 7.16

7.5.2 中间变量均为多元函数

定理 7.5.1 可推广到中间变量不是一元函数的情形,例如,$z=f(u,v), u=\varphi(x,y), v=\psi(x,y)$,构成复合函数 $z=f[\varphi(x,y),\psi(x,y)]$,其变量间的相互依赖关系可用图 7.17 来表达.

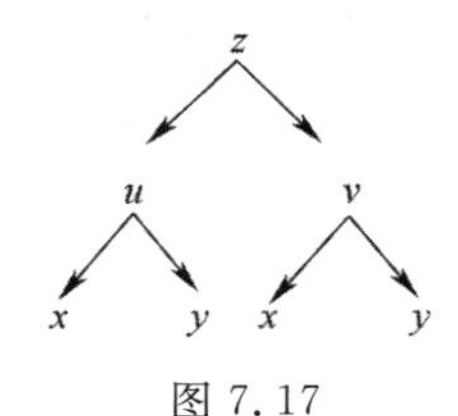

图 7.17

定理 7.5.2 如果 $u=\varphi(x,y)$ 及 $v=\psi(x,y)$ 都在点

(x,y) 具有对 x 和 y 的偏导数,且 $z=f(u,v)$ 在对应点 (u,v) 具有连续偏导数,则复合函数 $z=f[\varphi(x,y),\psi(x,y)]$ 在对应点 (x,y) 的两个偏导数存在,且可用下列公式计算

$$\frac{\partial z}{\partial x}=\frac{\partial z}{\partial u}\cdot\frac{\partial u}{\partial x}+\frac{\partial z}{\partial v}\cdot\frac{\partial v}{\partial x},\frac{\partial z}{\partial y}=\frac{\partial z}{\partial u}\cdot\frac{\partial u}{\partial y}+\frac{\partial z}{\partial v}\cdot\frac{\partial v}{\partial y}.$$

例 7.5.3 设 $z=\mathrm{e}^u\sin v$, 而 $u=xy,v=x+y$, 求 $\frac{\partial z}{\partial x}$ 和 $\frac{\partial z}{\partial y}$.

解 $$\frac{\partial z}{\partial x}=\frac{\partial z}{\partial u}\cdot\frac{\partial u}{\partial x}+\frac{\partial z}{\partial v}\cdot\frac{\partial v}{\partial x}=\mathrm{e}^u\sin v\cdot y+\mathrm{e}^u\cos v\cdot 1$$
$$=\mathrm{e}^{xy}[y\sin(x+y)+\cos(x+y)],$$
$$\frac{\partial z}{\partial y}=\frac{\partial z}{\partial u}\cdot\frac{\partial u}{\partial y}+\frac{\partial z}{\partial v}\cdot\frac{\partial v}{\partial y}=\mathrm{e}^u\sin v\cdot x+\mathrm{e}^u\cos v\cdot 1$$
$$=\mathrm{e}^{xy}[x\sin(x+y)+\cos(x+y)].$$

例 7.5.4 设 $w=f(x+y+z,xyz)$, 求 $\frac{\partial w}{\partial x}$.

解 令 $u=x+y+z,v=xyz$, 所以

$$\frac{\partial w}{\partial x}=\frac{\partial f}{\partial u}\cdot\frac{\partial u}{\partial x}+\frac{\partial f}{\partial v}\cdot\frac{\partial v}{\partial x}=f'_1+yzf'_2,$$

其中 $$f'_1=\frac{\partial f(u,v)}{\partial u},f'_2=\frac{\partial f(u,v)}{\partial v}.$$

注意:在对抽象复合函数求偏导数时,可以采用上述例题的简记法.对于二阶偏导数也有如下简记法:

$$f''_{11}=\frac{\partial^2 f}{\partial u^2},f''_{12}=\frac{\partial^2 f}{\partial u\partial v},f''_{21}=\frac{\partial^2 f}{\partial v\partial u},f''_{22}=\frac{\partial^2 f}{\partial v^2}.$$

采用这些简记法,可以使抽象复合函数的高阶偏导数表示起来更简洁易懂.

例 7.5.5 设 $z=f(xy,x+y)$, f 具有二阶连续的偏导数,求 $\frac{\partial^2 z}{\partial x^2}$.

解 因为

$$\frac{\partial z}{\partial x}=f_1'\cdot y+f_2',$$

$$\frac{\partial^2 z}{\partial x^2}=y\cdot(f''_{11}\cdot y+f''_{12})+f''_{21}\cdot y+f''_{22}=y^2f''_{11}+yf''_{12}+yf''_{21}+f''_{22},$$

又因为 f 具有二阶连续的偏导数,则 $f''_{12}=f''_{21}$, 所以

$$\frac{\partial^2 z}{\partial x^2}=y^2f''_{11}+2yf''_{12}+f''_{22}.$$

定理 7.5.2 可推广到中间变量多于两个的情形,例如, $z=f(u,v,w)$, $u=\varphi(x,y),v=\psi(x,y),w=\omega(x,y)$ 构成复合函数 $z=f[\varphi(x,y),\psi(x,y),\omega(x,y)]$, 则在满足与定理 7.5.2 类似的条件下,有

$$\frac{\partial z}{\partial x}=\frac{\partial z}{\partial u}\cdot\frac{\partial u}{\partial x}+\frac{\partial z}{\partial v}\cdot\frac{\partial v}{\partial x}+\frac{\partial z}{\partial \omega}\cdot\frac{\partial \omega}{\partial x},\frac{\partial z}{\partial y}=\frac{\partial z}{\partial u}\cdot\frac{\partial u}{\partial y}+\frac{\partial z}{\partial v}\cdot\frac{\partial v}{\partial y}+\frac{\partial z}{\partial \omega}\cdot\frac{\partial \omega}{\partial y}.$$

7.5.3 中间变量既有一元函数也有多元函数

定理 7.5.3 如果函数 $u=\varphi(x,y)$ 在点 (x,y) 具有对 x 和 y 的偏导数,函数 $v=\psi(y)$ 在点 y 可导,函数 $z=f(u,v)$ 在对应点 (u,v) 具有连续偏导数,则复合函数 $z=f[\varphi(x,y),\psi(y)]$ 在点 (x,y) 的两个偏导数存在,且有

$$\frac{\partial z}{\partial x}=\frac{\partial z}{\partial u}\cdot\frac{\partial u}{\partial x},\frac{\partial z}{\partial y}=\frac{\partial z}{\partial u}\cdot\frac{\partial u}{\partial y}+\frac{\partial z}{\partial v}\cdot\frac{\mathrm{d}v}{\mathrm{d}y}.$$

这类情形实际上是定理 7.5.2 的一个特例,即变量 v 与 x 无关,从而 $\frac{\partial v}{\partial x}=0$,而 v 是关于 y 的一元函数,所以 $\frac{\partial v}{\partial y}$ 换成了 $\frac{\mathrm{d}v}{\mathrm{d}y}$,从而有上述结果.

另外,还会遇见如下的情形,即复合函数的某些中间变量本身也是复合函数的自变量.例如,设函数 $z=f(u,x,y)$ 具有连续偏导数,$u=\varphi(x,y)$ 具有偏导数,则复合函数 $z=f[\varphi(x,y),x,y]$ 可看作定理 7.5.2 中 $v=x,\omega=y$ 的特殊情形.因此,

$$\frac{\partial z}{\partial x}=\frac{\partial z}{\partial u}\cdot\frac{\partial u}{\partial x}+\frac{\partial f}{\partial x},\frac{\partial z}{\partial y}=\frac{\partial z}{\partial u}\cdot\frac{\partial u}{\partial y}+\frac{\partial f}{\partial y}.$$

注意: $\frac{\partial z}{\partial x}$ 与 $\frac{\partial f}{\partial x}$ 是不同的,$\frac{\partial z}{\partial x}$ 把复合函数 $z=f[\varphi(x,y),x,y]$ 中的 y 看作常量,而 $\frac{\partial f}{\partial x}$ 把 $z=f(u,x,y)$ 中的 u 及 y 都看作常量.

例 7.5.6 设 $z=u\cos v$,而 $u=x^2y,v=\mathrm{e}^y$,求 $\frac{\partial z}{\partial x}$ 和 $\frac{\partial z}{\partial y}$.

解 变量之间的关系如图 7.18 所示,则

$$\frac{\partial z}{\partial x}=\frac{\partial z}{\partial u}\cdot\frac{\partial u}{\partial x}=\cos v\cdot 2xy=2xy\cos\mathrm{e}^y,$$

$$\begin{aligned}\frac{\partial z}{\partial y}&=\frac{\partial z}{\partial u}\cdot\frac{\partial u}{\partial y}+\frac{\partial z}{\partial v}\cdot\frac{\mathrm{d}v}{\mathrm{d}y}=\cos v\cdot x^2+u\cdot(-\sin v)\cdot\mathrm{e}^y\\&=x^2\cos\mathrm{e}^y-x^2y\mathrm{e}^y\sin\mathrm{e}^y=x^2(\cos\mathrm{e}^y-y\mathrm{e}^y\sin\mathrm{e}^y).\end{aligned}$$

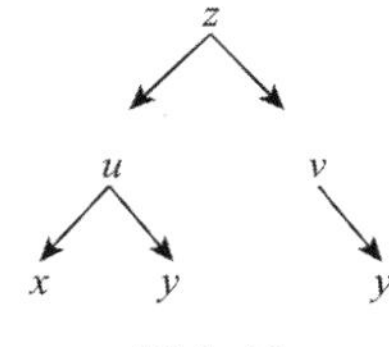

图 7.18

例 7.5.7 设 $z=f(u,x,y)=\ln(u^2+1)+\sin(x+y)$,而 $u=xy$,求 $\frac{\partial z}{\partial x}$ 和 $\frac{\partial z}{\partial y}$.

解 变量之间的关系如图 7.19 所示,则

$$\frac{\partial z}{\partial x}=\frac{\partial z}{\partial u}\cdot\frac{\partial u}{\partial x}+\frac{\partial f}{\partial x}=\frac{2u}{u^2+1}\cdot y+\cos(x+y)$$

$$=\frac{2xy^2}{x^2y^2+1}+\cos(x+y),$$

$$\frac{\partial z}{\partial y}=\frac{\partial z}{\partial u}\cdot\frac{\partial u}{\partial y}+\frac{\partial f}{\partial y}=\frac{2u}{u^2+1}\cdot x+\cos(x+y)=\frac{2x^2y}{x^2y^2+1}+\cos(x+y).$$

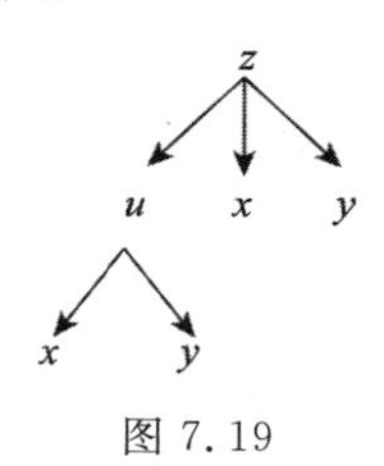

图 7.19

7.5.4 全微分形式不变性

设函数 $z=f(u,v)$ 具有连续偏导数，$u=\varphi(x,y)$，$v=\psi(x,y)$ 都可微，则复合函数 $z=f[\varphi(x,y),\psi(x,y)]$ 的全微分是 $\mathrm{d}z=\frac{\partial z}{\partial x}\mathrm{d}x+\frac{\partial z}{\partial y}\mathrm{d}y$.

根据本节学习的复合函数的求导公式可得

$$\mathrm{d}z=\left(\frac{\partial z}{\partial u}\cdot\frac{\partial u}{\partial x}+\frac{\partial z}{\partial v}\cdot\frac{\partial v}{\partial x}\right)\mathrm{d}x+\left(\frac{\partial z}{\partial u}\cdot\frac{\partial u}{\partial y}+\frac{\partial z}{\partial v}\cdot\frac{\partial v}{\partial y}\right)\mathrm{d}y$$

$$=\frac{\partial z}{\partial u}\left(\frac{\partial u}{\partial x}\mathrm{d}x+\frac{\partial u}{\partial y}\mathrm{d}y\right)+\frac{\partial z}{\partial v}\left(\frac{\partial v}{\partial x}\mathrm{d}x+\frac{\partial v}{\partial y}\mathrm{d}y\right)=\frac{\partial z}{\partial u}\mathrm{d}u+\frac{\partial z}{\partial v}\mathrm{d}v.$$

由此可见,无论变量 u,v 是函数的自变量还是中间变量，$z=f(u,v)$ 的全微分形式是一样的,此性质叫作**全微分形式不变性**.

例 7.5.8 利用全微分形式不变性求解例 7.5.3.

解 $\mathrm{d}z=\mathrm{d}(\mathrm{e}^u\sin v)=\mathrm{e}^u\sin v\mathrm{d}u+\mathrm{e}^u\cos v\mathrm{d}v$,

$\mathrm{d}u=\mathrm{d}(xy)=y\mathrm{d}x+x\mathrm{d}y$, $\mathrm{d}v=\mathrm{d}(x+y)=\mathrm{d}x+\mathrm{d}y$.

代入后并合并得

$$\mathrm{d}z=(\mathrm{e}^u\sin v\cdot y+\mathrm{e}^u\cos v)\mathrm{d}x+(\mathrm{e}^u\sin v\cdot x+\mathrm{e}^u\cos v)\mathrm{d}y,$$

即

$$\frac{\partial z}{\partial x}\mathrm{d}x+\frac{\partial z}{\partial y}\mathrm{d}y=\mathrm{e}^{xy}[y\sin(x+y)+\cos(x+y)]\mathrm{d}x+\mathrm{e}^{xy}[x\sin(x+y)+\cos(x+y)]\mathrm{d}y.$$

比较上式两边的系数,可得两个偏导数 $\frac{\partial z}{\partial x}$ 和 $\frac{\partial z}{\partial y}$ 与例 7.5.3 的结果一样.

习题 7.5

1. 求下列函数的全导数.

(1)设 $z=\frac{v}{u}$，而 $u=\ln x, v=e^{x}$，求 $\frac{dz}{dx}$；

(2)设 $z=\arctan(x-y)$，而 $x=3t, y=4t^{3}$，求 $\frac{dz}{dt}$；

(3)设 $z=xy+yt$，而 $y=2^{x}, t=\sin x$，求 $\frac{dz}{dx}$.

2. 求下列函数的偏导数 $\frac{\partial z}{\partial x}$ 和 $\frac{\partial z}{\partial y}$.

(1) $z=ue^{\frac{u}{v}}$，而 $u=x^{2}+y^{2}, v=xy$；

(2) $z=u^{2}\ln v$，而 $u=\frac{x}{y}, v=3x-2y$；

(3) $z=\arctan\frac{u}{v}$，而 $u=x+y, v=x-y$；

(4) $z=f(x^{2}-y^{2}, e^{xy})$；

(5) $z=f(2x-y, y\sin x)$.

3. 求函数 $z=\sin^{2}(ax+by)$ 的二阶偏导数.

7.6 隐函数求导法

在一元函数中，我们引入了隐函数的概念，并介绍了不经过显化而直接求由方程 $F(x,y)=0$ 所确定的隐函数的导数的方法. 本节我们将给出隐函数存在定理，并利用多元复合函数的求导法则建立隐函数的求导公式.

定理 7.6.1 设函数 $F(x,y)$ 在点 $P_0(x_0,y_0)$ 的某一邻域内具有连续的偏导数，且 $F(x_0,y_0)=0, F_y(x_0,y_0)\neq 0$，则方程 $F(x,y)=0$ 在点 $P_0(x_0,y_0)$ 的某一邻域内恒能唯一确定一个单值连续且具有连续导数的函数 $y=f(x)$，它满足 $y_0=f(x_0)$，并有

$$\frac{dy}{dx}=-\frac{F_x}{F_y}.$$

定理证明从略，仅就求导公式作如下推导.

设 $y=f(x)$ 为方程 $F(x,y)=0$ 所确定的隐函数，因为 $F(x,f(x))\equiv 0$，且 $F(x,y)$ 在点 $P_0(x_0,y_0)$ 的某一邻域内具有连续的偏导数，所以在方程 $F(x,f(x))=0$ 两边同时对 x 求偏导数得

$$F_x+F_y\frac{dy}{dx}=0.$$

又 $F_y(x_0,y_0)\neq 0, F_y(x,y)$ 在 $P_0(x_0,y_0)$ 的某个邻域内连续，则由极限的保号性知，在 $P_0(x_0,y_0)$ 的某个邻域内 $F_y(x,y)\neq 0$. 于是在 $P_0(x_0,y_0)$ 的某一邻域内有

$$\frac{dy}{dx}=-\frac{F_x}{F_y}.$$

例 7.6.1 设 $\sin(xy)+\mathrm{e}^x=y^2$，求 $\frac{\mathrm{d}y}{\mathrm{d}x}$.

解 设 $F(x,y)=\sin(xy)+\mathrm{e}^x-y^2$，因为

$$F_x=y\cos(xy)+\mathrm{e}^x, F_y=x\cos(xy)-2y,$$

所以

$$\frac{\mathrm{d}y}{\mathrm{d}x}=-\frac{F_x}{F_y}=\frac{y\cos(xy)+\mathrm{e}^x}{2y-x\cos(xy)}.$$

隐函数存在定理可以推广到多元函数的情形.例如，一个三元方程

$$F(x,y,z)=0$$

有可能确定一个二元函数，有以下定理.

定理 7.6.2 设 $F(x,y,z)$ 在点 $P_0(x_0,y_0,z_0)$ 的某一邻域内具有连续的偏导数，且 $F(x_0,y_0,z_0)=0, F_z(x_0,y_0,z_0)\neq 0$，则方程 $F(x,y,z)=0$ 在点 $P_0(x_0,y_0,z_0)$ 的某一邻域内恒能唯一确定一个单值连续且具有连续偏导数的函数 $z=f(x,y)$，它满足条件 $z_0=f(x_0,y_0)$，并有

$$\frac{\partial z}{\partial x}=-\frac{F_x}{F_z}, \frac{\partial z}{\partial y}=-\frac{F_y}{F_z}.$$

定理的证明从略，仅就求导公式作如下推导.

设 $z=f(x,y)$ 为方程 $F(x,y,z)=0$ 所确定的隐函数，因为

$$F(x,y,f(x,y))\equiv 0,$$

所以

$$F_x+F_z\frac{\partial z}{\partial x}=0, F_y+F_z\frac{\partial z}{\partial y}=0.$$

又 $F_z(x_0,y_0,z_0)\neq 0$，$F_z(x,y,z)$ 在 $P_0(x_0,y_0,z_0)$ 的某个邻域内连续，则由极限的保号性知，在 $P_0(x_0,y_0,z_0)$ 的某个邻域内 $F_z(x,y,z)\neq 0$. 于是在 $P_0(x_0,y_0,z_0)$ 的某一邻域内有

$$\frac{\partial z}{\partial x}=-\frac{F_x}{F_z}, \frac{\partial z}{\partial y}=-\frac{F_y}{F_z}.$$

例 7.6.2 设 $z^3-3xyz=1$，求 $\frac{\partial z}{\partial x}$ 和 $\frac{\partial z}{\partial y}$.

解 设 $F(x,y,z)=z^3-3xyz-1$，则

$$F_x=-3yz, F_y=-3xz, F_z=3z^2-3xy,$$

从而

$$\frac{\partial z}{\partial x}=-\frac{F_x}{F_z}=\frac{yz}{z^2-xy}, \frac{\partial z}{\partial y}=-\frac{F_y}{F_z}=\frac{xz}{z^2-xy}.$$

习题 7.6

1. 求下列函数所确定的隐函数的导数 $\frac{\mathrm{d}y}{\mathrm{d}x}$.

(1) $xy - \ln y = \mathrm{e}$ ；　　(2) $\ln\sqrt{x^2+y^2} = \arctan\dfrac{y}{x}$ ；

(3) $y - x\mathrm{e}^y + x = 0$.

2. 求下列函数所确定的隐函数的偏导数 $\dfrac{\partial z}{\partial x}$ 和 $\dfrac{\partial z}{\partial y}$.

(1) $\sin(xy) + \cos(xz) = \tan(yz)$ ；　(2) $\dfrac{x}{z} = \ln\dfrac{z}{y}$ ；

(3) $\mathrm{e}^z = xyz$ ；　　(4) $x + 2y + z = 2\sqrt{xyz}$ ；

(5) $z^3 - 2xz + y = 0$.

3. 设 $2\sin(x+2y-3z) = x+2y-3z$，证明：$\dfrac{\partial z}{\partial x} + \dfrac{\partial z}{\partial y} = 1$.

4. 设 $x^2 + y^2 + z^2 = yf\left(\dfrac{z}{y}\right)$，其中 f 可导，求 $\dfrac{\partial z}{\partial x},\dfrac{\partial z}{\partial y}$.

7.7　多元函数的极值及其应用

在经济学、管理学、工程技术等问题中，往往会遇到求多元函数最大值与最小值的问题. 与一元函数的情形类似，二元函数的最大值、最小值与极大值、极小值有密切联系. 下面以二元函数为例研究极值及其实际应用的问题.

7.7.1　二元函数的极值

定义 7.7.1　设函数 $z = f(x,y)$ 在点 $P_0(x_0,y_0)$ 的某一邻域内有定义，对于该邻域内异于 $P_0(x_0,y_0)$ 的任意一点 $P(x,y)$，如果

$$f(x,y) < f(x_0,y_0),$$

则称函数 $f(x,y)$ 在 $P_0(x_0,y_0)$ 处有**极大值** $f(x_0,y_0)$，点 $P_0(x_0,y_0)$ 称为函数 $f(x,y)$ 的**极大值点**；如果

$$f(x,y) > f(x_0,y_0),$$

则称函数 $f(x,y)$ 在 $P_0(x_0,y_0)$ 处有**极小值** $f(x_0,y_0)$，点 $P_0(x_0,y_0)$ 称为函数 $f(x,y)$ 的**极小值点**. 极大值、极小值统称为**极值**. 使得函数取得极值的点称为**极值点**.

例 7.7.1　函数 $z = 2x^2 + 3y^2$ 在点 $(0,0)$ 处有极小值. 因为在点 $(0,0)$ 处函数值为零，而对于点 $(0,0)$ 的任一邻域内异于 $(0,0)$ 的点，函数值都为正. 从几何上看，$z = 2x^2 + 3y^2$ 表示一开口向上的椭圆抛物面，点 $(0,0)$ 是它的顶点(图 7.20).

例 7.7.2　函数 $z = -\sqrt{x^2+y^2}$ 在点 $(0,0)$ 处有极大值. 因为对于点 $(0,0)$ 的任一邻域内异于 $(0,0)$ 的点，函数值都为负，而在点 $(0,0)$ 处的函数值为零. 从几何上看，$z = -\sqrt{x^2+y^2}$ 表示一开口向下的下半圆锥面，点 $(0,0)$ 是它的顶点(图7.21).

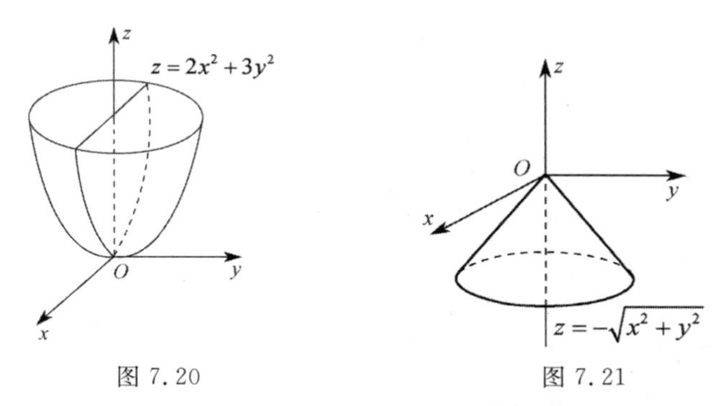

图 7.20　　　　图 7.21

例 7.7.3　函数 $z=xy$ 在点 $(0,0)$ 处既不取得极大值也不取得极小值. 因为在点 $(0,0)$ 处的函数值为零,而在点 $(0,0)$ 的任一邻域内,总有使函数值为正的点,也有使函数值为负的点(图 7.22).

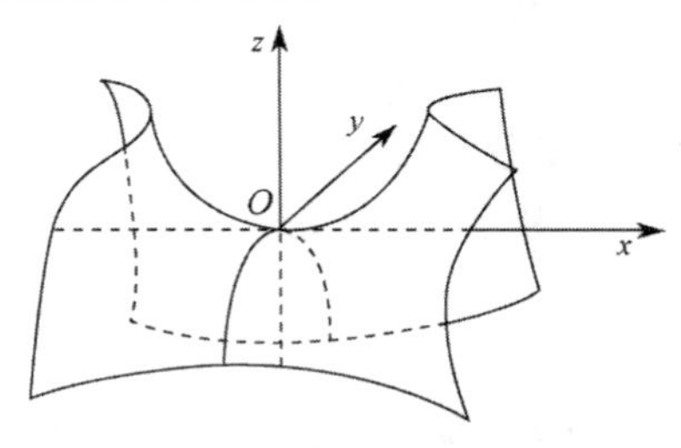

图 7.22

关于二元函数极值的概念可推广到 n 元函数. 设 n 元函数 $u=f(P)$ 在点 P_0 的某一邻域内有定义,对于该邻域内异于 P_0 的任意一点 P, 如果都有

$$f(P)<f(P_0)\ (\text{或 } f(P)>f(P_0)),$$

则称函数 $f(P)$ 在 P_0 处有**极大值**(**或极小值**) $f(P_0)$.

由一元函数极值的必要条件可得出二元函数极值的必要条件.

定理 7.7.1(必要条件)　设函数 $z=f(x,y)$ 在点 $P_0(x_0,y_0)$ 处具有偏导数,且在点 $P_0(x_0,y_0)$ 处有极值,则有

$$f_x(x_0,y_0)=0, f_y(x_0,y_0)=0.$$

证明　不妨设 $z=f(x,y)$ 在点 $P_0(x_0,y_0)$ 处有极大值. 根据极大值的定义,在点 $P_0(x_0,y_0)$ 的某邻域内异于 $P_0(x_0,y_0)$ 的点 $P(x,y)$ 都适合不等式

$$f(x,y)<f(x_0,y_0).$$

取 $y=y_0$, 而 $x\neq x_0$, 则

$$f(x,y_0)<f(x_0,y_0).$$

根据一元函数极大值的定义, $f(x,y_0)$ 在 $x=x_0$ 处取得极大值,因而必有

$$f_x(x_0,y_0)=0.$$

同理可证

$$f_y(x_0,y_0)=0.$$

能使 $f_x(x,y)=0, f_y(x,y)=0$ 同时成立的点 $P_0(x_0,y_0)$ 称为函数

$z = f(x,y)$ 的**驻点**.

类似地,如果三元函数 $u = f(x,y,z)$ 在点 $P_0(x_0,y_0,z_0)$ 处具有偏导数,则它在点 $P_0(x_0,y_0,z_0)$ 具有极值的必要条件为

$$f_x(x_0,y_0,z_0) = 0, f_y(x_0,y_0,z_0) = 0, f_z(x_0,y_0,z_0) = 0.$$

根据定理 7.7.1 可知,偏导数存在的函数的极值点必定是驻点.但是函数的驻点不一定是极值点,例如,点 $(0,0)$ 是函数 $z = xy$ 的驻点,但函数在该点并无极值.

如何判定一个驻点是否为极值点?下面的定理回答了这个问题.

定理 7.7.2(充分条件) 设函数 $z = f(x,y)$ 在点 $P_0(x_0,y_0)$ 的某邻域内连续且具有一阶和二阶的连续偏导数,又 $f_x(x_0,y_0) = 0, f_y(x_0,y_0) = 0$,令

$$f_{xx}(x_0,y_0) = A, f_{xy}(x_0,y_0) = B, f_{yy}(x_0,y_0) = C,$$

则

(1)当 $AC - B^2 > 0$ 时,函数 $f(x,y)$ 在 $P_0(x_0,y_0)$ 处有极值,且当 $A > 0$ 时有极小值 $f(x_0,y_0)$,当 $A < 0$ 时有极大值 $f(x_0,y_0)$;

(2)当 $AC - B^2 < 0$ 时,函数 $f(x,y)$ 在 $P_0(x_0,y_0)$ 处无极值;

(3)当 $AC - B^2 = 0$ 时,函数 $f(x,y)$ 在 $P_0(x_0,y_0)$ 处可能有极值,也可能没有极值,还需另作讨论.

证明从略.

例 7.7.4 求函数 $f(x,y) = x^3 - y^3 + 3x^2 + 3y^2 - 9x$ 的极值.

解 $f_x = 3x^2 + 6x - 9, f_y = -3y^2 + 6y$,则令

$$\begin{cases} f_x = 3x^2 + 6x - 9 = 0, \\ f_y = -3y^2 + 6y = 0, \end{cases}$$

求得驻点 $(1,0),(1,2),(-3,0),(-3,2)$.

再求出二阶偏导数

$$f_{xx} = 6x + 6, f_{xy} = 0, f_{yy} = -6y + 6.$$

从而可得函数的极值情况如下:

驻　点	A	B	C	$AC-B^2$	结　　论
$(1,0)$	12	0	6	+	极小值 $f(1,0)=-5$
$(1,2)$	12	0	-6	−	无极值
$(-3,0)$	-12	0	6	−	无极值
$(-3,2)$	-12	0	-6	+	极大值 $f(-3,2)=31$

注意:在讨论一元函数的极值问题时,我们知道,函数的极值既可能在驻点处取得,也可能在导数不存在的点处取得.同样,多元函数的极值也可能在个别偏导数不存在的点处取得.例如,在例 7.7.2 中,函数 $z = -\sqrt{x^2 + y^2}$ 在点 $(0,0)$ 处有极大值,但该函数在点 $(0,0)$ 处不存在偏导数.因此,在考虑函数的极值问题时,除了考虑函数的驻点外,还要考虑那些使偏导数不存在的点.

与一元函数类似，如果函数 $f(x,y)$ 在有界闭区域 D 上连续，则 $f(x,y)$ 在 D 上必定能取得最大值和最小值，且函数的最大值点或最小值点必在函数的极值点或在 D 的边界点上. 因此只需求出 $f(x,y)$ 在各驻点和不可导点的函数值及在边界上的最大值和最小值，然后加以比较即可.

在通常遇到的实际问题中，如果根据问题的性质，可以判断函数 $f(x,y)$ 的最大值(或最小值)一定在 D 的内部取得，而函数在 D 内只有一个驻点，则可以肯定该驻点处的函数值就是函数 $f(x,y)$ 在 D 上的最大值(或最小值).

例 7.7.5 某工厂生产甲、乙两种产品，出售价格分别为 18 和 8(单位:万元)，生产甲种产品为 x 及生产乙种产品为 y (单位:百件)的总成本函数为

$$C(x,y)=x^2+xy+y^2+13x+y.$$

求甲、乙两种产品各生产多少时所获得的总利润最大.

解 总收益为 $R(x,y)=18x+8y$，则总利润函数 $L(x,y)=R(x,y)-C(x,y)$，即

$$L(x,y)=18x+8y-(x^2+xy+y^2+13x+y)\text{，其中 } x\geqslant 0, y\geqslant 0.$$

且由

$$L'_x(x,y)=5-2x-y=0, L'_y(x,y)=7-x-2y=0,$$

得到唯一的驻点 $(1,3)$. 又因为

$$A=L''_{xx}(1,3)=-2, B=L''_{xy}(1,3)=-1, C=L''_{yy}(1,3)=-2,$$

$$AC-B^2=3>0, A=-2<0,$$

所以 $(1,3)$ 为极大值点，则该点是最大值点，最大利润为 $L(1,3)=13$，即生产甲种产品 100 件，乙种产品 300 件时所获得的利润最大，最大利润为 13 万元.

7.7.2 条件极值 拉格朗日乘数法

前面所讨论的极值问题，对于函数的自变量，除了限制在函数的定义域内之外，并无其他条件，所以称此极值为**无条件极值**. 但在实际问题中，有时会遇到对函数的自变量还有附加条件的极值问题.

例如，求表面积为 a^2 而体积为最大的长方体的体积问题.

设长方体的长、宽、高分别为 x,y,z，则体积 $V=xyz$，又因假定表面积为 a^2，所以自变量 x,y,z 还必须满足附加条件 $2(xy+yz+xz)=a^2$. 像这样对自变量有附加条件的极值称为**条件极值**. 有些情况下，可将条件极值问题转化为无条件极值问题，如在上述问题中，可以从 $2(xy+yz+xz)=a^2$ 解出变量 z 关于变量 x,y 的表达式，并代入体积 $V=xyz$ 的表达式中，即可将上述条件极值问题化为无条件极值问题. 然而，一般地讲，这样做很不方便. 我们另有一种直接寻求条件极值的方法，可以不必先把问题化为无条件极值的问题，这就是下面要介绍的**拉格朗日乘数法**.

首先，在条件

$$\varphi(x,y)=0 \tag{7.7.1}$$

下，求目标函数

$$z=f(x,y) \tag{7.7.2}$$

的极值.

假定在 $P_0(x_0,y_0)$ 的某邻域内 $f(x,y)$ 与 $\varphi(x,y)$ 均有连续的一阶偏导数，而 $\varphi_y(x,y)\neq 0$. 由隐函数存在定理可知，方程(7.7.1)确定一个连续且具有连续导数的隐函数 $y=\psi(x)$，将其代入式(7.7.2)，得到一个自变量为 x 的函数

$$z=f(x,\psi(x)). \tag{7.7.3}$$

于是所求条件极值问题就可以化为求函数 $z=f(x,\psi(x))$ 的无条件极值问题. 前面已说过，要从方程(7.7.1)解出 y 往往是困难的，这时可考虑用下面介绍的拉格朗日乘数法.

设 $P_0(x_0,y_0)$ 为函数(7.7.3)的极值点，$z_0=f(x_0,\psi(x_0))$，由一元函数取得极值的必要条件知

$$\left.\frac{\mathrm{d}z}{\mathrm{d}x}\right|_{x=x_0}=f_x(x_0,y_0)+f_y(x_0,y_0)\cdot\left.\frac{\mathrm{d}y}{\mathrm{d}x}\right|_{x=x_0}=0, \tag{7.7.4}$$

而由式(7.7.1)用隐函数求导公式，有

$$\left.\frac{\mathrm{d}y}{\mathrm{d}x}\right|_{x=x_0}=-\frac{\varphi_x(x_0,y_0)}{\varphi_y(x_0,y_0)}.$$

把上式代入式(7.7.4)，得

$$f_x(x_0,y_0)-f_y(x_0,y_0)\cdot\frac{\varphi_x(x_0,y_0)}{\varphi_y(x_0,y_0)}=0,$$

即所求问题的解 (x_0,y_0) 必须满足关系式

$$\frac{f_x(x_0,y_0)}{\varphi_x(x_0,y_0)}=\frac{f_y(x_0,y_0)}{\varphi_y(x_0,y_0)}.$$

若将上式的公共比值记为 $-\lambda$，则 (x_0,y_0) 必须满足

$$\begin{cases}f_x(x_0,y_0)+\lambda\varphi_x(x_0,y_0)=0,\\ f_y(x_0,y_0)+\lambda\varphi_y(x_0,y_0)=0.\end{cases} \tag{7.7.5}$$

因此，(x_0,y_0) 除了应满足约束条件(7.7.1)外，还应该满足方程组(7.7.5)，换句话说，函数 $z=f(x,y)$ 在约束条件 $\varphi(x,y)=0$ 下的极值点 (x_0,y_0) 是下列方程组

$$\begin{cases}f_x(x,y)+\lambda\varphi_x(x,y)=0,\\ f_y(x,y)+\lambda\varphi_y(x,y)=0,\\ \varphi(x,y)=0\end{cases} \tag{7.7.6}$$

的解. 容易看出，式(7.7.6)恰好是三个独立变量 x,y,λ 的函数

$$L(x,y,\lambda)=f(x,y)+\lambda\varphi(x,y)$$

取得极值的必要条件. 这里引进的函数 $L(x,y,\lambda)$ 称为**拉格朗日函数**. 它将有约束条件的极值问题化为普通的无条件极值问题. 通过解方程组(7.7.6)，得 x，

y,λ，然后再研究相应的 (x,y) 是否真是问题的极值点. 这种方法就是所谓的**拉格朗日乘数法**.

注意：拉格朗日乘数法只给出函数取极值的必要条件，因此，按照这种方法求出来的点是否为极值点，还需要加以讨论. 不过，在实际问题中，往往可以根据问题本身的性质来判定所求的点是不是极值点.

这个方法可推广到自变量多于两个而条件多于一个的情形. 例如，要求函数 $u=f(x,y,z,t)$ 在附加条件

$$\varphi(x,y,z,t)=0,\psi(x,y,z,t)=0 \tag{7.7.7}$$

下的极值，可构造拉格朗日函数

$$L(x,y,z,t,\lambda,\mu)=f(x,y,z,t)+\lambda\varphi(x,y,z,t)+\mu\psi(x,y,z,t),$$

其中 λ,μ 均为参数，求出 $L(x,y,z,t,\lambda,\mu)$ 关于变量 x,y,z,t 的一阶偏导数，并令其为零，然后联立条件(7.7.7)中的两个方程求解，这样得出的 (x,y,z,t) 就是函数 $f(x,y,z,t)$ 在附加条件(7.7.7)下可能的极值点.

例 7.7.6 求函数 $z=(x^2+y^2-2x)^2$ 在圆域 $x^2+y^2\leqslant 2x$ 上的最大值与最小值.

解 因为函数在有界闭区域 $D: x^2+y^2\leqslant 2x$ 上连续，所以函数的最大、最小值一定存在.

显然，在 D 上 $z\geqslant 0$，而在 D 的边界上函数 $z=0$. 因此，函数的最小值为 $z=0$.

在 D 的内部 $x^2+y^2<2x$，令

$$\begin{cases} z_x=2(x^2+y^2-2x)(2x-2)=0, \\ z_y=2(x^2+y^2-2x)\cdot 2y=0, \end{cases}$$

解方程组得唯一的驻点 $(1,0)$. 又因为在 D 的边界 $x^2+y^2=2x$ 上，函数值都为 0. 而 $z|_{(1,0)}=1$，所以函数在圆域 $x^2+y^2\leqslant 2x$ 上的最大值为 1，最小值为 0.

例 7.7.7 求表面积为 a^2 而体积为最大的长方体的体积.

解 设长方体的长、宽、高分别为 x,y,z，则问题就是在条件

$$\varphi(x,y,z)=2xy+2yz+2xz-a^2=0$$

下，求函数

$$V=xyz(x,y,z>0)$$

的最大值. 构造拉格朗日函数

$$L(x,y,z,\lambda)=xyz+\lambda(2xy+2yz+2xz-a^2).$$

令

$$\begin{cases} L_x=yz+2\lambda(y+z)=0, \\ L_y=xz+2\lambda(x+z)=0, \\ L_z=xy+2\lambda(y+x)=0, \\ 2xy+2yz+2xz-a^2=0, \end{cases}$$

解方程组得

$$x = y = z = \frac{\sqrt{6}}{6}a,$$

这是唯一可能的极值点.由问题本身的意义知,最大值一定存在,所以最大值就在这个可能的极值点处取得,也就是说,表面积为 a^2 的长方体中,棱长为 $\frac{\sqrt{6}}{6}a$ 的正方体的体积最大,最大体积为 $\frac{\sqrt{6}}{36}a^3$.

例 7.7.8 某公司通过电台和报纸两种方式做销售某种商品的广告,根据统计资料,销售收入 R(万元)与电台广告费用 x(万元)及报纸广告费用 y(万元)之间的关系有如下经验公式:$R(x,y) = 15 + 14x + 32y - 8xy - 2x^2 - 10y^2$.

(1)在广告费用不限的情况下,求最优广告策略;

(2)若提供的广告费用为 1.5 万元,求相应的最优广告策略.

解 (1)总利润函数

$$\begin{aligned} L(x,y) &= 15 + 14x + 32y - 8xy - 2x^2 - 10y^2 - (x + y) \\ &= 15 + 13x + 31y - 8xy - 2x^2 - 10y^2, \end{aligned}$$

由

$$\begin{cases} L_x = -4x - 8y + 13 = 0, \\ L_y = -8x - 20y + 31 = 0, \end{cases}$$

得唯一驻点 (0.75,1.25).因驻点唯一,且实际问题必有最大值,故最大值必在驻点处达到,所以投入电台广告费用为 0.75 万元,投入报纸广告费用为 1.25 万元时可获得最大利润,此即为广告费用不限情况下的最优广告策略.

(2)若广告费用为 1.5 万元,则需要求利润函数

$$L(x,y) = 15 + 13x + 31y - 8xy - 2x^2 - 10y^2$$

在 $x + y = 1.5$ 时的条件极值,构造拉格朗日函数为

$$L(x,y,\lambda) = 15 + 13x + 31y - 8xy - 2x^2 - 10y^2 + \lambda(x + y - 1.5).$$

由

$$\begin{cases} L_x = -4x - 8y + 13 + \lambda = 0, \\ L_y = -8x - 20y + 31 + \lambda = 0, \\ L_\lambda = x + y - 1.5 = 0, \end{cases}$$

得唯一驻点 (0,1.5).因驻点唯一,且实际问题必有最大值,故最大值必在驻点处达到,所以应将广告费 1.5 万元全部用于报纸广告,可使利润最大,此即为提供的广告费用为 1.5 万元情况下的最优广告策略.

习题 7.7

1. 求函数 $f(x,y) = x^3 + y^3 - 3xy$ 的极值.
2. 求函数 $f(x,y) = 4(x - y) - x^2 - y^2$ 的极值.

3. 求函数 $f(x,y)=e^{2x}(x+y^2+2y)$ 的极值.

4. 某厂家生产的一种产品同时在两个市场销售，售价分别为 P_1 和 P_2，销售量分别为 Q_1 和 Q_2，需求函数分别为 $Q_1=24-0.2P_1$，$Q_2=10-0.5P_2$；总成本函数为 $C=34+40(Q_1+Q_2)$，问厂家如何确定两个市场的售价，能使其获得的总利润最大？最大利润为多少？

5. 某养殖场饲养两种鱼，若甲种鱼放养 x（万尾），乙种鱼放养 y（万尾），收获时两种鱼的收获量分别为 $(3-\alpha x-\beta y)x$，$(4-\beta x-2\alpha y)y(\alpha>\beta>0)$，求使得产鱼总量最大的放养数？

6. 要造一个容积等于定数 k 的长方体无盖水池，应如何选择水池的尺寸，方可使它的表面积最小？

7. 设生产某种产品需要投入两种要素，x_1 和 x_2 分别为两要素的投入量，Q 为产出量；若生产函数 $Q=2x_1{}^{\alpha}x_2{}^{\beta}$，其中 α,β 为正常数，且 $\alpha+\beta=1$，假设两种要素的价格分别为 P_1 和 P_2，试问：当产出量为 12 时，两要素各投入多少可以使得投入总费用最小？

8. 某工厂生产两种产品 A 与 B，出售单价分别为 10 元与 9 元，生产 x 单位的产品 A 与生产 y 单位的产品 B 的总成本函数是：

$$400+2x+3y+0.01(3x^2+xy+3y^2)\text{（元）},$$

求取得最大利润时两种产品的产量.

9. 设生产某种产品的数量与所用两种原料 A、B 的数量 x、y 间有关系式

$$P(x,y)=0.005x^2y,$$

欲用 150 元购料，已知 A、B 原料的单价分别为 1 元、2 元，问购进两种原料各多少可使生产的数量最多？

复习题七

1. 在“充分”“必要”和“充要”三者中选择一个正确的填入下列空格内：

(1) 函数 $f(x,y)$ 在点 (x,y) 可微分是 $f(x,y)$ 在该点连续的__________条件，$f(x,y)$ 在点 (x,y) 连续是 $f(x,y)$ 在该点可微分的__________条件；

(2) 函数 $z=f(x,y)$ 在点 (x,y) 的偏导数 $\dfrac{\partial z}{\partial x}$ 及 $\dfrac{\partial z}{\partial y}$ 存在是 $f(x,y)$ 在该点可微分的__________条件，$z=f(x,y)$ 在点 (x,y) 可微分是函数在该点的偏导数 $\dfrac{\partial z}{\partial x}$ 及 $\dfrac{\partial z}{\partial y}$ 存在的__________条件；

(3) 函数 $z=f(x,y)$ 在点 (x,y) 的偏导数 $\dfrac{\partial z}{\partial x}$ 及 $\dfrac{\partial z}{\partial y}$ 存在且连续是 $f(x,y)$ 在该点可微分的__________条件；

(4) 函数 $z=f(x,y)$ 的两个二阶混合偏导数 $\dfrac{\partial^2 z}{\partial x\partial y}$ 及 $\dfrac{\partial^2 z}{\partial y\partial x}$ 在区域 D 内连

续是这两个二阶混合偏导数在 D 内相等的__________条件.

2. 已知点 (x_0,y_0) 使得 $f_x(x_0,y_0)=0,f_y(x_0,y_0)=0$，则(　　).

A. 点 (x_0,y_0) 是 $f(x,y)$ 的驻点

B. 点 (x_0,y_0) 是 $f(x,y)$ 的极值点

C. 函数 $z=f(x,y)$ 在点 (x_0,y_0) 处连续

D. 点 (x_0,y_0) 是 $f(x,y)$ 的最值点

3. 求下列极限：

(1) $\lim\limits_{\substack{x\to 1\\ y\to 0}}\dfrac{e^x\cos y}{3x^2+y^2+1}$；　　(2) $\lim\limits_{\substack{x\to 0\\ y\to 0}}\dfrac{(2+x)\sin(x^2+y^2)}{x^2+y^2}$.

4. 设函数 $f(x,y)=\begin{cases}(x^2+y^2)\sin\dfrac{1}{x^2+y^2}, & x^2+y^2\neq 0,\\ 0, & x^2+y^2=0,\end{cases}$ 问函数 $f(x,y)$ 在点 $(0,0)$ 处，偏导数是否存在？

5. 求下列函数的二阶偏导数：

(1) $z=\ln(x+y^2)$；　　(2) $z=x\sin(x+y)$.

6. 求函数 $z=\dfrac{y}{x}$ 当 $x=2,y=1,\Delta x=0.1,\Delta y=-0.2$ 时的全增量 Δz 和全微分 dz.

7. 设函数 $u=x^y$，而 $x=\varphi(t),y=\psi(t)$ 都是可微函数，求 $\dfrac{du}{dt}$.

8. 设 $z=f(u,x,y)$，而 $u=xe^y$，求 $\dfrac{\partial z}{\partial x},\dfrac{\partial z}{\partial y}$.

9. 设 $z=f(x,y)$ 是由方程 $xyz+\sqrt{x^2+y^2+z^2}=\sqrt{2}$ 所确定的隐函数，求 $\dfrac{\partial z}{\partial x},\dfrac{\partial z}{\partial y}$.

10. 求函数 $f(x,y)=x^2(2+y^2)+y\ln y$ 的极值.

11. 根据经验，某企业在雇佣 x 名技术工人，y 名非技术工人时，产品的产量 $Q=-8x^2+12xy-3y^2$. 若企业只能雇佣230人，那么该雇佣多少技术工人，多少非技术工人才能使产量 Q 最大？

数学家简介——笛卡儿

“数学中的转折点是笛卡儿的变数，有了变数，运动进入了数学，有了变数，辩证法进入了数学，有了变数，微分和积分也就立刻成为必要的了.”

——恩格斯

“我思故我在.”

——笛卡儿

笛卡儿(Rene Descartes)(1596—1650)，法国数学家、哲学家、物理学家、生理学家，1596年3月31日出身于法国都兰城一个富有的律师家庭，年仅1岁母亲就去世了.他自幼体弱多病，患有慢性气管炎，被允许早晨在床上读书，养成了宁静好思的习惯.1612年从法国最好的学校之一——拉费里舍的耶稣会学校毕业，同年去普瓦捷大学攻读法学，1616年获该校博士学位.笛卡儿最杰出的成就是在数学发展上创立了解析几何学.在笛卡儿时代，代数还是一个比较新的学科，几何学的思维还在数学家的头脑中占有统治地位.笛卡儿致力于代数和几何联系起来的研究，于1637年创立了坐标系后，成功地创立了解析几何学.他的这一成就为微积分的创立奠定了基础.解析几何直到现在仍是重要的数学方法之一.笛卡儿不仅提出了解析几何学的主要思想方法，还指明了其发展方向.他在《几何学》中，将逻辑、几何、代数方法结合起来，通过讨论作图问题，勾勒出解析几何的新方法.从此，数和形就走到了一起，数轴是数和形的第一次接触.解析几何的创立是数学史上一次划时代的转折.

笛卡儿在科学上的贡献是多方面的.但他的哲学思想和方法论，在其一生活动中则占有更重要的地位.他的哲学思想对后来的哲学和科学的发展，产生了极大的影响.

笛卡儿强调科学的目的在于造福人类，使人成为自然界的主人和统治者。他反对经院哲学和神学，提出怀疑一切的“系统怀疑的方法”。但他还提出了“我思故我在”的原则，强调不能怀疑以思维为其属性的独立的精神实体的存在，并论证以广延为其属性的独立物质实体的存在。他认为上述两实体都是有限实体，把它们并列起来，这说明了在形而上学或本体论上，他是典型的二元论者。笛卡儿还企图证明无限实体，即上帝的存在。他认为上帝是有限实体的创造者和终极的原因。笛卡儿的认识论基本上是唯心主义的。他主张唯理论，把几何学的推理方法和演绎法应用于哲学上，认为清晰明白的概念就是真理，提出“天赋观念”。

笛卡儿靠着天才的直觉和严密的数学推理，在物理学方面作出了有益的贡献。从1619年读了开普勒的光学著作后，笛卡儿就一直关注着透镜理论；并从理论和实践两方面参与了对光的本质、反射与折射率以及磨制透镜的研究。他把光的理论视为整个知识体系中最重要的部分。

笛卡儿运用他的坐标几何学从事光学研究，在《屈光学》中第一次对折射定律提出了理论上的推证。他认为光是压力在以太中的传播，他从光的发射论的观点出发，用网球打在布面上的模型来计算光在两种媒质分界面上的反射、折射和全反射，从而首次在假定平行于界面的速度分量不变的条件下导出折射定律；不过他的假定条件是错误的，他的推证得出了光由光疏媒质进入光密媒质时速度增大的错误结论。他还对人眼进行光学分析，解释了视力失常的原因是晶状体变形，设计了矫正视力的透镜。

笛卡儿把他的机械论观点应用到天体，发展了宇宙演化论，形成了他关于宇宙发生与构造的学说。他认为，从发展的观点来看而不只是从已有的形态来观察，更易于理解事物。他创立了漩涡说。他认为太阳的周围有巨大的漩涡，带动着行星不断运转，物质的质点处于统一的漩涡之中，在运动中分化出土、空气和火三种元素，土形成行星，火则形成太阳和恒星。

第 8 章

二重积分

对面积、体积、质量等几何量或物理量的计算导出了定积分概念. 在一元函数定积分的基础上建立起来的二重积分因更接近于客观对象,故能处理更一般的问题. 二重积分和定积分一样,都是用和式的极限定义的. 但是,由于定积分的积分域通常只是区间,而二重积分的积分域则是平面区域,所以积分区域的恰当表示和积分顺序的合理选择是保证二重积分计算过程简捷正确的关键. 本章首先介绍二重积分的概念和性质,然后重点介绍二重积分的计算方法.

8.1 二重积分的概念与性质

8.1.1 二重积分的概念

1. 曲顶柱体的体积

设有一空间立体,它的底是 xOy 面上的闭区域 D,它的侧面是以 D 的边界曲线为准线,母线平行于 z 轴的柱面,它的顶是曲面 $z=f(x,y)$,这里 $f(x,y)\geqslant 0$ 且在区域 D 上连续(图 8.1),称这种立体为**曲顶柱体**. 现在我们来讨论如何计算上述曲顶柱体的体积 V.

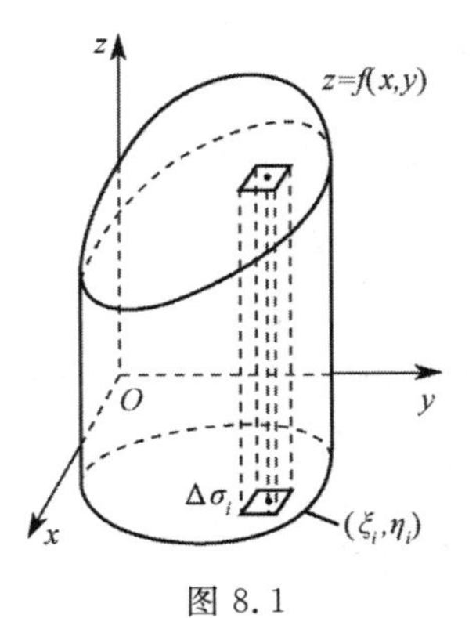

图 8.1

我们知道,平顶柱体的体积可以用公式:体积 = 高 × 底面积来计算. 对于曲顶柱体,当点 (x,y) 在区域 D 上变动时,高度 $f(x,y)$ 是个变量,因此它的体积不能直接用上式来计算. 但如果利用第 5 章中求曲边梯形面积的方法,问题就可以解决,具体步骤如下:

(1)分割:用任意一组曲线把区域 D 分割成 n 个小区域

$$\Delta\sigma_1,\Delta\sigma_2,\cdots,\Delta\sigma_n.$$

分别以这些小区域的边界曲线为准线,作母线平行于 z 轴的柱面,这些柱面将原来的曲顶柱体分成 n 个小曲顶柱体,第 i 个小曲顶柱体的体积记为 ΔV_i.

(2)近似:由于函数 $f(x,y)$ 连续,在每个 $\Delta\sigma_i$(这里 $\Delta\sigma_i$ 既代表第 i 个小区域,又表示它的面积值)中,$f(x,y)$ 变化不大,所以任取一点 $(\xi_i,\eta_i)\in\Delta\sigma_i$,则 ΔV_i 可以用以 $f(\xi_i,\eta_i)$ 为高,以 $\Delta\sigma_i$ 为底的平顶柱体的体积近似代替,即

$$\Delta V_i\approx f(\xi_i,\eta_i)\Delta\sigma_i(i=1,\ 2,\ \cdots,\ n).$$

(3)求和:对这 n 个平顶柱体的体积求和,得到整个曲顶柱体体积的近似值

$$V=\sum_{i=1}^{n}\Delta V_i\approx\sum_{i=1}^{n}f(\xi_i,\eta_i)\Delta\sigma_i\ .$$

(4)取极限:当分割越来越细,即当 n 个小区域的直径(区域上任意两点间距离的最大值)的最大值(记作 λ)趋于零时,取上述和的极限就是所求曲顶柱体的体积 V,即

$$V=\lim_{\lambda\to0}\sum_{i=1}^{n}f(\xi_i,\eta_i)\Delta\sigma_i\ .$$

从这个例子可以看出,曲顶柱体的体积最终归结为一个二元函数所构成的和式的极限,将这种思想归纳,即可抽象出二重积分的概念.

2. 二重积分的定义

定义 8.1.1 设 $f(x,y)$ 是有界闭区域 D 上的有界函数. 若将区域 D 任意分割成 n 个小区域 $\Delta\sigma_1,\Delta\sigma_2,\cdots,\Delta\sigma_n$,其中 $\Delta\sigma_i$ 既表示第 i 个小区域,也表示它的面积. 设 λ 为所有 $\Delta\sigma_i$ 的直径的最大值,在每个小区域 $\Delta\sigma_i$ 上任取一点 (ξ_i,η_i),做乘积 $f(\xi_i,\eta_i)\Delta\sigma_i$,并做和式 $\sum\limits_{i=1}^{n}f(\xi_i,\eta_i)\Delta\sigma_i$,如果当 $\lambda\to0$ 时,不论 D 如何划分,(ξ_i,η_i) 如何选取,和式的极限总存在且相等,则称此极限值为函数 $f(x,y)$ 在闭区域 D 上的**二重积分**,记作 $\iint\limits_D f(x,y)\mathrm{d}\sigma$,即

$$\iint\limits_D f(x,y)\mathrm{d}\sigma=\lim_{\lambda\to0}\sum_{i=1}^{n}f(\xi_i,\eta_i)\Delta\sigma_i. \tag{8.1.1}$$

其中 $f(x,y)$ 称为**被积函数**,$f(x,y)\mathrm{d}\sigma$ 称为**被积表达式**,$\mathrm{d}\sigma$ 称为**面积元素**,x,y 称为**积分变量**,D 称为**积分区域**,$\sum\limits_{i=1}^{n}f(\xi_i,\eta_i)\Delta\sigma_i$ 称为**积分和**.

根据二重积分的定义,其值和区域 D 的分法无关,在直角坐标系中如果用平行于坐标轴的直线网格来分割区域 D,除靠近边界曲线的一些小区域之外,其余皆为小矩形,从中任取一个小区域 $\Delta\sigma$,其面积可表示为 $\Delta\sigma=\Delta x\cdot\Delta y$. 因此,在直角坐标系中面积元素 $\mathrm{d}\sigma=\mathrm{d}x\mathrm{d}y$,从而有

$$\iint\limits_D f(x,y)\mathrm{d}\sigma=\iint\limits_D f(x,y)\mathrm{d}x\mathrm{d}y\ .$$

由二重积分的定义可知,曲顶柱体的体积 V 是函数 $f(x,y)$ 在底面区域 D

上的二重积分

$$V=\iint\limits_{D}f(x,y)\mathrm{d}x\mathrm{d}y\,.$$

当 $f(x,y)$ 在有界闭区域 D 上连续时，式(8.1.1)右端和式的极限必定存在，也就是说，函数 $f(x,y)$ 在 D 上的二重积分必定存在. 我们总假定函数 $f(x,y)$ 在有界闭区域 D 上连续，所以 $f(x,y)$ 在 D 上的二重积分都存在，后面不再说明.

3. 二重积分的几何意义

(1) 如果被积函数 $f(x,y)\geqslant 0$，二重积分 $\iint\limits_{D}f(x,y)\mathrm{d}\sigma$ 的几何意义就是以 D 为底，以曲面 $z=f(x,y)$ 为顶的曲顶柱体的体积；

(2) 如果 $f(x,y)\leqslant 0$，曲顶柱体就在 xOy 面的下方，二重积分的绝对值仍等于曲顶柱体的体积，但二重积分的值是负值；

(3) 如果 $f(x,y)$ 在 D 上若干区域是正的，其他部分区域是负的，我们可以把 xOy 面上方的曲顶柱体体积取成正的，xOy 面下方的曲顶柱体体积取成负的，那么 $f(x,y)$ 在 D 上的二重积分就等于这些部分区域的柱体体积的代数和.

例如，计算积分 $I=\iint\limits_{D}\sqrt{1-x^2-y^2}\,\mathrm{d}\sigma$，其中 $D=\{(x,y)\mid x^2+y^2\leqslant 1\}$. 由二重积分的几何意义知，积分值等于以积分区域 $D=\{(x,y)\mid x^2+y^2\leqslant 1\}$ 为底，以被积函数 $z=\sqrt{1-x^2-y^2}$ 为顶的曲顶柱体的体积. 即球心在原点，半径为 1 的球体的上半部分的体积值，由球体体积公式知 $I=\dfrac{2}{3}\pi$.

8.1.2 二重积分的性质

比较二重积分和定积分的定义可以得到，二重积分与定积分有类似的性质.

性质 8.1.1(线性性质) 设为 α,β 为常数，则

$$\iint\limits_{D}[\alpha f(x,y)+\beta g(x,y)]\mathrm{d}\sigma=\alpha\iint\limits_{D}f(x,y)\mathrm{d}\sigma+\beta\iint\limits_{D}g(x,y)\mathrm{d}\sigma.$$

性质 8.1.2(积分区域的可加性) 若区域 D 分为两个不相交的部分区域 D_1,D_2，则

$$\iint\limits_{D}f(x,y)\mathrm{d}\sigma=\iint\limits_{D_1}f(x,y)\mathrm{d}\sigma+\iint\limits_{D_2}f(x,y)\mathrm{d}\sigma\,.$$

性质 8.1.3 若在 D 上 $f(x,y)\equiv 1$，$S(D)$ 为区域 D 的面积，则

$$\iint\limits_{D}\mathrm{d}\sigma=S(D)\,.$$

性质 8.1.4 若在 D 上恒有 $f(x,y)\geqslant g(x,y)$，则

$$\iint_D f(x,y)\mathrm{d}\sigma \geqslant \iint_D g(x,y)\mathrm{d}\sigma.$$

例 8.1.1 比较积分 $I_1=\iint_D (x+y)^2\mathrm{d}\sigma$ 与 $I_2=\iint_D (x+y)^3\mathrm{d}\sigma$，其中 D 由 x 轴、y 轴及直线 $x+y=1$ 围成.

解 在 D 内，$0\leqslant x+y\leqslant 1$，故 $(x+y)^2\geqslant(x+y)^3$，所以由性质 8.1.4 知

$$\iint_D (x+y)^2\mathrm{d}\sigma \geqslant \iint_D (x+y)^3\mathrm{d}\sigma.$$

性质 8.1.5(估值定理) 设 M 与 m 分别是 $f(x,y)$ 在有界闭区域 D 上的最大值和最小值，$S(D)$ 是 D 的面积，则

$$m\cdot S(D)\leqslant \iint_D f(x,y)\mathrm{d}\sigma \leqslant M\cdot S(D).$$

此性质用来估计二重积分值的范围.

例 8.1.2 不作计算，估计 $I=\iint_D \mathrm{e}^{x^2+y^2}\mathrm{d}\sigma$ 的范围，其中 D 是椭圆闭区域：$\frac{x^2}{a^2}+\frac{y^2}{b^2}\leqslant 1(a>b)$.

解 区域 D 的面积 $S(D)=ab\pi$，在 D 上因为 $0\leqslant x^2+y^2\leqslant a^2$，所以

$$1=\mathrm{e}^0\leqslant \mathrm{e}^{x^2+y^2}\leqslant \mathrm{e}^{a^2},$$

由性质 8.1.5 知，

$$S(D)\leqslant \iint_D \mathrm{e}^{x^2+y^2}\mathrm{d}\sigma \leqslant S(D)\cdot \mathrm{e}^{a^2},$$

即

$$\pi ab\leqslant \iint_D \mathrm{e}^{x^2+y^2}\mathrm{d}\sigma \leqslant \pi ab\,\mathrm{e}^{a^2}.$$

性质 8.1.6(二重积分的中值定理) 设函数 $f(x,y)$ 在有界闭区域 D 上连续，记 $S(D)$ 是 D 的面积，则在 D 上至少存在一点 (ξ,η)，使得

$$\iint_D f(x,y)\mathrm{d}\sigma = f(\xi,\eta)\cdot S(D).$$

利用性质 8.1.5 和介值定理可证明此性质，读者可自己试着证明. 我们可对比定积分的中值定理来理解其意义，$f(\xi,\eta)$ 为 $f(x,y)$ 在区域 D 上的平均值.

习题 8.1

1. 比较下列二重积分的大小.

(1) $I_1=\iint_D \ln(x+y)\mathrm{d}\sigma$，$I_2=\iint_D (x+y)^2\mathrm{d}\sigma$，$I_3=\iint_D (x+y)\mathrm{d}\sigma$，其中 D 由直线 $x=0$，$y=0$，$x+y=\frac{1}{2}$ 和 $x+y=1$ 围成.

(2) $I_1=\iint\limits_D \ln(x+y)\mathrm{d}\sigma, I_2=\iint\limits_D [\ln(x+y)]^2\mathrm{d}\sigma$，其中 D 由 $x+y=2, x=1$ 及 $y=0$ 围成.

2. 估计下列二重积分的值.

(1) $I=\iint\limits_D xy(x+y+1)\mathrm{d}\sigma$，其中 $D=\{(x,y)\mid 0\leqslant x\leqslant 1, 0\leqslant y\leqslant 1\}$；

(2) $I=\iint\limits_D (x+y+1)\mathrm{d}\sigma$，其中 $D=\{(x,y)\mid 0\leqslant x\leqslant 1, 0\leqslant y\leqslant 2\}$；

(3) $I=\iint\limits_D (x^2+4y^2+9)\mathrm{d}\sigma$，其中 $D=\{(x,y)\mid x^2+y^2\leqslant 4\}$.

3. 设 $I_1=\iint\limits_{D_1}(x^2+y^2)^3\mathrm{d}\sigma$，其中 $D_1=\{(x,y)\mid -1\leqslant x\leqslant 1, -2\leqslant y\leqslant 2\}$；

$I_2=\iint\limits_{D_2}(x^2+y^2)^3\mathrm{d}\sigma$，其中 $D_2=\{(x,y)\mid 0\leqslant x\leqslant 1, 0\leqslant y\leqslant 2\}$.

试利用二重积分的几何意义说明 I_1 与 I_2 的关系.

4. 根据二重积分的几何意义，确定二重积分 $I=\iint\limits_D \sqrt{a^2-x^2-y^2}\,\mathrm{d}\sigma$ 的值，其中 $D=\{(x,y)\mid x^2+y^2\leqslant a^2, x\geqslant 0, y\geqslant 0\}$.

8.2　二重积分的计算

本节我们讨论一般的二重积分的计算方法，其基本思想是，把二重积分转化为两次定积分来计算，转化后的两次定积分称为**二次积分**或者**累次积分**.

8.2.1　利用直角坐标系计算二重积分

1. 二重积分的计算

首先介绍 X 型区域和 Y 型区域的概念，然后具体讨论直角坐标系下二重积分计算.

X 型区域表示为

$$\{(x,y)\mid a\leqslant x\leqslant b, \varphi_1(x)\leqslant y\leqslant \varphi_2(x)\},$$

其中函数 $\varphi_1(x), \varphi_2(x)$ 在区间 $[a,b]$ 上连续. 这种区域的特点是：穿过此区域内部且垂直于 x 轴的直线与该区域的边界相交不多于两个交点，如图 8.2 所示.

Y 型区域表示为

$$\{(x,y)\mid c\leqslant y\leqslant d, \psi_1(y)\leqslant x\leqslant \psi_2(y)\},$$

其中函数 $\psi_1(y), \psi_2(y)$ 在区间 $[c,d]$ 上连续. 这种区域的特点是：穿过此区域且垂直于 y 轴的直线与该区域的边界相交不多于两个交点，如图 8.3 所示.

下面用二重积分的几何意义来讨论直角坐标系下二重积分 $\iint\limits_D f(x,y)\mathrm{d}\sigma$ 的

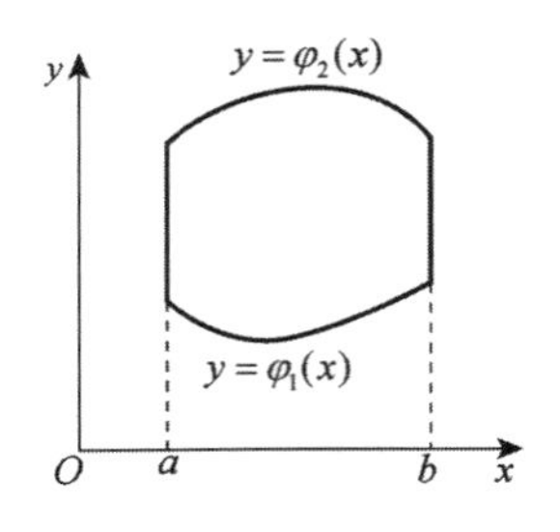

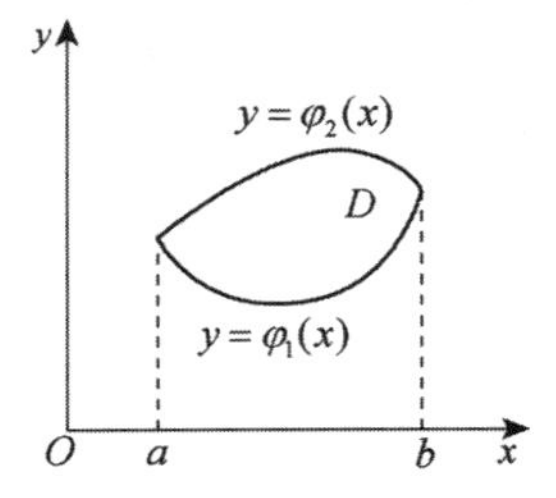

图 8.2

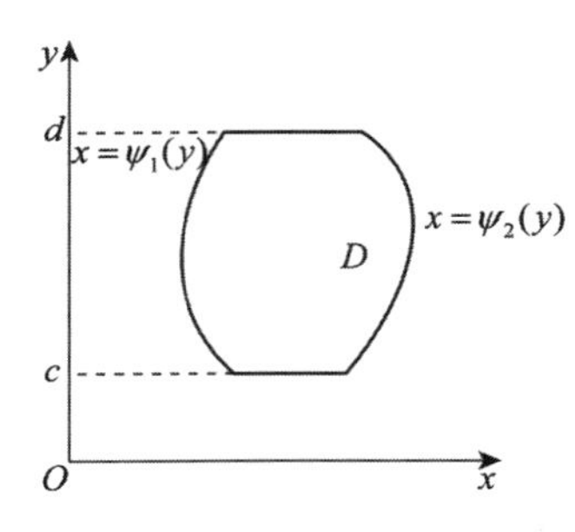

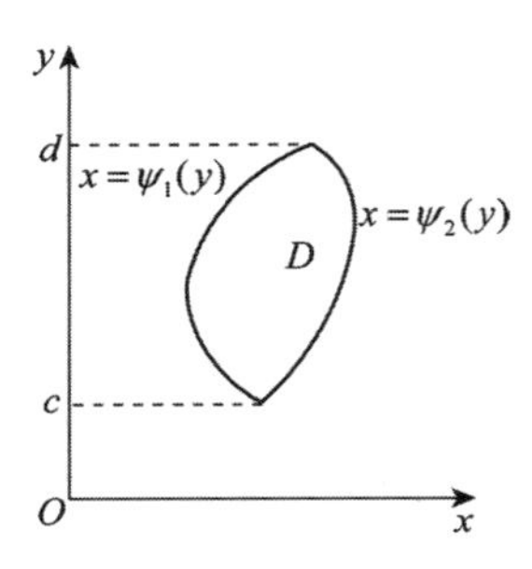

图 8.3

计算. 在讨论中我们假定 $f(x,y)\geqslant 0$.

假定积分区域 D 是 X 型区域：$D=\{(x,y)\mid a\leqslant x\leqslant b,\varphi_1(x)\leqslant y\leqslant \varphi_2(x)\}$. 由二重积分的几何意义知，二重积分 $\iint\limits_D f(x,y)\mathrm{d}\sigma$ 的值等于以 D 为底，以曲面 $z=f(x,y)$ 为顶的曲顶柱体的体积，如图 8.4 所示.

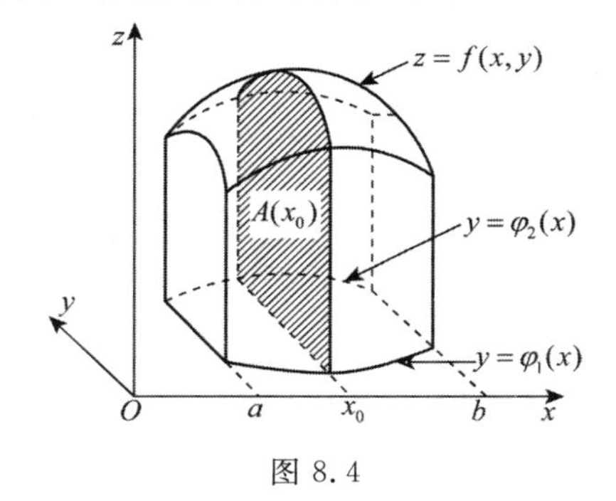

图 8.4

下面应用计算“平行截面面积为已知的立体的体积”的方法，来计算这个曲顶柱体的体积.

先计算截面面积. 为此，在区间 $[a,b]$ 上任意取定一点 x_0，作平行于 yOz 面的平面 $x=x_0$. 这个平面截曲顶柱体所得的截面是一个以区间 $[\varphi_1(x_0),\varphi_2(x_0)]$ 为底，以曲线 $z=f(x_0,y)$ 为曲边的曲边梯形(图 8.4 中阴影部分)，所以这个截面的面积为

$$A(x_0)=\int_{\varphi_1(x_0)}^{\varphi_2(x_0)}f(x_0,y)\mathrm{d}y.$$

一般地,过区间 $[a,b]$ 上任一点 x 平行于 yOz 面的平面截曲顶柱体的截面的面积为

$$A(x)=\int_{\varphi_1(x)}^{\varphi_2(x)} f(x,y)\mathrm{d}y.$$

于是,应用计算平行截面面积为已知的立体体积的方法,得曲顶柱体体积为

$$V=\int_a^b A(x)\mathrm{d}x=\int_a^b\left[\int_{\varphi_1(x)}^{\varphi_2(x)} f(x,y)\mathrm{d}y\right]\mathrm{d}x.$$

这个体积也就是所求二重积分的值,从而有等式

$$\iint_D f(x,y)\mathrm{d}\sigma=\int_a^b\left[\int_{\varphi_1(x)}^{\varphi_2(x)} f(x,y)\mathrm{d}y\right]\mathrm{d}x. \tag{8.2.1}$$

上式右端的积分叫作先对 y 、后对 x 的**二次积分**.就是说,先把 x 看作常数,把 $f(x,y)$ 只看作 y 的函数,并对 y 计算从 $\varphi_1(x)$ 到 $\varphi_2(x)$ 的定积分;然后把算得的结果(x 的函数)再对 x 计算在区间 $[a,b]$ 上的定积分.这个先对 y 、后对 x 的二次积分也常记作

$$\int_a^b\mathrm{d}x\int_{\varphi_1(x)}^{\varphi_2(x)} f(x,y)\mathrm{d}y.$$

因此式(8.2.1)也写作

$$\iint_D f(x,y)\mathrm{d}\sigma=\int_a^b\mathrm{d}x\int_{\varphi_1(x)}^{\varphi_2(x)} f(x,y)\mathrm{d}y. \tag{8.2.2}$$

在上述讨论中,假定 $f(x,y)\geqslant 0$,但实际上式(8.2.1)和式(8.2.2)的成立并不受此条件的限制.

类似地,如果积分区域 D 是 Y 型区域:

$$D=\{(x,y)\mid c\leqslant y\leqslant d,\psi_1(y)\leqslant x\leqslant\psi_2(y)\},$$

则有

$$\iint_D f(x,y)\mathrm{d}\sigma=\int_c^d\mathrm{d}y\int_{\psi_1(y)}^{\psi_2(y)} f(x,y)\mathrm{d}x. \tag{8.2.3}$$

上式右端的积分称为先对 x 、后对 y 的**二次积分**.

式(8.2.2)和式(8.2.3)即为二重积分化为二次积分的基本计算公式.

如果积分区域 D 既不是 X 型区域也不是 Y 型区域,我们可以将它分割成若干块 X 型区域或 Y 型区域,然后在每块这样的区域上分别应用式(8.2.2)或式(8.2.3),再根据二重积分对积分区域的可加性,即可计算出所给的二重积分.

如果积分区域 D 既是 X 型区域又是 Y 型区域,则有

$$\int_a^b\mathrm{d}x\int_{\varphi_1(x)}^{\varphi_2(x)} f(x,y)\mathrm{d}y=\int_c^d\mathrm{d}y\int_{\psi_1(y)}^{\psi_2(y)} f(x,y)\mathrm{d}x. \tag{8.2.4}$$

上式表明,这两个不同积分次序的二次积分相等.这个结果使我们在具体计算某一个二重积分时,可以有选择地将其化为其中一种二次积分,以使计算更为简单.

注意:积分区域为 X 型区域时,要先 y 后 x 积分,内层积分由下方边界曲线 $\varphi_1(x)$ 到上方边界曲线 $\varphi_2(x)$,外层积分由左到右积分,即式(8.2.2).

积分区域为 Y 型区域时,要先 x 后 y 积分,内层积分由左方边界曲线 $\psi_1(y)$ 到右方边界曲线 $\psi_2(y)$,外层积分由下到上积分,即式(8.2.3).

例 8.2.1 计算二重积分 $I=\iint\limits_D xy\mathrm{d}\sigma$,其中 D 是由直线 $x=1,y=x$ 及 $y=2$ 所围成的闭区域.

解 **方法 1** 首先画出积分区域 D,如图 8.5 所示.

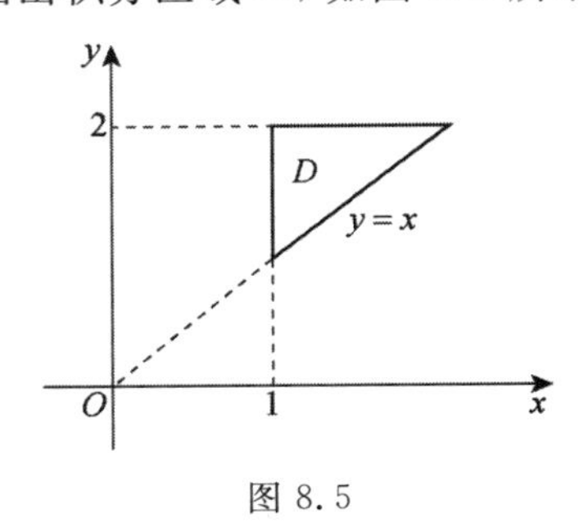

图 8.5

显然 D 既是 X 型区域也是 Y 型区域.如果将积分区域 D 看作 X 型区域,则 D 可表示为

$$D=\{(x,y)\mid 1\leqslant x\leqslant 2,x\leqslant y\leqslant 2\}.$$

因此

$$I=\int_1^2\mathrm{d}x\int_x^2 xy\,\mathrm{d}y=\int_1^2\left[x\cdot\frac{y^2}{2}\right]_x^2\mathrm{d}x=\int_1^2\left(2x-\frac{x^3}{2}\right)\mathrm{d}x=\frac{9}{8}.$$

方法 2 如果将积分区域 D 看作 Y 型区域,则 D 可表示为

$$D=\{(x,y)\mid 1\leqslant y\leqslant 2,1\leqslant x\leqslant y\}.$$

因此

$$I=\int_1^2\mathrm{d}y\int_1^y xy\,\mathrm{d}x=\int_1^2\left[y\cdot\frac{x^2}{2}\right]_1^y\mathrm{d}y=\int_1^2\left(\frac{y^3}{2}-\frac{y}{2}\right)\mathrm{d}y=\frac{9}{8}.$$

例 8.2.2 计算二重积分 $I=\iint\limits_D xy\mathrm{d}\sigma$,其中 D 是由 $y^2=x$ 及 $y=x-2$ 所围成的闭区域.

解 **方法 1** 首先画出积分区域 D,如图 8.6 所示.

易见区域 D 既是 X 型区域也是 Y 型区域.如果将积分区域 D 看作 Y 型区域,则 D 可表示为

$$D=\{(x,y)\mid -1\leqslant y\leqslant 2,y^2\leqslant x\leqslant y+2\}.$$

因此

$$I=\int_{-1}^2\mathrm{d}y\int_{y^2}^{y+2}xy\,\mathrm{d}x=\int_{-1}^2\left[y\cdot\frac{x^2}{2}\right]_{y^2}^{y+2}\mathrm{d}y=\frac{1}{2}\int_{-1}^2[y(y+2)^2-y^5]\mathrm{d}y=\frac{45}{8}.$$

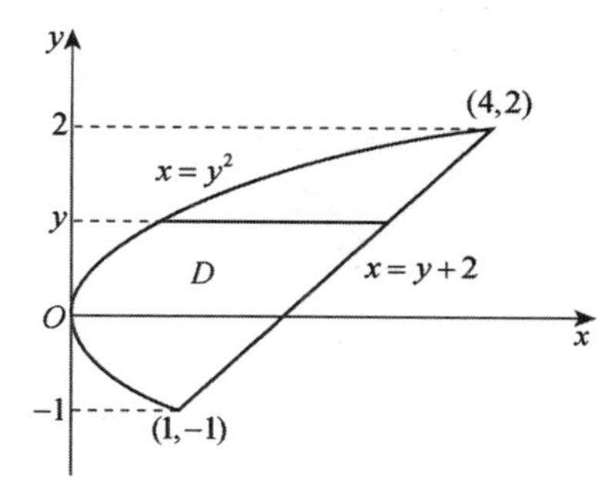

图 8.6

方法 2 如果将积分区域 D 看作 X 型区域，则需将 D 分成 D_1 和 D_2 两部分，如图 8.7 所示. 其中 D_1 和 D_2 分别表示为

$$D_1=\left\{(x,y)\,\middle|\,0\leqslant x\leqslant 1,-\sqrt{x}\leqslant y\leqslant\sqrt{x}\right\};$$

$$D_2=\left\{(x,y)\,\middle|\,1\leqslant x\leqslant 4,x-2\leqslant y\leqslant\sqrt{x}\right\}.$$

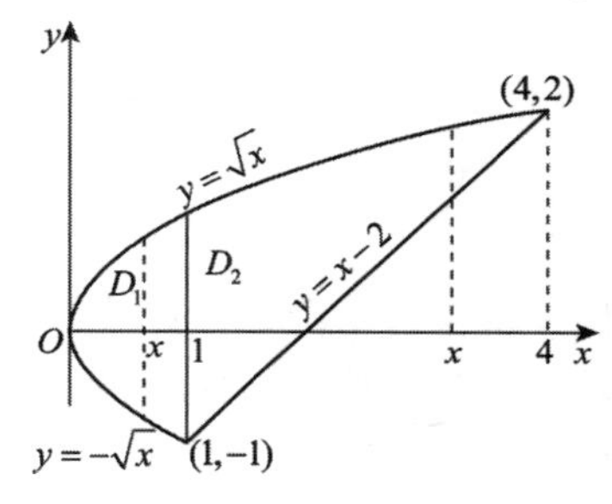

图 8.7

根据积分对积分区域的可加性，有

$$I=\iint\limits_{D}xy\,\mathrm{d}\sigma=\iint\limits_{D_1}xy\,\mathrm{d}\sigma+\iint\limits_{D_2}xy\,\mathrm{d}\sigma=\int_0^1\mathrm{d}x\int_{-\sqrt{x}}^{\sqrt{x}}xy\,\mathrm{d}y+\int_1^4\mathrm{d}x\int_{x-2}^{\sqrt{x}}xy\,\mathrm{d}y$$

$$=\int_0^1\left[x\frac{y^2}{2}\right]_{-\sqrt{x}}^{\sqrt{x}}\mathrm{d}x+\int_1^4\left[x\frac{y^2}{2}\right]_{x-2}^{\sqrt{x}}\mathrm{d}x$$

$$=\frac{1}{2}\int_0^1(x^2-x^2)\mathrm{d}x+\frac{1}{2}\int_1^4[x^2-x(x-2)^2]\mathrm{d}x=\frac{45}{8}.$$

显然解法 2 的计算量要比解法 1 大. 由此可见，为了尽可能减少计算量，我们需要考虑积分区域的形状，从而选择合适的积分次序.

例 8.2.3 计算二重积分 $I=\iint\limits_{D}\mathrm{e}^{y^2}\mathrm{d}\sigma$，其中 D 是由 $y=x$，$y=1$ 及 y 轴所围成的闭区域.

解 画出积分区域 D，如图 8.8 所示.

如果将积分区域 D 看作 X 型区域，则 D 可表示为

$$D=\{(x,y)\mid 0\leqslant x\leqslant 1,x\leqslant y\leqslant 1\}.$$

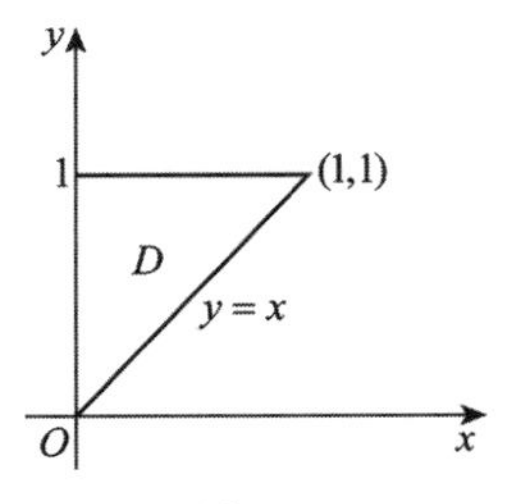

图 8.8

从而
$$I=\iint_D e^{y^2}\,d\sigma=\int_0^1 dx\int_x^1 e^{y^2}\,dy.$$

因为 $\int e^{y^2}\,dy$ 的原函数不能用初等函数表示，所以不易积分，应选择另一种积分次序. 现将区域 D 看作 Y 型区域，则 D 可表示为
$$D=\{(x,y)\mid 0\leqslant y\leqslant 1,0\leqslant x\leqslant y\}.$$
因此
$$I=\int_0^1 dy\int_0^y e^{y^2}\,dx=\int_0^1 e^{y^2}[x]_0^y\,dy=\int_0^1 ye^{y^2}\,dy=\frac{1}{2}\int_0^1 e^{y^2}\,d(y^2)$$
$$=\frac{1}{2}e^{y^2}\Big|_0^1=\frac{1}{2}(e-1).$$

由此题可见，将二重积分转化为二次积分计算时，要恰当地选择积分顺序，不但要考虑积分区域，同时还要考虑被积函数的特征，从而能够简化计算过程.

注意：凡遇到如下形式的积分
$$\int e^{\pm x^2}\,dx\ ,\int \sin(x^2)\,dx\ ,\int\frac{\sin x}{x}\,dx\ ,\int\frac{1}{\ln x}\,dx\ ,$$
等等，一定放在外层计算积分.

例 8.2.4 计算平面 $x+y+z=2$ 与三个坐标平面所围成的立体体积 V.

解 根据题意，所围成的立体以
$$D=\{(x,y)\mid 0\leqslant x\leqslant 2,0\leqslant y\leqslant 2-x\}$$
为底，以平面 $z=2-x-y$ 为顶，如图 8.9 所示. 则

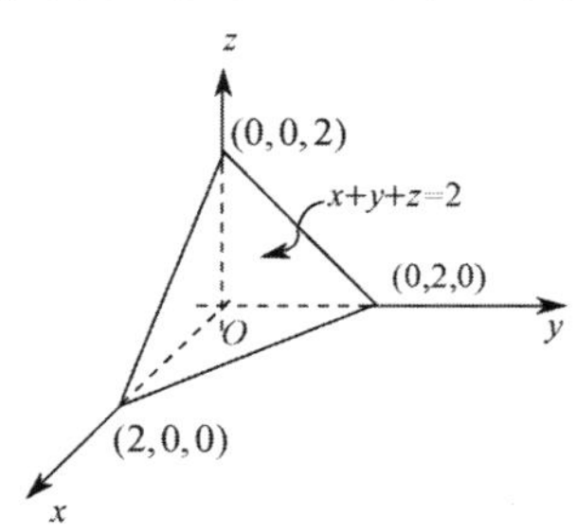

图 8.9

$$V=\iint\limits_{D}(2-x-y)\mathrm{d}\sigma$$
$$=\int_{0}^{2}\mathrm{d}x\int_{0}^{2-x}(2-x-y)\mathrm{d}y$$
$$=\int_{0}^{2}\left[2(2-x)-x(2-x)-\frac{1}{2}(2-x)^{2}\right]\mathrm{d}x=\frac{4}{3}.$$

2. 利用对称性简化计算二重积分

利用被积函数的奇偶性及积分区域 D 的对称性,往往会极大地简化二重积分的计算. 为了应用方便,我们总结如下:假设 $f(x,y)$ 在积分区域 D 上连续,

(1)如果积分区域 D 关于 x 轴对称,则

① 当 $f(x,-y)=-f(x,y),(x,y)\in D$ 时,即被积函数是 y 的奇函数,有

$$\iint\limits_{D}f(x,y)\mathrm{d}\sigma=0;$$

② 当 $f(x,-y)=f(x,y),(x,y)\in D$ 时,即被积函数是 y 的偶函数,有

$$\iint\limits_{D}f(x,y)\mathrm{d}\sigma=2\iint\limits_{D_1}f(x,y)\mathrm{d}\sigma,$$

其中 $D_1=\{(x,y)\mid(x,y)\in D,y\geqslant 0\}$.

(2)如果积分区域 D 关于 y 轴对称,则

① 当 $f(-x,y)=-f(x,y),(x,y)\in D$ 时,即被积函数是 x 的奇函数,有

$$\iint\limits_{D}f(x,y)\mathrm{d}\sigma=0;$$

② 当 $f(-x,y)=f(x,y),(x,y)\in D$ 时,即被积函数是 x 的偶函数,有

$$\iint\limits_{D}f(x,y)\mathrm{d}\sigma=2\iint\limits_{D_2}f(x,y)\mathrm{d}\sigma,$$

其中 $D_2=\{(x,y)\mid(x,y)\in D,x\geqslant 0\}$.

例 8.2.5 计算 $\iint\limits_{D}y[1+xf(x^2+y^2)]\mathrm{d}x\mathrm{d}y$,其中积分区域 D 由曲线 $y=x^2$ 与直线 $y=1$ 围成.

解 积分区域 D 如图 8.10 所示.

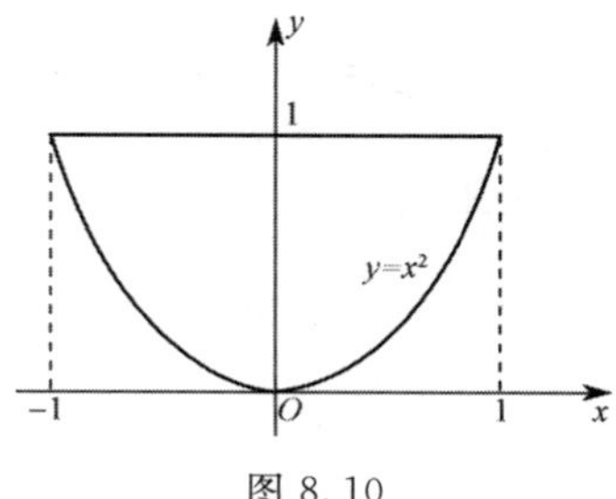

图 8.10

令 $g(x,y)=xyf(x^2+y^2)$,则 $g(-x,y)=-g(x,y)$,即 $g(x,y)$ 是 x 的

奇函数,且 D 关于 y 轴对称,所以

$$\iint_D xyf(x^2+y^2)\mathrm{d}x\mathrm{d}y=0,$$

从而

$$\begin{aligned}\iint_D y[1+xf(x^2+y^2)]\mathrm{d}x\mathrm{d}y&=\iint_D y\mathrm{d}x\mathrm{d}y+\iint_D xyf(x^2+y^2)\mathrm{d}x\mathrm{d}y\\&=\iint_D y\mathrm{d}x\mathrm{d}y=\int_{-1}^{1}\mathrm{d}x\int_{x^2}^{1}y\mathrm{d}y\\&=\frac{1}{2}\int_{-1}^{1}(1-x^4)\mathrm{d}x=\frac{1}{2}\left[x-\frac{1}{5}x^5\right]_{-1}^{1}=\frac{4}{5}.\end{aligned}$$

8.2.2 利用极坐标系计算二重积分

首先介绍一下有关极坐标的基本概念.

在 xOy 平面内取一个定点 O,自点 O 引一条射线 Ox,同时选定一个长度单位和角度的正方向(通常取逆时针方向),这样就建立了一个极坐标系.其中 O 叫作**极点**,Ox 叫作**极轴**.

对于平面内任何一点 M,用 ρ 表示线段 OM 的长度,θ 表示从 Ox 到 OM 的角度,ρ 叫作点 M 的**极径**,θ 叫作点 M 的**极角**,有序数对 (ρ,θ) 叫作点 M 的**极坐标**(图 8.11).

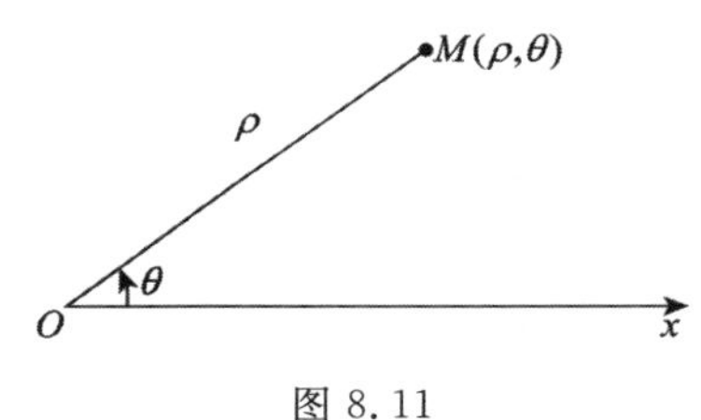

图 8.11

注意:由点 M 极径的几何意义知,极径 $\rho\geqslant 0$,极角 θ 的范围为任意值.

例 8.2.6 写出图 8.12 中各点的极坐标.

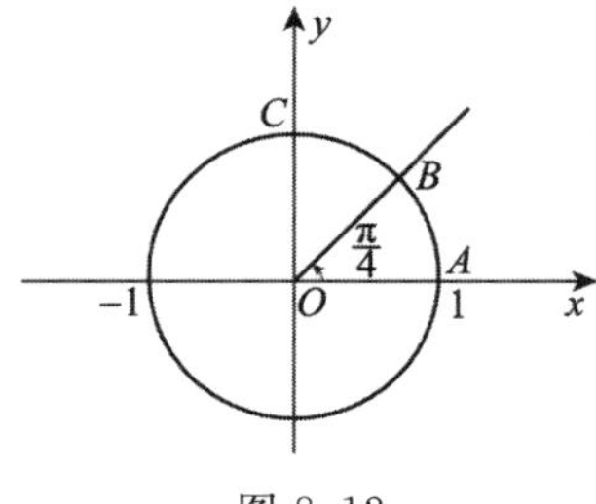

图 8.12

解 各点的极坐标为 $A(1,0)$,$B\left(1,\frac{\pi}{4}\right)$,$C\left(1,\frac{\pi}{2}\right)$,$O(0,0)$.

根据以上定义，我们可以看出，对于平面中的一点既可以用直角坐标 (x,y) 表示，又可以用极坐标 (ρ,θ) 表示，如图 8.13 所示.

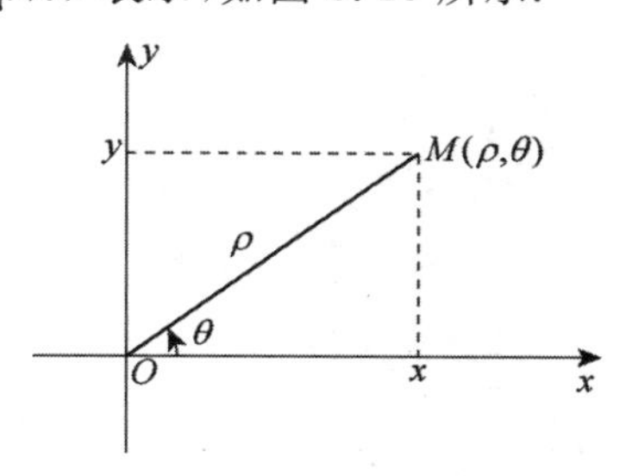

图 8.13

我们可以推导出两种坐标之间的转换公式如下：

$$\begin{cases} x = \rho\cos\theta, \\ y = \rho\sin\theta. \end{cases} \tag{8.2.5}$$

利用此转换公式，可以将一些曲线的直角坐标方程转换成极坐标方程. 例如：

(1)圆心在原点 O，半径为 R 的圆，其直角坐标方程为 $x^2 + y^2 = R^2$，用式(8.2.5)可以得到圆的极坐标方程为 $\rho = R$.

(2)圆心在 $(a,0)$，半径为 a 的圆，其直角坐标方程为 $(x-a)^2 + y^2 = a^2$，用式(8.2.5)可以得到它的极坐标方程 $\rho = 2a\cos\theta$.

(3)圆心在 $(0,a)$，半径为 a 的圆，其直角坐标方程为 $x^2 + (y-a)^2 = a^2$，用式(8.2.5)可以得到它的极坐标方程 $\rho = 2a\sin\theta$.

(4)直线 $y = x(x > 0)$，用式(8.2.5)可得，其极坐标方程为 $\theta = \dfrac{\pi}{4}$.

有些二重积分，积分区域 D 的边界曲线用极坐标方程来表示比较方便，如圆形或扇形区域的边界等，且被积函数用极坐标变量 ρ,θ 表示比较简单，如被积函数 $f(x,y)$ 由 x^2+y^2，$\dfrac{y}{x}$ 构成等，这时，我们就应考虑用极坐标来计算此二重积分.

假定区域 D 的边界与从极点出发的射线相交不多于两点，函数 $f(x,y)$ 在 D 上连续. 我们用以极点为中心的一族同心圆（$\rho =$ 常数），以及从极点出发的一族射线（$\theta =$ 常数），把区域 D 划分成 n 个小闭区域，如图 8.14 所示.

除包含边界点的一些小闭区域外，其他小闭区域均可以看作是扇形的一部分. 任取一小闭区域 $\Delta\sigma$（$\Delta\sigma$ 同时也表示该小闭区域的面积），它是由半径分别为 $\rho,\rho+\Delta\rho$ 的同心圆和极角分别为 $\theta,\theta+\Delta\theta$ 的射线所确定，则

$$\begin{aligned} \Delta\sigma &= \frac{1}{2}(\rho+\Delta\rho)^2 \cdot \Delta\theta - \frac{1}{2}\rho^2 \cdot \Delta\theta \\ &= \rho \cdot \Delta\rho \cdot \Delta\theta + \frac{1}{2}(\Delta\rho)^2 \cdot \Delta\theta \end{aligned}$$

$$=\frac{\rho+(\rho+\Delta\rho)}{2}\cdot\Delta\rho\cdot\Delta\theta\approx\rho\cdot\Delta\rho\cdot\Delta\theta.$$

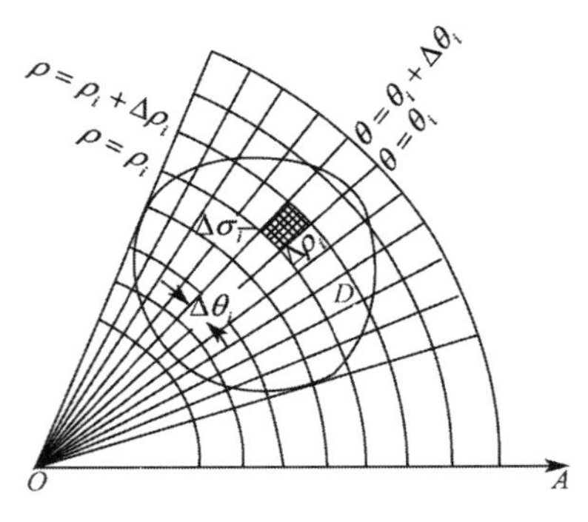

图 8.14

于是,可以得到极坐标系下的面积元素 $d\sigma=\rho d\rho d\theta$.

注意:直角坐标和极坐标之间的转换关系为

$$x=\rho\cos\theta, y=\rho\sin\theta,$$

从而得到直角坐标系下与极坐标系下二重积分的转换公式为

$$\iint\limits_D f(x,y)\mathrm{d}x\mathrm{d}y=\iint\limits_D f(\rho\cos\theta,\rho\sin\theta)\rho\mathrm{d}\rho\mathrm{d}\theta.$$

极坐标系中的二重积分,同样可化为二次积分来计算.

(1)设积分区域 D 可以用不等式 $\alpha\leqslant\theta\leqslant\beta,\varphi_1(\theta)\leqslant\rho\leqslant\varphi_2(\theta)$ 来表示,如图 8.15所示,其中函数 $\varphi_1(\theta),\varphi_2(\theta)$ 在区间 $[\alpha,\beta]$ 上连续.

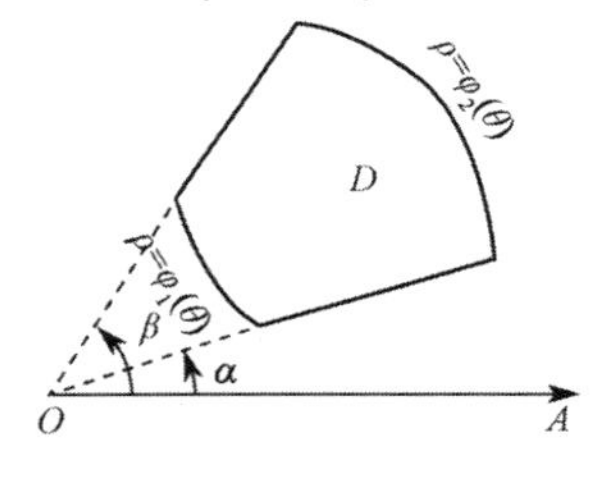

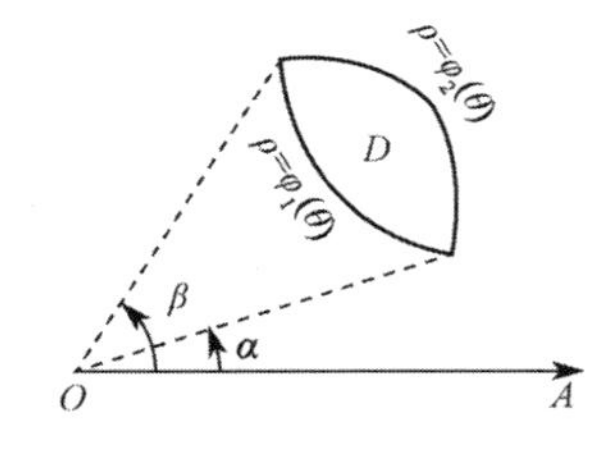

图 8.15

先从极点出发任意作一条射线与区域 D 相交,得到一条线段 EF,如图 8.16所示.

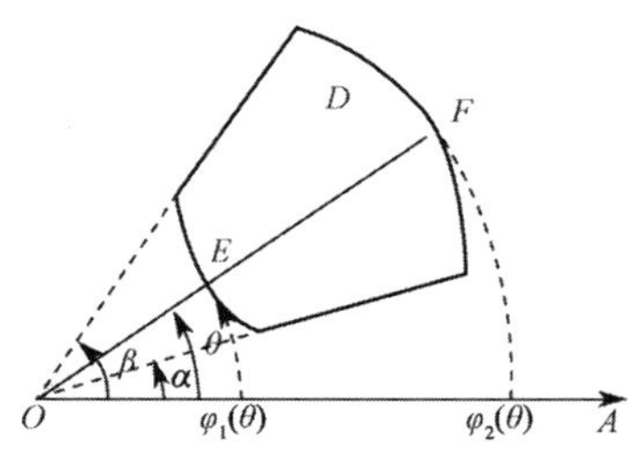

图 8.16

线段 EF 上所有点都具有相同的极角，不妨设其为 θ，线段上的点的极径范围是 $\varphi_1(\theta)\leqslant\rho\leqslant\varphi_2(\theta)$，又因为射线是任意引出的，即 θ 是在 $[\alpha,\beta]$ 内任意取定的，所以其变化范围是 $[\alpha,\beta]$，因此得到极坐标系中的二重积分化为二次积分的公式为

$$\iint\limits_D f(x,y)\mathrm{d}\sigma=\iint\limits_D f(\rho\cos\theta,\rho\sin\theta)\rho\mathrm{d}\rho\mathrm{d}\theta=\int_\alpha^\beta\left[\int_{\varphi_1(\theta)}^{\varphi_2(\theta)}f(\rho\cos\theta,\rho\sin\theta)\rho\mathrm{d}\rho\right]\mathrm{d}\theta.$$

上式也可以写成

$$\iint\limits_D f(x,y)\mathrm{d}\sigma=\int_\alpha^\beta\mathrm{d}\theta\int_{\varphi_1(\theta)}^{\varphi_2(\theta)}f(\rho\cos\theta,\rho\sin\theta)\rho\mathrm{d}\rho.$$

(2)如果积分区域 D 是曲边扇形，如图 8.17 所示，则可以把它看作是情形(1)的特例，此时，区域 D 的积分限为

$$\alpha\leqslant\theta\leqslant\beta,0\leqslant\rho\leqslant\varphi(\theta).$$

于是

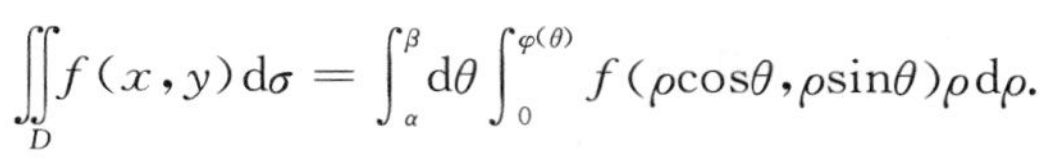

$$\iint\limits_D f(x,y)\mathrm{d}\sigma=\int_\alpha^\beta\mathrm{d}\theta\int_0^{\varphi(\theta)}f(\rho\cos\theta,\rho\sin\theta)\rho\mathrm{d}\rho.$$

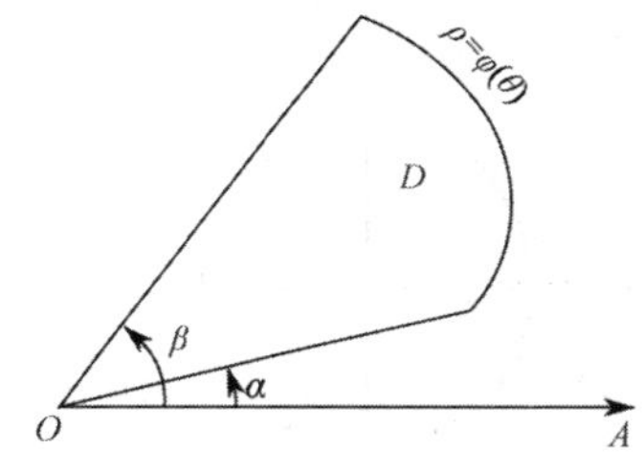

图 8.17

(3)如果积分区域 D 如图 8.18 所示，极点位于 D 的内部，则可以把它看作是情形(2)的特例，此时，区域 D 的积分限为

$$0\leqslant\theta\leqslant 2\pi,0\leqslant\rho\leqslant\varphi(\theta).$$

于是

$$\iint\limits_D f(x,y)\mathrm{d}\sigma=\int_0^{2\pi}\mathrm{d}\theta\int_0^{\varphi(\theta)}f(\rho\cos\theta,\rho\sin\theta)\rho\mathrm{d}\rho.$$

图 8.18

注意：用极坐标计算二重积分要注意三方面的变化.

(1)积分区域的转化 $D(x,y)\rightarrow D(\rho,\theta)$（把 D 的直角坐标系中的边界曲线转化为极坐标曲线）；

(2)被积函数的转化 $f(x,y) \to f(\rho\cos\theta,\rho\sin\theta)$；

(3)面积元素的转化 $\mathrm{d}x\mathrm{d}y \to \rho\mathrm{d}\rho\mathrm{d}\theta$，此处面积元素 ρ 易忘记，需注意.

极坐标的二次积分基本上采取的是先 ρ 后 θ，而先 θ 后 ρ 的二次积分，本书不做讨论.

例 8.2.7 计算 $\iint\limits_D \frac{1}{1+x^2+y^2}\mathrm{d}x\mathrm{d}y$，其中 D 是由 $x^2+y^2 \leqslant 1$ 围成的平面闭区域.

解 积分区域 D 为单位圆面，如图 8.19 所示，其边界曲线的极坐标方程为 $\rho=1$，于是积分区域 D 的积分限为

$$0 \leqslant \theta \leqslant 2\pi, 0 \leqslant \rho \leqslant 1,$$

所以

$$\begin{aligned}\iint\limits_D \frac{1}{1+x^2+y^2}\mathrm{d}x\mathrm{d}y &= \int_0^{2\pi}\mathrm{d}\theta\int_0^1 \frac{1}{1+\rho^2}\rho\mathrm{d}\rho = \pi\int_0^1 \frac{1}{1+\rho^2}\mathrm{d}(\rho^2+1) \\ &= \pi\ln(\rho^2+1)\Big|_0^1 = \pi\ln 2 .\end{aligned}$$

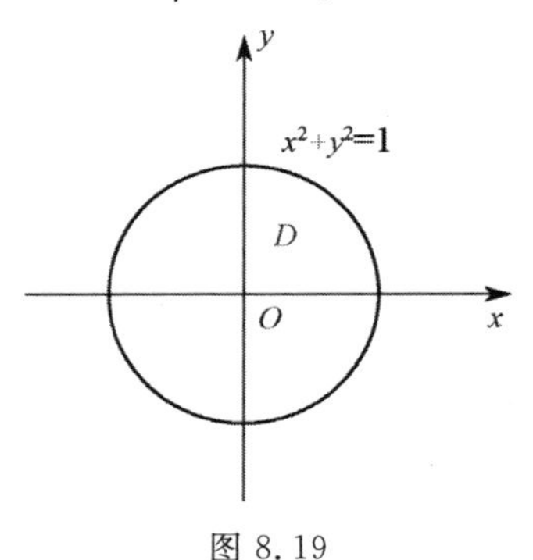

图 8.19

例 8.2.8 计算 $\iint\limits_D \frac{y^2}{x^2}\mathrm{d}x\mathrm{d}y$，其中 D 是由曲线 $x^2+y^2=2x$ 围成的平面闭区域.

解 积分区域 D 如图 8.20 所示，其边界曲线的极坐标方程为 $\rho=2\cos\theta$，于是积分区域 D 的积分限为

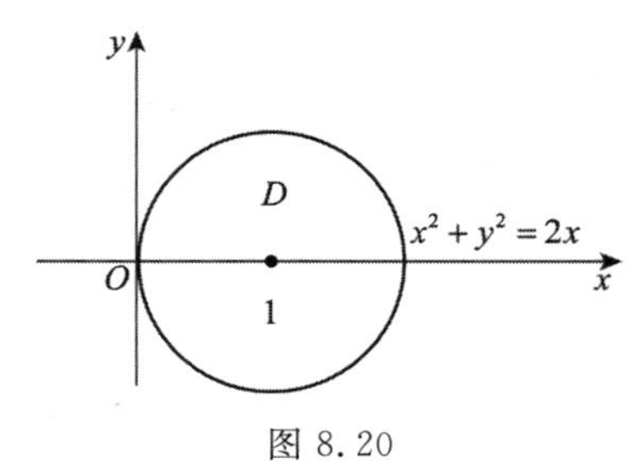

图 8.20

$$-\frac{\pi}{2} \leqslant \theta \leqslant \frac{\pi}{2}, 0 \leqslant \rho \leqslant 2\cos\theta,$$

所以

$$\begin{aligned}\iint_D \frac{y^2}{x^2} \mathrm{d}x\mathrm{d}y &= \int_{-\frac{\pi}{2}}^{\frac{\pi}{2}} \mathrm{d}\theta \int_0^{2\cos\theta} \frac{\sin^2\theta}{\cos^2\theta} \rho \mathrm{d}\rho = \int_{-\frac{\pi}{2}}^{\frac{\pi}{2}} 2\sin^2\theta \mathrm{d}\theta \\ &= \int_{-\frac{\pi}{2}}^{\frac{\pi}{2}} (1-\cos 2\theta) \mathrm{d}\theta = \pi - \frac{1}{2}\sin 2\theta \Big|_{-\frac{\pi}{2}}^{\frac{\pi}{2}} = \pi.\end{aligned}$$

例 8.2.9 计算 $\iint\limits_D \mathrm{e}^{-(x^2+y^2)} \mathrm{d}\sigma$，其中积分区域 D 是由圆 $x^2+y^2=R^2$ 所围成的区域.

解 积分区域 D 如图 8.21 所示，其边界曲线的极坐标方程为 $\rho = R$，于是积分区域 D 的积分限为

$$0 \leqslant \theta \leqslant 2\pi, 0 \leqslant \rho \leqslant R,$$

所以

$$\begin{aligned}\iint_D \mathrm{e}^{-(x^2+y^2)} \mathrm{d}\sigma &= \int_0^{2\pi} \mathrm{d}\theta \int_0^R \mathrm{e}^{-\rho^2} \rho \mathrm{d}\rho = 2\pi \int_0^R \mathrm{e}^{-\rho^2} \rho \mathrm{d}\rho \\ &= -\pi \int_0^R \mathrm{e}^{-\rho^2} \mathrm{d}(-\rho^2) = -\pi [\mathrm{e}^{-\rho^2}]_0^R = \pi(1-\mathrm{e}^{-R^2}).\end{aligned}$$

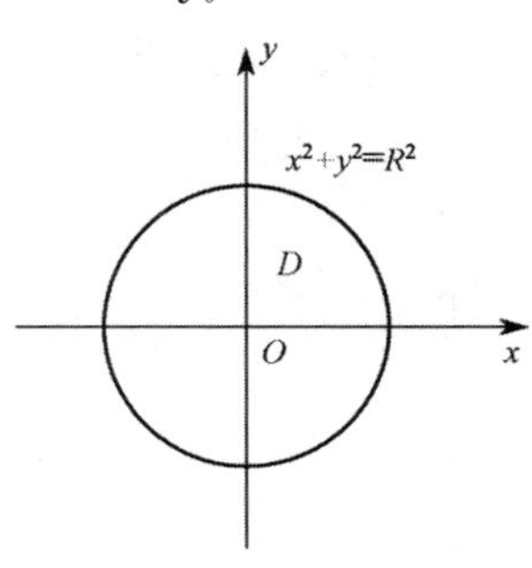

图 8.21

* **例 8.2.10** 计算积分 $\int_0^{+\infty} \mathrm{e}^{-x^2} \mathrm{d}x$.

解 这是一个反常积分，由于 e^{-x^2} 的原函数不能用初等函数表示，所以利用所学过的反常积分的计算方法无法计算. 现在我们利用二重积分，来计算该积分.

设 $I(R) = \int_0^R \mathrm{e}^{-x^2} \mathrm{d}x$，则

$$I^2(R) = \int_0^R \mathrm{e}^{-x^2} \mathrm{d}x \cdot \int_0^R \mathrm{e}^{-x^2} \mathrm{d}x = \int_0^R \mathrm{e}^{-x^2} \mathrm{d}x \cdot \int_0^R \mathrm{e}^{-y^2} \mathrm{d}y = \iint\limits_{\substack{0 \leqslant x \leqslant R \\ 0 \leqslant y \leqslant R}} \mathrm{e}^{-(x^2+y^2)} \mathrm{d}x\mathrm{d}y.$$

即 $I^2(R)$ 可以转换为一个二重积分 $\iint\limits_{\substack{0\leqslant x\leqslant R\\0\leqslant y\leqslant R}} e^{-(x^2+y^2)}dxdy$ 来计算. 记二重积分的积分区域 D 为: $0\leqslant x\leqslant R, 0\leqslant y\leqslant R$, 且设 D_1, D_2 分别表示圆域 $x^2+y^2\leqslant R^2$ 与 $x^2+y^2\leqslant 2R^2$ 位于第一象限的两个扇形, 如图 8.22 所示.

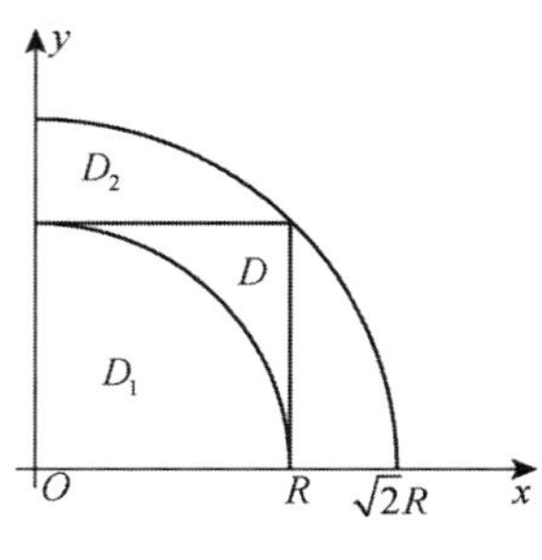

图 8.22

由于

$$\iint\limits_{D_1} e^{-(x^2+y^2)}d\sigma \leqslant I^2(R) \leqslant \iint\limits_{D_2} e^{-(x^2+y^2)}d\sigma,$$

由例 8.2.9 的计算结果得

$$\frac{\pi}{4}(1-e^{-R^2}) \leqslant I^2(R) \leqslant \frac{\pi}{4}(1-e^{-2R^2}).$$

当 $R\to+\infty$ 时, 上式两端都以 $\frac{\pi}{4}$ 为极限, 由夹逼定理得

$$\lim_{R\to+\infty} I^2(R) = \frac{\pi}{4}.$$

又因为 $I(R)>0$, 所以 $\lim\limits_{R\to+\infty} I(R) = \frac{\sqrt{\pi}}{2}$, 即所求反常积分 $\int_0^{+\infty} e^{-x^2}dx = \frac{\sqrt{\pi}}{2}$.

习题 8.2

1. 交换下列二次积分的积分次序.

(1) $\int_0^1 dy\int_0^y f(x,y)dx$; (2) $\int_0^2 dy\int_{y^2}^{2y} f(x,y)dx$;

(3) $\int_1^e dx\int_0^{\ln x} f(x,y)dy$; (4) $\int_0^1 dx\int_0^{x^2} f(x,y)dy$.

2. 计算下列二重积分.

(1) $\iint\limits_D (x+y)d\sigma$, 其中 D 是由 $y=\frac{1}{x}, y=2$ 及 $x=2$ 所围成的闭区域;

(2) $\iint\limits_D (3x+2y)d\sigma$, 其中 D 是由两坐标轴及直线 $x+y=2$ 所围成的闭区域;

(3) $\iint\limits_D y\,d\sigma$, 其中 D 是由 $x^2+y^2\leqslant 1, y\geqslant 0$ 所围成的闭区域.

3. 化下列二次积分为极坐标形式的二次积分.

(1) $\int_0^1 dx \int_0^1 f(x,y)dy$ ；　　(2) $\int_0^2 dx \int_x^{\sqrt{3}x} f(\sqrt{x^2+y^2})dy$ ；

(3) $\int_0^1 dx \int_x^{\sqrt{2x-x^2}} f(x,y)dy$ ；　　(4) $\int_0^1 dy \int_y^{2-y} f(x,y)dx$.

4. 利用极坐标计算下列二重积分.

(1) $\iint\limits_D \ln(1+x^2+y^2)d\sigma$，其中 D 是由圆周 $x^2+y^2=1$ 所围成的闭区域；

(2) $\iint\limits_D \sqrt{x^2+y^2}d\sigma$，其中 D 是圆环 $\pi^2 \leqslant x^2+y^2 \leqslant 4\pi^2$.

5. 选择适当的坐标计算下列二重积分.

(1) $\iint\limits_D \frac{x^2}{y^2}d\sigma$，其中 D 是由直线 $y=x$，$x=2$ 及曲线 $xy=1$ 所围成的闭区域；

(2) $\iint\limits_D \frac{1}{\sqrt{1-x^2-y^2}}d\sigma$，其中 D 由 $x^2+y^2 \leqslant 1$ 确定.

复习题八

1. 交换下列二次积分的次序.

(1) $\int_0^1 dy \int_0^{\sqrt{y}} f(x,y)dx$ ；　　(2) $\int_0^4 dx \int_0^{2\sqrt{x}} f(x,y)dy$ ；

(3) $\int_0^1 dx \int_0^x f(x,y)dy + \int_1^2 dx \int_0^{2-x} f(x,y)dy$.

2. 计算下列二重积分.

(1) $\iint\limits_D (6-2x-3y)d\sigma$，其中 D 是顶点分别为 $(0,0)$，$(3,0)$ 和 $(0,2)$ 的三角形闭区域；

(2) $\iint\limits_D \frac{y}{x^2}d\sigma$，其中 $D=\{(x,y) \mid 1 \leqslant x \leqslant 2, 0 \leqslant y \leqslant 1\}$ ；

(3) $\iint\limits_D \sqrt{R^2-x^2-y^2}d\sigma$，其中 D 是圆周 $x^2+y^2=Rx$ 所围成的闭区域；

(4) $\iint\limits_D (y^2+3x-6y+9)d\sigma$，其中 $D=\{(x,y) \mid x^2+y^2 \leqslant R^2\}$.

3. 证明：

$$\int_a^b (b-x)f(x)dx = \int_a^b dx \int_a^x f(y)dy.$$

4. 将下列积分转化成极坐标形式，并计算积分值.

$$I = \int_0^1 dy \int_0^{\sqrt{1-y^2}} \sin(x^2+y^2)dx.$$

数学家简介——罗尔

"在反对微分学的人中,也不乏具有才能的数学家.法国代数学家罗尔便是一例."

——摘自梁宗巨编著的《世界数学史简编》

"微积分是巧妙谬论的汇集."

——罗尔

罗尔(Michel Rolle)(1652—1719)是法国数学家,1652年4月21日生于昂贝尔特,1719年11月8日卒于巴黎.

罗尔出身于小店主家庭,只受过初等教育,且结婚过早,年轻时贫困潦倒,靠充当公证员与律师抄录员的微薄收入养家糊口.他利用业余时间刻苦自学代数与丢番图的著作,并很有心得.1682年,他解决了数学家奥扎南(Ozanam)提出的一个数论难题,受到了学术界的好评,从而声名鹊起,他的生活也有了转机,此后,担任初等数学教师和陆军部行政官员.1685年,他进入法国科学院,担任低级职务,到1699年才获得科学院发放的固定薪水.此后他一直在科学院任职,1719年因中风去世.

罗尔在数学上的成就主要是在代数方面,专长于丢番图方程的研究.1690年他的专著《代数学讲义》问世,在这本书中他论述了仿射方程组,并使用欧几里得法则系统地解决了丢番图的线性方程问题.罗尔已掌握了方程组的消元法,并提出了用所谓"级联"(cascades)法则分离代数方程的根.他还研究了有关最大公约数的某些问题.

罗尔所处的时代正当牛顿、莱布尼茨的微积分诞生不久,由于这一新生事物还存在逻辑上的缺陷,从而遭受多方面的非议,其中也包括罗尔,并且他是反对派中最直言不讳的一员.1700年,在法国科学院发生了一场有关无穷小方法是否真实的论战.在这场论战中,罗尔认为无穷小方法由于缺乏理论基础将导致谬论,瓦里格农(Varigrnon)则为无穷小分析的新方法辩护,约翰·伯努利(Bernouli Johann)还讽刺罗尔不懂微积分.由于罗尔对此问题表现得异常激动,科学院不得不屡次出面干预.直到1706年秋天,罗尔才向瓦里格农、丰唐内尔(Fontenelle)等人承认他已经放弃自己的观点,并且充分认识到无穷小分析新方法的价值.

罗尔于1691年在题为《任意次方程的一个解法的证明》的论文中指出了:在多项式方程的两个相邻的实根之间,方程至少有一个根.实际上当时的罗尔并没有使用导数的概念和符号,后一个多项式实际上是前一个多项式的导数,罗尔只叙述了这个结论，而没有给出证明. 因为当时罗尔是微积分的怀疑者和极力反对者，他拒绝使用微积分，而宁肯使用繁难的代数方法，所以这个定理本来和微分学无关. 100 多年后，即 1846 年，尤斯托·伯拉维提斯将这一定理推广到可微函数，并把此定理命名为罗尔定理.

罗尔还研究并得到了与现在相一致的实数集的序的概念. 他促成了目前所采用的负数大小顺序性的建立，而在他之前，笛卡儿及同时代的许多人都认为 $-2<-5$，罗尔自 1691 年就已采用了现在的负数的大小排列顺序. 他明确说："我认为 $-2a$ 是比 $-5a$ 大的量."(其中 a 是一个正实数)另外，罗尔在《代数学讲义》一书中设计了一个数 a 的 n 次方根的符号为 $\sqrt[n]{a}$（而在他之前，则是用符号 $\sqrt{na}$ 来表示 a 的 n 次方根），他的这个符号立刻被普遍地接受，并沿用至今.

第 9 章

无穷级数

无穷级数是高等数学的一个重要组成部分，它是表示函数、研究函数性质以及进行数值计算的一种工具，在金融、经济管理、计算机辅助设计等方面有着广泛的应用. 本章先介绍常数项级数的概念和性质，然后讨论数项级数及其收敛性，最后研究如何将函数展成幂级数等问题.

9.1 常数项级数的概念和性质

9.1.1 常数项级数的概念

人们认识事物数量方面的特征，往往有一个由近似到精确的过程. 在这种过程中，会遇到由有限个数量相加到无穷多个数量相加的问题.

例如，用一个分数表示循环小数 0.111111…，具体做法如下：

为了表示 0.111111…，记

$$a_1 = 0.1 = \frac{1}{10}, a_2 = 0.01 = \left(\frac{1}{10}\right)^2,$$

$$a_3 = 0.001 = \left(\frac{1}{10}\right)^3, \cdots, a_n = \left(\frac{1}{10}\right)^n, \cdots,$$

则 $0.111111\cdots \approx a_1 + a_2 + \cdots + a_n$. 如果 n 无限增大，则 $a_1 + a_2 + \cdots + a_n$ 的极限就是 0.111111…，即

$$0.111111\cdots = \lim_{n\to\infty}(a_1 + a_2 + \cdots + a_n) = \frac{1}{9}.$$

也就是说 0.111111… 可以表示成如下无穷多个数相加的情形：

$$a_1 + a_2 + \cdots + a_n + \cdots.$$

同样，对于一些无理数，也可给出类似的表示. 如 $\mathrm{e} = 2.71828\cdots$，它可以表示为：$1 + 1 + \frac{1}{2!} + \frac{1}{3!} + \cdots + \frac{1}{n!} + \cdots$.

由以上可知，循环小数 0.111111… 和无理数 $\mathrm{e} = 2.71828\cdots$ 这些比较复杂的数可以用较简单的数来逼近，并且能表示成无穷多个数相加的形式.

定义 9.1.1 给定一个数列

$$u_1, u_2, \cdots, u_n, \cdots,$$

我们把形如

$$u_1 + u_2 + \cdots + u_n + \cdots$$

的表达式称为(常数项)**无穷级数**,简称**常数项级数**或**级数**,记作 $\sum_{n=1}^{\infty} u_n$, 即

$$\sum_{n=1}^{\infty} u_n = u_1 + u_2 + \cdots + u_n + \cdots,$$

其中第 n 项 u_n 称为级数的**一般项**.

例如, $\sum_{n=1}^{\infty} \frac{1}{n} = 1 + \frac{1}{2} + \frac{1}{3} + \cdots + \frac{1}{n} + \cdots$ 和 $\sum_{n=1}^{\infty} \frac{1}{n(n+1)} = \frac{1}{1 \cdot 2} + \frac{1}{2 \cdot 3} + \cdots + \frac{1}{n(n+1)} + \cdots$ 都是常数项级数,其中 $\frac{1}{n}$ 和 $\frac{1}{n(n+1)}$ 分别为上述两个级数的一般项.

上述级数的定义只是一个形式上的定义,怎样理解无穷级数中无穷多个数相加呢? 我们可以从有限项的和出发,观察它们的变化趋势,由此来理解无穷多个数相加的含义.

无穷级数 $\sum_{n=1}^{\infty} u_n$ 的前 n 项的和称为该级数的**部分和**,记为 S_n, 即

$$S_n = u_1 + u_2 + \cdots + u_n = \sum_{i=1}^{n} u_i.$$

当 n 依次取 $1,2,3,\cdots$ 时,它们构成一个新的数列 $\{S_n\}$:

$$S_1 = u_1, S_2 = u_1 + u_2, S_3 = u_1 + u_2 + u_3, \cdots, S_n = u_1 + u_2 + \cdots + u_n, \cdots.$$

根据这个数列有没有极限,我们引进无穷级数 $\sum_{n=1}^{\infty} u_n$ 收敛与发散的概念.

定义 9.1.2 如果级数 $\sum_{n=1}^{\infty} u_n$ 的部分和数列 $\{S_n\}$ 有极限 S, 即 $\lim_{n\to\infty} S_n = S$, 则称无穷级数 $\sum_{n=1}^{\infty} u_n$ **收敛**,这时极限 S 称为此级数的**和**,并写成

$$S = \sum_{n=1}^{\infty} u_n = u_1 + u_2 + \cdots + u_n + \cdots;$$

如果 $\{S_n\}$ 没有极限,则称无穷级数 $\sum_{n=1}^{\infty} u_n$ **发散**.

显然,当级数收敛时,其部分和 S_n 是级数的和 S 的近似值,它们之间的差值

$$r_n = S - S_n = u_{n+1} + u_{n+2} + \cdots$$

叫作级数的**余项**,且此时

$$\lim_{n\to\infty} r_n = \lim_{n\to\infty} (S - S_n) = \lim_{n\to\infty} S - \lim_{n\to\infty} S_n = S - S = 0.$$

用近似值 S_n 代替 S 所产生的误差是这个余项的绝对值,即误差是 $|r_n|$.

由以上定义可知,级数与数列极限有着紧密的联系. 若给定级数 $\sum_{n=1}^{\infty} u_n$, 令

$S_n = \sum_{i=1}^{n} u_i$，则可以得到唯一的部分和数列$\{S_n\}$；反之，给定数列$\{S_n\}$，令

$$u_1 = S_1, u_2 = S_2 - S_1, u_3 = S_3 - S_2, \cdots, u_n = S_n - S_{n-1}, \cdots,$$

则可以得到唯一的级数$\sum_{n=1}^{\infty} u_n$，其部分和数列为$\{S_n\}$.

因此，级数$\sum_{n=1}^{\infty} u_n$与数列$\{S_n\}$同时收敛或同时发散，且在收敛时，有

$$S = \sum_{n=1}^{\infty} u_n = \lim_{n\to\infty} S_n，即 \sum_{n=1}^{\infty} u_n = \lim_{n\to\infty} \sum_{i=1}^{n} u_i.$$

例 9.1.1 判定下列无穷级数的收敛性，若收敛，求其和.

(1) $\sum_{n=1}^{\infty} \frac{1}{n(n+1)}$；　　(2) $\sum_{n=1}^{\infty} n$.

解 (1)由于$u_n = \frac{1}{n(n+1)} = \frac{1}{n} - \frac{1}{n+1}$，所以

$$\begin{aligned} S_n &= \frac{1}{1\cdot 2} + \frac{1}{2\cdot 3} + \cdots + \frac{1}{n(n+1)} \\ &= \left(1 - \frac{1}{2}\right) + \left(\frac{1}{2} - \frac{1}{3}\right) + \cdots + \left(\frac{1}{n} - \frac{1}{n+1}\right) \\ &= 1 - \frac{1}{n+1}. \end{aligned}$$

从而

$$\lim_{n\to\infty} S_n = \lim_{n\to\infty}\left(1 - \frac{1}{n+1}\right) = 1,$$

故这个级数收敛，其和是1.

(2)这个级数的部分和为

$$S_n = 1 + 2 + 3 + \cdots + n = \frac{n(n+1)}{2}.$$

显然，$\lim_{n\to\infty} S_n = \infty$，因此这个级数是发散的.

例 9.1.2 无穷级数

$$\sum_{n=0}^{\infty} aq^n = a + aq + aq^2 + \cdots + aq^{n-1} + \cdots \qquad (9.1.1)$$

称为**等比级数**(又称为**几何级数**)，其中$a \neq 0$，q称为级数的公比. 试讨论该级数的收敛性.

解 $\sum_{n=0}^{\infty} aq^n$的部分和$S_n = a + aq + aq^2 + \cdots + aq^n$. 于是

(1)当$|q| < 1$时，由于$\lim_{n\to\infty} q^n = 0$，则

$$\lim_{n\to\infty} S_n = \lim_{n\to\infty} \frac{a(1-q^n)}{1-q} = \frac{a}{1-q},$$

所以该级数收敛,且其和 $S=\sum_{n=0}^{\infty}aq^n=\frac{a}{1-q}\left(\frac{首项}{1-公比}\right)$.

(2)当 $|q|>1$ 时,由于 $\lim_{n\to\infty}q^n=\infty$,则

$$\lim_{n\to\infty}S_n=\lim_{n\to\infty}\frac{a(1-q^n)}{1-q}=\infty,$$

故该级数发散.

(3)当 $|q|=1$ 时,

若 $q=1$,由于 $\lim_{n\to\infty}S_n=\lim_{n\to\infty}na=\infty$,则该级数发散.

若 $q=-1$,则 $S_n=\frac{a[1-(-1)^n]}{1-(-1)}$. 由于 $\lim_{n\to\infty}(-1)^n$ 不存在,则 $\lim_{n\to\infty}S_n$ 不存在,从而该级数也发散.

综上所述,如果等比级数 $\sum_{n=0}^{\infty}aq^n$ 的公比 $|q|<1$,则级数收敛,其和为 $S=\frac{a}{1-q}$;如果 $|q|\geqslant 1$,则级数发散.

例如,级数

$$\sum_{n=1}^{\infty}\frac{(-3)^{n+1}}{5^n}=\frac{3^2}{5}-\frac{3^3}{5^2}+\frac{3^4}{5^3}+\cdots+\frac{(-3)^{n+1}}{5^n}+\cdots$$

是一个公比 $q=-\frac{3}{5}$ 的等比级数,因为 $|q|=\left|-\frac{3}{5}\right|<1$,所以它是收敛的,其和为

$$S=\frac{\frac{3^2}{5}}{1-\left(-\frac{3}{5}\right)}=\frac{9}{8}.$$

又如,级数

$$\sum_{n=1}^{\infty}3^{n-1}=1+3+3^2+3^3+\cdots+3^{n-1}+\cdots$$

是一个公比 $q=3$ 的等比级数,因为 $|q|=3>1$,所以它是发散的.

例 9.1.3 证明:**调和级数**

$$\sum_{n=1}^{\infty}\frac{1}{n}=1+\frac{1}{2}+\frac{1}{3}+\frac{1}{4}+\cdots+\frac{1}{n}+\cdots$$

是发散的.

证明 利用反证法证明.假设级数 $\sum_{n=1}^{\infty}\frac{1}{n}$ 收敛,其和为 S,于是

$$\lim_{n\to\infty}(S_{2n}-S_n)=S-S=0.$$

但是

$$S_{2n}-S_n=\frac{1}{n+1}+\frac{1}{n+2}+\cdots+\frac{1}{2n}>\frac{n}{2n}=\frac{1}{2},$$

在上式中令 $n\to\infty$，便有 $\lim\limits_{n\to\infty}(S_{2n}-S_n)=0\geqslant\frac{1}{2}$，这是矛盾.故级数 $\sum\limits_{n=1}^{\infty}\frac{1}{n}$ 发散.

例 9.1.4 某合同规定，从签约之日起，由甲方永不停止地每年支付给乙方 5 万元人民币，设利率为每年 4%，分别以

(1)年复利计算利息，则该合同的现值是多少？

(2)连续复利计算利息，则该合同的现值是多少？

解 设 x_i 为第 i 笔付款的现值.

(1)以年复利计算利息.

第一笔付款发生在签约当天，第一笔付款的现值

$$x_1=5;$$

第二笔付款在 1 年后实现，第二笔付款的现值

$$x_2=\frac{5}{(1+0.04)^1}=\frac{5}{1.04};$$

第三笔付款在 2 年后实现，第三笔付款的现值

$$x_3=\frac{5}{(1+0.04)^2}.$$

如此连续下去直至永远，则

$$\text{总的现值}=x_1+x_2+x_3+\cdots+x_n+\cdots=5+\frac{5}{1.04}+\frac{5}{(1.04)^2}+\cdots+\frac{5}{(1.04)^n}+\cdots.$$

这是一个首项 $a=5$，公比 $q=\frac{1}{1.04}$ 的等比级数，显然该级数收敛.

此合同的总的现值为 $\frac{5}{1-\frac{1}{1.04}}=130$. 也就是说若按年复利计息，甲方需存入 130 万元，即可支付乙方及他的后代每年 5 万元直至永远.

(2)若以连续复利计算利息，则和前面一样：

第一笔付款的现值 $x_1=5$；

第二笔付款的现值 $x_2=5\mathrm{e}^{-0.04}$；

第三笔付款的现值 $x_3=5(\mathrm{e}^{-0.04})^2$.

这样连续下去直至永远，则

$$\text{总的现值}=x_1+x_2+x_3+\cdots+x_n+\cdots=5+5\mathrm{e}^{-0.04}+5(\mathrm{e}^{-0.04})^2+5(\mathrm{e}^{-0.04})^3+\cdots.$$

这是一个公比 $q=\mathrm{e}^{-0.04}\approx0.9608$ 的等比级数，显然是收敛的.则

$$\text{总的现值}=\frac{5}{1-\mathrm{e}^{-0.04}}\approx127.6.$$

也就是说，若按连续复利计算，甲方需要存入约 127.6 万元的现值，即可支付乙方及他的后代每年 5 万元直至永远.

显然，为了同样的结果，连续复利所需的现值比年复利所需的现值小一些，

或者说,连续复利的有效收益要更高.

9.1.2 无穷级数的基本性质

根据无穷级数收敛、发散以及和的概念,可以得出级数的几个基本性质.

性质 9.1.1 (1) 若级数 $\sum\limits_{n=1}^{\infty} u_n$ 收敛,且其和为 S,则对任何常数 k,级数 $\sum\limits_{n=1}^{\infty} ku_n$ 也收敛,且其和为 kS.

(2)如果级数 $\sum\limits_{n=1}^{\infty} u_n$, $\sum\limits_{n=1}^{\infty} v_n$ 收敛于和 S,W,即

$$\sum_{n=1}^{\infty} u_n = S, \sum_{n=1}^{\infty} v_n = W,$$

则级数 $\sum\limits_{n=1}^{\infty}(u_n \pm v_n)$ 也收敛,且其和为 $S \pm W$.

证明从略.

注意:(1)由性质 9.1.1 的(1)可知,当 $k \neq 0$ 时,若级数 $\sum\limits_{n=1}^{\infty} ku_n$ 收敛,则

$$\sum_{n=1}^{\infty} u_n = \sum_{n=1}^{\infty} \frac{1}{k}(ku_n)$$

也收敛,其逆否结论也成立,即若 $k \neq 0$,级数 $\sum\limits_{n=1}^{\infty} u_n$ 发散,则级数 $\sum\limits_{n=1}^{\infty} ku_n$ 也发散. 因此有如下结论:当 $k \neq 0$ 时,级数 $\sum\limits_{n=1}^{\infty} u_n$ 与 $\sum\limits_{n=1}^{\infty} ku_n$ 的敛散性相同.

(2)由性质 9.1.1 的(2)可知,两个收敛级数可以逐项相加或相减,其收敛性不变,但级数和发生改变.

例 9.1.5 判断级数 $\sum\limits_{n=1}^{\infty} \frac{2^{n-1}+(-1)^n}{3^n}$ 是否收敛,若收敛,求其和.

解 由于级数 $\sum\limits_{n=1}^{\infty} \frac{2^{n-1}}{3^n}$ 与 $\sum\limits_{n=1}^{\infty} \frac{(-1)^n}{3^n}$ 均是收敛的等比级数,且

$$\sum_{n=1}^{\infty} \frac{2^{n-1}}{3^n} = \frac{\frac{1}{3}}{1-\frac{2}{3}} = 1, \sum_{n=1}^{\infty} \frac{(-1)^n}{3^n} = \frac{-\frac{1}{3}}{1+\frac{1}{3}} = -\frac{1}{4}.$$

由性质 9.1.1 的(2)可知,级数 $\sum\limits_{n=1}^{\infty} \frac{2^{n-1}+(-1)^n}{3^n}$ 收敛,且其和

$$S = \sum_{n=1}^{\infty} \frac{2^{n-1}+(-1)^n}{3^n} = \sum_{n=1}^{\infty} \frac{2^{n-1}}{3^n} + \sum_{n=1}^{\infty} \frac{(-1)^n}{3^n} = 1 - \frac{1}{4} = \frac{3}{4}.$$

注意:两个发散的级数逐项相加所得的级数不一定发散,如:级数 $\sum\limits_{n=1}^{\infty} n$ 和

级数 $\sum_{n=1}^{\infty}(-n)$ 都是发散的,但是它们逐项相加所得的级数却是收敛的;若一个级数收敛,另一个级数发散,则逐项相加所得的级数必发散;如果两个级数逐项相加所得的级数收敛,其中一个级数收敛,则另一个级数必收敛.

性质 9.1.2 在级数中任意去掉、加上或者改变有限项,不会改变级数的敛散性,但通常情况下,收敛级数的和会发生变化.

证明从略.

性质 9.1.3 如果级数 $\sum_{n=1}^{\infty}u_n$ 收敛,则对这个级数的项任意加括号之后所得级数仍收敛,且其和不变.

证明从略.

但是,数列的某一个子数列收敛时,并不能保证原数列收敛.因此性质 9.1.3的逆命题不成立,即加括号之后所得的级数收敛,并不能断定去括号后的原来级数收敛.例如,级数

$$(1-1)+(1-1)+\cdots+(1-1)+\cdots$$

收敛于零,但是去掉括号之后的级数

$$\sum_{n=1}^{\infty}(-1)^{n+1}=1-1+1-1+1-1+\cdots$$

却是发散的.

然而由性质 9.1.3 可直接得如下推论:如果加括号后所得的级数发散,则原来级数也发散.

性质 9.1.4(级数收敛的必要条件) 如果级数 $\sum_{n=1}^{\infty}u_n$ 收敛,则当 $n\to\infty$ 时,它的一般项趋于零,即

$$\lim_{n\to\infty}u_n=0.$$

证明 设 $\sum_{n=1}^{\infty}u_n=S$,由于 $u_n=S_n-S_{n-1}$,故

$$\lim_{n\to\infty}u_n=\lim_{n\to\infty}(S_n-S_{n-1})=\lim_{n\to\infty}S_n-\lim_{n\to\infty}S_{n-1}=S-S=0.$$

由性质 9.1.4 可知,如果级数 $\sum_{n=1}^{\infty}u_n$ 的一般项不趋于零(包含 $\lim_{n\to\infty}u_n$ 不存在的情形),则该级数必定发散.例如,级数 $\sum_{n=1}^{\infty}\frac{2n}{5n+8}$,由于

$$\lim_{n\to\infty}u_n=\lim_{n\to\infty}\frac{2n}{5n+8}=\frac{2}{5}\neq 0,$$

故该级数发散.

级数收敛的必要条件常用来判定常数项级数发散,所以它十分重要.

注意:级数的一般项趋于零并不是级数收敛的充分条件,有些级数虽然一

般项趋于零,但仍然是发散的.

例如,调和级数 $\sum_{n=1}^{\infty}\frac{1}{n}$,显然 $\lim_{n\to\infty}u_n=\lim_{n\to\infty}\frac{1}{n}=0$,但我们已知它是发散的.

习题 9.1

1. 回答下列问题.

(1)若级数 $\sum_{n=1}^{\infty}u_n$ 发散,k 为一常数,则级数 $\sum_{n=1}^{\infty}ku_n$ 发散吗?

(2)如果级数 $\sum_{n=1}^{\infty}u_n$ 发散,级数 $\sum_{n=1}^{\infty}v_n$ 收敛,且 λ 为一正常数,那么如下级数 $\sum_{n=1}^{\infty}(u_n-\lambda v_n)$ 收敛还是发散?

(3)若级数 $\sum_{n=1}^{\infty}(u_n+v_n)$ 收敛,则级数 $\sum_{n=1}^{\infty}u_n$ 与 $\sum_{n=1}^{\infty}v_n$ 是否收敛?

(4)级数 $\sum_{n=1}^{\infty}u_n$ 的一般项 u_n 趋于零,是该级数收敛的充分条件吗?

(5)级数 $\sum_{n=1}^{\infty}u_n$ 的一般项 u_n 不趋于零,是该级数发散的充分条件吗?

2. 写出下列级数的一般项.

(1) $\frac{1}{2}+\frac{1}{4}+\frac{1}{8}+\cdots$; (2) $\frac{2}{1}-\frac{3}{2}+\frac{4}{3}-\frac{5}{4}+\frac{6}{5}\cdots$;

(3) $\frac{\sqrt{x}}{2}+\frac{x}{2\cdot 4}+\frac{x\sqrt{x}}{2\cdot 4\cdot 6}+\frac{x^2}{2\cdot 4\cdot 6\cdot 8}+\cdots$;

(4) $\frac{x^2}{3}-\frac{x^3}{5}+\frac{x^4}{7}-\frac{x^5}{9}+\cdots$.

3. 根据级数收敛与发散定义判定下列级数的收敛性.

(1) $\sum_{n=1}^{\infty}(\sqrt{n+1}-\sqrt{n})$; (2) $\sum_{n=1}^{\infty}\frac{1}{(3n-2)(3n+1)}$.

4. 判定下列级数的收敛性.

(1) $\sum_{n=1}^{\infty}(-1)^n\frac{9^n}{8^n}$; (2) $\sum_{n=1}^{\infty}\frac{1}{5n}$;

(3) $\sum_{n=1}^{\infty}\frac{1}{\sqrt[n]{a}}(a>0)$; (4) $\sum_{n=1}^{\infty}\frac{2^n+(-3)^n}{5^n}$;

(5) $\sum_{n=1}^{\infty}\frac{1}{\left(1+\frac{1}{n}\right)^n}$; (6) $\sum_{n=1}^{\infty}\sin\frac{n\pi}{6}$.

5. 将循环小数 0.333333… 写成无穷级数形式并用分数表示.

6. 设银行存款的年利率为 10%,若以年复利计息,应在银行中一次存入多少资金才能保证从存入之后起,以后每年能从银行提取500万元以支付职工福利直至永远.

9.2 正项级数及其审敛法

若级数 $\sum_{n=1}^{\infty} u_n$ 的每一项 $u_n \geqslant 0 (n=1,2,\cdots)$,则称该级数为**正项级数**. 正项级数是数项级数中比较特殊而又重要的一类. 以后将看到,许多级数的收敛性问题可归结为正项级数的收敛性问题.

设 $\sum_{n=1}^{\infty} u_n (u_n \geqslant 0)$ 是一个正项级数,部分和为 S_n. 因为 $u_n \geqslant 0 (n=1,2,\cdots)$,所以 $S_{n+1} = S_n + u_{n+1} \geqslant S_n (n=1,2,\cdots)$,即部分和数列 $\{S_n\}$ 是一个单调增加的数列:

$$S_1 \leqslant S_2 \leqslant \cdots \leqslant S_n \leqslant \cdots.$$

若数列 $\{S_n\}$ 有界,即存在某个正常数 M,使 $0 \leqslant S_n \leqslant M$,根据单调有界数列必有极限准则可知,数列 $\{S_n\}$ 的极限 S 存在,并且 $S_n \leqslant S \leqslant M$,故正项级数 $\sum_{n=1}^{\infty} u_n$ 收敛且其和为 S;反之,若正项级数 $\sum_{n=1}^{\infty} u_n (u_n \geqslant 0)$ 收敛于 S,即 $\lim_{n\to\infty} S_n = S$,根据收敛数列的有界性可知,数列 $\{S_n\}$ 有界. 因此,得到如下基本定理.

定理 9.2.1 正项级数 $\sum_{n=1}^{\infty} u_n$ 收敛的充分必要条件是它的部分和数列 $\{S_n\}$ 有界.

由定理 9.2.1,若正项级数 $\sum_{n=1}^{\infty} u_n$ 发散,则它的部分和数列 $S_n \to +\infty (n \to \infty)$,即 $\sum_{n=1}^{\infty} u_n = +\infty$.

根据定理 9.2.1,可得到关于正项级数的一个基本审敛法.

定理 9.2.2(比较审敛法) 设 $\sum_{n=1}^{\infty} u_n$ 和 $\sum_{n=1}^{\infty} v_n$ 都是正项级数,若存在正整数 N,使得当 $n \geqslant N$ 时,$u_n \leqslant v_n$,则

(1)若级数 $\sum_{n=1}^{\infty} v_n$ 收敛,则级数 $\sum_{n=1}^{\infty} u_n$ 收敛;

(2)若级数 $\sum_{n=1}^{\infty} u_n$ 发散,则级数 $\sum_{n=1}^{\infty} v_n$ 发散.

证明 (1)设级数 $\sum_{n=1}^{\infty} v_n$ 收敛于和 S,则级数 $\sum_{n=1}^{\infty} u_n$ 的部分和

$$S_n = u_1 + u_2 + \cdots + u_n \leqslant v_1 + v_2 + \cdots + v_n \leqslant S (n=1,2,\cdots),$$

即正项级数 $\sum_{n=1}^{\infty} u_n$ 的部分和数列 $\{S_n\}$ 有界,由定理 9.2.1 可知,级数 $\sum_{n=1}^{\infty} u_n$

收敛.

(2)利用反证法证明.假设级数 $\sum_{n=1}^{\infty} v_n$ 收敛,则由(1)的结果可得 $\sum_{n=1}^{\infty} u_n$ 必收敛,这与已知级数 $\sum_{n=1}^{\infty} u_n$ 发散矛盾,因此可知结论(2)成立.

由于级数的每一项同乘以一个不为零的常数 k,以及去掉级数前面的有限项不会影响级数的收敛性.可得如下推论.

推论 9.2.1 设 $\sum_{n=1}^{\infty} u_n$ 和 $\sum_{n=1}^{\infty} v_n$ 都是正项级数.

(1)若级数 $\sum_{n=1}^{\infty} v_n$ 收敛,且存在正整数 N,使得当 $n \geqslant N$ 时,有 $u_n \leqslant kv_n$ $(k > 0)$ 成立,则级数 $\sum_{n=1}^{\infty} u_n$ 收敛;

(2)若级数 $\sum_{n=1}^{\infty} v_n$ 发散,且存在正整数 N,使得当 $n \geqslant N$ 时,有 $u_n \geqslant kv_n$ $(k > 0)$ 成立,则级数 $\sum_{n=1}^{\infty} u_n$ 发散.

例 9.2.1 讨论 p 级数

$$\sum_{n=1}^{\infty} \frac{1}{n^p} = 1 + \frac{1}{2^p} + \frac{1}{3^p} + \frac{1}{4^p} + \cdots + \frac{1}{n^p} + \cdots \tag{9.2.1}$$

的收敛性,其中常数 $p > 0$.

解 分两种情况讨论.

(1)当 $0 < p \leqslant 1$ 时,p 级数的各项大于等于调和级数 $\sum_{n=1}^{\infty} \frac{1}{n}$ 的对应项,即 $\frac{1}{n^p} \geqslant \frac{1}{n}$,但由于调和级数发散,所以根据比较审敛法可知,此时 p 级数发散.

*(2)当 $p > 1$ 时,记 p 级数的部分和为

$$S_n = \sum_{k=1}^{n} \frac{1}{k^p} = 1 + \frac{1}{2^p} + \frac{1}{3^p} + \frac{1}{4^p} + \cdots + \frac{1}{n^p}.$$

当 $p > 1$ 时,取 $k-1 \leqslant x \leqslant k(k = 2,3,4,\cdots)$,则有 $\frac{1}{k^p} \leqslant \frac{1}{x^p}$,所以

$$\frac{1}{k^p} = \int_{k-1}^{k} \frac{1}{k^p} \mathrm{d}x \leqslant \int_{k-1}^{k} \frac{1}{x^p} \mathrm{d}x (k = 2,3,4,\cdots),$$

从而

$$\begin{aligned} S_n &= 1 + \frac{1}{2^p} + \frac{1}{3^p} + \frac{1}{4^p} + \cdots + \frac{1}{n^p} \\ &\leqslant 1 + \int_{1}^{2} \frac{1}{x^p} \mathrm{d}x + \int_{2}^{3} \frac{1}{x^p} \mathrm{d}x + \int_{3}^{4} \frac{1}{x^p} \mathrm{d}x + \cdots + \int_{n-1}^{n} \frac{1}{x^p} \mathrm{d}x \end{aligned}$$

$$= 1 + \int_1^n \frac{1}{x^p} \mathrm{d}x = 1 + \frac{1}{p-1}\left(1 - \frac{1}{n^{p-1}}\right) < 1 + \frac{1}{p-1}.$$

这表明 p 级数的部分和 S_n 当 $p > 1$ 时有界.因此,当 $p > 1$ 时,p 级数收敛.

综上所述,得到如下结论:p 级数 $\sum_{n=1}^{\infty} \frac{1}{n^p}$ 当 $p > 1$ 时收敛,当 $0 < p \leqslant 1$ 时发散.这个结论可以直接用来判定 p 级数的收敛性,并且在以后判定级数收敛性时经常被用到.

例如,级数 $\sum_{n=1}^{\infty} \frac{1}{n^2}$ 是 $p = 2$ 的 p 级数,故该级数收敛.

又如,级数 $\sum_{n=1}^{\infty} \frac{1}{\sqrt[3]{n^2}}$ 是 $p = \frac{2}{3}$ 的 p 级数,故该级数发散.

例 9.2.2 判定下列级数的敛散性.

(1) $\sum_{n=1}^{\infty} \frac{1}{\sqrt{n(n+1)}}$; (2) $\sum_{n=1}^{\infty} \frac{1}{\sqrt{n(n^2+1)}}$; (3) $\sum_{n=1}^{\infty} \frac{2+(-1)^n}{2^n}$.

解 (1)因为 $\frac{1}{\sqrt{n(n+1)}} > \frac{1}{\sqrt{(n+1)^2}} = \frac{1}{n+1}$,而级数 $\sum_{n=1}^{\infty} \frac{1}{n+1}$ 是发散的,根据比较审敛法可知,级数 $\sum_{n=1}^{\infty} \frac{1}{\sqrt{n(n+1)}}$ 是发散的.

(2)因为 $\frac{1}{\sqrt{n(n^2+1)}} < \frac{1}{\sqrt{n \cdot n^2}} = \frac{1}{n^{\frac{3}{2}}}$,而级数 $\sum_{n=1}^{\infty} \frac{1}{n^{\frac{3}{2}}}$ 是收敛的,根据比较审敛法可知,级数 $\sum_{n=1}^{\infty} \frac{1}{\sqrt{n(n^2+1)}}$ 收敛.

(3)因为 $\frac{2+(-1)^n}{2^n} \leqslant \frac{2+1}{2^n} = \frac{3}{2^n}$,而级数 $\sum_{n=1}^{\infty} \frac{3}{2^n}$ 是收敛的,根据比较审敛法可知,级数 $\sum_{n=1}^{\infty} \frac{2+(-1)^n}{2^n}$ 也是收敛的.

利用比较审敛法判断级数的敛散性,要用到不等式的放大或者缩小,但是有时不易找到被比较的级数.为应用上的方便,下面给出比较审敛法的极限形式.

定理 9.2.3(比较审敛法的极限形式) 设 $\sum_{n=1}^{\infty} u_n$ 和 $\sum_{n=1}^{\infty} v_n$ 是两个正项级数,且 $\lim_{n\to\infty} \frac{u_n}{v_n} = l$,其中 $0 \leqslant l \leqslant +\infty$.

(1)若 $0 < l < +\infty$,则级数 $\sum_{n=1}^{\infty} u_n$ 和级数 $\sum_{n=1}^{\infty} v_n$ 同时收敛或同时发散;

(2)若 $l = 0$,且级数 $\sum_{n=1}^{\infty} v_n$ 收敛,则级数 $\sum_{n=1}^{\infty} u_n$ 收敛;

(3)若 $l=+\infty$，且级数 $\sum_{n=1}^{\infty} v_n$ 发散，则级数 $\sum_{n=1}^{\infty} u_n$ 发散.

证明从略.

对于正项级数 $\sum_{n=1}^{\infty} u_n$ 来说，要判断它是否收敛，除了要注意其一般项是否趋向于零外，还要注意其一般项趋于零的“快慢”程度. 定理 9.2.3 表明，对两个正项级数 $\sum_{n=1}^{\infty} u_n$ 和 $\sum_{n=1}^{\infty} v_n$，设 $\lim\limits_{n\to\infty} u_n=0$，$\lim\limits_{n\to\infty} v_n=0$，

(1)若 u_n 和 v_n 是同阶无穷小（特别当 u_n 和 v_n 是等价无穷小），级数 $\sum_{n=1}^{\infty} u_n$ 和 $\sum_{n=1}^{\infty} v_n$ 同时收敛或同时发散；

(2)若 u_n 是 v_n 的高阶无穷小，则当级数 $\sum_{n=1}^{\infty} v_n$ 收敛，级数 $\sum_{n=1}^{\infty} u_n$ 必收敛；

(3)若 u_n 是 v_n 的低阶无穷小，则当级数 $\sum_{n=1}^{\infty} v_n$ 发散，级数 $\sum_{n=1}^{\infty} u_n$ 必发散.

例 9.2.3 判定下列级数的收敛性.

(1) $\sum_{n=1}^{\infty} \sin\frac{1}{n}$；　　(2) $\sum_{n=1}^{\infty} 2^n \sin\frac{\pi}{3^n}$；

(3) $\sum_{n=1}^{\infty} \ln\left(1+\frac{1}{n^2}\right)$；　　(4) $\sum_{n=1}^{\infty} \left(1-\cos\frac{\pi}{\sqrt{n}}\right)$.

解 (1)因为 $u_n=\sin\frac{1}{n}\sim\frac{1}{n}(n\to\infty)$，令 $v_n=\frac{1}{n}$，则

$$\lim_{n\to\infty}\frac{u_n}{v_n}=\lim_{n\to\infty}\frac{\sin\frac{1}{n}}{\frac{1}{n}}=1,$$

而调和级数 $\sum_{n=1}^{\infty}\frac{1}{n}$ 发散，根据比较审敛法的极限形式知，级数 $\sum_{n=1}^{\infty}\sin\frac{1}{n}$ 发散.

(2)因为 $\sin\frac{\pi}{3^n}\sim\frac{\pi}{3^n}(n\to\infty)$，令 $v_n=2^n\cdot\frac{\pi}{3^n}$，则

$$\lim_{n\to\infty}\frac{u_n}{v_n}=\lim_{n\to\infty}\frac{2^n\sin\frac{\pi}{3^n}}{2^n\cdot\frac{\pi}{3^n}}=1,$$

而等比级数 $\sum_{n=1}^{\infty}2^n\cdot\frac{\pi}{3^n}$ 收敛，根据比较审敛法的极限形式可知，级数 $\sum_{n=1}^{\infty}2^n\sin\frac{\pi}{3^n}$ 收敛.

(3)因为 $\ln\left(1+\frac{1}{n^2}\right)\sim\frac{1}{n^2}(n\to\infty)$，令 $v_n=\frac{1}{n^2}$，则

$$\lim_{n\to\infty}\frac{u_n}{v_n}=\lim_{n\to\infty}\frac{\ln\left(1+\frac{1}{n^2}\right)}{\frac{1}{n^2}}=1,$$

而 p 级数 $\sum_{n=1}^{\infty}\frac{1}{n^2}$ 收敛,根据比较审敛法的极限形式知,级数 $\sum_{n=1}^{\infty}\ln\left(1+\frac{1}{n^2}\right)$ 收敛.

(4)因为 $1-\cos\frac{\pi}{\sqrt{n}}\sim\frac{1}{2}\left(\frac{\pi}{\sqrt{n}}\right)^2=\frac{\pi^2}{2n}(n\to\infty)$,令 $v_n=\frac{1}{n}$,则

$$\lim_{n\to\infty}\frac{u_n}{v_n}=\lim_{n\to\infty}\frac{1-\cos\frac{\pi}{\sqrt{n}}}{\frac{1}{n}}=\lim_{n\to\infty}\frac{\frac{\pi^2}{2n}}{\frac{1}{n}}=\frac{\pi^2}{2},$$

而调和级数 $\sum_{n=1}^{\infty}\frac{1}{n}$ 发散,根据比较审敛法的极限形式知,级数 $\sum_{n=1}^{\infty}\left(1-\cos\frac{\pi}{\sqrt{n}}\right)$ 发散.

注意:在用比较审敛法以及比较审敛法的极限形式时,需要适当地选取一个已知其收敛性的级数 $\sum_{n=1}^{\infty}v_n$ 作为比较的基准.从例 9.2.2 和例 9.2.3 可以看出,常用的基准级数是等比级数或 p 级数,并且可通过使用等价无穷小量的替换得到.

虽然比较审敛法的极限形式应用起来比较方便,但仍需要寻找作比较的基准级数,这还是有一定难度.为了更加方便地判断级数的收敛性,接下来介绍比值审敛法.

定理 9.2.4(比值审敛法,达朗贝尔(D'Alembert)判别法) 设 $\sum_{n=1}^{\infty}u_n$ 为正项级数.如果

$$\lim_{n\to\infty}\frac{u_{n+1}}{u_n}=\rho,$$

则

(1)当 $\rho<1$ 时,级数收敛;

(2)当 $1<\rho\leqslant+\infty$ 时,级数发散;

(3)当 $\rho=1$ 时,级数可能收敛,也可能发散.

证明从略.

例 9.2.4 判定下列级数的收敛性.

(1) $\sum_{n=1}^{\infty}\frac{n^n}{n!}$; (2) $\sum_{n=1}^{\infty}\frac{n!}{10^n}$; (3) $\sum_{n=1}^{\infty}\frac{n\cos^2\frac{n\pi}{3}}{2^{n-1}}$.

解 (1)因为

$$\lim_{n\to\infty}\frac{u_{n+1}}{u_n}=\lim_{n\to\infty}\frac{\frac{(n+1)^{n+1}}{(n+1)!}}{\frac{n^n}{n!}}=\lim_{n\to\infty}\frac{(n+1)^{n+1}}{(n+1)!}\cdot\frac{n!}{n^n}=\lim_{n\to\infty}\left(1+\frac{1}{n}\right)^n=\mathrm{e}>1,$$

根据比值审敛法可知,级数 $\sum_{n=1}^{\infty}\frac{n^n}{n!}$ 发散.

(2)因为

$$\lim_{n\to\infty}\frac{u_{n+1}}{u_n}=\lim_{n\to\infty}\frac{\frac{(n+1)!}{10^{n+1}}}{\frac{n!}{10^n}}=\lim_{n\to\infty}\frac{(n+1)!}{10^{n+1}}\cdot\frac{10^n}{n!}=\lim_{n\to\infty}\frac{n+1}{10}=+\infty,$$

根据比值审敛法可知,级数 $\sum_{n=1}^{\infty}\frac{n!}{10^n}$ 发散.

(3)由于 $\frac{n\cos^2\frac{n\pi}{3}}{2^{n-1}}\leqslant\frac{n}{2^{n-1}}$,对于级数 $\sum_{n=1}^{\infty}\frac{n}{2^{n-1}}$,因为

$$\lim_{n\to\infty}\frac{u_{n+1}}{u_n}=\lim_{n\to\infty}\frac{\frac{n+1}{2^n}}{\frac{n}{2^{n-1}}}=\lim_{n\to\infty}\frac{n+1}{2^n}\cdot\frac{2^{n-1}}{n}=\frac{1}{2}<1,$$

根据比值审敛法知,级数 $\sum_{n=1}^{\infty}\frac{n}{2^{n-1}}$ 收敛.再由比较审敛法可知,级数 $\sum_{n=1}^{\infty}\frac{n\cos^2\frac{n\pi}{3}}{2^{n-1}}$ 收敛.

例 9.2.5 证明:$\lim_{n\to\infty}\frac{2^n n!}{n^n}=0$.

证明 构造级数 $\sum_{n=1}^{\infty}\frac{2^n n!}{n^n}$,因为

$$\lim_{n\to\infty}\frac{u_{n+1}}{u_n}=\lim_{n\to\infty}\frac{\frac{2^{n+1}(n+1)!}{(n+1)^{n+1}}}{\frac{2^n n!}{n^n}}=\lim_{n\to\infty}\frac{2n^n}{(n+1)^n}$$

$$=\lim_{n\to\infty}\frac{2}{\left(1+\frac{1}{n}\right)^n}=\frac{2}{\mathrm{e}}<1,$$

根据比值审敛法可知,级数 $\sum_{n=1}^{\infty}\frac{2^n n!}{n^n}$ 收敛.所以由级数收敛的必要条件(性质9.1.4)可得,

$$\lim_{n\to\infty}\frac{2^n n!}{n^n}=0.$$

定理 9.2.5(根值审敛法,柯西(Cauchy)判别法) 设 $\sum_{n=1}^{\infty}u_n$ 为正项级数,

如果

$$\lim_{n\to\infty}\sqrt[n]{u_n}=\rho,$$

则

(1)当 $\rho<1$ 时,级数收敛;

(2)当 $1<\rho\leqslant+\infty$ 时,级数发散;

(3)当 $\rho=1$ 时,级数可能收敛,也可能发散.

证明从略.

例 9.2.6 判定级数 $\sum_{n=1}^{\infty}\left(\frac{n}{2n+1}\right)^n$ 的收敛性.

解 因为

$$\lim_{n\to\infty}\sqrt[n]{u_n}=\lim_{n\to\infty}\sqrt[n]{\left(\frac{n}{2n+1}\right)^n}=\lim_{n\to\infty}\frac{n}{2n+1}=\frac{1}{2}<1,$$

所以,根据根值审敛法可知,级数 $\sum_{n=1}^{\infty}\left(\frac{n}{2n+1}\right)^n$ 收敛.

习题 9.2

1. 用比较审敛法或其极限形式判定下列级数的收敛性.

(1) $\sum_{n=1}^{\infty}\frac{1}{5^n+3}$; (2) $\sum_{n=1}^{\infty}\frac{1+n}{1+n^2}$; (3) $\sum_{n=1}^{\infty}\sqrt{n+1}\left(1-\cos\frac{\pi}{n}\right)$;

(4) $\sum_{n=1}^{\infty}\frac{1}{n\sqrt[n]{n}}$; (5) $\sum_{n=1}^{\infty}\sin\frac{3\pi}{8^n}$; (6) $\sum_{n=1}^{\infty}\frac{1}{\sqrt{n}}\sin\frac{2}{\sqrt{n}}$.

2. 用比值审敛法判定下列级数的收敛性.

(1) $\sum_{n=1}^{\infty}\frac{5^n}{n\cdot 3^n}$; (2) $\sum_{n=1}^{\infty}\frac{3^n n!}{n^n}$; (3) $\sum_{n=1}^{\infty}n\tan\frac{\pi}{2^{n+1}}$.

3. 用适当的方法判定下列级数的收敛性.

(1) $\sum_{n=1}^{\infty}\sqrt{\frac{n+2}{2n+1}}$; (2) $\sum_{n=1}^{\infty}\frac{n!}{5^n}$; (3) $\sum_{n=1}^{\infty}\ln\left(\frac{n+2^n}{2^n}\right)$;

(4) $\sum_{n=1}^{\infty}\frac{n!}{n^n}\sin^2(nx)$;(5) $\sum_{n=1}^{\infty}\frac{1}{[\ln(n+1)]^n}$.

9.3 任意项级数的绝对收敛与条件收敛

上一节讨论了正项级数的审敛法,本节讨论任意项级数(各项可以为正数、零、负数的级数)的审敛法.

9.3.1 交错级数及其审敛法

各项正负交替的数项级数称为**交错级数**,它的一般形式为

$$\sum_{n=1}^{\infty}(-1)^{n-1}u_n = u_1 - u_2 + u_3 - u_4 + \cdots \tag{9.3.1}$$

或

$$\sum_{n=1}^{\infty}(-1)^{n}u_n = -u_1 + u_2 - u_3 + u_4 - \cdots, \tag{9.3.2}$$

其中 $u_n > 0(n = 1,2,\cdots)$.

因为级数(9.3.2)可以由级数(9.3.1)乘上 -1 得到,故我们按级数(9.3.1)的形式来证明关于交错级数的一个审敛法.

定理 9.3.1(莱布尼茨定理) 如果交错级数 $\sum_{n=1}^{\infty}(-1)^{n-1}u_n$ 满足以下两个条件:

(1) $u_n \geqslant u_{n+1}(n = 1,2,\cdots)$;

(2) $\lim_{n\to\infty}u_n = 0$,

则级数 $\sum_{n=1}^{\infty}(-1)^{n-1}u_n$ 收敛,且其和 $S \leqslant u_1$,其余项 r_n 的绝对值 $|r_n| \leqslant u_{n+1}$.

证明 先证明前 $2n$ 项的和 S_{2n} 的极限存在.为此把 S_{2n} 写成两种形式:

$$S_{2n} = (u_1 - u_2) + (u_3 - u_4) + (u_5 - u_6) + \cdots + (u_{2n-1} - u_{2n})$$

及

$$S_{2n} = u_1 - (u_2 - u_3) - (u_4 - u_5) - \cdots - (u_{2n-2} - u_{2n-1}) - u_{2n}.$$

由条件(1)知道所有括弧中的差都是非负的.由第一种形式可知数列 $\{S_{2n}\}$ 是单调增加的,由第二种形式可知 $S_{2n} < u_1$.于是,根据单调有界数列必有极限准则可知,当 n 无限增大时,S_{2n} 趋于一个极限 S,并且 $S \leqslant u_1$,即

$$\lim_{n\to\infty}S_{2n} = S \leqslant u_1.$$

再证明前 $2n+1$ 项的和 S_{2n+1} 的极限也是 S.事实上,我们有

$$S_{2n+1} = S_{2n} + u_{2n+1},$$

由条件(2)可知 $\lim_{n\to\infty}u_{2n+1} = 0$,因此

$$\lim_{n\to\infty}S_{2n+1} = \lim_{n\to\infty}(S_{2n} + u_{2n+1}) = \lim_{n\to\infty}S_{2n} + \lim_{n\to\infty}u_{2n+1} = S.$$

由于级数的偶数项的和与奇数项的和趋于同一极限 S,故级数 $\sum_{n=1}^{\infty}(-1)^{n-1}u_n$ 的部分和 S_n 当 $n\to\infty$ 时有极限 S.这就证明了级数 $\sum_{n=1}^{\infty}(-1)^{n-1}u_n$ 收敛于和 S,且 $S \leqslant u_1$.

最后,不难看出余项 r_n 的绝对值

$$|r_n| = u_{n+1} - u_{n+2} + \cdots.$$

上式右端也是一个交错级数,它也满足收敛的两个条件,所以其和小于级数的第一项,也就是说

$$|r_n| \leqslant u_{n+1}.$$

例 9.3.1 判定级数 $\sum_{n=1}^{\infty}(-1)^{n-1}\frac{1}{n}$ 的收敛性.

解 所给的级数为交错级数,且满足条件

(1) $u_n = \frac{1}{n} > u_{n+1} = \frac{1}{n+1}(n = 1,2,\cdots)$;

(2) $\lim\limits_{n\to\infty}u_n = \lim\limits_{n\to\infty}\frac{1}{n} = 0.$

根据莱布尼茨定理可知,级数 $\sum_{n=1}^{\infty}(-1)^{n-1}\frac{1}{n}$ 收敛.

例 9.3.2 判定级数 $\sum_{n=1}^{\infty}(-1)^n(\sqrt{n+1}-\sqrt{n})$ 的收敛性.

解 所给的级数为交错级数,且

$$u_n=\sqrt{n+1}-\sqrt{n}=\frac{1}{\sqrt{n+1}+\sqrt{n}},u_{n+1}=\sqrt{n+2}-\sqrt{n+1}=\frac{1}{\sqrt{n+2}+\sqrt{n+1}}.$$

于是有

(1) $u_n = \frac{1}{\sqrt{n+1}+\sqrt{n}} > u_{n+1} = \frac{1}{\sqrt{n+2}+\sqrt{n+1}}(n = 1,2,\cdots)$;

(2) $\lim\limits_{n\to\infty}u_n = \lim\limits_{n\to\infty}\frac{1}{\sqrt{n+1}+\sqrt{n}} = 0.$

根据莱布尼茨定理可知,级数 $\sum_{n=1}^{\infty}(-1)^n(\sqrt{n+1}-\sqrt{n})$ 收敛.

注意:莱布尼茨定理中的两个条件是充分非必要条件.例如,级数

$$1-\frac{1}{2^2}+\frac{1}{3^3}-\frac{1}{4^2}+\cdots+\frac{1}{(2n-1)^3}-\frac{1}{(2n)^2}+\cdots$$

是收敛的,但其一般项 $u_n \to 0(n\to\infty)$ 时并不具有单调递减性.

9.3.2 绝对收敛与条件收敛

现在讨论一般的级数

$$\sum_{n=1}^{\infty}u_n = u_1+u_2+\cdots+u_n+\cdots,$$

它的各项为任意实数,我们称之为**任意项级数**或**一般项级数**.如果级数 $\sum_{n=1}^{\infty}u_n$ 各项的绝对值所构成的正项级数 $\sum_{n=1}^{\infty}|u_n|$ 收敛,则称级数 $\sum_{n=1}^{\infty}u_n$ **绝对收敛**;如果级数 $\sum_{n=1}^{\infty}u_n$ 收敛,而级数 $\sum_{n=1}^{\infty}|u_n|$ 发散,则称级数 $\sum_{n=1}^{\infty}u_n$ **条件收敛**.易知,级数 $\sum_{n=1}^{\infty}(-1)^{n-1}\frac{1}{n^2}$ 绝对收敛,而级数 $\sum_{n=1}^{\infty}(-1)^{n-1}\frac{1}{n}$ 条件收敛.

级数绝对收敛与条件收敛有以下重要关系：

定理 9.3.2 绝对收敛的级数必收敛. 即当级数 $\sum_{n=1}^{\infty}|u_n|$ 收敛时，级数 $\sum_{n=1}^{\infty}u_n$ 必收敛.

证明 令

$$v_n=\frac{1}{2}(u_n+|u_n|)(n=1,2,\cdots),$$

显然 $v_n\geqslant 0$，且 $v_n\leqslant|u_n|(n=1,2,\cdots)$，因级数 $\sum_{n=1}^{\infty}|u_n|$ 收敛，故由比较审敛法可知，级数 $\sum_{n=1}^{\infty}v_n$ 收敛，从而级数 $\sum_{n=1}^{\infty}2v_n$ 也收敛. 而 $u_n=2v_n-|u_n|$，由收敛级数的基本性质可知

$$\sum_{n=1}^{\infty}u_n=\sum_{n=1}^{\infty}2v_n-\sum_{n=1}^{\infty}|u_n|,$$

所以级数 $\sum_{n=1}^{\infty}u_n$ 收敛.

定理 9.3.2 说明，对于任意项级数 $\sum_{n=1}^{\infty}u_n$，如果我们用正项级数的审敛法判定级数 $\sum_{n=1}^{\infty}|u_n|$ 收敛，则此级数收敛，且为绝对收敛.

例 9.3.3 讨论级数 $\sum_{n=1}^{\infty}(-1)^n\frac{1}{n^p}(p>0)$ 的收敛性，若收敛，指出是绝对收敛还是条件收敛.

解 因为级数 $\sum_{n=1}^{\infty}\left|(-1)^n\frac{1}{n^p}\right|=\sum_{n=1}^{\infty}\frac{1}{n^p}$ 为 p 级数，故

(1)当 $p>1$ 时，p 级数 $\sum_{n=1}^{\infty}\frac{1}{n^p}$ 收敛，所以级数 $\sum_{n=1}^{\infty}\left|(-1)^n\frac{1}{n^p}\right|$ 也收敛. 由定理 9.3.2 知，级数 $\sum_{n=1}^{\infty}(-1)^n\frac{1}{n^p}$ 收敛，且为绝对收敛.

(2)当 $0<p\leqslant 1$ 时，p 级数 $\sum_{n=1}^{\infty}\frac{1}{n^p}$ 发散，即级数 $\sum_{n=1}^{\infty}\left|(-1)^n\frac{1}{n^p}\right|$ 发散，所以原级数不是绝对收敛的. 但对于交错级数 $\sum_{n=1}^{\infty}(-1)^n\frac{1}{n^p}$，令 $u_n=\frac{1}{n^p}$，则满足

$$u_n=\frac{1}{n^p}>\frac{1}{(n+1)^p}=u_{n+1}(n=1,2,\cdots),\text{且}\quad\lim_{n\to\infty}u_n=\lim_{n\to\infty}\frac{1}{n^p}=0.$$

所以级数 $\sum_{n=1}^{\infty}(-1)^n\frac{1}{n^p}$ 收敛，且为条件收敛.

从上面的例子可知，级数 $\sum_{n=1}^{\infty}|u_n|$ 发散，不能判定级数 $\sum_{n=1}^{\infty}u_n$ 也发散. 但是若用比值审敛法或者根值审敛法判定 $\sum_{n=1}^{\infty}|u_n|$ 发散，则 $\sum_{n=1}^{\infty}u_n$ 亦发散. 这就是如下比较有用的定理.

定理 9.3.3 若任意项级数

$$\sum_{n=1}^{\infty}u_n=u_1+u_2+\cdots+u_n+\cdots$$

满足条件

$$\lim_{n\to\infty}\left|\frac{u_{n+1}}{u_n}\right|=\rho\text{（或}\lim_{n\to\infty}\sqrt[n]{|u_n|}=\rho\text{），}$$

其中 ρ 可以为 $+\infty$. 则当 $\rho<1$ 时，级数 $\sum_{n=1}^{\infty}u_n$ 收敛，且为绝对收敛；当 $\rho>1$ 时，级数 $\sum_{n=1}^{\infty}u_n$ 发散.

证明 由比值审敛法(根值审敛法)可知，当 $\rho<1$ 时，级数 $\sum_{n=1}^{\infty}|u_n|$ 收敛，从而级数 $\sum_{n=1}^{\infty}u_n$ 收敛且为绝对收敛. 当 $\rho>1$ 时，$\{|u_n|\}$ 为递增数列，故 $\lim_{n\to\infty}|u_n|\neq 0$，从而 $\lim_{n\to\infty}u_n\neq 0$，故级数 $\sum_{n=1}^{\infty}u_n$ 发散.

例 9.3.4 判定下列级数的收敛性.

(1) $\sum_{n=1}^{\infty}(-1)^n\frac{1}{2^n}\left(1+\frac{1}{n}\right)^{n^2}$； (2) $\sum_{n=1}^{\infty}(-1)^n\frac{n!}{n^n}$.

解 (1)因为

$$\lim_{n\to\infty}\sqrt[n]{|u_n|}=\lim_{n\to\infty}\sqrt[n]{\left|(-1)^n\frac{1}{2^n}\left(1+\frac{1}{n}\right)^{n^2}\right|}=\lim_{n\to\infty}\frac{1}{2}\left(1+\frac{1}{n}\right)^n=\frac{1}{2}\mathrm{e}>1,$$

由根值审敛法知 $\sum_{n=1}^{\infty}|u_n|$ 发散，故根据定理 9.3.3 可知级数 $\sum_{n=1}^{\infty}(-1)^n\frac{1}{2^n}\left(1+\frac{1}{n}\right)^{n^2}$ 发散.

(2)因为

$$\lim_{n\to\infty}\left|\frac{u_{n+1}}{u_n}\right|=\lim_{n\to\infty}\frac{(n+1)!}{(n+1)^{n+1}}\cdot\frac{n^n}{n!}=\lim_{n\to\infty}\left(\frac{n}{n+1}\right)^n=\lim_{n\to\infty}\frac{1}{\left(1+\frac{1}{n}\right)^n}=\frac{1}{\mathrm{e}}<1,$$

由比值审敛法知 $\sum_{n=1}^{\infty}|u_n|$ 收敛，故根据定理 9.3.3 可知级数 $\sum_{n=1}^{\infty}(-1)^n\frac{n!}{n^n}$ 绝对收敛.

习题 9.3

1. 讨论下列交错级数的收敛性.

(1) $\sum_{n=1}^{\infty}(-1)^n\sqrt{\frac{n}{5n+8}}$;　　(2) $\sum_{n=1}^{\infty}(-1)^{n-1}\sin\frac{1}{2n}$.

2. 判定下列级数是否收敛. 如果收敛,是绝对收敛还是条件收敛?

(1) $\sum_{n=1}^{\infty}(-1)^{n-1}\frac{n}{3^{n-1}}$;　　(2) $\sum_{n=1}^{\infty}(-1)^n\frac{3^n n!}{n^n}$;

(3) $\sum_{n=1}^{\infty}\frac{1}{n}\sin\frac{n\pi}{2}$;　　(4) $\sum_{n=1}^{\infty}\frac{x^n}{n!}$;

(5) $\sum_{n=1}^{\infty}(-1)^n\frac{n}{2n+1}$.

9.4　幂级数

9.4.1　函数项级数的概念

若给定一个定义在区间 I 上的函数列

$$u_1(x),u_2(x),u_3(x),\cdots,u_n(x),\cdots,$$

则把下列表达式

$$\sum_{n=1}^{\infty}u_n(x)=u_1(x)+u_2(x)+u_3(x)+\cdots+u_n(x)+\cdots \tag{9.4.1}$$

称为**函数项无穷级数**,简称**函数项级数**.

对于区间 I 上的任意一个值 x_0,函数项级数(9.4.1)成为常数项级数

$$\sum_{n=1}^{\infty}u_n(x_0)=u_1(x_0)+u_2(x_0)+\cdots+u_n(x_0)+\cdots, \tag{9.4.2}$$

该级数可能收敛,也可能发散. 如果级数(9.4.2)收敛,则称点 x_0 为函数项级数(9.4.1)的**收敛点**;如果级数(9.4.2)发散,则称点 x_0 为函数项级数(9.4.1)的**发散点**. 收敛点的全体被称为函数项级数(9.4.1)的**收敛域**;发散点的全体被称为它的**发散域**.

对应于收敛域内的任意一点 x,函数项级数成为一个收敛的常数项级数,因而它有一个确定的和 S. 这样,在收敛域内,函数项级数的和是 x 的函数,被称为函数项级数的**和函数**,通常记为 $S(x)$. 即

$$S(x)=\sum_{n=1}^{\infty}u_n(x)=u_1(x)+u_2(x)+\cdots+u_n(x)+\cdots.$$

显然,函数项级数和函数的定义域即为它的收敛域. 将函数项级数(9.4.1)的前 n 项的**部分和**记作 $S_n(x)$,则在收敛域上有

$$\lim_{n\to\infty}S_n(x)=S(x).$$

在函数项级数的收敛域上,令 $r_n(x)=S(x)-S_n(x)$,则称 $r_n(x)$ 为函数项级数的**余项**.显然只有当 x 在收敛域上时,$r_n(x)$ 才有意义,并且 $\lim\limits_{n\to\infty}r_n(x)=0$.

下面我们讨论一类最简单且应用较多的函数项级数——幂级数.

9.4.2 幂级数及其收敛域

形如

$$\sum_{n=0}^{\infty}a_nx^n=a_0+a_1x+a_2x^2+\cdots+a_nx^n+\cdots \tag{9.4.3}$$

或者

$$\sum_{n=0}^{\infty}a_n(x-x_0)^n=a_0+a_1(x-x_0)+a_2(x-x_0)^2+\cdots+a_n(x-x_0)^n+\cdots \tag{9.4.4}$$

的函数项级数称为**幂级数**,其中常数 $a_0,a_1,a_2,\cdots,a_n,\cdots$ 称为幂级数的**系数**.

例如

$$1+x+x^2+\cdots+x^n+\cdots,$$

$$1+(x-1)+\frac{1}{2!}(x-1)^2+\cdots+\frac{1}{n!}(x-1)^n+\cdots$$

都是幂级数.

不失一般性,我们只研究形如(9.4.3)的幂级数.因为经过变换 $t=x-x_0$,幂级数(9.4.4)就可化成幂级数(9.4.3)的形式.

现在我们来讨论:对于一个给定的幂级数,如何去求它的收敛域.

先来看一个简单的例子.考察幂级数

$$1+x+x^2+\cdots+x^n+\cdots$$

的收敛性.这既是一个幂级数,又是一个等比级数.故当 $|x|<1$ 时,该级数收敛于和 $\frac{1}{1-x}$;当 $|x|\geqslant 1$ 时,该级数发散.因此,这个幂级数的收敛域为开区间 $(-1,1)$,发散域为 $(-\infty,-1]$ 及 $[1,+\infty)$,并有

$$\frac{1}{1-x}=1+x+x^2+\cdots+x^n+\cdots(-1<x<1).$$

例子中幂级数的收敛域是一个区间,这并不是偶然现象.实际上,对于一般幂级数也成立.我们有如下定理.

定理 9.4.1(阿贝尔(Abel)定理) 若幂级数 $\sum\limits_{n=0}^{\infty}a_nx^n$ 在 $x=x_0(x_0\neq 0)$ 处收敛,则适合不等式 $|x|<|x_0|$ 的一切 x,幂级数 $\sum\limits_{n=0}^{\infty}a_nx^n$ 都绝对收敛;反之,若幂级数 $\sum\limits_{n=0}^{\infty}a_nx^n$ 在 $x=x_0$ 处发散,则适合不等式 $|x|>|x_0|$ 的一切 x,幂级

数 $\sum_{n=0}^{\infty} a_n x^n$ 都发散.

证明从略.

定理 9.4.1 表明,如果幂级数 $\sum_{n=0}^{\infty} a_n x^n$ 在 $x = x_0$ 处收敛,则对于开区间 $(-|x_0|, |x_0|)$ 内的任何 x,幂级数都收敛;如果幂级数 $\sum_{n=0}^{\infty} a_n x^n$ 在 $x = x_0$ 处发散,则对于闭区间 $[-|x_0|, |x_0|]$ 外的任何 x,幂级数都发散.由此,得到下述重要推论.

推论 9.4.1 若幂级数 $\sum_{n=0}^{\infty} a_n x^n$ 不是仅在 $x=0$ 一点收敛,也不是在整个数轴上收敛,则必存在一个确定的正实数 R,使得

(1)当 $|x| < R$ 时,幂级数绝对收敛;

(2)当 $|x| > R$ 时,幂级数发散;

(3)当 $x = \pm R$ 时,幂级数可能收敛也可能发散.

正数 R 通常被称为幂级数 $\sum_{n=0}^{\infty} a_n x^n$ 的**收敛半径**,开区间 $(-R,R)$ 称为幂级数 $\sum_{n=0}^{\infty} a_n x^n$ 的**收敛区间**.根据幂级数在端点 $x = \pm R$ 处的收敛性,可以确定其收敛域为下述四种区间之一:

$$(-R,R),[-R,R),(-R,R],[-R,R].$$

如果幂级数 $\sum_{n=0}^{\infty} a_n x^n$ 仅在 $x=0$ 一点收敛,为了方便起见,规定这时收敛半径 $R=0$;如果幂级数 $\sum_{n=0}^{\infty} a_n x^n$ 对于一切 x 都收敛,则规定其收敛半径 $R=+\infty$,这时的收敛域为 $(-\infty, +\infty)$.

由以上分析知,若求幂级数的收敛域,首先要计算出收敛半径 R.因此我们需要如下定理.

定理 9.4.2 给定幂级数 $\sum_{n=0}^{\infty} a_n x^n$,如果其相邻两项的系数 a_n, a_{n+1} 满足

$$\lim_{n\to\infty}\left|\frac{a_{n+1}}{a_n}\right| = \rho,$$

则幂级数的收敛半径

$$R = \begin{cases} \dfrac{1}{\rho}, & 0 < \rho < +\infty, \\ +\infty, & \rho = 0, \\ 0, & \rho = +\infty. \end{cases}$$

证明 考虑正项级数 $\sum\limits_{n=0}^{\infty}|a_nx^n|$，对于 $x\neq 0$，有

$$\lim_{n\to\infty}\left|\frac{a_{n+1}x^{n+1}}{a_nx^n}\right|=\lim_{n\to\infty}\left|\frac{a_{n+1}}{a_n}\right|\cdot|x|=\rho|x|.$$

(1)如果 $0<\rho<+\infty$，根据比值审敛法，当 $\rho|x|<1$ 时，即 $|x|<\dfrac{1}{\rho}$ 时，级数 $\sum\limits_{n=0}^{\infty}|a_nx^n|$ 收敛，从而幂级数 $\sum\limits_{n=0}^{\infty}a_nx^n$ 绝对收敛；当 $\rho|x|>1$ 时，即 $|x|>\dfrac{1}{\rho}$ 时，级数 $\sum\limits_{n=0}^{\infty}|a_nx^n|$ 发散，从而幂级数 $\sum\limits_{n=0}^{\infty}a_nx^n$ 发散，从而幂级数收敛半径为 $R=\dfrac{1}{\rho}$.

(2)如果 $\rho=0$，则对任意 $x\neq 0$，有

$$\lim_{n\to\infty}\left|\frac{a_{n+1}x^{n+1}}{a_nx^n}\right|=\lim_{n\to\infty}\left|\frac{a_{n+1}}{a_n}\right|\cdot|x|=0<1,$$

所以对任意 x，幂级数 $\sum\limits_{n=0}^{\infty}a_nx^n$ 都绝对收敛，从而幂级数收敛半径 $R=+\infty$.

(3)如果 $\rho=+\infty$，则对一切 $x\neq 0$，有

$$\lim_{n\to\infty}\left|\frac{a_{n+1}x^{n+1}}{a_nx^n}\right|=\lim_{n\to\infty}\left|\frac{a_{n+1}}{a_n}\right|\cdot|x|=+\infty,$$

所以对任意 $x\neq 0$，幂级数 $\sum\limits_{n=0}^{\infty}a_nx^n$ 都发散，从而幂级数收敛半径 $R=0$.

例 9.4.1 求下列幂级数的收敛半径与收敛域.

(1) $\sum\limits_{n=1}^{\infty}\dfrac{(-1)^{n-1}x^n}{(n+1)5^n}$； (2) $\sum\limits_{n=0}^{\infty}\dfrac{1}{n!}x^n$； (3) $\sum\limits_{n=0}^{\infty}n!x^n$（规定 $0!=1$）.

解 (1)因为

$$\rho=\lim_{n\to\infty}\left|\frac{a_{n+1}}{a_n}\right|=\lim_{n\to\infty}\left|\frac{\dfrac{(-1)^n}{(n+2)5^{n+1}}}{\dfrac{(-1)^{n-1}}{(n+1)5^n}}\right|=\lim_{n\to\infty}\frac{1}{5}\cdot\frac{n+1}{n+2}=\frac{1}{5},$$

所以幂级数的收敛半径 $R=\dfrac{1}{\rho}=5$，其收敛区间是 $(-5,5)$.

当 $x=-5$ 时，级数成为调和级数 $\sum\limits_{n=1}^{\infty}\dfrac{(-1)^{n-1}(-5)^n}{(n+1)5^n}=\sum\limits_{n=1}^{\infty}\dfrac{-1}{n+1}$，此级数发散；

当 $x=5$ 时，级数成为交错级数 $\sum\limits_{n=1}^{\infty}\dfrac{(-1)^{n-1}5^n}{(n+1)5^n}=\sum\limits_{n=1}^{\infty}\dfrac{(-1)^{n-1}}{n+1}$，此级数收敛.

因此，幂级数的收敛域为 $(-5,5]$.

(2)因为

$$\rho=\lim_{n\to\infty}\left|\frac{a_{n+1}}{a_n}\right|=\lim_{n\to\infty}\frac{\frac{1}{(n+1)!}}{\frac{1}{n!}}=\lim_{n\to\infty}\frac{1}{n+1}=0,$$

所以幂级数的收敛半径 $R=+\infty$，从而其收敛域是 $(-\infty,+\infty)$.

(3)因为

$$\rho=\lim_{n\to\infty}\left|\frac{a_{n+1}}{a_n}\right|=\lim_{n\to\infty}\frac{(n+1)!}{n!}=\lim_{n\to\infty}(n+1)=+\infty,$$

所以幂级数的收敛半径 $R=0$，即此级数仅在点 $x=0$ 处收敛.

例 9.4.2 求幂级数 $\sum\limits_{n=1}^{\infty}\frac{2n-1}{2^n}x^{2n-2}$ 的收敛域.

解 此幂级数缺少奇次幂的项,不能直接应用定理 9.4.2.根据比值审敛法来求收敛半径：

$$\lim_{n\to\infty}\left|\frac{\frac{2n+1}{2^{n+1}}x^{2n}}{\frac{2n-1}{2^n}x^{2n-2}}\right|=\lim_{n\to\infty}\frac{2n+1}{2(2n-1)}x^2=\frac{1}{2}x^2,$$

当 $\frac{x^2}{2}<1$，即 $|x|<\sqrt{2}$ 时,级数收敛;当 $\frac{x^2}{2}>1$，即 $|x|>\sqrt{2}$ 时,级数发散.

所以收敛半径 $R=\sqrt{2}$.

当 $x=\pm\sqrt{2}$ 时,级数成为 $\sum\limits_{n=1}^{\infty}\frac{2n-1}{2}$，级数发散.

因此幂级数 $\sum\limits_{n=1}^{\infty}\frac{2n-1}{2^n}x^{2n-2}$ 的收敛域为 $(-\sqrt{2},\sqrt{2})$.

例 9.4.3 求幂级数 $\sum\limits_{n=1}^{\infty}\frac{1}{2^n\cdot n}(x-1)^n$ 的收敛域.

解 **方法** 1 利用定理 9.4.2.

令 $t=x-1$，则上述级数变为 $\sum\limits_{n=1}^{\infty}\frac{1}{2^n\cdot n}t^n$. 因为

$$\rho=\lim_{n\to\infty}\left|\frac{a_{n+1}}{a_n}\right|=\lim_{n\to\infty}\frac{\frac{1}{2^{n+1}(n+1)}}{\frac{1}{2^n\cdot n}}=\lim_{n\to\infty}\frac{n}{2(n+1)}=\frac{1}{2},$$

所以级数 $\sum\limits_{n=1}^{\infty}\frac{1}{2^n\cdot n}t^n$ 的收敛半径 $R=2$,其收敛区间为 $|t|<2$,即 $-1<x<3$.

当 $x=-1$ 时,级数成为交错级数 $\sum\limits_{n=0}^{\infty}\frac{(-1)^n}{n}$，级数收敛;当 $x=3$ 时,级数成为调和级数 $\sum\limits_{n=0}^{\infty}\frac{1}{n}$，级数发散.因此,幂级数 $\sum\limits_{n=1}^{\infty}\frac{1}{2^n\cdot n}(x-1)^n$ 的收敛域为 $[-1,3)$.

方法 2 直接利用比值审敛法.

$$\lim_{n\to\infty}\left|\frac{\dfrac{(x-1)^{n+1}}{2^{n+1}\cdot(n+1)}}{\dfrac{(x-1)^{n}}{2^{n}\cdot n}}\right|=\lim_{n\to\infty}\frac{n}{2(n+1)}|x-1|=\frac{1}{2}|x-1|,$$

当 $\frac{1}{2}|x-1|<1$，即 $-1<x<3$ 时，级数收敛；当 $\frac{1}{2}|x-1|>1$，即 $x>3$ 或者 $x<-1$ 时，级数发散. 所以幂级数的收敛区间为 $(-1,3)$.

当 $x=-1$ 时，级数成为交错级数 $\sum\limits_{n=0}^{\infty}\frac{(-1)^n}{n}$，级数收敛；当 $x=3$ 时，级数成为调和级数 $\sum\limits_{n=0}^{\infty}\frac{1}{n}$，级数发散. 因此，$\sum\limits_{n=1}^{\infty}\frac{1}{2^n\cdot n}(x-1)^n$ 的收敛域为 $[-1,3)$.

9.4.3 幂级数的运算及其性质

设幂级数

$$\sum_{n=0}^{\infty}a_nx^n=a_0+a_1x+a_2x^2+\cdots+a_nx^n+\cdots$$

及

$$\sum_{n=0}^{\infty}b_nx^n=b_0+b_1x+b_2x^2+\cdots+b_nx^n+\cdots$$

的收敛半径分别为 R_1 和 R_2，则两个幂级数可以进行下列四则运算：

加、减法

$$\begin{aligned}&\left(\sum_{n=0}^{\infty}a_nx^n\right)\pm\left(\sum_{n=0}^{\infty}b_nx^n\right)\\&=(a_0+a_1x+a_2x^2+\cdots+a_nx^n+\cdots)\pm(b_0+b_1x+b_2x^2+\cdots+b_nx^n+\cdots)\\&=(a_0\pm b_0)+(a_1\pm b_1)x+(a_2\pm b_2)x^2+\cdots+(a_n\pm b_n)x^n+\cdots\\&=\sum_{n=0}^{\infty}(a_n\pm b_n)x^n\end{aligned}$$

且新幂级数的收敛半径 $R=\min\{R_1,R_2\}$.

乘法

$$\begin{aligned}&\left(\sum_{n=0}^{\infty}a_nx^n\right)\cdot\left(\sum_{n=0}^{\infty}b_nx^n\right)\\&=(a_0+a_1x+a_2x^2+\cdots+a_nx^n+\cdots)\cdot(b_0+b_1x+b_2x^2+\cdots+b_nx^n+\cdots)\\&=a_0b_0+(a_0b_1+a_1b_0)x+(a_0b_2+a_1b_1+a_2b_0)x^2+\cdots\\&\quad+(a_0b_n+a_1b_{n-1}+\cdots+a_{n-1}b_1+a_nb_0)x^n+\cdots,\end{aligned}$$

且新幂级数的收敛半径 $R=\min\{R_1,R_2\}$.

幂级数的和函数有下列重要性质.

性质 9.4.1 幂级数 $\sum_{n=0}^{\infty} a_n x^n$ 的和函数 $S(x)$ 在其收敛域 I 上连续.

性质 9.4.2 幂级数 $\sum_{n=0}^{\infty} a_n x^n$ 的和函数 $S(x)$ 在其收敛域 I 上可积,并有逐项积分公式

$$\int_0^x S(x)\mathrm{d}x = \int_0^x \Big(\sum_{n=0}^{\infty} a_n x^n\Big)\mathrm{d}x = \sum_{n=0}^{\infty} \int_0^x a_n x^n \mathrm{d}x = \sum_{n=0}^{\infty} \frac{a_n}{n+1} x^{n+1}\ (x \in I),$$

逐项积分后所得的幂级数与原幂级数有相同的收敛半径.

性质 9.4.3 幂级数 $\sum_{n=0}^{\infty} a_n x^n$ 的和函数 $S(x)$ 在其收敛区间 $(-R,R)$ 内可导,并有逐项求导公式

$$S'(x) = \Big(\sum_{n=0}^{\infty} a_n x^n\Big)' = \sum_{n=0}^{\infty} (a_n x^n)' = \sum_{n=1}^{\infty} n a_n x^{n-1}\ (|x| < R),$$

逐项求导后所得的幂级数与原幂级数有相同的收敛半径.

利用以上性质,可求一些幂级数的和函数.

例 9.4.4 求幂级数 $\sum_{n=0}^{\infty} \frac{x^n}{n+1}$ 的和函数.

解 幂级数只有在收敛域中才有和函数,故先求收敛域. 由

$$\rho = \lim_{n\to\infty} \left|\frac{a_{n+1}}{a_n}\right| = \lim_{n\to\infty} \frac{\frac{1}{n+2}}{\frac{1}{n+1}} = \lim_{n\to\infty} \frac{n+1}{n+2} = 1,$$

得收敛半径 $R = 1$,收敛区间为 $(-1,1)$.

当 $x=-1$ 时,级数成为交错级数 $\sum_{n=0}^{\infty} \frac{(-1)^n}{n+1}$,级数收敛;当 $x=1$ 时,级数成为调和级数 $\sum_{n=0}^{\infty} \frac{1}{n+1}$,级数发散. 因此,幂级数 $\sum_{n=0}^{\infty} \frac{x^n}{n+1}$ 的收敛域为 $[-1,1)$.

在收敛域 $[-1,1)$ 上,设和函数 $S(x) = \sum_{n=0}^{\infty} \frac{x^n}{n+1}$,于是

$$xS(x) = x\sum_{n=0}^{\infty} \frac{x^n}{n+1} = \sum_{n=0}^{\infty} \frac{x^{n+1}}{n+1}.$$

利用性质 9.4.3,逐项求导,并由等比级数

$$\sum_{n=0}^{\infty} x^n = 1 + x + x^2 + \cdots + x^n + \cdots = \frac{1}{1-x}(|x| < 1),$$

得

$$[xS(x)]' = \Big(\sum_{n=0}^{\infty} \frac{x^{n+1}}{n+1}\Big)' = \sum_{n=0}^{\infty} \Big(\frac{x^{n+1}}{n+1}\Big)' = \sum_{n=0}^{\infty} x^n = \frac{1}{1-x}(|x| < 1),$$

对上式从 0 到 x 积分,得

$$\int_0^x [xS(x)]'\mathrm{d}x = xS(x) = \int_0^x \frac{1}{1-x}\mathrm{d}x = -\ln(1-x)(-1 \leqslant x < 1).$$

于是,当 $x \neq 0$ 时,有

$$S(x) = -\frac{1}{x}\ln(1-x).$$

而得出 $S(0) = 1$,故

$$S(x) = \begin{cases} -\frac{1}{x}\ln(1-x), x \in [-1,0) \cup (0,1), \\ 1, \quad x = 0. \end{cases}$$

注意:对于幂级数和函数的求解,基本上是逐项求导再积分或逐项积分再求导,目的是将所求幂级数转化为等比级数,易求和.

习题 9.4

1. 求下列幂级数的收敛域.

(1) $\sum_{n=1}^{\infty} \frac{x^n}{n \cdot 3^n}$; (2) $\sum_{n=1}^{\infty} \frac{n!}{2n+1}x^n$;

(3) $\sum_{n=1}^{\infty} \frac{(x-5)^n}{\sqrt{n}}$; (4) $\sum_{n=1}^{\infty} \frac{(-1)^n x^n}{n}$;

(5) $\sum_{n=1}^{\infty} (-1)^{n-1} \frac{x^{2n+1}}{2n+1}$; (6) $\sum_{n=2}^{\infty} \frac{(-1)^n}{4^n(2n+1)}(x-1)^{2n}$.

2. 利用逐项求导或逐项积分,求下列幂级数的和函数.

(1) $\sum_{n=1}^{\infty} nx^{n-1}$; (2) $\sum_{n=1}^{\infty} \frac{x^{n-1}}{n \cdot 2^{n-1}}$;

(3) $\sum_{n=0}^{\infty} (n+1)(n+2)x^n$.

9.5 函数展开成幂级数

上一节讨论了幂级数的收敛域及其和函数的性质,并且知道一个幂级数在收敛域内收敛到其和函数.但在许多应用中,我们遇到的却是相反的问题:一个函数 $f(x)$ 在什么条件下可以表示成幂级数,而表示成的幂级数在其收敛域内的和是否恰好为函数 $f(x)$,这是本节要讨论的问题.

9.5.1 泰勒级数与麦克劳林级数

在第 3 章中我们学习了拉格朗日中值定理,如果我们将该定理推广,可以得到泰勒中值定理,也称泰勒公式.

定理 9.5.1(泰勒定理) 如果函数 $f(x)$ 在含有 x_0 的某个开区间 (a,b) 内具有直到 $(n+1)$ 阶的导数,则对任意 $x \in (a,b)$,有

$$f(x)=f(x_0)+f'(x_0)(x-x_0)+\frac{f''(x_0)}{2!}(x-x_0)^2+\cdots$$

$$+\frac{f^{(n)}(x_0)}{n!}(x-x_0)^n+r_n(x), \tag{9.5.1}$$

其中

$$r_n(x)=\frac{f^{(n+1)}(\xi)}{(n+1)!}(x-x_0)^{n+1}, \tag{9.5.2}$$

这里的 ξ 是介于 x_0 与 x 之间的某个值.

证明从略.

式(9.5.1)称为按 $(x-x_0)$ 的幂展开的 n 阶**泰勒公式**,式(9.5.2)中的 $r_n(x)$ 称为**拉格朗日型余项**.

在泰勒公式中令 $x_0=0$,则称

$$f(x)=f(0)+f'(0)x+\frac{f''(0)}{2!}x^2+\cdots$$

$$+\frac{f^{(n)}(0)}{n!}x^n+\frac{f^{(n+1)}(\theta x)}{(n+1)!}x^{n+1}\,(0<\theta<1) \tag{9.5.3}$$

为**麦克劳林公式**.

我们称级数

$$f(x_0)+f'(x_0)(x-x_0)+\frac{f''(x_0)}{2!}(x-x_0)^2+\cdots+\frac{f^{(n)}(x_0)}{n!}(x-x_0)^n+\cdots \tag{9.5.4}$$

为 $f(x)$ 在点 x_0 处的**泰勒级数**,而展开式

$$f(x)=\sum_{n=0}^{\infty}\frac{f^{(n)}(x_0)}{n!}(x-x_0)^n, x\in U(x_0), \tag{9.5.5}$$

称为函数 $f(x)$ **在** x_0 **处的泰勒展开式**.

显然,当 $x=x_0$ 时,$f(x)$ 的泰勒级数收敛于 $f(x_0)$,但除了 $x=x_0$ 外,它是否收敛?如果它收敛,是否一定收敛于 $f(x)$?对于这些问题,有下述定理.

定理 9.5.2 如果函数 $f(x)$ 在点 x_0 的某一邻域 $U(x_0)$ 内具有任意阶导数,则在该邻域内,$f(x)$ 在点 x_0 处可以展开为泰勒级数的充要条件是在该邻域内 $f(x)$ 的泰勒公式中的余项 $r_n(x)$ 当 $n\to\infty$ 时的极限为零,即

$$\lim_{n\to\infty}r_n(x)=0.$$

证明 令

$$p_n(x)=f(x_0)+f'(x_0)(x-x_0)+\frac{f''(x_0)}{2!}(x-x_0)^2+\cdots+\frac{f^{(n)}(x_0)}{n!}(x-x_0)^n,$$

则

$$r_n(x)=f(x)-p_n(x).$$

先证必要性. 如果 $f(x)$ 在点 x_0 处可以展开为泰勒级数,即

$$f(x)=f(x_0)+f'(x_0)(x-x_0)+\frac{f''(x_0)}{2!}(x-x_0)^2+\cdots+\frac{f^{(n)}(x_0)}{n!}(x-x_0)^n+\cdots,$$

则 $f(x)$ 为泰勒级数的和函数，$p_n(x)$ 为其前 $(n+1)$ 项的和，故

$$\lim_{n\to\infty}p_n(x)=f(x),$$

所以

$$\lim_{n\to\infty}r_n(x)=\lim_{n\to\infty}[f(x)-p_n(x)]=0.$$

再证充分性. 设 $\lim\limits_{n\to\infty}r_n(x)=0$ 对一切 $x\in U(x_0)$ 成立. 由 $f(x)$ 的 n 阶泰勒公式有

$$p_n(x)=f(x)-r_n(x),$$

令 $n\to\infty$，上式取极限得

$$\lim_{n\to\infty}p_n(x)=\lim_{n\to\infty}[f(x)-r_n(x)]=f(x),$$

即 $f(x)$ 的泰勒级数在 $x\in U(x_0)$ 内收敛，并且收敛于 $f(x)$.

注意：函数 $f(x)$ 的泰勒级数与其泰勒展开式不是同一概念，$f(x)$ 的泰勒级数未必收敛于 $f(x)$，而 $f(x)$ 的泰勒展开式一定收敛于 $f(x)$. 若函数 $f(x)$ 在 x_0 的某一邻域 $U(x_0)$ 内具有任意阶导数 $f^{(n)}(x)$，则 $\sum\limits_{n=0}^{\infty}\frac{f^{(n)}(x_0)}{n!}(x-x_0)^n$ 就是函数 $f(x)$ 的泰勒级数. 此级数在 x_0 的某一邻域 $U(x_0)$ 内是否收敛，以及如果收敛，其和函数是否为 $f(x)$，还需要用泰勒定理验证. 只有当级数 $\sum\limits_{n=0}^{\infty}\frac{f^{(n)}(x_0)}{n!}(x-x_0)^n$ 在 x_0 的某一邻域 $U(x_0)$ 内收敛且其和函数为 $f(x)$ 时，才可以说 $f(x)$ 在 x_0 的某一邻域 $U(x_0)$ 内可展开成泰勒级数，即 $f(x)=\sum\limits_{n=0}^{\infty}\frac{f^{(n)}(x_0)}{n!}(x-x_0)^n$ 就是 $f(x)$ 的泰勒展开式.

在泰勒级数(9.5.4)中，取 $x_0=0$，得

$$\sum_{n=0}^{\infty}\frac{f^{(n)}(0)}{n!}x^n=f(0)+f'(0)x+\frac{f''(0)}{2!}x^2+\cdots+\frac{f^{(n)}(0)}{n!}x^n+\cdots,\tag{9.5.6}$$

该级数称为 $f(x)$ 的**麦克劳林级数**. 如果函数 $f(x)$ 能在 $(-R,R)$ 内展开成 x 的幂级数，则有

$$f(x)=\sum_{n=0}^{\infty}\frac{f^{(n)}(0)}{n!}x^n(|x|<R).\tag{9.5.7}$$

上式称为函数 $f(x)$ 的**麦克劳林展开式**.

9.5.2 直接展开与间接展开

只要作适当的替换，就可把麦克劳林展开式转化为泰勒展开式，因此把函数展开成含 x 的幂级数通常是指展开成麦克劳林级数，即

$$f(x) = \sum_{n=0}^{\infty} \frac{f^{(n)}(0)}{n!} x^n (|x| < R).$$

要把函数 $f(x)$ 展开成 x 的幂级数,可以按照下列步骤进行:

(1)求出 $f(x)$ 的各阶导数;

(2)求出 $f(x)$ 及其各阶导数在 $x = 0$ 处的值;

(3)写出幂级数

$$f(0) + f'(0)x + \frac{f''(0)}{2!}x^2 + \cdots + \frac{f^{(n)}(0)}{n!}x^n + \cdots,$$

并求出收敛半径;

(4)考察当 $x \in (-R,R)$ 时,余项

$$r_n(x) = \frac{f^{(n+1)}(\theta x)}{(n+1)!}x^{n+1} (0 < \theta < 1)$$

极限是否为零,若 $\lim\limits_{n\to\infty} r_n(x) = 0$,则有

$$f(x) = f(0) + f'(0)x + \frac{f''(0)}{2!}x^2 + \cdots + \frac{f^{(n)}(0)}{n!}x^n + \cdots, x \in (-R,R).$$

上述方法我们称为直接展开法.

例 9.5.1 将函数 $f(x) = e^x$ 展开成 x 的幂级数.

解 利用直接展开法.

(1) $f(x)$ 的各阶导数:$f'(x) = e^x, f''(x) = e^x, \cdots, f^{(n)}(x) = e^x, \cdots$.

(2) $f(x)$ 及其各阶导数在 $x = 0$ 处的值:

$$f(0) = 1, f'(0) = 1, f''(0) = 1, \cdots, f^{(n)}(0) = 1, \cdots.$$

(3)得到幂级数为

$$1 + x + \frac{1}{2!}x^2 + \cdots + \frac{1}{n!}x^n + \cdots,$$

其收敛半径 $R = +\infty$.

(4)验证 $\lim\limits_{n\to\infty} r_n(x) = 0$ 是否成立. 对任意的实数 x,余项的绝对值

$$|r_n(x)| = \left| \frac{f^{(n+1)}(\theta x)}{(n+1)!}x^{n+1} \right| = \left| \frac{e^{\theta x}}{(n+1)!}x^{n+1} \right| \leqslant e^{|x|} \frac{|x|^{n+1}}{(n+1)!},$$

考虑级数 $\sum\limits_{n=0}^{\infty} e^{|x|} \frac{|x|^{n+1}}{(n+1)!}$,由比值审敛法可知其收敛,再由级数收敛的必要条件知其一般项的极限为零,即

$$\lim_{n\to\infty} e^{|x|} \frac{|x|^{n+1}}{(n+1)!} = 0.$$

于是对于 $(-\infty, +\infty)$ 的一切 x,有

$$\lim_{n\to\infty} r_n(x) = 0.$$

于是得 e^x 的展开式为

$$e^x = 1 + x + \frac{1}{2!}x^2 + \cdots + \frac{1}{n!}x^n + \cdots (-\infty < x < +\infty). \quad (9.5.8)$$

例 9.5.2 将函数 $f(x)=\sin x$ 展开成 x 的幂级数.

解 利用直接展开法.

(1) $f(x)$ 的各阶导数：$f^{(n)}(x)=\sin\left(x+\frac{n}{2}\pi\right)(n=1,2,3,\cdots)$.

(2) $f(x)$ 及其各阶导数在 $x=0$ 处的值：

$$f(0)=0,f'(0)=1,f''(0)=0,f'''(0)=-1,\cdots$$

$f^{(n)}(0)$ 依次循环地取 $0,1,0,-1,\cdots(n=0,1,2,3,\cdots)$.

(3)得到幂级数为

$$x-\frac{x^3}{3!}+\frac{x^5}{5!}-\frac{x^7}{7!}+\cdots+(-1)^k\frac{x^{2k+1}}{(2k+1)!}+\cdots,$$

其收敛半径 $R=+\infty$.

(4)验证 $\lim\limits_{n\to\infty}r_n(x)=0$ 是否成立.对任意的实数 x，余项的绝对值

$$|r_n(x)|=\left|\frac{\sin\left[\theta x+\frac{(n+1)\pi}{2}\right]}{(n+1)!}x^{n+1}\right|\leqslant\frac{|x|^{n+1}}{(n+1)!}\to 0(n\to\infty).$$

因此得 $\sin x$ 展开式

$$\sin x=x-\frac{x^3}{3!}+\frac{x^5}{5!}-\frac{x^7}{7!}+\cdots+(-1)^k\frac{x^{2k+1}}{(2k+1)!}+\cdots(-\infty<x<+\infty).\tag{9.5.9}$$

利用直接展开法,同样可以得到 $(1+x)^m$ 幂级数展开式(求解从略),即

$$\begin{aligned}(1+x)^m&=1+mx+\frac{m(m-1)}{2!}x^2+\cdots+\frac{m(m-1)\cdots(m-n+1)}{n!}x^n+\cdots\\&=1+\sum_{n=1}^{\infty}\frac{m(m-1)\cdots(m-n+1)}{n!}x^n(-1<x<1).\end{aligned}\tag{9.5.10}$$

在 $x=\pm1$ 处,展开式(9.5.10)是否成立,要看 m 的具体数值而定.

在式(9.5.10)中,当 m 为正整数时,级数为 x 的 m 次多项式,这就是代数学中的二项式定理,因此式(9.5.10)也称为**二项展开式**.

对应于 $m=\frac{1}{2},m=-\frac{1}{2}$ 的二项展开式分别为

$$\sqrt{1+x}=1+\frac{1}{2}x-\frac{1}{2\cdot4}x^2+\frac{1\cdot3}{2\cdot4\cdot6}x^3-\frac{1\cdot3\cdot5}{2\cdot4\cdot6\cdot8}x^4+\cdots(-1\leqslant x\leqslant1),$$

$$\frac{1}{\sqrt{1+x}}=1-\frac{1}{2}x+\frac{1\cdot3}{2\cdot4}x^2-\frac{1\cdot3\cdot5}{2\cdot4\cdot6}x^3+\frac{1\cdot3\cdot5\cdot7}{2\cdot4\cdot6\cdot8}x^4-\cdots(-1<x\leqslant1).$$

由以上例子可以看出,利用直接展开法将函数展成幂级数,计算量较大,而且研究余项也不是一件容易的事情.下面介绍间接展开的方法.

所谓**间接展开法**,就是利用一些已知函数的幂级数展开式,通过幂级数的运算(如四则运算、逐项求导、逐项积分)以及变量代换等,获得所求函数的幂级数展开式.这样做不但计算简单,并且避免研究余项.

例 9.5.3 将函数 $f(x)=\cos x$ 展开成 x 的幂级数.

解 因为 $(\sin x)'=\cos x$，故对式(9.5.9)逐项求导可得到 $\cos x$ 的展开式，即

$$\begin{aligned}\cos x &= (\sin x)'\\ &= \left[x-\frac{x^3}{3!}+\frac{x^5}{5!}-\frac{x^7}{7!}+\cdots+(-1)^k\frac{x^{2k+1}}{(2k+1)!}+\cdots\right]'\\ &= 1-\frac{x^2}{2!}+\frac{x^4}{4!}-\frac{x^6}{6!}+\cdots+(-1)^k\frac{x^{2k}}{(2k)!}+\cdots,\end{aligned}$$

由幂级数和函数的性质可知，上式的收敛半径 $R=+\infty$，因此得到

$$\cos x=1-\frac{x^2}{2!}+\frac{x^4}{4!}-\frac{x^6}{6!}+\cdots+(-1)^k\frac{x^{2k}}{(2k)!}+\cdots(-\infty<x<+\infty). \tag{9.5.11}$$

我们前面已经求出几个常用的幂级数的展开式：

$$\mathrm{e}^x=\sum_{n=0}^{\infty}\frac{1}{n!}x^n(-\infty<x<+\infty),$$

$$\sin x=\sum_{n=0}^{\infty}(-1)^n\frac{x^{2n+1}}{(2n+1)!}(-\infty<x<+\infty),$$

$$\cos x=\sum_{n=0}^{\infty}(-1)^n\frac{x^{2n}}{(2n)!}(-\infty<x<+\infty),$$

$$\frac{1}{1+x}=\sum_{n=0}^{\infty}(-1)^n x^n(-1<x<1). \tag{9.5.12}$$

对式(9.5.12)两边从 0 到 x 积分，可得

$$\ln(1+x)=\sum_{n=0}^{\infty}\frac{(-1)^n}{n+1}x^{n+1}=\sum_{n=1}^{\infty}\frac{(-1)^{n-1}}{n}x^n(-1<x\leqslant 1). \tag{9.5.13}$$

以上五个幂级数展开式是最常用的，需要大家记住. 下面再举几个用间接展开法把函数展开成幂级数的例子.

例 9.5.4 将函数 $f(x)=\ln x$ 展开成 $x-2$ 的幂级数.

解 由于

$$f(x)=\ln x=\ln(2+x-2)=\ln2\left(1+\frac{x-2}{2}\right)=\ln2+\ln\left(1+\frac{x-2}{2}\right),$$

将式(9.5.13)中的 x 换为 $\frac{x-2}{2}$，可得

$$\begin{aligned}f(x) &= \ln x\\ &= \ln2+\sum_{n=0}^{\infty}\frac{(-1)^n}{n+1}\left(\frac{x-2}{2}\right)^{n+1}\\ &= \ln2+\sum_{n=0}^{\infty}\frac{(-1)^n}{(n+1)2^{n+1}}(x-2)^{n+1},\end{aligned}$$

其中 $-1<\dfrac{x-2}{2}\leqslant 1$，即 $0<x\leqslant 4$. 因此 $\ln x$ 关于 $x-2$ 的幂级数展开式在 $0<x\leqslant 4$ 内成立.

例 9.5.5 将函数 $f(x)=\dfrac{1}{x^2+4x+3}$ 展开成 x 的幂级数.

解 由于

$$\frac{1}{x^2+4x+3}=\frac{1}{(x+1)(x+3)}=\frac{1}{2}\cdot\frac{1}{1+x}-\frac{1}{2}\cdot\frac{1}{3+x},$$

其中

$$\frac{1}{1+x}=\sum_{n=0}^{\infty}(-x)^n=\sum_{n=0}^{\infty}(-1)^n x^n(-1<x<1),$$

$$\frac{1}{3+x}=\frac{1}{3}\cdot\frac{1}{1+\dfrac{x}{3}}=\frac{1}{3}\sum_{n=0}^{\infty}\left(-\frac{x}{3}\right)^n=\sum_{n=0}^{\infty}\frac{(-1)^n}{3^{n+1}}x^n(-3<x<3).$$

故

$$\begin{aligned}f(x)=\frac{1}{x^2+4x+3}&=\frac{1}{2}\sum_{n=0}^{\infty}(-1)^n x^n-\frac{1}{2}\sum_{n=0}^{\infty}\frac{(-1)^n}{3^{n+1}}x^n\\&=\frac{1}{2}\sum_{n=0}^{\infty}(-1)^n\left(1-\frac{1}{3^{n+1}}\right)x^n.\end{aligned}$$

由于两个幂级数的公共收敛区间为 $(-1,1)$，又当 $x=\pm 1$ 时，级数的一般项当 $n\to\infty$ 时，极限不为 0，即级数发散. 所以 $f(x)$ 的展开式在 $(-1,1)$ 内成立.

习题 9.5

1. 将下列函数展开成 x 的幂级数，并求展开式成立的区间.

(1) a^x； (2) $\dfrac{1}{3-x}$；

(3) $\ln\sqrt{\dfrac{1+x}{1-x}}$； (4) $\dfrac{x}{1+x^2}$.

2. 将函数 $f(x)=\cos x$ 展开成 $x+\dfrac{\pi}{3}$ 的幂级数.

3. 将函数 $f(x)=\dfrac{1}{x^2+3x+2}$ 展开成 $x+4$ 的幂级数.

复习题九

1. 选择题.

(1)下列说法正确的是(   ).

A. 如果 $\{u_n\}$ 收敛,则 $\sum_{n=1}^{\infty} u_n$ 收敛

B. 如果 $\lim_{n\to\infty} u_n = 0$,则 $\sum_{n=1}^{\infty} u_n$ 收敛

C. 如果 $\sum_{n=1}^{\infty} u_n$ 收敛,则 $\{u_n\}$ 收敛

D. 以上说法都不对.

(2)设级数 $\sum_{n=1}^{\infty} u_n$ 收敛,则以下级数必定收敛的是(   ).

A. $\sum_{n=1}^{\infty} \frac{1}{u_n}$ B. $\sum_{n=1}^{\infty} u_n^2$

C. $\sum_{n=1}^{\infty} (-1)^n u_n$ D. $\sum_{n=1}^{\infty} (u_n + u_{n+1})$

(3)如果 $\sum_{n=1}^{\infty} a_n (x-1)^n$ 在 $x=-1$ 处收敛,则此级数在 $x=2$ 处(   ).

A. 条件收敛   B. 绝对收敛

C. 发散   D. 敛散性不能确定

2. 判断下列级数的收敛性.

(1) $\sum_{n=1}^{\infty} \ln\left(1+\frac{1}{n^{\frac{3}{2}}}\right)$;   (2) $\sum_{n=1}^{\infty} \frac{(n!)^2}{2n^2}$;

(3) $\sum_{n=1}^{\infty} \frac{1}{n}(\sqrt{n+1}-\sqrt{n-1})$;   (4) $\sum_{n=1}^{\infty} \frac{3^n}{n!}\cos^2\frac{n\pi}{3}$.

3. 判断下列级数的收敛性,若收敛,指出条件收敛还是绝对收敛.

(1) $\sum_{n=1}^{\infty} \frac{\cos(n\pi)}{n}$;   (2) $\sum_{n=1}^{\infty} (-1)^{n-1} \frac{\sqrt{n}}{n+100}$;

(3) $\sum_{n=1}^{\infty} \frac{(-1)^n}{\sqrt{n}(n+2)}$;   (4) $\sum_{n=1}^{\infty} (-1)^n \frac{\ln n}{n}$.

4. 求下列幂级数的收敛域.

(1) $\sum_{n=1}^{\infty} (-1)^n \frac{2^n}{\sqrt{n}} x^n$;   (2) $\sum_{n=1}^{\infty} \frac{2n}{n^2+1} x^n$;

(3) $\sum_{n=1}^{\infty} \frac{x^{2n+1}}{3^n}$;   (4) $\sum_{n=1}^{\infty} n(x-1)^n$.

5.将下列函数展开成 x 的幂级数.

(1) xe^{-x^2};　　　　(2) $\ln(x+\sqrt{x^2+1})$.

6.将函数 $f(x)=\dfrac{1}{x^2}$ 展开成 $x-3$ 的幂级数,并指出其成立的范围.

数学家简介——阿贝尔

"阿贝尔做出了永恒、不朽的东西!他思想将永远给我们的科学以丰饶的影响."

——魏尔斯特拉斯

"一个人如果要在数学上有所进步,就必须向大师学习."

——阿贝尔

阿贝尔(Niels Henrik Abel)(1802—1829)是挪威数学家,1802年8月5日生于芬岛(另一说克里斯蒂安桑),1829年4月6日卒于弗鲁兰.

阿贝尔的父亲是村子里的基督教牧师,家庭贫困.阿贝尔中学时代,得到一位很有才华的数学教师霍尔姆博(Holmböe)的教诲,在其引导下走上了数学研究的道路.他从16岁开始,就自学牛顿、欧拉、拉格朗日、勒让德等人的数学著作,被同学称为"数学迷".阿贝尔18岁时,父亲便去世了,本来就贫苦的家庭又失去了唯一的经济支持,全靠几位教授和邻居的资助维持生计.在19岁那年,阿贝尔进入了奥斯陆大学学习.

阿贝尔早慧惊人.当他还是一个中学生的时候,就按照高斯对二项式方程的处理方法探讨高次方程的可解性问题.起初,他认为自己用根式已经解决了一般的五次方程,但很快就发现了自己的错误.进大学后他继续研究这一问题,终于在1824年证明了一般五次方程是不能像低次方程那样用根式求解的,从而解决了使数学家困惑300年之久的一个难题,这时他年仅22岁.他自己出资印发了这个证明.另外,他在1823年还发表了其他一些论文,其中包括用积分方程解古典的等时线问题,可以说它是这类方程的第一个解法,为积分方程在19世纪末20世纪初的全面发展开辟了道路.

阿贝尔深刻的数学思想超出了挪威数学界所能理解的水平,因此他渴望出访德、法等国.在朋友和教授们的支持下,经过和政府的多次交涉,他才获取了一笔不大的出国奖学金.

在柏林期间,他接受了高斯、柯西学派注重严格推导的学风,对分析中的逻辑混乱、概念不清以及证明中的有失严格深为不满.他曾尖锐地指出:"人们在分析中确实发现了惊人的含糊不清之处.这样一个完全没有计划和体系的分析,竟有那么多人研究过它,真是奇怪.最坏的是,从来没有严格地对待过分析.”他给出了二项式定理对于所有复指数都是正确的证明,从而奠定了幂级数收敛的一般理论,也是第一次给出这种级数展开式成立的可靠证明,从而解决了在实数和复数范围内分别求幂级数的收敛区间与收敛半径的问题.他还纠正了柯西关于连续函数的一个收敛级数的和一定连续的错误,并给出了具体的例子.他还利用一致收敛的思想,正确地证明了“连续函数为项的一个一致收敛级数的和,在收敛域内是连续的”,可惜他当时未能从中把一致收敛的性质抽象概括出来,形成普遍的概念.阿贝尔这些工作有力地推进了分析学的严格化.

阿贝尔在柏林结识了一位热情的业余爱好者克莱尔(Crelle),克莱尔对阿贝尔的才华十分敬佩.阿贝尔则鼓励克莱尔创办《纯粹与应用数学学报》,这是世界上专载数学研究的第一个学术刊物.该刊物前3期便登载了阿贝尔22篇文章,他的《五次方程代数解法不可能存在的证明》就发表在创刊号上.阿贝尔把他关于五次方程的小册子寄给哥廷根大学的高斯,想借此作为晋谒高斯的通行证.但不知什么原因高斯根本未看(在高斯死后30年,人们发现其遗物中的这本小册子还没有启封),阿贝尔觉得受到冷遇,决心不再见高斯而径自去巴黎.

在巴黎他会见了柯西、勒让德、狄利克雷等人,但这些会面也流于敷衍,因为《纯粹与应用数学学报》这个刊物当时在法国几乎无人知道,而阿贝尔又太腼腆,不好意思在陌生人面前谈论自己的著作,人们并没有真正认识到他是天才.在巴黎期间他完成了论著《论一类广泛的超越函数的一般性质》.他在这一论著中研究了后来所知的阿贝尔积分.阿贝尔当时把该论著呈给法国科学院,希望这能引起法国数学家们对他的注意,勒让德和柯西被任命为评审人.但不幸稿件被柯西带回家时,不知放在什么地方了,完全把它忘记了.阿贝尔空等了一段时间,终因旅资用尽而不得不返回柏林.

在柏林他完成了关于椭圆函数的一篇开创性论文后就回到了挪威.他原希望回国后能被聘为大学教授,但希望又一次落空.他只能靠给私人补课或当代课教师谋生,生活极其困苦,用他自己的话来说:“穷得就像教堂里的老鼠”.在这样艰苦的条件下,他仍坚持科研工作,主要研究椭圆函数论,并开创这一数学分支.后来阿贝尔的声誉随着他的研究成果逐渐传到欧洲的所有数学中心,但他却身处消息闭塞之地,毫无所知.更不幸的是,他在1829年染上肺病,不久在贫病交加中去世,终年不足27岁.死后的第三天,柏林大学给他的数学教授聘书才寄到挪威,这也是后世数学家无不为之深深惋惜的事情——“迟到的聘书”.

阿贝尔短促的一生,却在数学史上留下了光辉的篇章.著名数学埃尔米特曾说:“阿贝尔留下来的问题,够数学家忙150年.”克莱尔在他主编的《纯粹与应用数学学报》里写道:“阿贝尔在他的所有著作里都打下了天才的烙印,表现出了不起的思维能力.我们可以说他能够穿透一切障碍深入问题的根底,具有似乎是无坚不摧的气势……他又以品格纯朴高尚以及罕见的谦逊精神出众,使他的人品也像他的天才那样受到不同寻常的爱戴."2002年阿贝尔200周年诞辰时,为纪念挪威这位杰出数学家,挪威政府设立了以他的名字命名的国际性大奖——阿贝尔奖(The Abel Prize),阿贝尔奖是一个奖励数学领域杰出成就的国际奖项,被视为数学界最高荣誉之一,其宗旨在于提高数学在社会中的地位,同时激励青少年学习数学的兴趣.获奖者没有年龄的限制.该奖自2003年开始每年颁发一次,奖金额为600万挪威克朗,颁奖典礼于每年6月在奥斯陆举行.

附录 I

常见三角函数公式

1."1"的变换

$\sin^2\alpha+\cos^2\alpha=1$　　$\tan\alpha\cot\alpha=1$

2.两角和与差的公式

$\sin(\alpha\pm\beta)=\sin\alpha\cos\beta\pm\cos\alpha\sin\beta$　　$\cos(\alpha\pm\beta)=\cos\alpha\cos\beta\mp\sin\alpha\sin\beta$

$\tan(\alpha+\beta)=\dfrac{\tan\alpha+\tan\beta}{1-\tan\alpha\tan\beta}$　　$\tan(\alpha-\beta)=\dfrac{\tan\alpha-\tan\beta}{1+\tan\alpha\tan\beta}$

3.和差化积公式

$\sin\alpha+\sin\beta=2\sin\dfrac{\alpha+\beta}{2}\cos\dfrac{\alpha-\beta}{2}$　　$\sin\alpha-\sin\beta=2\cos\dfrac{\alpha+\beta}{2}\sin\dfrac{\alpha-\beta}{2}$

$\cos\alpha+\cos\beta=2\cos\dfrac{\alpha+\beta}{2}\cdot\cos\dfrac{\alpha-\beta}{2}$　　$\cos\alpha-\cos\beta=-2\sin\dfrac{\alpha+\beta}{2}\sin\dfrac{\alpha-\beta}{2}$

4.积化和差公式

$\sin\alpha\cdot\sin\beta=-\dfrac{1}{2}[\cos(\alpha+\beta)-\cos(\alpha-\beta)]$

$\sin\alpha\cdot\cos\beta=\dfrac{1}{2}[\sin(\alpha+\beta)+\sin(\alpha-\beta)]$

$\cos\alpha\cdot\cos\beta=\dfrac{1}{2}[\cos(\alpha+\beta)+\cos(\alpha-\beta)]$

5.倍角关系式

$\sin2\alpha=2\sin\alpha\cos\alpha$

$\cos2\alpha=\cos^2\alpha-\sin^2\alpha=2\cos^2\alpha-1=1-2\sin^2\alpha$

$\tan2\alpha=\dfrac{2\tan\alpha}{1-\tan^2\alpha}$

6.万能公式

$\sin2\alpha=\dfrac{2\tan\alpha}{1+\tan^2\alpha}$　　$\cos2\alpha=\dfrac{1-\tan^2\alpha}{1+\tan^2\alpha}$　　$\tan2\alpha=\dfrac{2\tan\alpha}{1-\tan^2\alpha}$

7.切割函数转换

$\sec\alpha=\dfrac{1}{\cos\alpha}$　　$\csc\alpha=\dfrac{1}{\sin\alpha}$

$\sec^2\alpha=\tan^2\alpha+1$　　$\csc^2\alpha=\cot^2\alpha+1$

附录Ⅱ

二阶和三阶行列式简介

设已知正方形数表

$$\begin{matrix} a_{11} & a_{12} \\ a_{21} & a_{22} \end{matrix}, \tag{1}$$

则数 $a_{11}a_{22}-a_{12}a_{21}$ 称为数表(1)所确定的**二阶行列式**,并记作

$$\begin{vmatrix} a_{11} & a_{12} \\ a_{21} & a_{22} \end{vmatrix}.$$

即

$$\begin{vmatrix} a_{11} & a_{12} \\ a_{21} & a_{22} \end{vmatrix} = a_{11}a_{22}-a_{12}a_{21}.$$

数 $a_{11},a_{12},a_{21},a_{22}$ 叫作行列式中的元素,横排称为行列式的行,竖排称为行列式的列,元素 a_{ij} 中的第一个下标 i 表明该元素位于第 i 行,第二个下标表明该元素位于第 j 列,a_{11},a_{22} 也称为主对角线上的元素.

设二元线性方程组

$$\begin{cases} a_{11}x_1+a_{12}x_2=b_1, \\ a_{21}x_1+a_{22}x_2=b_2. \end{cases} \tag{2}$$

我们用大家熟悉的消元法,分别消去方程组中的 x_2 与 x_1,可得

$$\begin{cases} (a_{11}a_{22}-a_{12}a_{21})x_1=b_1a_{22}-b_2a_{12}, \\ (a_{11}a_{22}-a_{12}a_{21})x_2=b_2a_{11}-b_1a_{21}. \end{cases} \tag{3}$$

记

$$\begin{vmatrix} a_{11} \\ a_{21} \end{vmatrix} = a_{11}a_{22}-a_{12}a_{21}=D,$$

$$\begin{vmatrix} b_1 \\ b_2 \end{vmatrix} = b_1a_{22}-b_2a_{12}=D_1,$$

$$\begin{vmatrix} a_{11} \\ a_{21} \end{vmatrix} = b_2a_{11}-b_1a_{21}=D_2.$$

则方程组(3)可写成

$$\begin{cases} Dx_1=D_1, \\ Dx_2=D_2. \end{cases}$$

当 $D\neq 0$ 时,方程组(2)有唯一解:

$$x_1 = \frac{D_1}{D}, x_2 = \frac{D_2}{D}.$$

其中,我们称 D 为方程组(2)的系数行列式,而 D_1 和 D_2 分别是方程组(2)的常数项分别代替 D 的第一列和第二列所形成的.

例 1　解方程组

$$\begin{cases} 3x_1 - 2x_2 = 12, \\ 2x_1 + x_2 = 1. \end{cases}$$

解　由于

$$D = \begin{vmatrix} 3 & -2 \\ 2 & 1 \end{vmatrix} = 3 \times 1 - 2 \times (-2) = 7 \neq 0,$$

$$D_1 = \begin{vmatrix} 12 & -2 \\ 1 & 1 \end{vmatrix} = 12 \times 1 - 1 \times (-2) = 14,$$

$$D_2 = \begin{vmatrix} 3 & 12 \\ 2 & 1 \end{vmatrix} = 3 \times 1 - 2 \times 12 = -21,$$

所以方程组有唯一的解

$$x_1 = \frac{D_1}{D} = \frac{14}{7} = 2, x_2 = \frac{D_2}{D} = \frac{-21}{7} = -3.$$

已知正方形数表

$$\begin{matrix} a_{11} & a_{12} & a_{13} \\ a_{21} & a_{22} & a_{23}, \\ a_{31} & a_{32} & a_{33} \end{matrix} \tag{4}$$

记

$$\begin{vmatrix} a_{11} & a_{12} & a_{13} \\ a_{21} & a_{22} & a_{23} \\ a_{31} & a_{32} & a_{33} \end{vmatrix} = a_{11}a_{22}a_{33} + a_{12}a_{23}a_{31} + a_{13}a_{21}a_{32} - a_{31}a_{22}a_{13} - a_{32}a_{23}a_{11} - a_{33}a_{21}a_{12}. \tag{5}$$

称式(5)为数表(4)所确定的**三阶行列式**.

三阶行列式中元素、行、列等概念,与二阶行列式相应概念类似.

例 2　计算三阶行列式

$$D = \begin{vmatrix} 1 & 2 & 4 \\ 1 & 3 & 9 \\ 1 & -1 & 1 \end{vmatrix}.$$

解　三阶行列式的定义

$$\begin{aligned} D &= 1 \times 3 \times 1 + 2 \times 9 \times 1 + 4 \times 1 \times (-1) - 1 \times 3 \times 4 - (-1) \times 9 \times 1 - 1 \times 1 \times 2 \\ &= 3 + 18 - 4 - 12 + 9 - 2 = 12. \end{aligned}$$

我们可以将式(5)写成

$$\begin{vmatrix} a_{11} & a_{12} & a_{13} \\ a_{21} & a_{22} & a_{23} \\ a_{31} & a_{32} & a_{33} \end{vmatrix} = a_{11}(a_{22}a_{33}-a_{23}a_{32})-a_{12}(a_{21}a_{33}-a_{23}a_{31})+a_{13}(a_{21}a_{32}-a_{22}a_{31})$$

$$= a_{11}\begin{vmatrix} a_{22} & a_{23} \\ a_{32} & a_{33} \end{vmatrix} - a_{12}\begin{vmatrix} a_{21} & a_{23} \\ a_{31} & a_{33} \end{vmatrix} + a_{13}\begin{vmatrix} a_{21} & a_{22} \\ a_{31} & a_{32} \end{vmatrix}. \tag{6}$$

我们称式(6)为三阶行列式按第一行的展开式.

例 3 计算三阶行列式

$$D = \begin{vmatrix} 1 & 2 & 0 \\ 1 & 3 & 9 \\ 1 & -1 & 1 \end{vmatrix}.$$

解 由式(6)得

$$D = \begin{vmatrix} 1 & 2 \\ 1 & 3 \\ 1 & -1 \end{vmatrix} = 1 \cdot \begin{vmatrix} 3 & 9 \\ -1 & 1 \end{vmatrix} - 2 \cdot \begin{vmatrix} 1 & 9 \\ 1 & 1 \end{vmatrix} + 0\begin{vmatrix} 1 & 3 \\ 1 & -1 \end{vmatrix}$$

$$= 1 \times 12 - 2 \times (-8) + 0 \times (-4) = 28.$$

附录Ⅲ

几种常见的曲线

1. 三次抛物线

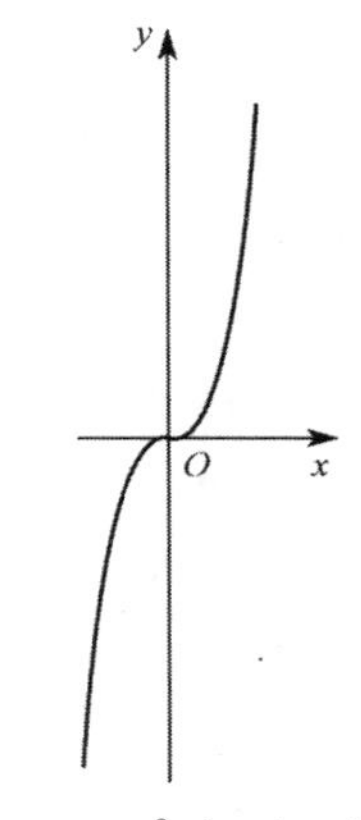

$$y = ax^3\ (a > 0).$$

2. 概率曲线

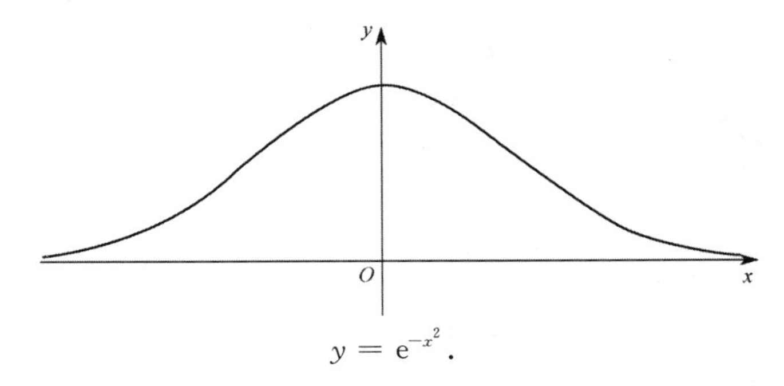

$$y = e^{-x^2}.$$

3. 圆

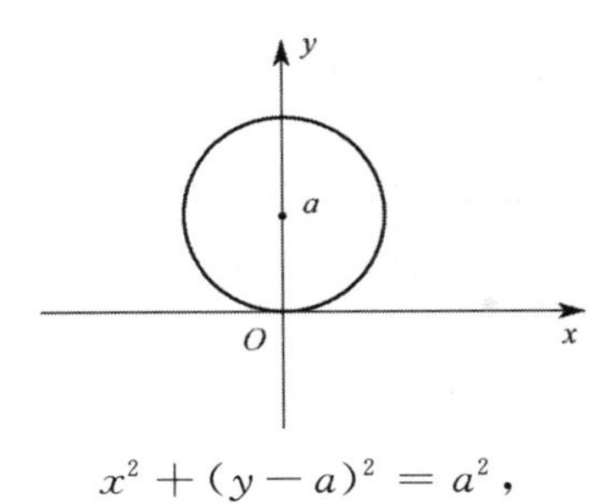

$$x^2 + (y-a)^2 = a^2,$$

$$\rho = 2a\sin\theta.$$

4. 圆

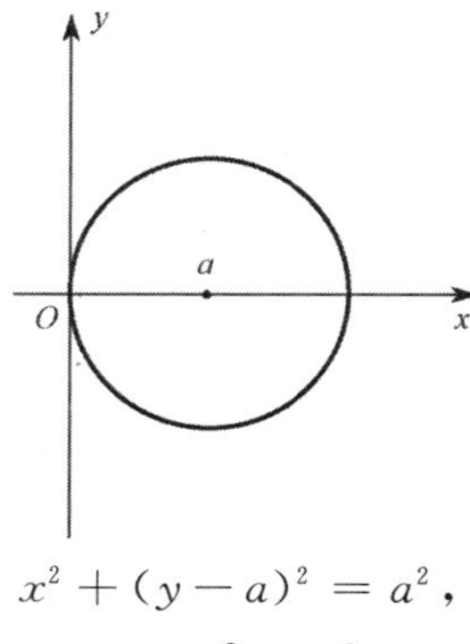

$$x^2+(y-a)^2=a^2,$$
$$\rho=2a\cos\theta$$

5. 星形线(内摆线的一种)

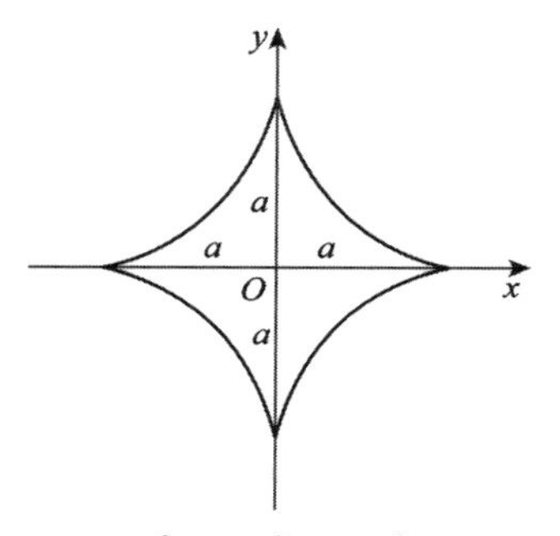

$$x^{\frac{2}{3}}+y^{\frac{2}{3}}=a^{\frac{2}{3}}$$
$$\begin{cases}x=a\cos^3\theta,\\ y=a\sin^3\theta.\end{cases}$$

6. 摆线

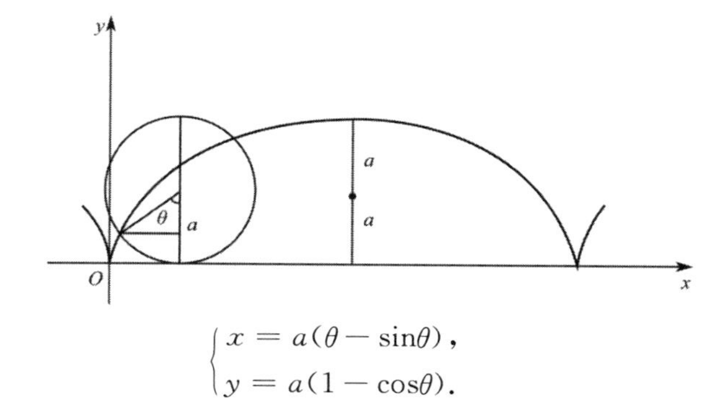

$$\begin{cases}x=a(\theta-\sin\theta),\\ y=a(1-\cos\theta).\end{cases}$$

7.心型线(外摆线的一种)

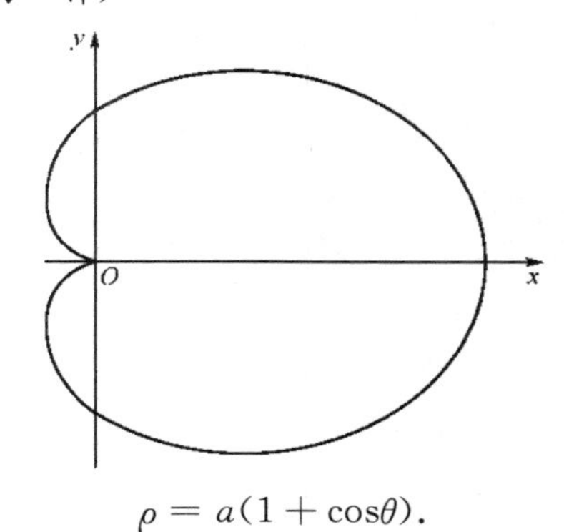

$$\rho = a(1 + \cos\theta).$$

8.阿基米德螺线

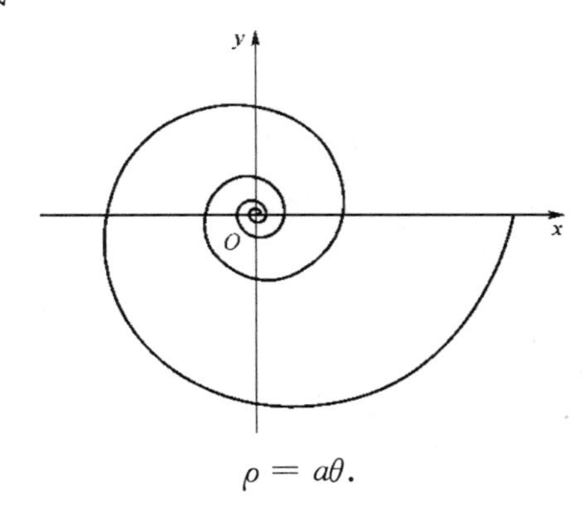

$$\rho = a\theta.$$

9.伯努利双扭线

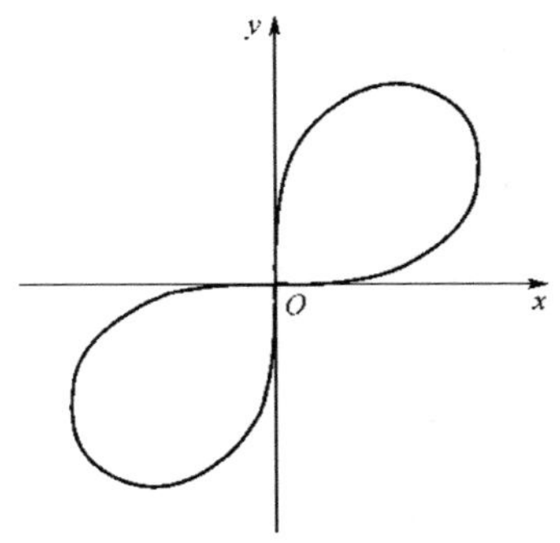

$$(x^2 + y^2)^2 = 2a^2xy, \rho^2 = a^2\sin2\theta.$$

10. 伯努利双扭线

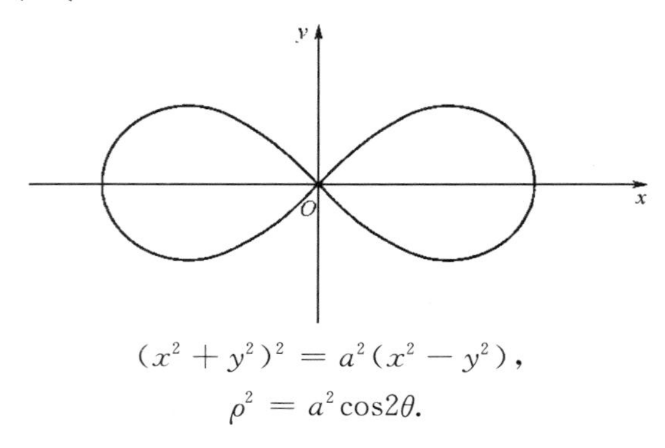

$$(x^2+y^2)^2=a^2(x^2-y^2),$$
$$\rho^2=a^2\cos 2\theta.$$

附录Ⅳ

积分表

（一）含有 $ax+b$ 的积分

1. $\int \frac{1}{ax+b}\mathrm{d}x = \frac{1}{a}\ln|ax+b|+C$

2. $\int (ax+b)^{\mu}\,\mathrm{d}x = \frac{1}{a(\mu+1)}(ax+b)^{\mu+1}+C \quad (\mu\neq -1)$

3. $\int \frac{x\mathrm{d}x}{ax+b} = \frac{1}{a^2}(ax+b-b\ln|ax+b|)+C$

4. $\int \frac{x^2\mathrm{d}x}{ax+b} = \frac{x^2}{2a}-\frac{bx}{a^2}-\frac{3b^2}{2a^3}+\frac{b^2}{a^3}\ln|ax+b|+C$

5. $\int \frac{\mathrm{d}x}{x(ax+b)} = \frac{1}{b}\ln\left|\frac{x}{ax+b}\right|+C$

6. $\int \frac{\mathrm{d}x}{x^2(ax+b)} = -\left(\frac{1}{bx}+\frac{a}{b^2}\ln\left|\frac{x}{ax+b}\right|\right)+C$

7. $\int \frac{x}{(ax+b)^2}\mathrm{d}x = \frac{1}{a^2}\left(\ln|ax+b|+\frac{b}{ax+b}\right)+C$

8. $\int \frac{x^2}{(ax+b)^2}\mathrm{d}x = \frac{1}{a^3}\left(ax+b-2b\ln|ax+b|-\frac{b^2}{ax+b}\right)+C$

9. $\int \frac{\mathrm{d}x}{x(ax+b)^2} = \frac{1}{b(ax+b)}+\frac{1}{b^2}\ln\left|\frac{x}{ax+b}\right|+C$

（二）含有 $\sqrt{ax+b}$ 的积分

10. $\int \sqrt{ax+b}\,\mathrm{d}x = \frac{2}{3a}(ax+b)^{\frac{3}{2}}+C$

11. $\int x\sqrt{ax+b}\,\mathrm{d}x = \frac{2}{15a^2}(3ax-2b)(ax+b)^{\frac{3}{2}}+C$

12. $\int x^2\sqrt{ax+b}\,\mathrm{d}x = \frac{2}{105a^3}(15a^2x^2-12abx+8b^2)(ax+b)^{\frac{3}{2}}+C$

13. $\int \frac{1}{\sqrt{ax+b}}\,\mathrm{d}x = \frac{2}{a}\sqrt{ax+b}+C$

14. $\int \frac{x\mathrm{d}x}{\sqrt{ax+b}} = \frac{2}{3a^2}(ax-2b)\sqrt{ax+b}+C$

15. $\int \frac{x^2\mathrm{d}x}{\sqrt{ax+b}} = \frac{2}{15a^3}(3a^2x^2-4abx+8b^2)\sqrt{ax+b}+C$

16. $\int \frac{x^3 \mathrm{d}x}{\sqrt{ax+b}} = \frac{2}{35a^4}(5a^3x^3 - 6a^2bx^2 + 8ab^2x + - 16b^3)\sqrt{ax+b} + C$

17. $\int \frac{\mathrm{d}x}{x\sqrt{ax+b}} = \begin{cases} \frac{1}{\sqrt{b}}\ln\left|\frac{\sqrt{ax+b}-\sqrt{b}}{\sqrt{ax+b}+\sqrt{b}}\right| + C & (b>0), \\ \frac{2}{\sqrt{-b}}\arctan\sqrt{\frac{ax+b}{-b}} + C & (b<0) \end{cases}$

18. $\int \frac{\mathrm{d}x}{x^2\sqrt{ax+b}} = -\frac{\sqrt{ax+b}}{bx} - \frac{a}{2b}\int \frac{\mathrm{d}x}{x\sqrt{ax+b}}$

19. $\int \frac{\sqrt{ax+b}}{x}\mathrm{d}x = 2\sqrt{ax+b} + b\int \frac{\mathrm{d}x}{x\sqrt{ax+b}}$

20. $\int \frac{\sqrt{ax+b}}{x^2}\mathrm{d}x = -\frac{\sqrt{ax+b}}{x} + \frac{a}{2}\int \frac{\mathrm{d}x}{x\sqrt{ax+b}}$（18、19、20 利用 17 的结果）

（三）含有 $x^2 \pm a^2$ 的积分

21. $\int \frac{\mathrm{d}x}{x^2-a^2} = \frac{1}{2a}\ln\left|\frac{x-a}{x+a}\right| + C$

22. $\int \frac{\mathrm{d}x}{x^2+a^2} = \frac{1}{a}\arctan\frac{x}{a} + C$

23. $\int \frac{\mathrm{d}x}{(x^2+a^2)^n} = \frac{x(x^2+a^2)^{1-n}}{2a^2(n-1)} + \frac{2n-3}{2(n-1)a^2}\int \frac{\mathrm{d}x}{(x^2+a^2)^{n-1}}$（递推公式）

（四）含有 ax^2+b（$a>0$）的积分

24. $\int \frac{\mathrm{d}x}{ax^2+b} = \begin{cases} \frac{1}{\sqrt{ab}}\arctan\sqrt{\frac{a}{b}}x + C & (b>0), \\ \frac{1}{\sqrt{-4ab}}\ln\left|\frac{\sqrt{a}x-\sqrt{-b}}{\sqrt{a}x+\sqrt{-b}}\right| + C & (b<0) \end{cases}$

25. $\int \frac{x}{ax^2+b}\mathrm{d}x = \frac{1}{a}\ln|ax+b| + C$

26. $\int \frac{x^2}{ax^2+b}\mathrm{d}x = \frac{x}{a} - \frac{b}{a}\int \frac{\mathrm{d}x}{ax^2+b}$

27. $\int \frac{\mathrm{d}x}{x(ax^2+b)} = \frac{1}{2b}\ln\left|\frac{x^2}{ax^2+b}\right| + C$

28. $\int \frac{\mathrm{d}x}{x^2(ax^2+b)} = -\frac{1}{bx} - \frac{a}{b}\int \frac{\mathrm{d}x}{ax^2+b}$

29. $\int \frac{\mathrm{d}x}{x^3(ax^2+b)} = \frac{a}{2b^2}\ln\left|\frac{ax^2+b}{x^2}\right| - \frac{1}{2bx^2} + C$

30. $\int \frac{\mathrm{d}x}{(ax^2+b)^2} = \frac{x}{2b(ax^2+b)} + \frac{1}{2b}\int \frac{\mathrm{d}x}{ax^2+b}$（26、28、30 利用 24 的结果）

（五）含有 $ax^2+bx+c\ (a>0)$ 的积分

31. $$\int\frac{dx}{ax^2+bx+c}=\begin{cases}\dfrac{2}{\sqrt{4ac-b^2}}\arctan\dfrac{2ax+b}{\sqrt{4ac-b^2}}+C & (b^2<4ac),\\[2ex] \dfrac{1}{\sqrt{b^2-4ac}}\ln\left|\dfrac{2ax+b-\sqrt{b^2-4ac}}{2ax+b+\sqrt{b^2-4ac}}\right|+C & (b^2>4ac)\end{cases}$$

32. $\int\frac{x\,dx}{ax^2+bx+c}=\frac{1}{2a}\ln|ax^2+bx+c|-\frac{b}{2a}\int\frac{dx}{ax^2+bx+c}$（利用31的结果）

（六）含有 $\sqrt{a^2-x^2}\ (a>0)$ 的积分

33. $\int\frac{dx}{\sqrt{a^2-x^2}}=\arcsin\frac{x}{a}+C$

34. $\int\frac{dx}{\sqrt{(a^2-x^2)^3}}=\frac{x}{a^2\sqrt{a^2-x^2}}+C$

35. $\int\frac{x\,dx}{\sqrt{a^2-x^2}}=-\sqrt{a^2-x^2}+C$

36. $\int\frac{x\,dx}{\sqrt{(a^2-x^2)^3}}=\frac{1}{\sqrt{a^2-x^2}}+C$

37. $\int\frac{x^2\,dx}{\sqrt{a^2-x^2}}=-\frac{x}{2}\sqrt{a^2-x^2}+\frac{a^2}{2}\arcsin\frac{x}{\sqrt{a^2-x^2}}+C$

38. $\int\frac{x^2\,dx}{\sqrt{(a^2-x^2)^3}}=\frac{x}{\sqrt{a^2-x^2}}-\arcsin\frac{x}{a}+C$

39. $\int\frac{dx}{x\sqrt{a^2-x^2}}=\frac{1}{a}\ln\left|\frac{\sqrt{a^2-x^2}-a}{x}\right|+C$

40. $\int\frac{dx}{x^2\sqrt{a^2-x^2}}=-\frac{\sqrt{a^2-x^2}}{a^2x}+C$

41. $\int\sqrt{a^2-x^2}\,dx=\frac{x}{2}\sqrt{a^2-x^2}+\frac{a^2}{2}\arcsin\frac{x}{a}+C$

42. $\int\sqrt{(a^2-x^2)^3}\,dx=\frac{x}{8}(-2x^2+5a^2)\sqrt{a^2-x^2}+\frac{3a^4}{8}\arcsin\frac{x}{a}+C$

43. $\int x\sqrt{a^2-x^2}\,dx=-\frac{(a^2-x^2)^{\frac{3}{2}}}{3}+C$

44. $\int x^2\sqrt{a^2-x^2}\,dx=\frac{x}{8}(2x^2-a^2)\sqrt{a^2-x^2}+\frac{a^4}{8}\arcsin\frac{x}{a}+C$

45. $\int\frac{\sqrt{a^2-x^2}}{x}dx=\sqrt{a^2-x^2}+a\ln\left|\frac{\sqrt{a^2-x^2}-a}{x}\right|+C$

46. $\int\frac{\sqrt{a^2-x^2}}{x^2}dx=\frac{\sqrt{a^2-x^2}}{-x}-\arcsin\frac{x}{a}+C$

（七）含有 $\sqrt{a^2+x^2}\ (a>0)$ 的积分

47. $\int \frac{dx}{\sqrt{a^2+x^2}} = \ln(x+\sqrt{a^2+x^2})+C$

48. $\int \frac{dx}{\sqrt{(a^2+x^2)^3}} = \frac{x}{a^2\sqrt{a^2+x^2}}+C$

49. $\int \frac{xdx}{\sqrt{a^2+x^2}} = \sqrt{a^2+x^2}+C$

50. $\int \frac{xdx}{\sqrt{(a^2+x^2)^3}} = -\frac{1}{\sqrt{a^2+x^2}}+C$

51. $\int \frac{x^2dx}{\sqrt{a^2+x^2}} = \frac{x}{2}\sqrt{a^2+x^2}-\frac{a^2}{2}\ln(x+\sqrt{a^2+x^2})+C$

52. $\int \frac{x^2dx}{\sqrt{(a^2+x^2)^3}} = -\frac{x}{\sqrt{a^2+x^2}}+\ln(x+\sqrt{a^2+x^2})+C$

53. $\int \frac{dx}{x\sqrt{a^2+x^2}} = \frac{1}{a}\ln\left|\frac{\sqrt{a^2+x^2}-a}{x}\right|+C$

54. $\int \frac{dx}{x^2\sqrt{a^2+x^2}} = -\frac{\sqrt{a^2+x^2}}{a^2x}+C$

55. $\int \sqrt{a^2+x^2}\,dx = \frac{x}{2}\sqrt{a^2+x^2}+\frac{a^2}{2}\ln(x+\sqrt{a^2+x^2})+C$

56. $\int \sqrt{(a^2+x^2)^3}\,dx = \frac{x}{8}(2x^2+5a^2)\sqrt{a^2+x^2}+\frac{3a^4}{8}\ln(x+\sqrt{a^2+x^2})+C$

57. $\int x\sqrt{a^2+x^2}\,dx = \frac{(a^2+x^2)^{\frac{3}{2}}}{3}+C$

58. $\int x^2\sqrt{a^2+x^2}\,dx = \frac{x}{8}(2x^2+a^2)\sqrt{a^2+x^2}-\frac{a^4}{8}\ln(x+\sqrt{a^2+x^2})+C$

59. $\int \frac{\sqrt{a^2+x^2}}{x}dx = \sqrt{a^2+x^2}+a\ln\left|\frac{\sqrt{a^2+x^2}-a}{x}\right|+C$

60. $\int \frac{\sqrt{a^2+x^2}}{x^2}dx = \frac{\sqrt{a^2+x^2}}{-x}+\ln(x+\sqrt{a^2+x^2})+C$

（八）含有 $\sqrt{x^2-a^2}\ (a>0)$ 的积分

61. $\int \frac{dx}{\sqrt{x^2-a^2}} = \ln\left|x+\sqrt{x^2-a^2}\right|+C$

62. $\int \frac{dx}{\sqrt{(x^2-a^2)^3}} = \frac{-x}{a^2\sqrt{x^2-a^2}}+C$

63. $\int \frac{xdx}{\sqrt{x^2-a^2}} = \sqrt{x^2-a^2}+C$

64. $\int \frac{xdx}{\sqrt{(x^2-a^2)^3}} = -\frac{1}{\sqrt{x^2-a^2}}+C$

65. $\int \frac{x^2 dx}{\sqrt{x^2-a^2}} = \frac{x}{2}\sqrt{x^2-a^2} + \frac{a^2}{2}\ln|x+\sqrt{x^2-a^2}| + C$

66. $\int \frac{x^2 dx}{\sqrt{(x^2-a^2)^3}} = \frac{-x}{\sqrt{x^2-a^2}} + \ln|x+\sqrt{x^2-a^2}| + C$

67. $\int \frac{dx}{x\sqrt{x^2-a^2}} = \frac{1}{a}\arccos\left|\frac{a}{x}\right| + C$

68. $\int \frac{dx}{x^2\sqrt{x^2-a^2}} = \frac{\sqrt{x^2-a^2}}{a^2 x} + C$

69. $\int \sqrt{x^2-a^2}\,dx = \frac{x}{2}\sqrt{x^2-a^2} - \frac{a^2}{2}\ln|x+\sqrt{x^2-a^2}| + C$

70. $\int \sqrt{(x^2-a^2)^3}\,dx = \frac{x}{8}(2x^2-5a^2)\sqrt{x^2-a^2} + \frac{3a^4}{8}\ln\left|x+\sqrt{x^2-a^2}\right| + C$

71. $\int x\sqrt{x^2-a^2}\,dx = \frac{(x^2-a^2)^{\frac{3}{2}}}{3} + C$

72. $\int x^2\sqrt{x^2-a^2}\,dx = \frac{x}{8}(2x^2-a^2)\sqrt{x^2-a^2} - \frac{a^4}{8}\ln|x+\sqrt{x^2-a^2}| + C$

73. $\int \frac{\sqrt{x^2-a^2}}{x}dx = \sqrt{x^2-a^2} - a\arccos\left|\frac{a}{x}\right| + C$

74. $\int \frac{\sqrt{x^2-a^2}}{x^2}dx = -\frac{\sqrt{x^2-a^2}}{x} + \ln|x+\sqrt{x^2-a^2}| + C$

（九）含有 $\sqrt{\pm ax^2+bx+c}$（$a>0$）的积分

75. $\int \frac{dx}{\sqrt{ax^2+bx+c}} = \frac{1}{\sqrt{a}}\ln\left|2ax+b+2\sqrt{a(ax^2+bx+c)}\right| + C$

76. $\int \sqrt{ax^2+bx+c}\,dx = \frac{2ax+b}{4a}\sqrt{ax^2+bx+c} + \frac{4ac-b^2}{8a\sqrt{a}}\ln\left|2ax+b+2\sqrt{a(ax^2+bx+c)}\right| + C$

77. $\int \frac{x dx}{\sqrt{ax^2+bx+c}} = \frac{1}{a}\sqrt{ax^2+bx+c} - \frac{b}{2a\sqrt{a}}\ln|2ax+b+2\sqrt{a(ax^2+bx+c)}| + C$

78. $\int \frac{dx}{\sqrt{-ax^2+bx+c}} = -\frac{1}{\sqrt{a}}\arcsin\frac{2ax-b}{\sqrt{b^2+4ac}} + C$

79. $\int \sqrt{-ax^2+bx+c}\,dx = \frac{2ax-b}{4a}\sqrt{-ax^2+bx+c} + \frac{b^2+4ac}{8a\sqrt{a}}\arcsin\frac{2ax-b}{\sqrt{b^2+4ac}} + C$

80. $\int \frac{x\mathrm{d}x}{\sqrt{-ax^2+bx+c}} = -\frac{1}{a}\sqrt{-ax^2+bx+c} + \frac{b}{2a\sqrt{a}}\arcsin\frac{2ax-b}{\sqrt{b^2+4ac}} + C$

(十)含有 $\sqrt{\pm\frac{x-a}{x-b}}$ 或 $\sqrt{(x-a)(b-x)}$ 的积分

81. $\int \sqrt{\frac{x-a}{x-b}}\mathrm{d}x = (x-b)\sqrt{\frac{x-a}{x-b}} + (b-a)\ln(\sqrt{|x-a|} + \sqrt{|x-b|}) + C$

82. $\int \sqrt{\frac{x-a}{b-x}}\mathrm{d}x = (x-b)\sqrt{\frac{x-a}{b-x}} + (b-a)\arcsin\sqrt{\frac{x-a}{b-x}} + C$

83. $\int \frac{1}{\sqrt{(x-a)(b-x)}}\mathrm{d}x = 2\arcsin\sqrt{\frac{x-a}{b-a}} + C\ (a<b)$

84. $\int \sqrt{(x-a)(b-x)}\mathrm{d}x = \frac{2x-a-b}{4}\sqrt{(x-a)(b-x)} + \frac{(b-a)^2}{4}\arcsin\sqrt{\frac{x-a}{b-a}} + C\ (a<b)$

(十一)含有三角函数的积分

85. $\int \sin x\mathrm{d}x = -\cos x + C$

86. $\int \cos x\mathrm{d}x = \sin x + C$

87. $\int \tan x\mathrm{d}x = -\ln|\cos x| + C$

88. $\int \cot x\mathrm{d}x = \ln|\sin x| + C$

89. $\int \sec x\mathrm{d}x = \ln|\sec x + \tan x| + C$

90. $\int \csc x\mathrm{d}x = \ln\left|\tan\frac{x}{2}\right| + C = \ln|\csc x - \cot x| + C$

91. $\int \frac{1}{\cos^2 x}\mathrm{d}x = \int \sec^2 x\mathrm{d}x = \tan x + C$

92. $\int \frac{1}{\sin^2 x}\mathrm{d}x = \int \csc^2 x\mathrm{d}x = -\cot x + C$

93. $\int \sec x\tan x\mathrm{d}x = \sec x + C$

94. $\int \csc x\cot x\mathrm{d}x = -\csc x + C$

95. $\int \sin^2 x\mathrm{d}x = \frac{x}{2} - \frac{\sin 2x}{4} + C$

96. $\int \cos^2 x\mathrm{d}x = \frac{x}{2} + \frac{\sin 2x}{4} + C$

97. $\int \sin^n x\mathrm{d}x = -\frac{1}{n}\sin^{n-1}x\cos x + \frac{n-1}{n}\int \sin^{n-2}x\mathrm{d}x$(97～101 为递推公式)

98. $\int \cos^n x\,\mathrm{d}x = \frac{1}{n}\cos^{n-1}x\sin x + \frac{n-1}{n}\int \cos^{n-2}x\,\mathrm{d}x$

99. $\int \frac{\mathrm{d}x}{\sin^n x} = -\frac{1}{n-1}\cdot\frac{\cos x}{\sin^{n-1}x} + \frac{n-2}{n-1}\int \frac{\mathrm{d}x}{\sin^{n-2}x}$

100. $\int \frac{\mathrm{d}x}{\cos^n x} = \frac{1}{n-1}\cdot\frac{\sin x}{\cos^{n-1}x} + \frac{n-2}{n-1}\int \frac{\mathrm{d}x}{\cos^{n-2}x}$

101. $\int \cos^m x\sin^n x\,\mathrm{d}x = \frac{1}{m+n}\cos^{m-1}x\sin^{n+1}x + \frac{m-1}{m+n}\int \cos^{m-2}x\sin^n x\,\mathrm{d}x$

102. $\int \sin ax\cos bx\,\mathrm{d}x = \frac{1}{2}\left[\frac{-\cos(a+b)x}{a+b} + \frac{-\cos(a-b)x}{a-b}\right] + C$

103. $\int \cos ax\sin bx\,\mathrm{d}x = \frac{1}{2}\left[\frac{-\cos(a+b)x}{a+b} + \frac{\cos(a-b)x}{a-b}\right] + C$

104. $\int \cos ax\cos bx\,\mathrm{d}x = \frac{1}{2}\left[\frac{\sin(a+b)x}{a+b} + \frac{\sin(a-b)x}{a-b}\right] + C$

105. $\int \sin ax\sin bx\,\mathrm{d}x = \frac{1}{2}\left[\frac{-\sin(a+b)x}{a+b} + \frac{\sin(a-b)x}{a-b}\right] + C$

106. $\int \frac{1}{a+b\sin x}\mathrm{d}x = \frac{2}{\sqrt{a^2-b^2}}\arctan\frac{a\tan\frac{x}{2}+b}{\sqrt{a^2-b^2}} + C\ (a^2 > b^2)$

107. $\int \frac{1}{a+b\sin x}\mathrm{d}x = \frac{1}{\sqrt{b^2-a^2}}\ln\left|\frac{a\tan\frac{x}{2}+b-\sqrt{b^2-a^2}}{a\tan\frac{x}{2}+b+\sqrt{b^2-a^2}}\right| + C\ (a^2 < b^2)$

108. $\int \frac{1}{a+b\cos x}\mathrm{d}x = \frac{2}{a+b}\sqrt{\frac{a+b}{a-b}}\arctan\left(\sqrt{\frac{a-b}{a+b}}\tan\frac{x}{2}\right) + C\ (a^2 > b^2)$

109. $\int \frac{1}{a+b\cos x}\mathrm{d}x = \frac{1}{a+b}\sqrt{\frac{a+b}{b-a}}\ln\left|\frac{\tan\frac{x}{2}+\sqrt{\frac{a+b}{b-a}}}{\tan\frac{x}{2}-\sqrt{\frac{a+b}{b-a}}}\right| + C\ (a^2 < b^2)$

110. $\int \frac{\mathrm{d}x}{a^2\cos^2 x + b^2\sin^2 x} = \frac{1}{ab}\arctan\left(\frac{b\tan x}{a}\right) + C$

111. $\int \frac{\mathrm{d}x}{a^2\cos^2 x - b^2\sin^2 x} = \frac{1}{2ab}\ln\left|\frac{b\tan x + a}{b\tan x - a}\right| + C$

112. $\int x\sin ax\,\mathrm{d}x = -\frac{x\cos ax}{a} + \frac{\sin ax}{a^2} + C$

113. $\int x^2\sin ax\,\mathrm{d}x = -\frac{x^2\cos ax}{a} + \frac{2x\sin ax}{a^2} + \frac{2\cos ax}{a^3} + C$

114. $\int x\cos ax\,\mathrm{d}x = \frac{\cos ax}{a^2} + \frac{x\sin ax}{a} + C$

115. $\int x^2\cos ax\,\mathrm{d}x = \frac{x^2\sin ax}{a} + \frac{2x\cos ax}{a^2} - \frac{2\sin ax}{a^3} + C$

(十二)含有反三角函数的积分($a>0$)

116. $\int \arcsin\frac{x}{a}\,dx = x\arcsin\frac{x}{a}+\sqrt{a^2-x^2}+C$

117. $\int x\arcsin\frac{x}{a}\,dx = \frac{2x^2-a^2}{4}\arcsin\frac{x}{a}+\frac{x}{4}\sqrt{a^2-x^2}+C$

118. $\int x^2\arcsin\frac{x}{a}\,dx = \frac{x^3}{3}\arcsin\frac{x}{a}+\frac{x^2+2a^2}{9}\sqrt{a^2-x^2}+C$

119. $\int \arccos\frac{x}{a}\,dx = x\arccos\frac{x}{a}-\sqrt{a^2-x^2}+C$

120. $\int x\arccos\frac{x}{a}\,dx = \frac{2x^2-a^2}{4}\arccos\frac{x}{a}-\frac{x}{4}\sqrt{a^2-x^2}+C$

121. $\int x^2\arccos\frac{x}{a}\,dx = \frac{x^3}{3}\arccos\frac{x}{a}-\frac{x^2+2a^2}{9}\sqrt{a^2-x^2}+C$

122. $\int \arctan\frac{x}{a}\,dx = x\arctan\frac{x}{a}-\frac{a}{2}\ln(a^2+x^2)+C$

123. $\int x\arctan\frac{x}{a}\,dx = \frac{x^2+a^2}{2}\arctan\frac{x}{a}-\frac{ax}{2}+C$

124. $\int x^2\arctan\frac{x}{a}\,dx = \frac{x^3}{3}\arctan\frac{x}{a}-\frac{ax^2}{6}+\frac{a^3}{6}\ln(a^2+x^2)+C$

(十三)含有指数函数的积分

125. $\int a^x\,dx = \frac{a^x}{\ln a}+C$

126. $\int xa^x\,dx = \frac{xa^x}{\ln a}-\frac{a^x}{\ln^2 a}+C$

127. $\int x^n a^x\,dx = \frac{x^n a^x}{\ln a}-\frac{n}{\ln a}\int x^{n-1}a^x\,dx+C$

128. $\int e^{ax}\,dx = \frac{e^{ax}}{a}+C$

129. $\int xe^{ax}\,dx = \frac{(ax-1)e^{ax}}{a^2}+C$

130. $\int x^n e^{ax}\,dx = \frac{x^n e^{ax}}{a}-\frac{n}{a}\int x^{n-1}e^{ax}$

131. $\int e^{ax}\sin bx\,dx = \frac{e^{ax}}{a^2+b^2}(a\sin bx-b\cos bx)+C$

132. $\int e^{ax}\cos bx\,dx = \frac{e^{ax}}{a^2+b^2}(b\sin bx+a\cos bx)+C$

133. $\int e^{ax}\sin^n bx\,dx = \frac{e^{ax}\sin^{n-1}bx}{a^2+b^2n^2}(a\sin bx-nb\cos bx)+$

$$\frac{n(n-1)b^2}{a^2+b^2n^2}\int e^{ax}\sin^{n-2}bx\,dx$$

134. $\int e^{ax}\cos^n bx\ dx = \dfrac{e^{ax}\cos^{n-1}bx}{a^2+b^2n^2}(a\cos bx + nb\sin bx) + \dfrac{n(n-1)b^2}{a^2+b^2n^2}\int e^{ax}\ \cos^{n-2}bx\,dx$

(十四)含有对数函数的积分

135. $\int \ln x\ dx = x\ln x - x + C$

136. $\int \dfrac{1}{x\ln x}\ dx = \ln|\ln x| + C$

137. $\int x^n \ln x\ dx = \dfrac{x^{n+1}}{n+1}(\ln x - \dfrac{1}{n+1}) + C$

138. $\int \ln^n x\ dx = x\ln^n x - n\int \ln^{n-1} x\ dx$

139. $\int x^m \ln^n x\ dx = \dfrac{x^{m+1}\ln^n x}{m+1} - \dfrac{n}{m+1}\int x^m \ln^{n-1} x\ dx$（138、139 为递推公式）

(十五)定积分

140. $\int_{-\pi}^{\pi} \cos nx\,dx = \int_{-\pi}^{\pi} \sin nx\,dx = 0$

141. $\int_{-\pi}^{\pi} \cos mx \sin nx\,dx = 0$

142. $\int_{-\pi}^{\pi} \cos mx \cos nx\,dx = \begin{cases} 0(m \neq n), \\ \pi(m = n) \end{cases}$

143. $\int_{-\pi}^{\pi} \sin mx \sin nx\,dx = \begin{cases} 0(m \neq n), \\ \pi(m = n) \end{cases}$

144. $\int_{0}^{\pi} \sin mx \sin nx\,dx = \int_{0}^{\pi} \cos mx \cos nx\,dx = \begin{cases} 0(m \neq n), \\ \dfrac{\pi}{2}(m = n) \end{cases}$

145. $I_n = \int_0^{\frac{\pi}{2}} \cos^n x\,dx = \int_0^{\frac{\pi}{2}} \sin^n x\,dx = \dfrac{n-1}{n} I_{n-2}$（递推公式）

$$\begin{cases} I_n = \dfrac{n-1}{n} \cdot \dfrac{n-3}{n-2} \cdot \cdots \cdot \dfrac{4}{5} \cdot \dfrac{2}{3},(n\text{ 为大于 1 的正奇数}), I_1 = 1 \\ I_n = \dfrac{n-1}{n} \cdot \dfrac{n-3}{n-2} \cdot \cdots \cdot \dfrac{3}{4} \cdot \dfrac{1}{2} \cdot \dfrac{\pi}{2},(n\text{ 为正偶数}), I_0 = \dfrac{\pi}{2} \end{cases}$$

习题答案

第1章

习题1.1

(1) $|x|>1$；

(2) $(-\infty,1)\cup(2,+\infty)$；

(3) $1\leqslant|x|\leqslant\sqrt{2}$；

(4) $(1,+\infty)$；

(5) $-\infty,0\cup(0,3]$；

(6) $|x|>2$.

2. $f(x-1)=\begin{cases}1, & x<1,\\ 0, & x=1,\\ 1, & x>1\end{cases}$ 和 $f(x^2-1)=\begin{cases}1, & |x|<1,\\ 0, & |x|=1,\\ 1, & |x|>1.\end{cases}$

3. (1)在 $(-\infty,+\infty)$ 上单调增加；

(2)在 $(-\infty,0]$ 上单调减少，在 $[0,+\infty)$ 上单调增加；

(3)在 $(-2,0)$ 上单调增加.

4. (1)偶函数；　(2)偶函数；

(3)非奇非偶函数；　(4)奇函数.

5. (1)是周期函数，周期 $l=2\pi$；

(2)是周期函数，周期 $l=\pi$；

(3)是周期函数，周期 $l=2\pi$；

(4)不是周期函数.

6. $f(x)=\begin{cases}\dfrac{1}{x}+\dfrac{\sqrt{1+x^2}}{x}, x>0,\\ \dfrac{1}{x}-\dfrac{\sqrt{1+x^2}}{x}, x<0.\end{cases}$

7. (1) $y=x^3-1$；　(2) $y=-\dfrac{x+1}{x-1}$；

(3) $y=1+\mathrm{e}^{x-1}$；　(4) $y=\dfrac{1}{2}\arcsin 3x$.

8. (1) $y=\sqrt{1-x^2}$；　(2) $y=\ln^3(x+1)$；

(3) $y=\arctan(\mathrm{e}^{x^2})$

9. (1) $y=\sin u, u=x^n$；　(2) $y=u^2, u=\arcsin v, v=\dfrac{x}{2}$；

(3) $y=u^5, u=\sin v, v=3x$；　(4) $y=u^{-\frac{1}{2}}, u=a^2+x^2$.

10. (1) $p(x)=\begin{cases}90, & 0\leqslant x\leqslant 100,\\ 91-0.01x, & 100<x<1600,\\ 75, & x\geqslant 1600.\end{cases}$

(2) $L(x)=(p-60)x=\begin{cases}30x, & 0\leqslant x\leqslant 100,\\ 31x-0.01x^2, & 100<x<1600,\\ 15x, & x\geqslant 1600.\end{cases}$

(3) $L=21\,000$ 元.

习题 1.2

1. (1) 0； (2) 1； (3)不存在； (4) 0； (5) 0； (6)不存在.
2. 略.
3. 反例：$u_n=(-1)^n$，$\lim\limits_{n\to\infty}|u_n|=1$，但 $\lim\limits_{n\to\infty}u_n$ 不存在.

习题 1.3

1. (1)错； (2)错； (3)对； (4)错； (5)对； (6)对.
2. 略.
3. $\lim\limits_{x\to 0}f(x)$ 不存在，$\lim\limits_{x\to 1}f(x)=1$.
4. $k=0$.
5. 略.

习题 1.4

1. 两个无穷小的商不一定是无穷小，例如：$\alpha=4x$，$\beta=2x$，当 $x\to 0$ 时都是无穷小，但 $\dfrac{\alpha}{\beta}$ 当 $x\to 0$ 时不是无穷小.

2. 两个无穷大的和不一定是无穷大，例如：$\alpha=n$，$\beta=-n$，当 $n\to\infty$ 时都是无穷大，但 $\alpha+\beta n\to\infty$ 时不是无穷大.

3. (1)当 $x\to\infty$ 时，是无穷小，当 $x\to 0$ 时，是无穷大；

(2)当 $x\to 1$ 时，是无穷小，当 $x\to 0^+$ 时，是负无穷大，当 $x\to+\infty$ 时，是正无穷大；

(3)当 $x\to -2$ 时，是无穷小，当 $x\to\pm 1$ 时，是无穷大.

4. (1)无穷大； (2)无穷小； (3)无穷大；

(4)当 $x\to-\infty$ 时，是无穷小；当 $x\to+\infty$ 时，是无穷大.

5. (1) 0； (2) 0.

习题 1.5

1. (1) $\dfrac{\sqrt{2}}{2}$； (2) $\dfrac{1}{2}$； (3) $\dfrac{1}{2}$； (4) -2； (5) 0； (6) 18；

(7) 1； (8) 2； (9) $\dfrac{\sqrt{3}}{6}$； (10) $\dfrac{1}{2}$.

2. $a=-7, b=-6$.

3. (1)对.

(2)错,例如:$f(x)=\sin\frac{1}{x}, g(x)=-\sin\frac{1}{x}, \lim\limits_{x\to 0}f(x)$ 和 $\lim\limits_{x\to 0}g(x)$ 都不存在,而 $\lim\limits_{x\to 0}[f(x)+g(x)]=0$.

(3)错,例如:$f(x)=x, g(x)=\frac{1}{2x}, \lim\limits_{x\to 0}f(x)=0, \lim\limits_{x\to 0}g(x)$ 不存在,而 $\lim\limits_{x\to x_0}f(x)g(x)=\frac{1}{2}$.

习题 1.6

1. (1) $\frac{1}{3}$; (2) π; (3) $\frac{1}{2}$; (4) 1; (5) $-\frac{1}{4}$; (6) 0;

(7) $\frac{2}{5}$; (8) $-\frac{1}{2}$.

2. (1) e^{-3}; (2) e; (3) 1; (4) 1.

3. 略.

4. 23.52(万元).

习题 1.7

1. (1)高阶;(2)等价;(3)等价;(4)高价;(5)高阶;(6)等价.

2. 略.

3. (1) $\begin{cases}0, n>m,\\ 1, n=m,\\ \infty, n<m;\end{cases}$ (2) $\frac{2}{3}$; (3) $\frac{1}{2}m^2$; (4) $\frac{1}{2}$.

4. 略.

习题 1.8

1. (1) $(-\infty,-1)\cup(-1,+\infty)$;

(2) $[4,6]$;

(3) $(-\infty,0)\cup(0,+\infty)$;

(4) $(-\infty,1)\cup(1,2)\cup(2,+\infty)$.

2. (1) $x=0$ 为可去间断点,补充定义,令 $f(0)=0$;

(2) $x=1$ 为可去间断点,改变定义,令 $f(1)=\frac{1}{2}$.

3. (1) $a=2$; (2) $a=1$; (3) $a=2$.

4. (1) 0; (2) 1; (3) $\frac{1}{4}$; (4) $\frac{2}{3}$.

5.9.

习题 1.9

1～3.略.

复习题一

1.(1)必要,充分； (2)必要； (3)无关.

2.(1)B； (2)D； (3)C； (4)D； (5)C； (6)A； (7)D； (8)A.

3.(1) $\frac{6}{5}$ ； (2) $\frac{2}{3}$ ； (3) $\frac{3}{2}$ ； (4)1； (5) 0； (6) e^{-3} ；

(7) e^{-1} ； (8) -2.

4. $a=7, b=6$.

5. $a=2$.

6. $a=-2, b=1$.

7.鱼塘鱼的条数公式为：$a(1+0.012)^t$.

8.10 万元.

第 2 章

习题 2.1

1.略. 2.略

3.(1)是,由定理 2.1.2 可知,可导函数一定连续；

(2)否,反例:例 2.1.3 中,函数 $y=|x|$ 在点 $x=0$ 处是连续的,但是在点 $x=0$ 处函数不可导；

(3)是,此结论是第(1)题命题的逆否命题,所以是真命题,

(4)否,例 2.1.3 中,函数 $y=|x|$ 在点 $x=0$ 处函数不可导,但是点 $x=0$ 处是连续的。

4.(1) $-\frac{1}{2}f'(x_0)$ ； (2) $3f'(x_0)$.

5.切线方程 $y=-x+2$.

6.(1)连续,可导；(2)连续,不可导；(3)连续,可导；(4)连续,不可导.

习题 2.2

1.(1) $a^x+xa^x\ln a+7e^x$ (2) $3\tan x+3x\sec^2 x+\frac{1}{x}$ ；

(3) $3x^2+3\sin x+3x\cos x$ ； (4) $2x\ln x+x$ ；

(5) $3e^x\cos x+3e^x\sin x$ ； (6) $\frac{1-\ln x}{x^2}$ ；

(7) $\dfrac{e^x \cdot x^2 - 2xe^x}{x^4}$；　(8) $\dfrac{\cos x - \sin x - 1}{(1-\cos x)^2}$.

2. (1) $\dfrac{1}{2\sqrt{x}}f'(\sqrt{x}+2)$；　(2) $3f^2(x)f'(x)$；

(3) $-e^{-f(x)} \cdot f'(x)$；　(4) $\dfrac{2f'(x)}{1+4f^2(x)}$.

3. (1) $4(x^2+x)^3 \cdot (2x+1)$；　(2) $-6\sin(2x+5)$；

(3) $-\sin 2x$；　(4) $\cot x$；

(5) $2(x+3\sqrt{x}) \cdot \left(1+\dfrac{3}{2\sqrt{x}}\right)$；　(6) $e^{2x}+2xe^{2x}$；

(7) $y = \dfrac{1}{\ln\ln x \cdot \ln x \cdot x}$；　(8) $\dfrac{e^{\arctan\sqrt[3]{x}}}{3(x^{\frac{2}{3}}+x^{\frac{4}{3}})}$.

习题 2.3

1. (1) $(2+x)e^x$；　(2) $2\ln x+3$；

(3) $4e^{2x-1}$；　(4) $-6e^x\sin x$；

(5) $-\csc^2 x$；　(6) $\dfrac{2-6x^4}{(1+x^4)^2}$；

(7) $-2\sin x - x\cos x$；　(8) $2\arctan x+\dfrac{2x}{1+x^2}$.

2. (1) $y^{(4)} = e^x x^2 + 8xe^x + 12e^x$；

(2) $y^{(20)} = x^2\sin x - 40x\cos x - 380\sin x$.

习题 2.4

1. (1) $y' = \dfrac{2x-y}{x-2y}$；　(2) $y' = -\dfrac{2x\sin y+\sin(x+y)}{\sin(x+y)+x^2\cos y}$；

(3) $y' = \dfrac{2xy-3e^{3x+2y}}{2e^{3x+2y}-x^2}$；　(4) $y' = \dfrac{\cos x \cdot e^y}{1-\sin x \cdot e^y}$.

2. $y = \dfrac{1}{2}\ln 2 \cdot (x+2)$.

3. (1) $\left(\ln\dfrac{x}{1+x}+\dfrac{1}{1+x}\right)\left(\dfrac{x}{1+x}\right)^x$；

(2) $\left[\ln\left(1+\dfrac{1}{3x}\right)-\dfrac{1}{1+3x}\right]\left(1+\dfrac{1}{3x}\right)^x$；

(3) $\dfrac{\sqrt{x+2}(3-x)^4}{(x+1)^5}\left(\dfrac{1}{2}\cdot\dfrac{1}{x+2}-4\dfrac{1}{3-x}+\dfrac{5}{x+1}\right)$；

(4) $\dfrac{\sqrt{x^2+2x}}{\sqrt[3]{x^2-2}}\left(\dfrac{x+1}{x^2+2x}-\dfrac{1}{3}\dfrac{2x}{x^2-2}\right)$.

*4. $\dfrac{1-\sqrt{3}}{1+\sqrt{3}}$.

习题 2.5

1. $\Delta y = 0.11, dy = 0.1$.

2. (1) $dy = \left(-\dfrac{1}{x^2}+\dfrac{1}{\sqrt{x}}\right)dx$ ； (2) $dy = (\sin 2x + 2x\cos 2x)dx$ ；

 (3) $dy = \dfrac{1}{(1+x^2)\sqrt{x^2+1}}dx$ ； (4) $dy = \dfrac{2\ln(1-x)}{x-1}dx$ ；

 (5) $dy = 2xe^{2x}(1+x)dx$ ； (6) $dy = f'(e^x)e^x dx$ ；

3. (1) $\ln(a^2+x)+C$ ； (2) $\dfrac{1}{2}x^2+C$ ；

 (3) $2\sqrt{x}+C$ ； (4) $\arcsin x + C$.

4. (1) $dy = \dfrac{e^y - y}{x(1-e^y)}dx$ ； (2) $dy = \dfrac{y\sin(xy)-e^{x+y}}{e^{x+y}-x\sin(xy)}dx$.

5. $dy = \dfrac{2x-x^2-y^2}{x^2+y^2-2y}dx, dy|_{(0,1)} = dx$.

习题 2.6

1. (1) $R'(Q) = 104-0.8Q$ ； (2) 64 ； (3) 0.375%.

2. (1) $R = 10Q-\dfrac{Q^2}{5}, \overline{R} = 10-\dfrac{Q}{5}, R' = 10-\dfrac{2Q}{5}$ ； (2) 120,6,2.

3. (1) $-\dfrac{P}{5}$ ；(2) -0.6%，-1%，-1.2% 当价格分别为 3,5,6 时，每当价格提高 1% 需求量分别减少 0.6%，1%，1.2%.

4. $L(Q) = Q^2-8Q-100$；4.

5. $\dfrac{E_Q}{E_P} = \dfrac{5P}{4+5P}$； 0.71.

6. (1) $\eta = \dfrac{bP}{a-bP}$ ； (2) $\dfrac{a}{2b}$.

复习题二

1. (1)否，若在 x_0 处 $f'(x_0)$ 为 ∞，则在该点处的切线为 $x = x_0$ ；

 (2)否，当在 $x = x_0$ 处的切线垂直于 x 轴时，此处的导数为 ∞ ；

 (3)否，反例：函数 $y = x$ 在点 $x = 0$ 处函数可导，但函数 $y = |x|$ 在点 $x = 0$ 处函数不可导；

 (4)是，反证：如若 $f(x)$ 在 x_0 处不可导，则 $f(x)$ 在 x_0 处不连续，从而 $|f(x)|$ 在 x_0 处不连续，因此 $|f(x)|$ 在 x_0 处不可导，矛盾！

2.(1) $f'_-(0)=1, f'_+(0)=1, f'(0)=1$;

(2) $f'_-(0)=1, f'_+(0)=0$, $f'(0)$ 不存在.

3.(1) $y'=-\dfrac{1}{x^2}e^{\frac{1}{x}}$; (2) $y'=\dfrac{x-x(1+x^2)\arctan x}{x^2(1+x^2)}$;

(3) $y'=\dfrac{2x-x^2}{(1+x)^2}$; (4) $y'=\sin x+1+x\cos x$;

(5) $y'=-\sin x\cot x-\csc^2 x(1+\cos x)$;

(6) $y'=-\dfrac{1}{2}\dfrac{1}{\sqrt{x}+x\sqrt{x}+2x}$;

(7) $y'=-6\tan^2(1-2x)\sec^2(1-2x)$;

(8) $y'=\dfrac{3}{2}\dfrac{1}{\sqrt{(1-3x)3x}}$.

4.(1) $y'=\dfrac{-y^2e^x}{ye^x+1}$; (2) $y'=\dfrac{x+y}{x-y}$;

(3) $y'=-\dfrac{y+e^{-x}}{e^y+x}$.

5.(1) $dy=2\cot x dx$; (2) $dy=(2x\arctan x+1)dx$;

(3) $dy=\dfrac{3\sin x+x\cos x}{x\sin x}dx$; (4) $dy=\dfrac{3}{2}\dfrac{\ln^2\sqrt{x}}{x}dx$.

6. 1.007.

7. 设某商品的需求函数为 $Q=f(P)=12-\dfrac{P}{2}$.

(1) $\dfrac{E_Q}{E_P}=\dfrac{P}{P-24}$;

(2) $\eta=0.33$;

(3) $P=6$ 时,若价格上涨 1% 时,总收益增加 0.67%.

第 3 章

习题 3.1

1. 提示:$y=\sin x$ 在 $\left[\dfrac{\pi}{6},\dfrac{5\pi}{6}\right]$ 上连续,在 $\left(\dfrac{\pi}{6},\dfrac{5\pi}{6}\right)$ 内可导,且 $\sin\dfrac{\pi}{6}=\sin\dfrac{5\pi}{6}$.

2. 提示:$y=4x^3-6x^2-2$ 在 $[0,1]$ 上连续,在 $(0,1)$ 内可导.

3. 提示:令 $f(x)=x^3+x-1$,利用零点定理证明有正根,可取区间 $[0,1]$;再利用反证法证明只能有一个正根.

4. 提示:在 $[1,2]$,$[2,3]$ 上分别利用罗尔中值定理可得两个根.

5. 提示:令 $f(x)=\arctan x+\text{arccot}\, x$,证明 $f'(x)=0$,即 $f(x)$ 是一个常数值函数.

6. 提示:(1)令 $f(x)=x^3$;(2)令 $f(x)=\ln x$;(3)令 $f(x)=\arctan x$.

习题 3.2

1. (1) $-\frac{1}{8}$;　(2) $\frac{5}{3}a^2$;　(3)2;　(4)2;　(5)5;

(6) 0;　(7) $\frac{1}{3}$;　(8) ∞;　(9) $-\frac{1}{2}$;　(10) ∞.

2. 0.

习题 3.3

1. (1)在 $(-\infty,+\infty)$ 单调减;　(2)在 $(-\infty,+\infty)$ 单调增;

(3)在 $(-\infty,-2)$ 单调减,在 $(-2,0)$ 单调减,在 $(2,+\infty)$ 单调增,在 $(0,2)$ 单调减;

(4)在 $(-\infty,-1)$ 和 $\left(\frac{1}{3},+\infty\right)$ 单调增,在 $\left(-1,\frac{1}{3}\right)$ 单调减.

2. (1)极大值 $y(0)=6$,极小值 $y(1)=5$;

(2)极小值 $y(0)=0$;　(3)极大值 $y\left(\frac{3}{4}\right)=\frac{5}{4}$;

(4)极大值 $y(-1)=2$;　(5)极小值 $y(0)=2$;

(6)没有极值.

3. (1)提示:令 $f(x)=1+\frac{1}{2}x-\sqrt{1+x}$,在 $(0,+\infty)$ 内利用单调性证明.

(2)提示:令 $f(x)=\sin x+\tan x-2x$,在 $\left(0,\frac{\pi}{2}\right)$ 内利用单调性证明.

习题 3.4

1. (1)在 $(-\infty,+\infty)$ 凸;

(2)在 $(-\infty,2)$ 凸,在 $(2,+\infty)$ 凹,拐点为 $(2,2e^{-2})$;

(3)在 $(-\infty,+\infty)$ 凹;

(4)在 $(-\infty,-1)$ 和 $(1,+\infty)$ 凸,在 $(-1,1)$ 凹,拐点为 $(-1,\ln 2)$,$(1,\ln 2)$.

2. $a=-\frac{3}{2}$,$b=\frac{9}{2}$.

3. 在 $(-\infty,-2)$ 单减,在 $(-2,+\infty)$ 单增,极小值 $y(-2)=-24$,在 $(-\infty,-1)$ 和 $(1,+\infty)$ 凹,在 $(-1,1)$ 凸,拐点为 $(-1,-13)$,$(1,3)$.

习题 3.5

1. (1)最大值 $y(4)=0$,最小值 $y(-1)=-85$;

(2)最大值 $y(3)=9$，最小值 $y(2)=-16$；

(3)最大值 $y\left(\frac{3}{4}\right)=1.25$，最小值 $y(-5)=-5+\sqrt{6}$.

2. (1) $x=3, P=15e^{-1}$，最大收益 $45e^{-1}$；

(2) $P=101$，最大利润 167 080；

(3)每件商品征收货税为 25(货币单位).

复习题三

1. (1)B； (2)A； (3)C.

2. 令 $\varphi(x)=a_0x+\frac{a_1}{2}x^2+\cdots+\frac{a_n}{n+1}x^{n+1}$.

3. 令 $\varphi(x)=x^3f(x)$.

4. (1)1； (2) $e^{-\frac{4}{\pi}}$； (3) 0.

5. 0.

6. (1)分三批购进； (2)税额为每件产品 $\frac{\beta-b}{2}$.

第 4 章

习题 4.1

1. (1) $-\frac{1}{3}x^{-3}+C$； (2) $\sqrt{\frac{2h}{g}}+C$；

(3) $\frac{a^2}{3}x^3-abx^2+b^2x+C$ 或 $\frac{1}{3a}(ax-b)^3+C$；

(4) $\frac{1}{2}x^2+\frac{12}{11}x^{\frac{11}{6}}+\frac{3}{5}x^{\frac{5}{3}}+C$； (5) $\frac{3}{8}x^{\frac{8}{3}}+\frac{6}{13}x^{\frac{13}{6}}+\frac{9}{2}x^{\frac{2}{3}}+C$；

(6) $-\frac{2}{3}x^{-\frac{3}{2}}-e^x+\ln|x|+C$； (7) $2e^x-3\ln|x|+C$；

(8) $x-\arctan x+C$； (9) $\frac{1}{3}x^3+3\arctan x+C$；

(10) $-\frac{1}{x}-\arctan x+C$； (11) $\frac{(3a)^x}{\ln(3a)}+C$；

(12) $2x-\frac{5\cdot\left(\frac{2}{3}\right)^x}{\ln\frac{2}{3}}+C$； (13) $x-\cos x+C$；

(14) $\frac{1}{2}(x-\sin x)+C$； (15) $-\cot x-x+C$；

(16) $\frac{1}{2}(\tan x+x)+C\sin x-\cos x+C$；

(17) $\tan x+\sec x+C$；

(18) $\tan x-\cot x+C$；

(19) $\sin x-\cos x+C$；

(20) $\arcsin x+C$.

2. $\frac{1}{2}at^2+bt=p(t)$.

习题 4.2

1. (1) $\frac{1}{30}(3x+2)^{10}+C$；

(2) $\frac{1}{6(1-6x)}+C$；

(3) $\begin{cases} k\neq -1, \frac{1}{b(k+1)}(a+bx)^{k+1}+C; \\ k=-1, \frac{1}{b}\ln|a+bx|+C; \end{cases}$

(4) $-\frac{1}{3}\cos 3x+C$；

(5) $-\frac{1}{\beta}\sin(\alpha-\beta x)+C$；

(6) $-\frac{1}{5}\ln|\cos 5x|+C$；

(7) $-\frac{1}{3}e^{-3x}+C$；

(8) $\frac{10^{2x}}{2\ln 10}+C$；

(9) $-\frac{1}{2}\cot\left(2x+\frac{\pi}{4}\right)+C$；

(10) $\frac{1}{5}\arcsin 5x+C$；

(11) $\frac{1}{3}\arctan 3x+C$；

(12) $\ln(x^2-3x+8)+C$；

(13) $\frac{1}{6}\arctan\frac{x^3}{2}+C$；

(14) $-\frac{1}{3}(1-x^2)^{\frac{3}{2}}+C$；

(15) $\frac{3}{8}\sqrt[3]{(x^4+1)^2}+C$；

(16) $-\frac{1}{4}(1+x^2)^{-2}+C$；

(17) $-\cos e^x+C$；

(18) $\frac{1}{2}e^{x^2}+C$；

(19) $\frac{2}{3}\ln^{\frac{3}{2}}x+C$；

(20) $-\frac{2}{\sqrt{\sin\theta}}+C$；

(21) $\frac{1}{3}(\arctan x)^3+C$；

(22) $-\frac{1}{\arcsin x}+C$；

(23) $\frac{1}{2}x+\frac{1}{4}\sin 2x+C$；

(24) $\sin x-\frac{2}{3}\sin^3 x+C$；

(25) $\frac{1}{3}\tan^3 x+\tan x+C$；

(26) $-\frac{1}{3}\cot^3 x+\cot x+x+C$；

(27) $-e^{\frac{1}{x}}+C$；

(28) $\frac{1}{2}\ln\left|\sin\sqrt{x^2+1}\right|+C$.

2. 略.

习题 4.3

(1) $-\frac{1}{2}x\cos 2x+\frac{1}{4}\sin 2x+C$；

(2) $\frac{1}{2}x(e^x+e^{-x})-\frac{1}{2}(e^x-e^{-x})+C$；

(3) $\frac{1}{\omega}\left(x^2\sin\omega x+\frac{2}{\omega}x\cos\omega x-\frac{2}{\omega^2}\sin\omega x\right)+C$；

(4) $\frac{a^x}{\ln|a|}\left(x^2-\frac{2}{\ln|a|}x+\frac{2}{\ln^2|a|}\right)+C$；

(5) $x(\ln x-1)+C$；

(6) $x\ln^2x-2x(\ln x-1)+C$；

(7) $x\arctan x-\frac{1}{2}\ln(1+x^2)+C$；

(8) $\frac{1}{2}(x^2\operatorname{arccot}x+x-\arctan x)+C$；

(9) $\frac{1}{3}(x^3+1)\ln(1+x)-\frac{1}{9}x^3+\frac{1}{6}x^2-\frac{x}{3}+C$；

(10) $-\frac{1}{x}(\ln^3x+3\ln^2x+6\ln x+6)+C$；

(11) $x(\arcsin x)^2+2\sqrt{1-x^2}\arcsin x-2x+C$；

(12) $\frac{1}{4}x^2+\frac{1}{4}x\sin 2x+\frac{1}{8}\cos 2x+C$；

(13) $x\tan x+\ln|\cos x|-\frac{1}{2}x^2+C$；

(14) $\frac{1}{6}x^3-\frac{1}{4}x^2\sin 2x-\frac{x}{4}\cos 2x+\frac{1}{8}\sin 2x+C$；

(15) $\tan x\ln\cos x+\tan x-x+C$；

(16) $3e^{\sqrt[3]{x}}(\sqrt[3]{x^2}-2\sqrt[3]{x}+2)+C$；

(17) $x\arctan\sqrt{x}-\sqrt{x}+\arctan\sqrt{x}+C$；

(18) $\frac{e^{ax}}{n^2+a^2}(a\cos nx+n\sin nx)+C$.

复习题四

1. (1) $2\sqrt{x}\arcsin\sqrt{x}+2\sqrt{1-x}+C$；　(2) $\arctan e^x+C$；

(3) $\frac{1}{2}\arctan\frac{x+1}{2}+C$；　(4) $-e^{\cos x}+C$；

(5) $\frac{1}{4}\ln(1+x^4)+\frac{1}{4(1+x^4)}+C$；　(6) $-\frac{1}{4}(\arccos x)^4+C$；

(7) $\ln(x-1+\sqrt{x^2-2x+5})+C$；　(8) $\ln|2+xe^x|+C$；

(9) $\frac{1}{3}\ln|x-2|+\frac{2}{3}\ln|x+1|+C$；

(10) $\arcsin e^x-\sqrt{1-e^{2x}}+C$；

(11) $a\arcsin\frac{x}{a}-\sqrt{a^2-x^2}+C$；

(12) $\frac{1}{4}\ln\left|\frac{x-1}{x+1}\right|-\frac{1}{2}\arctan x+C$；

(13) $\arcsin(2x-1)+C$；

(14) $2\sqrt{x}-3\sqrt[3]{x}+6\sqrt[6]{x}-\ln(1+\sqrt[6]{x})+C$；

(15) $\frac{1}{6}\sqrt{(2x^2-3)^3}+C$；

(16) $\frac{1}{4}\arcsin\frac{4x}{3}+C$；

(17) $\frac{1}{\ln 2}\arcsin 2^x+C$；

(18) $-\frac{1}{1+\tan x}+C$；

(19) $\frac{x^2+1}{2}\ln(1+x^2)-\frac{x^2}{2}+C$.

2. 需求量关于价格的弹性为 $10^4 e^{-\frac{P}{5}}$.

第 5 章

习题 5.1

1. (1) 1； (2) 0； (3) 0； (4) 0.
2. (1) 2； (2) 12； (3) -3； (4) 2.
3. (1) $I_1>I_2$； (2) $I_1<I_2$； (3) $I_1>I_2$； (4) $I_1>I_2$.
4. (1) $6\leqslant\int_1^4(x^2+1)dx\leqslant 51$； (2) $\frac{2}{5}\leqslant\int_1^2\frac{x}{1+x^2}dx\leqslant\frac{1}{2}$.

习题 5.2

1. (1) e^{x^2-x}； (2) $\frac{3x^2}{\sqrt{1+x^{12}}}-\frac{2x}{\sqrt{1+x^8}}$；

   (3) $-\frac{\sin 2x}{1+\sin^4 x}$； (4) $\frac{\cos(x+1)}{2\sqrt{x}}$.
2. (1) 1； (2) $\frac{1}{3}$； (3) 1； (4) e； (5) $\frac{2}{3}$.
3. -2.
4. 当 $x=0$ 时，$I(x)$ 取极小值 $I(0)=0$.
5. (1) $\frac{20}{3}$； (2) $1-\frac{\pi}{4}$； (3) $\frac{\pi}{8}$； (4) $\frac{21}{8}$； (5) $\frac{\pi}{4}-1$；

(6) $\frac{8}{3}$ ； (7) 0 ； (8) $\frac{\pi}{3}$ ； (9) $-1-\frac{\pi}{4}$ ； (10) 5.

6. $e-\frac{1}{2}$.

7. $\varphi(x)=\begin{cases}\frac{1}{3}x^3, & 0\leqslant x\leqslant 1,\\ \frac{1}{2}x^2-\frac{1}{6}, & 1\leqslant x\leqslant 2.\end{cases}$.

习题 5.3

1. (1) $(1-\sqrt{3})a$ ； (2) $\frac{1}{10}$ ； (3) 0 ； (4) $2(\sqrt{3}-1)$ ； (5) $\frac{\pi}{2}$ ；

(6) $\frac{1}{2}$ ； (7) $\pi-\frac{4}{3}$ ； (8) $\arctan e-\frac{\pi}{4}$ ； (9) $\frac{\pi+1}{2}$ ；

(10) $2\sqrt{2}\pi$ ； (11) $2\left(1-\ln\frac{3}{2}\right)$ ； (12) $1-2\ln 2$ ； (13) $\frac{7}{12}$ ；

(14) $-\ln 3-2\ln(\sqrt{2}-1)$.

2. (1) $5e^{-1}-2$ ； (2) $8\ln 2-1$ ； (3) $\frac{\pi}{8}-\frac{1}{4}$ ； (4) $\frac{\sqrt{3}\pi}{3}-\ln 2$ ；

(5) $\frac{1}{e^2-1}+\ln(e+1)-1$ ； (6) $3\ln 3-2\ln 2-1$ ；

(7) $\frac{1}{2}(e\sin 1-e\cos 1+1)$.

3. (1) $\frac{4}{3}$ ； (2) $\frac{4}{3}$.

4. 略.

5. 略.

6. 略.

7. 2.

习题 5.4

1. (1) $\frac{\pi}{4}$ ； (2) $-\frac{1}{3}$ ； (3) $\frac{1}{2}$ ； (4) 1 ； (5) π ； (6) 4.

2. (1)收敛； (2)收敛； (3)发散； (4)发散.

3. (1) 630 ； (2) $\frac{3\sqrt{2}\pi}{16}$.

习题 5.5

1. (1) $S_1=2\pi-\frac{20}{3}, S_2=6\pi+\frac{20}{3}$ ；(2) $\frac{1}{6}$ ；(3) $\frac{3}{2}-\ln 2$ ；

(4) $\frac{\pi}{2}-1$；(5) $\frac{8}{3}\sqrt{2}$；(6) $-\frac{35}{6}$.

2.(1) $\frac{\pi^2}{2}$；　(2) $\frac{31}{5}\pi$；　(3) $\frac{256}{35}\pi$.

习题 5.6

1. 66.
2. 916.8.
3. (1) 9；　(2) 10.
4. 10,160.

复习题五

1.(1)B；　(2)C；　(3)D；　(4)B；　(5)A；　(6)C.

2.(1)必要,充分；　(2)必要；　(3) 7；　(4) $\frac{\pi}{2}$；　(5)不一定.

3.(1) $af(a)$；　(2) 2；　(3) 1；　(4) -2.

4.(1) $\frac{68}{27}$；　(2) 0；　(3) $\frac{\pi}{2}$；　(4) $\frac{\sqrt{2}}{4}\pi$；　(5) $\arctan 3-\arctan 2$；

(6) $-\frac{\sqrt{3}}{2}\pi+1$；　(7) $\frac{\pi}{2}$；　(8) $2-\frac{2}{e}$；　(9) -1；　(10) $\frac{8}{3}$.

5. $\frac{1}{2}(\cos 1-1)$.

6. $\frac{2}{3}$.

7. $\frac{768}{7}\pi$.

8. $7x+50\sqrt{x}+1000$.

9. $ax-\frac{b}{2}x^2+C$.

第 6 章

习题 6.1

1.(1)一阶；　(2)一阶；　(3)二阶；　(4)三阶.

2. $y=3e^{-x}+x-1$.

3. $x(P)+P\cdot x'(P)=0, \frac{E_x}{E_P}=\frac{P}{x}\frac{dx}{dP}=-1$.

习题 6.2

1. (1) $\ln(1+y^2)=-\frac{1}{x}+C$； (2) $y=e^{Cx}$；

(3) $y=\frac{1}{2}x^2+\frac{1}{5}x^3+C$； (4) $\arcsin y=x+C$.

(5) $\sin\frac{y}{x}=Cx$； (6) $y^2=2x^2(\ln|x|+C)$.

2. (1) $x^2y=4$； (2) $\ln y=\tan\frac{x}{2}$；

(3) $x^2-y^2+y^3=0$； (4) $x^2-y^2+3=0$.

3. (1) $y=(x+C)e^{-x}$； (2) $y=(x+C)e^{-\sin x}$；

(3) $y(x^2-1)-\sin x=C$； (4) $x=\frac{y^2}{2}+Cy^3$.

4. (1) $y=\frac{e^x}{x}-\frac{1}{x}$； (2) $y=\sin x-1+2e^{-\sin x}$.

习题 6.3

1. (1) $y=\frac{1}{6}x^3-\sin x+C_1x+C_2$； (2) $y=(x-2)e^x+C_1x+C_2$；

(3) $y=-\ln|\cos(x+C_1)|+C_2$； (4) $y=C_1e^x-\frac{1}{2}x^2-x+C_2$；

(5) $y=C_1\ln|x|+C_2$； (6) $C_1y^2-1=(C_1x+C_2)^2$；

2. (1) $y=\ln x+\frac{1}{2}\ln^2x$； (2) $y=-\frac{1}{a}\ln(ax+1)$； (3) $e^y=\sec x$.

3. 初值问题 $\begin{cases}xy''=y'+x^2,\\ y|_{x=1}=0,y'|_{x=1}=-\frac{1}{3},\end{cases}$ $y=\frac{1}{3}x^3-\frac{2}{3}x^2+\frac{1}{3}$.

习题 6.4

1. (1)线性无关； (2)线性相关； (3)线性相关； (4)线性无关.

2. $y=C_1\cos2x+C_2\sin2x$.

3. (1) $y=C_1e^{-3x}+C_2e^{-4x}$； (2) $y=(C_1+C_2x)e^{6x}$；

(3) $y=e^{-3x}(C_1\cos2x+C_2\sin2x)$； (4) $y=C_1\cos x+C_2\sin x$.

4. (1) $y=4e^x+2e^{3x}$； (2) $y=(2+x)e^{-\frac{x}{2}}$； (3) $y=3e^{-2x}\sin5x$.

5. (1) $y=C_1e^{\frac{x}{2}}+C_2e^{-x}+e^x$； (2) $y=C_1+C_2e^{-9x}+x\left(\frac{1}{18}x-\frac{37}{81}\right)$.

6. (1) $y=-5e^x+\frac{7}{2}e^{2x}+\frac{5}{2}$； (2) $y=e^x-e^{-x}+e^x(x^2-x)$.

习题 6.5

1. (1) $\Delta y_x = 6x^2 + 4x + 1, \Delta^2 y_x = 12x + 10$；
   (2) $\Delta y_x = e^{3x}(e^3 - 1), \Delta^2 y_x = e^{3x}(e^3 - 1)^2$；
   (3) $\Delta y_x = \log_a\left(1 + \frac{1}{x}\right), \Delta^2 y_x = \log_a\left(\frac{x(x+2)}{(x+1)^2}\right)$.
2. (1)三阶； (2)六阶.
3. (1) $y_x = C\left(\frac{3}{2}\right)^x$； (2) $y_x = C(-1)^x$； (3) $y_x = C$.
4. (1) $y_x^* = 3\left(-\frac{5}{2}\right)^x$； (2) $y_x^* = 2$.
5. (1) $y_x = C \cdot 5^x - \frac{3}{4}$； (2) $y_x^* = \frac{5}{3}(-1)^x + \frac{1}{3} \cdot 2^x$.

习题 6.6

1. (1) $P_e = \left(\frac{a}{b}\right)^{\frac{1}{3}}$； (2) $P(t) = [P_e^3 + (1 - P_e^3)e^{-3kbt}]^{\frac{1}{3}}$；
   (3) $\lim\limits_{t \to +\infty} P(t) = P_e$.
2. $y(t) = \frac{1000 \cdot 3^{\frac{t}{3}}}{9 + 3^{\frac{t}{3}}}$(尾)，$y(6) = 500$(尾).
3. $y = 5e^{\frac{3}{10}t}$.
4. $S = 4.5e^{-\frac{1}{3}t}, y = \frac{4}{3}(e^{\frac{t}{3}} - 1)$.
5. $P_t = C\left(\frac{1}{2}\right)^t + \frac{3}{4}$.

复习题六

1. (1)三阶；
   (2) $y = e^{-\int P(x)dx}\left[\int Q(x)e^{\int P(x)dx}dx + C\right]$；
   (3) $y'' - 5y' + 6y = 0$.
2. (1) $x - \sqrt{xy} = C$； (2) $y^2 - 2xy = C$；
   (3) $e^{-y^2} - 2e^x + C = 0$； (4) $y = (x + C)\cos x$
   (5) $y = \ln|\cos(x + C_1)| + C_2$； (6) $y = (C_1 + C_2 x)e^{-2x} + \frac{x^2}{2}e^{-2x}$；
   (7) $y = \frac{1}{2}e^{3x} + \frac{x}{20} + \frac{49}{400} + C_1 e^{5x} + C_2 e^{4x}$.
3. (1) $(1 + e^x)\sec y = 2\sqrt{2}$； (2) $y = \frac{e^x}{x}(e^x - e)$；

(3) $y=\dfrac{2x}{1+x^2}$; (4) $y=e^{-\frac{3}{2}x}+2e^{-\frac{5}{2}x}+xe^{-\frac{3}{2}x}$.

4. $y=x-x\ln x$.

5. $\dfrac{dB}{dt}=0.05B-12000$;当 $B_0=240000\left(1-\dfrac{1}{e}\right)$ 时，20 年后银行的余额为零.

6. $y_t=\left(y_0-\dfrac{1+\beta}{1-\alpha}\right)\alpha^t+\dfrac{1+\beta}{1-\alpha}, C_t=\left(y_0-\dfrac{1+\beta}{1-\alpha}\right)\alpha^t+\dfrac{\alpha+\beta}{1-\alpha}$.

第 7 章

习题 7.1

1. $x^2+y^2+z^2-2x-6y+4z=0$.
2. (1)平行于 yOz 面的平面； (2)平行于 z 轴的平面； (3)圆柱面.
3. (1)球面； (2)旋转抛物面； (3)旋转椭球面； (4)圆锥面.

习题 7.2

1. (1) $(x+y)^2-\left(\dfrac{y}{x}\right)^2$; (2) $\dfrac{x^2(1-y)}{1+y}$.

2. (1) $\{(x,y)\mid 4x^2+y^2\geqslant 1\}$; (2) $\{(x,y)\mid xy>0\}$;
   (3) $\{(x,y)\mid -1\leqslant x\leqslant 1, y\geqslant 1$ 或 $y\leqslant -1\}$;
   (4) $\{(x,y)\mid -x^2-1\leqslant y\leqslant -x^2+1\}$;
   (5) $\{(x,y)\mid y^2\leqslant 4x$ 且 $y^2<1-x^2$ 且 $(x,y)\neq(0,0)\}$;
   (6) $\left\{(x,y)\mid -1\leqslant \dfrac{x}{x+y}\leqslant 1, \text{且 } x+y\neq 0\right\}$.

3. (1)3; (2) $-\dfrac{1}{4}$; (3)0; (4) a; (5) e.

4. $y^2=x$.

习题 7.3

1. (1) $z_x=\dfrac{1}{x+\ln y}, z_y=\dfrac{1}{y(x+\ln y)}$;
   (2) $z_x=ye^{xy}+2xy, z_y=xe^{xy}+x^2$;
   (3) $z_x=e^{\sin x}\cos x\cos y, z_y=-e^{\sin x}\sin y$;
   (4) $z_x=3x^2y+6xy^2-y^3, z_y=x^3+6x^2y-3xy^2$;
   (5) $z_x=\dfrac{1}{2\sqrt{x}}\sin\dfrac{y}{x}-\dfrac{y}{x^2}\sqrt{x}\cos\dfrac{y}{x}, z_y=\dfrac{1}{x^{\frac{3}{2}}}\cos\dfrac{y}{x}$;
   (6) $z_x=\dfrac{1}{y}-\dfrac{y}{x^2}, z_y=-\dfrac{x}{y^2}+\dfrac{1}{x}$;

(7) $z_x = y\cos xy - y\sin(2xy), z_y = x\cos xy - x\sin(2xy)$；

(8) $z_x = \dfrac{2xy}{\sqrt{1-x^4y^2}}, z_y = \dfrac{x^2}{\sqrt{1-x^4y^2}}$.

2. $f_x(x,1) = 1$.

3. (1) $z_{xx} = 2y(2y-1)x^{2y-2}, z_{xy} = 2x^{2y-1}(1+2y\ln x), z_{yy} = 4x^{2y}\ln^2 x$；

(2) $z_{xx} = \dfrac{2xy}{(x^2+y^2)^2}, z_{xy} = \dfrac{y^2-x^2}{(x^2+y^2)^2}, z_{yy} = \dfrac{-2xy}{(x^2+y^2)^2}$；

(3) $z_{xx} = -\dfrac{y}{x^2}, z_{xy} = \dfrac{1}{x}, z_{yy} = \dfrac{1}{y}$.

习题 7.4

1. $dz = -0.125$.

2. (1) $dz = \dfrac{1}{1+x^2y^2}(y dx + x dy)$；

(2) $dz = \left(6xy + \dfrac{1}{y}\right)dx + \left(3x^2 - \dfrac{x}{y^2}\right)dy$；

(3) $dz = \left(3e^{-y} - \dfrac{1}{\sqrt{x}}\right)dx - 3xe^{-y}dy$.

3. $dz = \dfrac{1}{7}(4dx + 2dy)$.

*4. 1.21 .

*5. 2.95

习题 7.5

1. (1) $\dfrac{dz}{dx} = \dfrac{e^x(x\ln x - 1)}{x\ln^2 x}$；

(2) $\dfrac{dz}{dt} = \dfrac{1}{1+(x-y)^2}(3-12t^2) = \dfrac{3(1-4t^2)}{1+(3t-4t^3)^2}$；

(3) $\dfrac{dz}{dx} = 2^x(1 + x\ln 2 + \sin x\ln 2 + \cos x)$.

2. (1) $\dfrac{\partial z}{\partial x} = \left(1+\dfrac{u}{v}\right)e^{\frac{u}{v}} \cdot 2x - \dfrac{u^2}{v^2}e^{\frac{u}{v}} \cdot y, \dfrac{\partial z}{\partial y} = \left(1-\dfrac{u}{v}\right)e^{\frac{u}{v}} \cdot 2y - \dfrac{u^2}{v^2}e^{\frac{u}{v}} \cdot x$；

(2) $\dfrac{\partial z}{\partial x} = 2u\ln v \cdot \dfrac{1}{y} + \dfrac{3u^2}{v}, \dfrac{\partial z}{\partial y} = 2u\ln v \cdot \left(-\dfrac{x}{y^2}\right) - \dfrac{2u^2}{v}$；

(3) $\dfrac{\partial z}{\partial x} = \dfrac{v-u}{u^2+v^2}, \dfrac{\partial z}{\partial y} = \dfrac{u+v}{u^2+v^2}$；

(4) $\dfrac{\partial z}{\partial x} = 2xf_1' + ye^{xy}f_2', \dfrac{\partial z}{\partial y} = -2yf_1' + xe^{xy}f_2'$；

(5) $\dfrac{\partial z}{\partial x} = 2f_1' + y\cos x f_2', \dfrac{\partial z}{\partial y} = -f_1' + \sin x f_2'$.

3. $z_{xx}=2a^2\cos[2(ax+by)]$, $z_{xy}=2ab\cos[2(ax+by)]$,
$z_{yy}=2b^2\cos[2(ax+by)]$.

习题 7.6

1. (1) $y'=\dfrac{y^2}{1-xy}$；(2) $y'=\dfrac{x+y}{x-y}$；(3) $y'=\dfrac{e^y-1}{1-xe^y}$.

2. (1) $z_x=\dfrac{y\cos xy-z\sin xz}{x\sin xz+y\sec^2 yz}$, $z_y=-\dfrac{z\sec^2 yz-x\cos xy}{x\sin xz+y\sec^2 yz}$；

(2) $z_x=\dfrac{z}{x+z}$, $z_y=\dfrac{z^2}{y(x+z)}$；(3) $z_x=\dfrac{z}{x(z-1)}$, $z_y=\dfrac{z}{y(z-1)}$；

(4) $z_x=\dfrac{\sqrt{xz}-z\sqrt{y}}{x\sqrt{y}-\sqrt{xz}}$, $z_y=\dfrac{2\sqrt{yz}-z\sqrt{x}}{y\sqrt{x}-\sqrt{yz}}$；

(5) $z_x=\dfrac{2z}{3z^2-2x}$, $z_y=\dfrac{1}{2x-3z^2}$.

3. 略.

4. $\dfrac{\partial z}{\partial x}=\dfrac{2x}{f'\left(\dfrac{z}{y}\right)-2z}$, $\dfrac{\partial z}{\partial y}=\dfrac{yf\left(\dfrac{z}{y}\right)-zf'\left(\dfrac{z}{y}\right)-2y^2}{2yz-yf'\left(\dfrac{z}{y}\right)}$.

习题 7.7

1. 极小值 $f(1,1)=-1$，无极大值.
2. 极大值 $f(2,-2)=8$.
3. 极小值 $f\left(\dfrac{1}{2},-1\right)=-\dfrac{e}{2}$.
4. 当 $P_1=80$, $P_2=30$ 时，有最大利润 $L=336$.
5. 使得产鱼总量最大的放养数分别是 $x=\dfrac{3\alpha-2\beta}{2\alpha^2-\beta^2}$, $y=\dfrac{4\alpha-3\beta}{2(2\alpha^2-\beta^2)}$.
6. 长、宽、高分别为 $x=2\sqrt[3]{\dfrac{k}{4}}$, $y=2\sqrt[3]{\dfrac{k}{4}}$, $z=\sqrt[3]{\dfrac{k}{4}}$ 时，表面积最小.
7. 两要素分别投入 $x_1=6\left(\dfrac{P_2\alpha}{P_1\beta}\right)^{\beta}$, $x_2=6\left(\dfrac{P_1\beta}{P_2\alpha}\right)^{\alpha}$ 时，可使投入总费用最小.
8. 生产 120 件产品 A、80 件产品 B 时所得利润最大.
9. 购进 A，B 原料的数量分别为 100，25 时生产的数量最多.

复习题七

1. (1)充分，必要；(2)必要，充分；(3)充分；(4)充分.
2. A.

3. (1) $\frac{e}{4}$；(2) 2.

4. 存在.

5. (1) $z_{xx}=\frac{-1}{(x+y^2)^2}, z_{xy}=\frac{-2y}{(x+y^2)^2}, z_{yy}=\frac{2(1-y^2)}{(x+y^2)^2}$；

(2) $z_{xx}=2\cos(x+y)-x\sin(x+y), z_{xy}=\cos(x+y)-x\sin(x+y)$,

$z_{yy}=-x\sin(x+y)$.

6. $\Delta z=-0.119, \mathrm{d}z=-0.125$.

7. $\frac{\mathrm{d}u}{\mathrm{d}t}=x^{y-1}(y\varphi'(t)+x\ln x\psi'(t))$.

8. $\frac{\partial z}{\partial x}=f'_1\mathrm{e}^y+f_2', \frac{\partial z}{\partial y}=f'_1x\mathrm{e}^y+f_3'$.

9. $\frac{\partial z}{\partial x}=-\frac{x+yz\sqrt{x^2+y^2+z^2}}{z+xy\sqrt{x^2+y^2+z^2}}, \frac{\partial z}{\partial y}=-\frac{y+xz\sqrt{x^2+y^2+z^2}}{z+xy\sqrt{x^2+y^2+z^2}}$.

10. 极小值 $f\left(0,\frac{1}{\mathrm{e}}\right)=-\frac{1}{\mathrm{e}}$.

11. $x=90, y=140$.

第 8 章

习题 8.1

1. (1) $I_3>I_2>I_1$；　(2) $I_1>I_2$.

2. (1) $0\leqslant I\leqslant 3$；　(2) $2\leqslant I\leqslant 8$；　(3) $36\pi\leqslant I\leqslant 100\pi$；

3. $I_1=4I_2$.

4. $\frac{1}{6}\pi a^3$.

习题 8.2

1. (1) $\int_0^1\mathrm{d}x\int_x^1 f(x,y)\mathrm{d}y$；　(2) $\int_0^4\mathrm{d}x\int_{\frac{x}{2}}^{\sqrt{x}} f(x,y)\mathrm{d}y$；

(3) $\int_0^1\mathrm{d}y\int_{\mathrm{e}^y}^{\mathrm{e}} f(x,y)\mathrm{d}x$；　(4) $\int_0^1\mathrm{d}y\int_{\sqrt{y}}^1 f(x,y)\mathrm{d}x$.

2. (1) $\frac{13}{2}$；　(2) $\frac{20}{3}$；　(3) $\frac{2}{3}$.

3. (1) $\int_0^{\frac{\pi}{4}}\mathrm{d}\theta\int_0^{\sec\theta} f(\rho\cos\theta,\rho\sin\theta)\rho\mathrm{d}\rho+\int_{\frac{\pi}{4}}^{\frac{\pi}{2}}\mathrm{d}\theta\int_0^{\csc\theta} f(\rho\cos\theta,\rho\sin\theta)\rho\mathrm{d}\rho$；

(2) $\int_{\frac{\pi}{4}}^{\frac{\pi}{3}}\mathrm{d}\theta\int_0^{2\sec\theta} f(\rho)\rho\mathrm{d}\rho$；

(3) $\int_{\frac{\pi}{4}}^{\frac{\pi}{2}} d\theta \int_0^{2\cos\theta} f(\rho\cos\theta,\rho\sin\theta)\rho d\rho$；

(4) $\int_0^{\frac{\pi}{4}} d\theta \int_0^{\frac{2}{\cos\theta+\sin\theta}} f(\rho\cos\theta,\rho\sin\theta)\rho d\rho$.

4. (1) $\pi(2\ln 2-1)$；　(2) $\frac{14}{3}\pi^4$.

5. (1) $\frac{9}{4}$；　(2) 2π.

复习题八

1. (1) $\int_0^1 dx \int_{x^2}^1 f(x,y)dy$；(2) $\int_0^4 dy \int_{\frac{y^2}{4}}^4 f(x,y)dx$；(3) $\int_0^1 dy \int_y^{2-y} f(x,y)dx$.

2. (1)6；(2) $\frac{1}{4}$；(3) $\frac{R^3}{3}\left(\pi-\frac{4}{3}\right)$；(4) $\frac{\pi R^4}{4}+9\pi R^2$.

3. 提示：变换积分次序.

$$\int_a^b dx \int_a^x f(y)dy = \int_a^b dy \int_y^b f(y)dx = \int_a^b f(y)\cdot x \,\Big|_y^b dy$$
$$= \int_a^b f(y)(b-y)dy = \int_a^b f(x)(b-x)dx.$$

4. $I = \int_0^1 dy \int_0^{\sqrt{1-y^2}} \sin(x^2+y^2)dx = \int_0^{\frac{\pi}{2}} d\theta \int_0^1 r\sin(r^2)dr$

$$= \int_0^{\frac{\pi}{2}} \frac{1}{2}(1-\cos 1)d\theta = \frac{\pi}{4}(1-\cos 1).$$

第9章

习题9.1

1. (1)不一定，$k=0$ 时，级数 $\sum_{n=1}^{\infty} ku_n$ 收敛；　(2)发散；
   (3)不一定；　(4)不是；　(5)是.

2. (1) $\frac{1}{2^n}$；　(2) $(-1)^{n+1}\frac{n+1}{n}$；　(3) $\frac{x^{\frac{n}{2}}}{(2n)!!}$；
   (4) $(-1)^{n+1}\frac{x^{n+1}}{2n+1}$.

3. (1)发散；　(2)收敛.

4. (1)发散；　(2)发散；　(3)发散；　(4)收敛；　(5)发散；
   (6)发散.

5. $\sum_{n=1}^{\infty} 3\cdot\left(\frac{1}{10}\right)^n = \sum_{n=1}^{\infty} \frac{3}{(10)^n} = \frac{1}{3}$.

6. 因为 $\sum_{n=1}^{\infty}\frac{500}{(1+0.1)^n}\approx 5\ 500$，所以应当存入 5 500 万元.

习题 9.2

1. (1)收敛； (2)发散； (3)收敛； (4)发散； (5)收敛； (6)发散.
2. (1)发散； (2)发散； (3)收敛.
3. (1)发散； (2)发散； (3)收敛； (4)收敛； (5)收敛.

习题 9.3

1. (1)发散； (2)条件收敛.
2. (1)绝对收敛； (2)发散； (3)条件收敛；
   (4)绝对收敛； (5)条件收敛.

习题 9.4

1. (1) $[-3,3)$； (2)仅在 $x=0$ 处收敛； (3) $[4,6)$；
   (4) $(-1,1]$； (5) $[-1,1]$； (6) $[-1,3]$.
2. (1) $S(x)=\frac{1}{(1-x)^2}(-1<x<1)$；

   (2) $S(x)=\begin{cases}\frac{2}{x}\ln\left(\frac{2}{2-x}\right), & x\in[-2,0)\cup(0,2],\\ 1, & x=0;\end{cases}$

   (3) $S(x)=\frac{2}{(1-x)^3}(-1<x<1)$.

习题 9.5

1. (1) $a^x=\sum_{n=0}^{\infty}\frac{(\ln a)^n}{n!}x^n(-\infty<x<+\infty)$；

   (2) $\frac{1}{3-x}=\sum_{n=0}^{\infty}\frac{x^n}{3^{n+1}}(-3<x<3)$；

   (3) $\ln\sqrt{\frac{1+x}{1-x}}=\sum_{n=0}^{\infty}\frac{x^{2n+1}}{2n+1}(-1<x<1)$；

   (4) $\frac{x}{1+x^2}=\sum_{n=0}^{\infty}(-1)^n x^{2n+1}(-1<x<1)$.

2. $\cos x=\frac{1}{2}\sum_{n=0}^{\infty}(-1)^n\left[\frac{1}{(2n)!}\left(x+\frac{\pi}{3}\right)^{2n}+\frac{\sqrt{3}}{(2n+1)!}\left(x+\frac{\pi}{3}\right)^{2n+1}\right]$ $(-\infty<x<+\infty)$.

3. $\frac{1}{x^2+3x+2}=\sum_{n=0}^{\infty}\frac{(x+4)^n}{2^{n+1}}-\sum_{n=0}^{\infty}\frac{(x+4)^n}{3^{n+1}}(-6<x<-2)$

复习题九

1. (1)C； (2)D； (3)D.

2. (1)收敛； (2)发散； (3)收敛； (4)收敛.

3. (1)条件收敛； (2)条件收敛； (3)绝对收敛； (4)条件收敛.

4. (1) $\left(-\frac{1}{2},\frac{1}{2}\right]$； (2) $[-1,1)$； (3) $(-\sqrt{3},\sqrt{3})$；

   (4) $[0,2)$.

5. (1) $xe^{-x^2}=\sum_{n=0}^{\infty}(-1)^n\frac{x^{2n+1}}{n!}(-\infty<x<+\infty)$；

   (2) $\ln(x+\sqrt{x^2+1})=x+\sum_{n=1}^{\infty}(-1)^n\frac{(2n-1)!!}{(2n)!!}\cdot\frac{x^{2n+1}}{2n+1}(-1\leqslant x\leqslant 1)$.

6. $\frac{1}{x^2}=\sum_{n=1}^{\infty}(-1)^{n+1}\frac{n}{3^{n+1}}(x-3)^{n-1}(0<x<6)$.

参考文献

[1]吴传生.经济数学——微积分.2版.北京:高等教育出版社,2009.

[2]吴传生.经济数学——微积分(第二版)学习辅导与习题选讲.北京:高等教育出版社,2009.

[3]同济大学应用数学系.高等数学.5版.北京:高等教育出版社,2002.

[4]同济大学数学系.高等数学.6版.北京:高等教育出版社,2007.

[5]谢季坚,李启文.大学数学:微积分及其在生命科学、经济管理中应用.2版.北京:高等教育出版社,2004.

[6]教育部高等教育司组.高等数学.2版.北京:高等教育出版社,2003.

[7]林建华等.高等数学.北京:北京大学出版社,2010.

[8]吴钦宽,孙福树,翁连贵.高等数学.北京:科学出版社,2010.

[9]朱来义.微积分.北京:高等教育出版社,2010.

[10]陆少华.微积分.上海:上海交通大学出版社,2002.

[11]熊德之,柳翠花,伍建华.高等数学.北京:科学出版社,2009.

[12]欧阳隆.高等数学.武汉:武汉大学出版社,2008.

[13]杜忠复.大学数学——微积分.北京:高等教育出版社,2004.

[14]赵利彬.高等数学.上海:同济大学出版社,2007.

[15]上海交通大学数学系微积分课程组编.大学数学——微积分.北京:高等教育出版社,2008.

[16]龚德恩,范培华.经济应用数学基础(一)——微积分.北京:高等教育出版社,2008.

[17]张从军,王育全,李辉,刘玉华.微积分.上海:复旦大学出版社,2005.

[18]龚德恩,范培华.微积分.北京:高等教育出版社,2008.

[19]范培华,章学诚,刘西垣.微积分.北京:中国商业出版社,2006.

[20]蔡光兴,李德宜.微积分.北京:科学出版社,2004.

[21]赵树嫄.经济应用数学基础——微积分.3版.北京:中国人民大学出版社,2007.

[22]同济大学数学系.高等数学.2版.上海:同济大学出版社,2009.

[23]吴赣昌.微积分(经管类.第四版).北京:中国人民大学出版社,2011.